Photoshop 2022
实战从入门到精通

李良基　编著

人民邮电出版社
北京

图书在版编目（CIP）数据

Photoshop 2022实战从入门到精通 / 李艮基编著
. -- 北京 : 人民邮电出版社, 2023.4（2023.10重印）
ISBN 978-7-115-60248-0

Ⅰ. ①P… Ⅱ. ①李… Ⅲ. ①图像处理软件 Ⅳ.
①TP391.413

中国版本图书馆CIP数据核字(2022)第191399号

内 容 提 要

这是一本 Photoshop 2022 从入门到精通实战版教程。全书通过 120 个实战案例、30 个综合案例、32 个学以致用案例和 8 个综合设计实训案例来讲解 Photoshop 2022 的基础功能。

本书详细讲解了 Photoshop 入门与设置、Photoshop 的基础操作、图层的基础操作、选区和颜色的填充、绘画与图像修饰、色彩调整、用 Camera Raw 滤镜处理照片、图层混合模式与图层样式、文字、矢量绘图、蒙版与合成、滤镜、通道、网页切片、3D、视频动画和批处理等功能模块。本书第 15 章的综合设计实训主要包含平面设计中的配色设计、版式设计、字体设计，以及特效合成和手绘设计，感兴趣的读者可以有针对性地学习。另外，书中还穿插了"技巧提示""疑难问答""技术专题"，这些内容都是作者总结的工作经验，希望能帮助读者达到事半功倍的学习效果。

本书附赠的学习资源包括所有实战、综合案例、学以致用和综合设计实训的素材文件、实例文件，以及 1780 分钟的案例教学视频，140 分钟的知识回顾视频和丰富的图片素材。

本书适合 Photoshop 初学者使用，也适合高等院校相关专业的学生阅读与参考。

◆ 编　　著　李艮基
　责任编辑　王　冉
　责任印制　马振武

◆ 人民邮电出版社出版发行　　北京市丰台区成寿寺路 11 号
　邮编　100164　　电子邮件　315@ptpress.com.cn
　网址　http://www.ptpress.com.cn
　北京九州迅驰传媒文化有限公司印刷

◆ 开本：787×1092　1/16
　印张：20.25　　　　2023 年 4 月第 1 版
　字数：753 千字　　　2023 年 10 月北京第 4 次印刷

定价：109.80 元

读者服务热线：(010)81055410　印装质量热线：(010)81055316
反盗版热线：(010)81055315
广告经营许可证：京东市监广登字 20170147 号

实战：修改图像尺寸 058页

实例文件	实例文件>CH02>实战：修改图像尺寸.psd
学习目标	掌握修改图像尺寸的方法

实战：导出图层内容 078页

实例文件	实例文件>CH03>实战：导出图层内容.psd
学习目标	掌握导出图层内容的方法

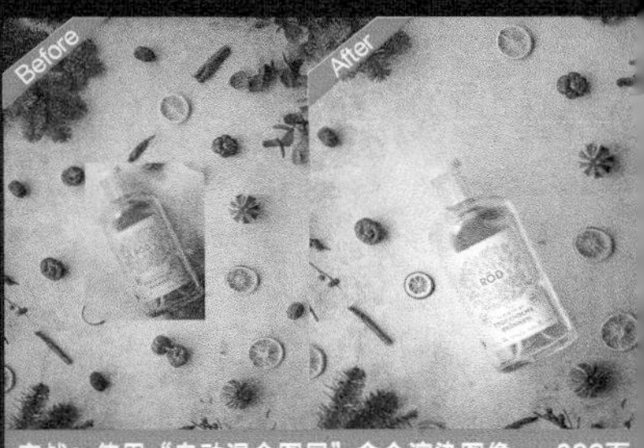

实战：使用“自动对齐图层”命令拼接图像 082页

实例文件	实例文件>CH03>实战：使用“自动对齐图层”命令拼接图像.psd
学习目标	掌握自动对齐图层的方法

实战：使用“自动混合图层”命令渲染图像 083页

实例文件	实例文件>CH03>实战：使用“自动混合图层”命令渲染图像.psd
学习目标	掌握自动混合图层的方法

实战：使用“清除”命令去除图像中的元素 086页

实例文件	实例文件>CH03>实战：使用“清除”命令去除图像中的元素.psd
学习目标	掌握清除图像中多余部分的方法

实战：使用选框工具更换手机界面 094页

实例文件	实例文件>CH04>实战：使用选框工具更换手机界面.psd
学习目标	掌握使用选框工具更换手机界面的方法

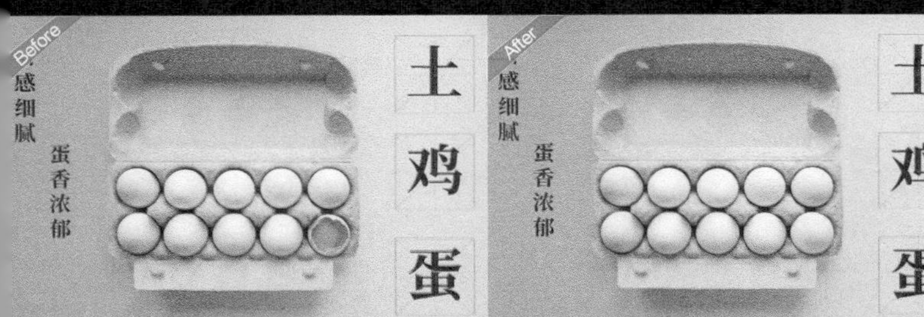

实战：使用选择工具使“破蛋重圆” 095页

实例文件	实例文件>CH04>实战：使用选择工具使“破蛋重圆”.psd
学习目标	掌握套索工具/多边形套索工具/磁性套索工具/快速选择工具/对象选择工具的用法

实战：天空替换 109页

实例文件	实例文件>CH04>实战：天空替换.psd
学习目标	了解“天空替换”功能

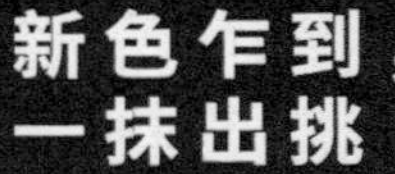

综合案例：亚光唇膏展示 110页

实例文件	实例文件>CH04>综合案例：亚光唇膏展示.psd
学习目标	学会选区的相关操作方法

实战：使用“混合器画笔工具”打造3D字母Banner 123页

实例文件	实例文件>CH05>实战：使用“混合器画笔工具”打造3D字母Banner.psd
学习目标	学会使用“混合器画笔工具”简单绘制图案

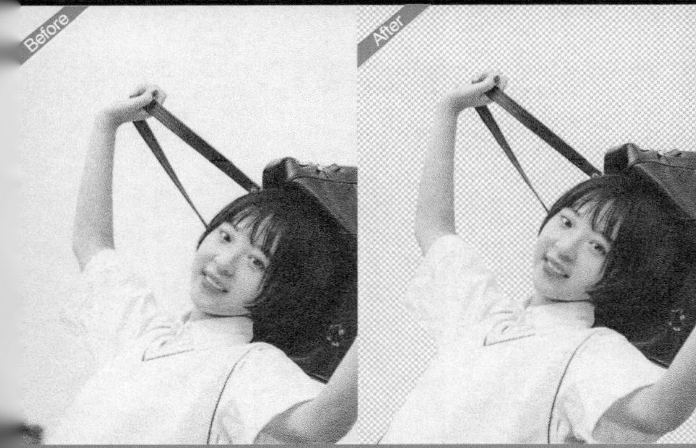

实战：使用“背景橡皮擦工具”和“历史记录画笔工具”进行背景擦除 124页

实例文件	实例文件>CH05>实战：使用“背景橡皮擦工具”和“历史记录画笔工具”进行背景擦除.psd
学习目标	掌握“背景橡皮擦工具”的使用方法，并能够结合“历史记录画笔工具”使用

实战：使用“图案图章工具”快速制作孟菲斯风格波点 128页

实例文件	实例文件>CH05>实战：使用“图案图章工具”快速制作孟菲斯风格波点.psd
学习目标	掌握“图案图章工具”的使用方法

学以致用：制作蒸汽波风格电商Banner 140页

实例文件	实例文件>CH05>学以致用：制作蒸汽波风格电商Banner.psd
学习目标	能够结合素材和各类工具制作电商Banner

综合案例：烘托自然风景摄影层次感 139页

实例文件	实例文件>CH05>综合案例：烘托自然风景摄影层次感.psd
学习目标	掌握“减淡/加深/海绵工具”的用法

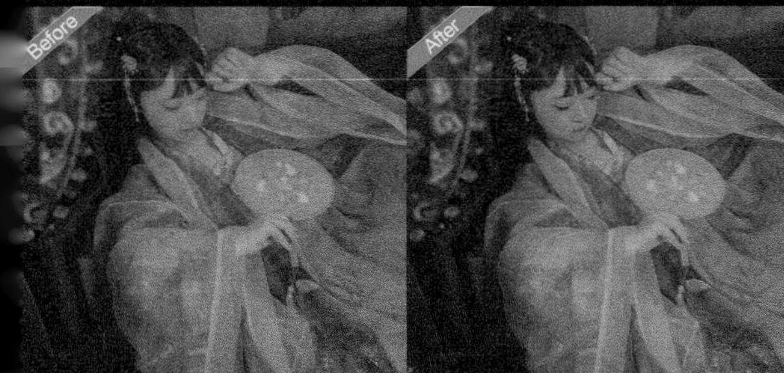

综合案例：突出古风人像主体 137页

实例文件	实例文件>CH05>综合案例：突出古风人像主体.psd
学习目标	学会综合运用各种工具调节画面的光影、色彩及视觉重点

实战：用色阶功能调整图像 143页

实例文件	实例文件>CH06>实战：用色阶功能调整图像.psd
学习目标	学会用色阶功能调整图像

实战：调色命令与调整图层 142页

实例文件	实例文件>CH06>实战：调色命令与调整图层.psd
学习目标	掌握调色命令与调整图层的用法

实战：用饱和度功能调整图像 149页

实例文件	实例文件>CH06>实战：用饱和度功能调整图像.psd
学习目标	学会用饱和度功能调整图像

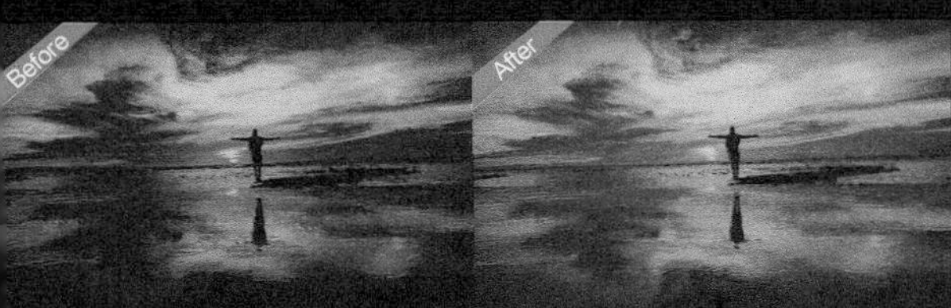

实战：用曲线功能调整图像 145页

实例文件	实例文件>CH06>实战：用曲线功能调整图像.psd
学习目标	学会用曲线功能调整图像

实战：用曝光度功能调整图像 146页

实例文件	实例文件>CH06>实战：用曝光度功能调整图像.psd
学习目标	学会用曝光度功能调整图像

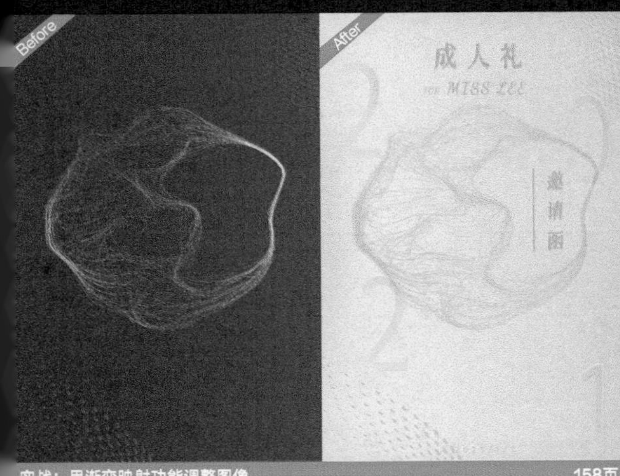

实战：用渐变映射功能调整图像 158页

实例文件	实例文件>CH06>实战：用渐变映射功能调整图像.psd
学习目标	学会用渐变映射功能调整图像

实战：用可选颜色功能调整图像 157页

实例文件	实例文件>CH06>实战：用可选颜色功能调整图像.psd
学习目标	学会用可选颜色功能调整图像

实战：用色彩平衡功能调整图像 150页

实例文件	实例文件>CH06>实战：用色彩平衡功能调整图像.psd
学习目标	学会用色彩平衡功能调整图像

实战：用“目标调整工具”处理图像局部 169页

实例文件	实例文件>CH07>实战：用“目标调整工具”处理图像局部.psd
学习目标	学会用“目标调整工具”处理图像局部

实战：使用“细节”功能让图像呈现油画质感 176页

实例文件	实例文件>CH07>实战：使用“细节”功能让图像呈现油画质感.psd
学习目标	掌握“细节”功能的用法

综合案例：国潮天坛 164页

实例文件	实例文件>CH06>综合案例：国潮天坛.psd
学习目标	了解特效合成的方法

综合案例：制作月亮热气球 182页

实例文件	实例文件>CH07>综合案例：制作月亮热气球.psd
学习目标	掌握Camera Raw滤镜的应用方法

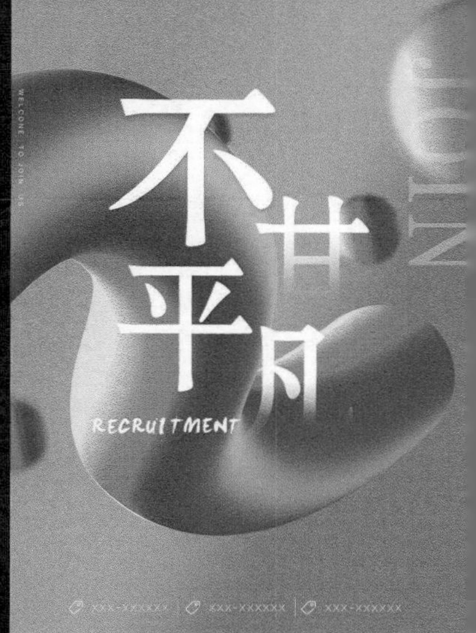

实战：使用对比模式增加对比度 190页

实例文件	实例文件>CH08>实战：使用对比模式增加对比度.psd
学习目标	学会用对比模式调整图像

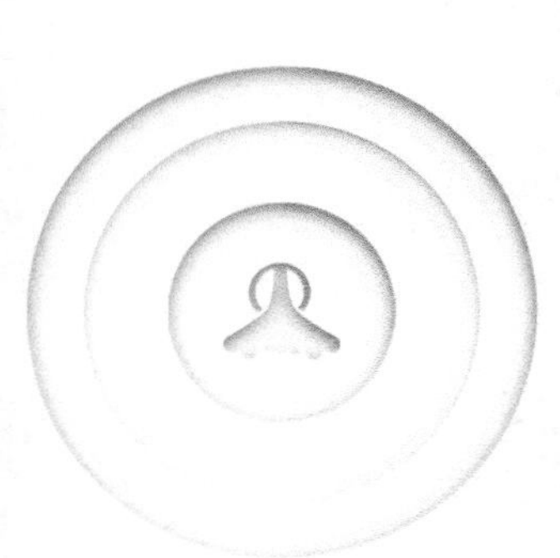

实战：使用图层样式制作Logo 193页

实例文件	实例文件>CH08>实战：使用图层样式制作Logo.psd
学习目标	学会用图层样式制作效果图像

综合案例：制作色彩渐变海报 196页

实例文件	实例文件>CH08>综合案例：制作色彩渐变海报.psd
学习目标	掌握图层混合模式、不透明度的综合应用方法

实战：使用“横排文字工具”制作海报 204页

实例文件	实例文件>CH09>实战：使用“横排文字工具”制作海报.psd
学习目标	掌握文字工具的使用方法

BRIEF IS LIFE
BUT LOVE IS
LONG
LOVE

实战：通过编辑文字制作艺术海报 206页

实例文件	实例文件>CH09>实战：通过编辑文字制作艺术海报.psd
学习目标	掌握文字工具的使用方法

综合案例：TIMES版面设计 210页

实例文件	实例文件>CH09>综合案例：TIMES版面设计.psd
学习目标	掌握文字工具的综合应用方法

学以致用：制作海报文案 212页

实例文件	实例文件>CH09>学以致用：制作海报文案.psd
学习目标	熟练掌握文字工具的使用方法

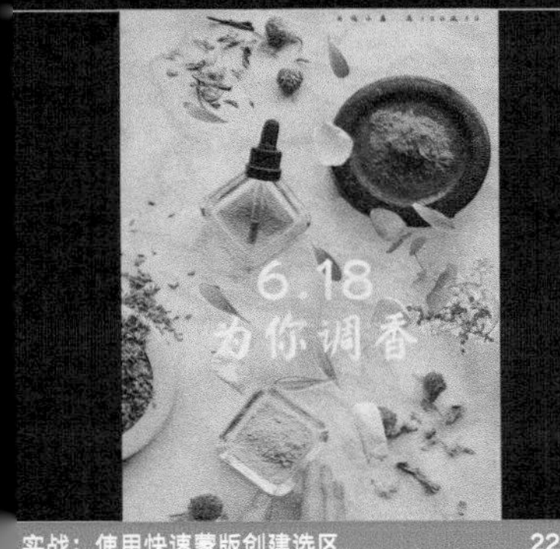

实战：使用快速蒙版创建选区 229页

实例文件	实例文件>CH11>实战：使用快速蒙版创建选区.psd
学习目标	学会使用快速蒙版创建选区

综合案例：使用图层蒙版精修图片 230页

实例文件	实例文件>CH11>综合案例：使用图层蒙版精修图片.psd
学习目标	学会使用图层蒙版精修图片

学以致用：使用矢量蒙版制作个性头像 234页

实例文件	实例文件>CH11>学以致用：使用矢量蒙版制作个性头像.psd
学习目标	学会用矢量蒙版制作个性头像

实战：使用“钢笔工具”制作波涛效果 217页

实例文件	实例文件>CH10>实战：使用“钢笔工具”制作波涛效果.psd
学习目标	掌握“钢笔工具”的用法

综合案例：制作夏日限定海报 219页

实例文件	实例文件>CH10>综合案例：制作夏日限定海报.psd
学习目标	熟练掌握“钢笔工具”的用法

综合案例：制作海边主题海报 220页

实例文件	实例文件>CH10>综合案例：制作海边主题海报.psd
学习目标	熟练掌握“钢笔工具”的用法

学以致用：制作Faith字体海报 222页

实例文件	实例文件>CH10>学以致用：制作Faith字体海报.psd
学习目标	熟练掌握“钢笔工具”的用法

学以致用：制作双重曝光效果 222页

实例文件	实例文件>CH10>学以致用：制作双重曝光效果.psd
学习目标	熟练掌握“钢笔工具”的用法

实战：创建剪贴蒙版 226页

实例文件	实例文件>CH11>实战：创建剪贴蒙版.psd
学习目标	学会创建剪贴蒙版

实战：创建与编辑矢量蒙版 228页

实例文件	实例文件>CH11>实战：创建与编辑矢量蒙版.psd
学习目标	学会创建与编辑矢量蒙版

综合案例：使用蒙版制作有电影质感的海报 232页

实例文件	实例文件>CH11>实战：使用蒙版制作有电影质感的海报.psd
学习目标	学会使用蒙版制作有电影质感的海报

学以致用：用快速蒙版制作海报 234页

实例文件	实例文件>CH11>学以致用：用快速蒙版制作海报.psd
学习目标	掌握用快速蒙版制作海报的方法

实战：使用液化和杂色功能制作海报 236页

实例文件	实例文件>CH12>实战：使用液化和杂色功能制作海报.psd
学习目标	掌握液化、杂色、滤镜库功能的用法

综合案例：制作春分节气便签 248页

实例文件	实例文件>CH12>综合案例：制作春分节气便签.psd
学习目标	掌握滤镜的综合应用方法

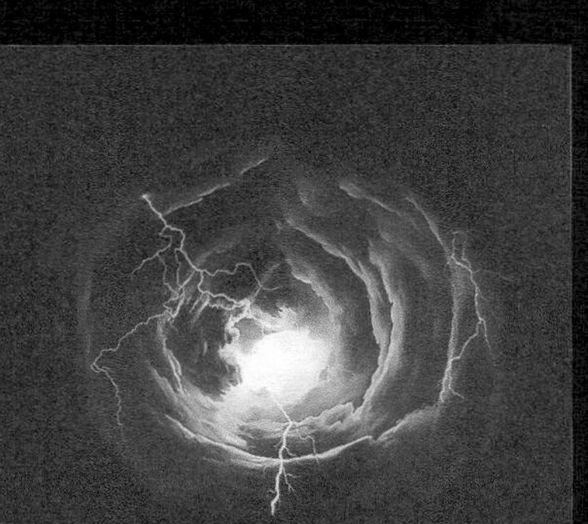

实战：使用扭曲和锐化功能制作风暴雷云效果 240页

实例文件	实例文件>CH12>实战：使用扭曲和锐化功能制作风暴雷云效果.psd
学习目标	掌握扭曲和锐化功能的用法

实战：使用滤镜库功能制作日系海报 242页

实例文件	实例文件>CH12>实战：使用滤镜库功能制作日系海报.psd
学习目标	掌握滤镜库功能的相关用法

实战：使用风格化功能制作体素化风格海报 245页

实例文件	实例文件>CH12>实战：使用风格化功能制作体素化风格海报.psd
学习目标	掌握风格化功能的相关用法

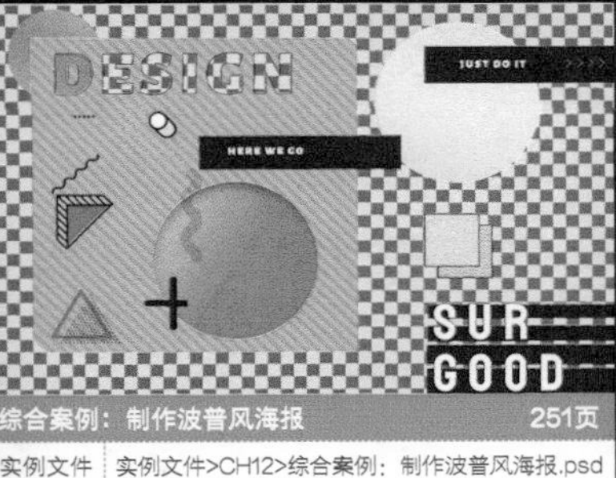

综合案例：制作波普风海报 251页

实例文件	实例文件>CH12>综合案例：制作波普风海报.psd
学习目标	掌握滤镜的综合应用方法

学以致用：制作碧水山庄主体海报 254页

实例文件	实例文件>CH12>学以致用：制作碧水山庄主体海报.psd
学习目标	掌握滤镜的综合应用方法

学以致用：制作Apollo登山海报 254页

实例文件	实例文件>CH12>学以致用：制作Apollo登山海报.psd
学习目标	掌握滤镜的综合应用方法

实战：Alpha通道与专色通道 258页

实例文件	实例文件>CH13>实战：Alpha通道与专色通道.psd
学习目标	认识Alpha通道

实战：调整通道颜色 257页

实例文件	实例文件>CH13>实战：调整通道颜色.psd
学习目标	学会调整通道颜色

实战：通道计算 259页

实例文件	实例文件>CH13>实战：通道计算.psd
学习目标	掌握通道计算的应用方法

综合案例：使用通道制作透明冰块 264页

实例文件	实例文件>CH13>综合案例：使用通道制作透明冰块.psd
学习目标	掌握调整通道的方法

综合案例：制作故障风格图像 268页

实例文件	实例文件>CH13>综合案例：制作故障风格图像.psd
学习目标	掌握图层混合模式的应用方法

综合案例：制作背景色彩融合效果 266页

实例文件	实例文件>CH13>综合案例：制作背景色彩融合效果.psd
学习目标	掌握自动混合图层工具的用法

学以致用：制作浦东日落 270页

实例文件	实例文件>CH13>学以致用：制作浦东日落.psd
学习目标	学会复制与粘贴通道

学以致用：制作透明婚纱 269页

实例文件	实例文件>CH13>学以致用：制作透明婚纱.psd
学习目标	掌握图层混合模式的应用方法

实战：使用“切片工具”创建切片 273页

实例文件	实例文件>CH14>实战：使用“切片工具”创建切片.psd
学习目标	掌握创建切片的方法

实战：使用3D功能制作立体字效果 277页

实例文件	实例文件>CH14>实战：使用3D功能制作立体字效果.psd
学习目标	掌握3D功能的用法

实战：将非安全色转化为安全色 272页

实例文件	实例文件>CH14>实战：将非安全色转化为安全色.psd
学习目标	理解非安全色与安全色，学会将非安全色转化为安全色

实战：使用3D功能丰富冰封湖面 280页

实例文件	实例文件>CH14>实战：使用3D功能丰富冰封湖面.psd
学习目标	掌握3D功能的用法

实战：使用时间轴制作动态音效 284页

实例文件	实例文件>CH14>实战：使用时间轴制作动态音效.psd
学习目标	掌握时间轴的用法

综合案例：快速导出绘制好的图标 289页

实例文件	实例文件>CH14>综合案例：快速导出绘制好的图标.psd
学习目标	学会借助“切片工具”将绘制好的图标导出为PNG格式的图片

学以致用：利用时间轴制作多彩网站 293页

实例文件	实例文件>CH14>学以致用：利用时间轴制作多彩网站.psd
学习目标	掌握时间轴的用法

综合案例：制作3D宇宙海报 290页

实例文件	实例文件>CH14>综合案例：制作3D宇宙海报.psd
学习目标	熟练掌握3D功能的用法

学以致用：使用3D功能制作火山喷发效果 293页

实例文件	实例文件>CH14>学以致用：使用3D功能制作火山喷发效果.psd
学习目标	掌握3D功能的用法

精通特效合成：克制凶猛 302页

实例文件	实例文件>CH15>精通特效合成：克制凶猛.psd
学习目标	掌握合成特效的方法

精通特效合成：时光相机 306页

实例文件	实例文件>CH15>精通特效合成：时光相机.psd
学习目标	掌握合成特效的方法

精通特效合成：水晶角犀 310页

实例文件	实例文件>CH15>精通特效合成：水晶角犀.psd
学习目标	掌握合成特效的方法

精通平面设计：配色设计 296页

实例文件	实例文件>CH15>精通平面设计：配色设计.psd
学习目标	了解色彩常识，掌握至少一种配色方法

DE
SIGN

2020
Lorem ipsum
Photoshop 2020

精通平面设计：版式设计 297页

实例文件	实例文件>CH15>精通平面设计：版式设计.psd
学习目标	了解不同的构图方式，学会合理安排画面元素

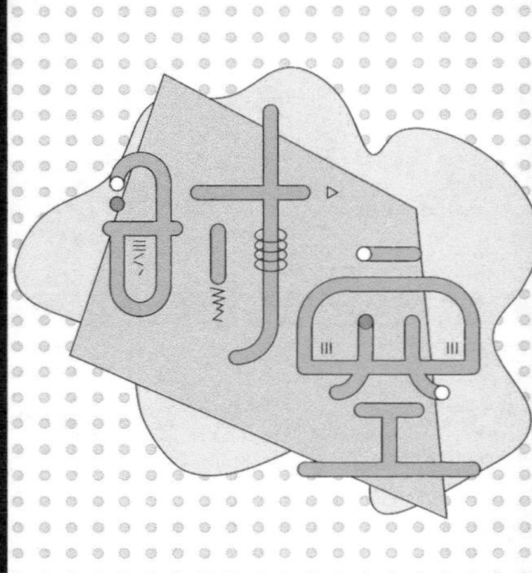

精通平面设计：字体设计 299页

实例文件	实例文件>CH15>精通平面设计：字体设计.psd
学习目标	学会熟练使用矢量图形工具绘制字符

精通手绘设计：绘制飞天女神 313页

实例文件	实例文件>CH15>精通手绘设计：绘制飞天女神.psd
学习目标	了解绘制完整作品的流程，能够综合运用各种工具使画面更为丰富

精通手绘设计：古风书生与山水画卷 320页

实例文件	实例文件>CH15>精通手绘设计：古风书生与山水画卷.psd
学习目标	在绘制完整作品的同时，能运用一些设计知识合理安排画面

Photoshop是Adobe公司开发的一款重要的图像处理软件，它提供了抠图、修图、调色、合成等强大功能，能和Adobe公司开发的其他软件高效协同，以应对设计领域的挑战，满足创作高质量作品的要求。随着平面设计的不断发展，Photoshop不仅成为专业设计师的必备软件，也逐渐成为其他领域常用的辅助软件。

本书特色

实战： 通过实战操作介绍Photoshop常用工具的操作方法和具体的操作流程，并配有详细的图文标注，让读者能够边练边学，以加深印象。

综合案例： 第1~14章都安排了综合案例，这样可以对本章所讲的内容进行综合训练，目的是让读者能够灵活应用所学内容，融会贯通。

学以致用： 第1~14章最后都安排了练习，以帮助读者巩固前面所学内容，做到举一反三。这部分内容没有写出详细的操作步骤，希望读者能够按照自己的理解去制作。如果有不太理解的地方，可以去观看教学视频。

技术专题/技巧提示/疑难问答： 书中穿插了大量的“技术专题”“技巧提示”“疑难问答”，希望这些内容可以帮助读者学会更加科学、合理地使用Photoshop。

知识回顾：“知识回顾”详细介绍了相关工具/功能的操作注意事项和用途，并通过教学视频来讲解具体功能和用法。

综合设计实训： 本书第15章安排了3类设计实训，分别是平面设计、特效合成，以及手绘设计，这部分内容主要介绍了案例的制作流程，读者可以观看教学视频了解详细的操作步骤。

1780分钟案例教学视频： 针对实战、综合案例、学以致用和综合设计实训，本书均配有详细的教学视频，完整还原案例制作过程。

140分钟知识回顾视频： 本书在知识回顾模块安排了教学视频，这部分内容相当于一套Photoshop入门课程。

本书内容

全书共15章，以“实战+知识回顾”的形式讲解Photoshop的工具和功能，“综合案例”用于介绍功能的综合应用，“学以致用”用于巩固所学内容。

学前导读：了解Photoshop的界面组成，为后面的学习打下基础。

第1章： Photoshop入门与设置

第2章： Photoshop的基础操作

第3章： 图层的基础操作

第4章： 选区和颜色的填充

第5章： 绘画与图像修饰

第6章： 色彩调整

第7章： 用Camera Raw滤镜处理照片

第8章： 图层混合模式与图层样式

第9章： 文字

第10章： 矢量绘图

第11章： 蒙版与合成

第12章： 滤镜

第13章： 通道

第14章： 网页切片/3D/视频动画/批处理

第15章： 综合设计实训

附赠资源

为方便读者学习，随书附赠全部案例的素材文件、实例文件和在线教学视频（提供扫码观看）。

本书还特别赠送大量的图片素材，便于读者日常制作和学习。

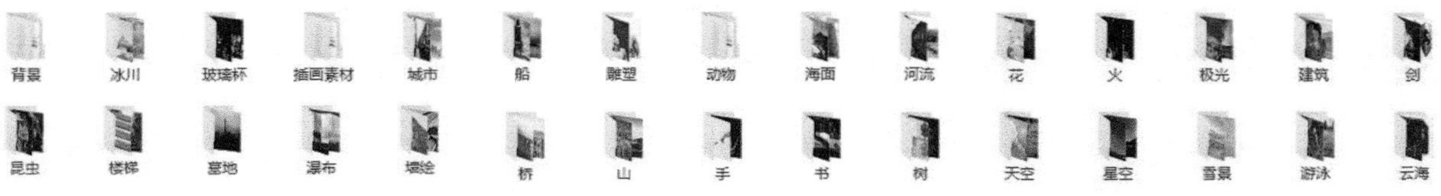

扫描封底或资源与支持页上的二维码，关注“数艺设”公众号，即可得到资源文件的获取方式。

由于编者水平有限，书中难免会有一些疏漏之处，希望读者能够谅解，并批评指正。

学前导读

在学习Photoshop之前，我们要先熟悉Photoshop的界面组成，避免在后续的学习中，不清楚书中所述的工具、功能在什么地方。安装好Photoshop 2022后，打开软件，界面如图1所示。这是初始界面，即在没有打开或新建文件时Photoshop的工作界面。

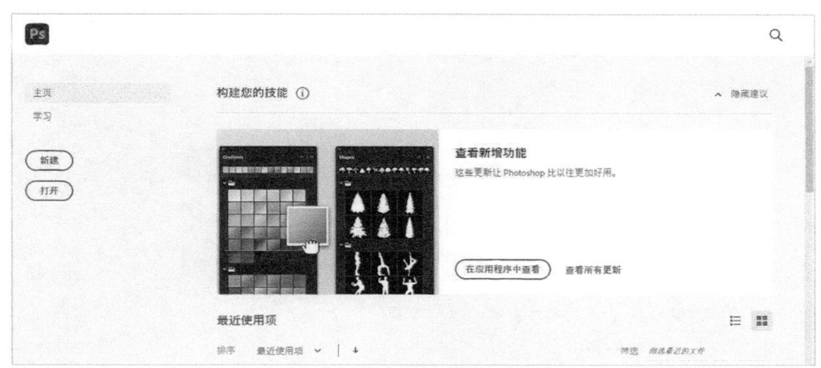

图1

任意拖曳一张图片到界面的空白位置，即可打开Photoshop的工作界面，界面组成如图2所示。读者记住这几个组成元素即可。

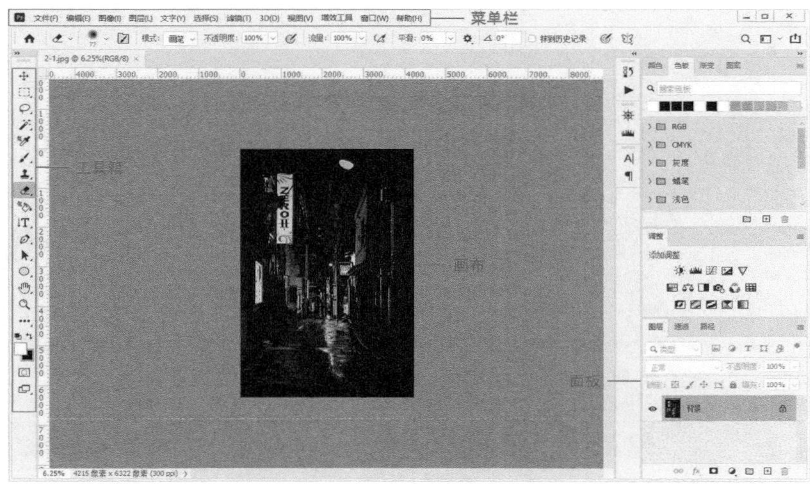

图2

注意书中以下几点。

菜单命令：书中涉及的菜单命令，都是在菜单栏中执行的。例如，执行“文件>新建”菜单命令，即单击“文件”菜单，在弹出的下拉菜单中选择“新建”命令。

工具：书中“选择××工具”“单击××工具”等操作所用到的工具，大部分指工具箱中的工具。

画布：操作过程中的效果预览都是在画布中完成的。

面板：对各种参数的调整，除了使用单独的对话框，都是在对应的面板中设置完成的。

本书由“数艺设”出品，“数艺设”社区平台（www.shuyishe.com）为您提供后续服务。

配套资源

书中所有实战、综合案例、学以致用和综合设计实训的素材文件
书中所有实战、综合案例、学以致用和综合设计实训的实例文件
案例教学视频
知识回顾视频
丰富的图片素材

资源获取请扫码

（提示：微信扫描二维码关注公众号后，输入51页左下角的5位数字，获得资源获取帮助。）

“数艺设”社区平台，为艺术设计从业者提供专业的教育产品。

与我们联系

我们的联系邮箱是 szys@ptpress.com.cn。如果您对本书有任何疑问或建议，请您发邮件给我们，并请在邮件标题中注明本书书名及ISBN，以便我们更高效地做出反馈。

如果您有兴趣出版图书、录制教学课程，或者参与技术审校等工作，可以发邮件给我们。如果学校、培训机构或企业想批量购买本书或“数艺设”出版的其他图书，也可以发邮件联系我们。

关于“数艺设”

人民邮电出版社有限公司旗下品牌“数艺设”，专注于专业艺术设计类图书出版，为艺术设计从业者提供专业的图书、视频电子书、课程等教育产品。出版领域涉及平面、三维、影视、摄影与后期等数字艺术门类，字体设计、品牌设计、色彩设计等设计理论与应用门类，UI设计、电商设计、新媒体设计、游戏设计、交互设计、原型设计等互联网设计门类，环艺设计手绘、插画设计手绘、工业设计手绘等设计手绘门类。更多服务请访问“数艺设”社区平台www.shuyishe.com。我们将提供及时、准确、专业的学习服务。

目录

第1章 Photoshop入门与设置 023

第2章 Photoshop的基础操作 057

第9章 文字 203

第10章 矢量绘图 213

第11章 蒙版与合成 223

第12章 滤镜 235

第 1 章

① 技巧提示 + ⑦ 疑难问答 + ◎ 技术专题

Photoshop入门与设置

在学前导读中，读者了解了Photoshop的相关概念和界面组成，本章将带领读者了解Photoshop的基础操作。在使用Photoshop进行设计之前，请读者认真学习Photoshop的基础操作，以便后续的学习更加得心应手。

学习重点

实战：自定义快捷键

素材文件	无
实例文件	无
教学视频	实战：自定义快捷键.mp4
学习目标	掌握自定义快捷键的方法

在Photoshop中处理图像时，使用快捷键可以大大提高工作效率，下面学习如何自定义快捷键。

操作步骤

01 打开Photoshop，执行“编辑>键盘快捷键”菜单命令或按快捷键Alt+Shift+Ctrl+K，如图1-1所示，打开“键盘快捷键和菜单”对话框。

02 在“键盘快捷键和菜单”对话框中，展开“快捷键用于”下拉列表，可以选择快捷键的应用范围，其中包括“应用程序菜单”“面板菜单”“工具”“任务空间”，如图1-2所示。

03 选择“应用程序菜单”选项，展开“文件”选项，将“打开为智能对象”命令的快捷键设置为Alt+Ctrl+Y，单击“接受”按钮，然后单击“确定”按钮，即可为此命令添加相应的快捷键，如图1-3所示。

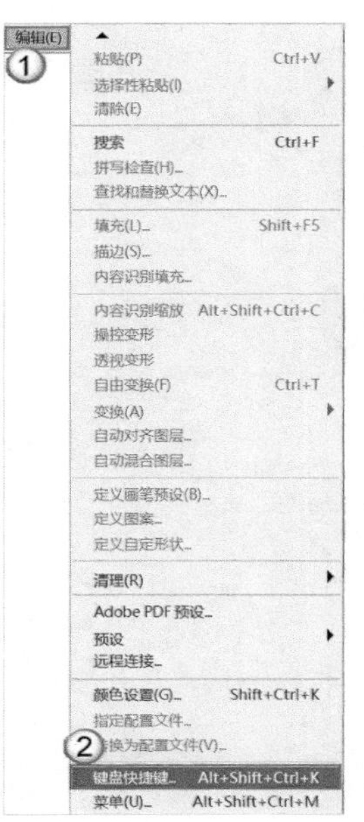

图1-1

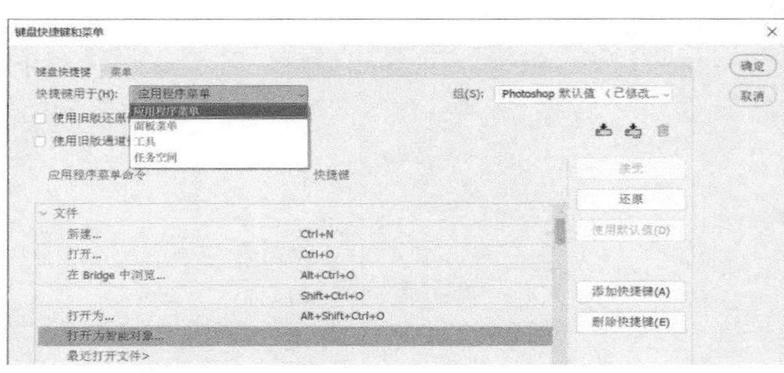

图1-2

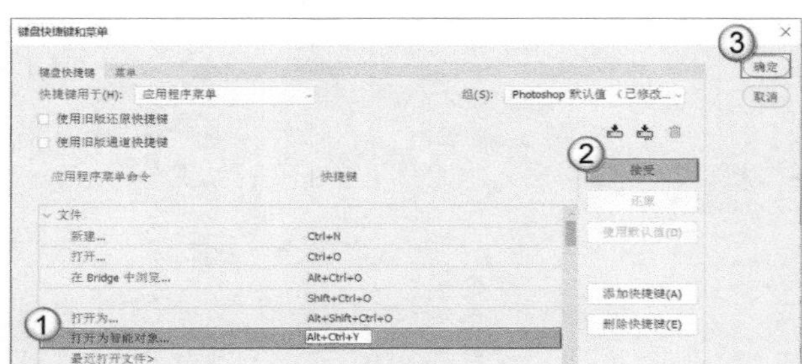

图1-3

04 选择“面板菜单”选项，展开“画笔”选项，将“新建画笔预设”命令的快捷键设置为Shift+Ctrl+Q，单击“接受”按钮，然后单击“确定”按钮，即可为此命令添加相应的快捷键，如图1-4和图1-5所示。

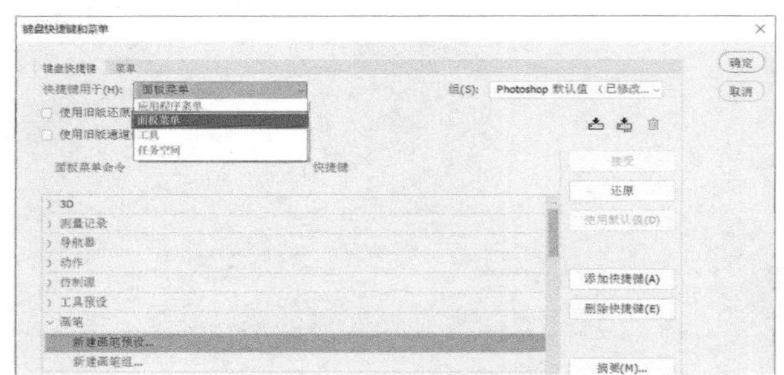

图1-4

图1-5

05 选择“工具”选项，将“单行选框工具”的快捷键设置为E，单击“接受”按钮，然后单击“确定”按钮，即可为此工具添加相应的快捷键，如图1-6和图1-7所示。

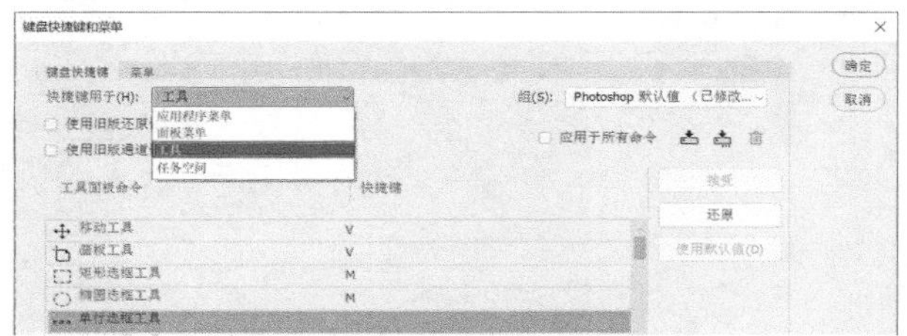

图1-6

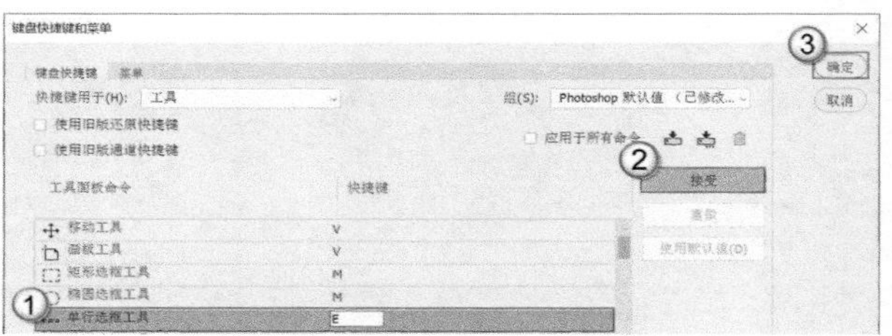

图1-7

06 选择“任务空间”选项，展开“选择并遮住”选项，选择“属性和工具选项>高品质预览”选项，将快捷键设置为G，单击“接受”按钮，然后单击“确定”按钮，即可为此命令添加相应的快捷键，如图1-8和图1-9所示。

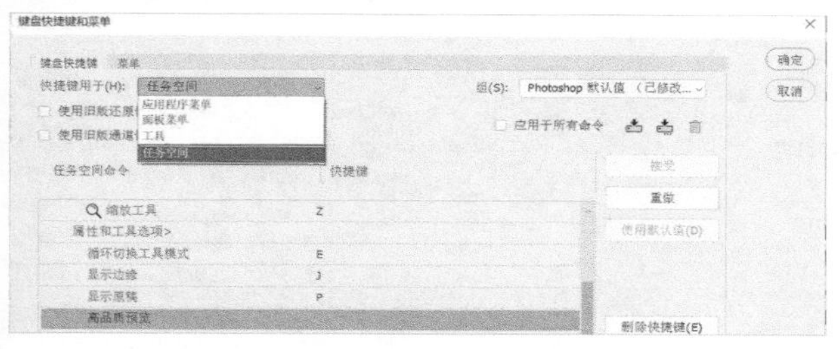

图1-8

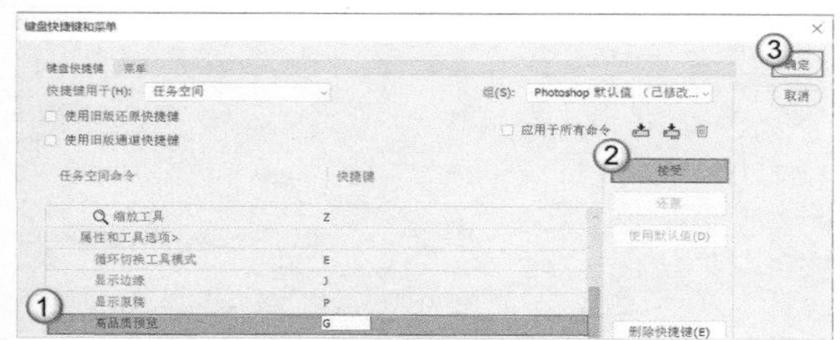

图1-9

疑难问答

问： 自定义快捷键时总是出现⚠图标，显示该快捷键已经在使用，如图1-10所示，怎么解决这个问题?

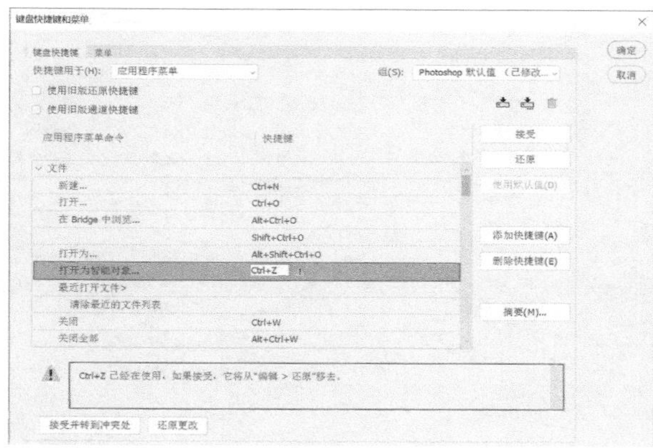

图1-10

答： 出现这种情况，说明为某个命令自定义的快捷键已被其他命令占用，如果单击“接受并转到冲突处”按钮，可将该快捷键关联的原有命令替换为此时正在设置的命令。建议单击“还原更改”按钮，重新自定义快捷键。

知识回顾

扫码观看视频

教学视频： 回顾自定义快捷键.mp4

命令： 键盘快捷键

位置： 编辑>键盘快捷键

用途： 自定义“应用程序菜单”“面板菜单”“工具”“任务空间”的快捷键。

操作流程

第1步： 打开Photoshop，执行“编辑>键盘快捷键”菜单命令。

第2步： 在打开的“键盘快捷键和菜单”对话框中，在“快捷键用于”下拉列表中选择要设置快捷键的命令所在的位置，即“应用程序菜单”“面板菜单”“工具”“任务空间”，然后根据需要进行设置。

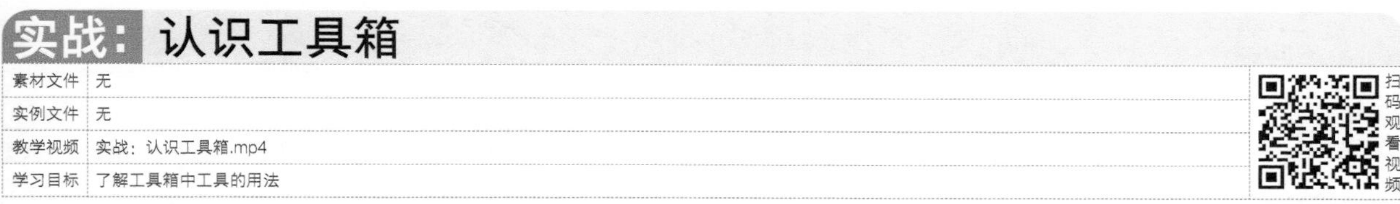

实战：认识工具箱

素材文件	无
实例文件	无
教学视频	实战：认识工具箱.mp4
学习目标	了解工具箱中工具的用法

扫码观看视频

Photoshop工作区左侧是工具箱，其中包含了大量的工具组，在工具按钮上按住鼠标左键，就会展开对应的工具组。工具箱中的工具分布如图1-11所示。下面将详细介绍这些工具。

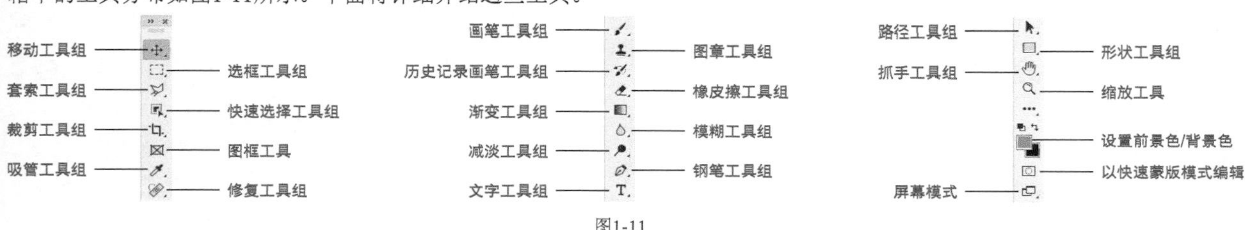

图1-11

技巧提示

这里不要求读者完全掌握这些工具的用法，只需要知道相关工具的对应位置和大致作用，对其有一个全面的了解即可。

相关工具组的展开界面和对应的工具作用如图1-12~图1-31所示。

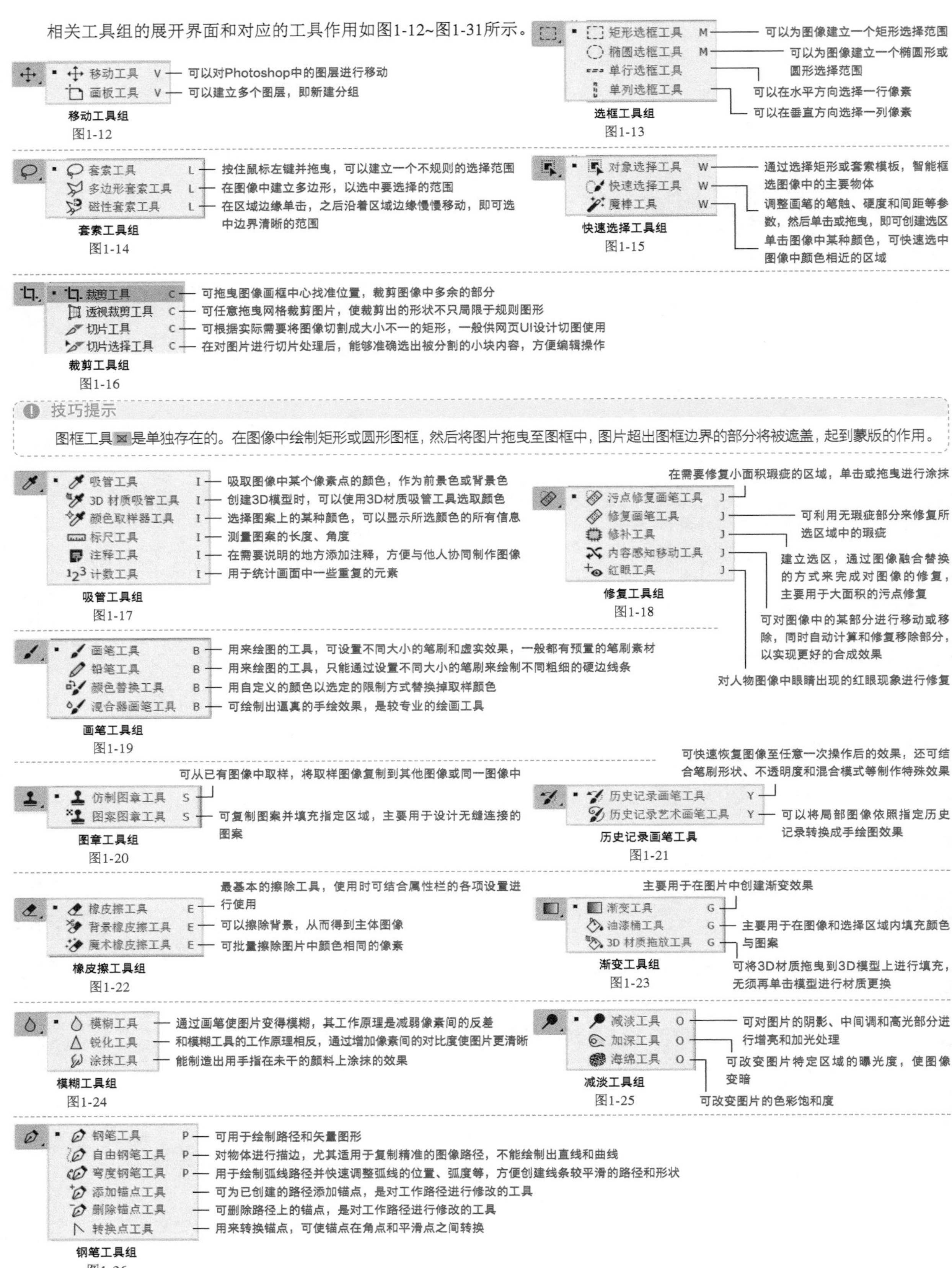
移动工具 V 可以对Photoshop中的图层进行移动
画板工具 V 可以建立多个图层，即新建分组
移动工具组
矩形选框工具 M 可以为图像建立一个矩形选择范围
椭圆选框工具 M 可以为图像建立一个椭圆形或圆形选择范围
单行选框工具 可以在水平方向选择一行像素
单列选框工具 可以在垂直方向选择一列像素
选框工具组
套索工具 L 按住鼠标左键并拖曳，可以建立一个不规则的选择范围
多边形套索工具 L 在图像中建立多边形，以选中要选择的范围
磁性套索工具 L 在区域边缘单击，之后沿着区域边缘慢慢移动，即可选中边界清晰的范围
套索工具组
对象选择工具 W 通过选择矩形或套索模板，智能框选图像中的主要物体
快速选择工具 W 调整画笔的笔触、硬度和间距等参数，然后单击或拖曳，即可创建选区
魔棒工具 W 单击图像中某种颜色，可快速选中图像中颜色相近的区域
快速选择工具组
裁剪工具 C 可拖曳图像画框中心找准位置，裁剪图像中多余的部分
透视裁剪工具 C 可任意拖曳网格裁剪图片，使裁剪出的形状不只局限于规则图形
切片工具 C 可根据实际需要将图像切割成大小不一的矩形，一般供网页UI设计切图使用
切片选择工具 C 在对图片进行切片处理后，能够准确选出被分割的小块内容，方便编辑操作
裁剪工具组

图1-12

图1-13

图1-14

图1-15

图1-16

技巧提示

图框工具⊠是单独存在的。在图像中绘制矩形或圆形图框，然后将图片拖曳至图框中，图片超出图框边界的部分将被遮盖，起到蒙版的作用。

吸管工具 I 吸取图像中某个像素点的颜色，作为前景色或背景色
3D 材质吸管工具 I 创建3D模型时，可以使用3D材质吸管工具选取颜色
颜色取样器工具 I 选择图案上的某种颜色，可以显示所选颜色的所有信息
标尺工具 I 测量图案的长度、角度
注释工具 I 在需要说明的地方添加注释，方便与他人协同制作图像
计数工具 I 用于统计画面中一些重复的元素
吸管工具组
污点修复画笔工具 J 在需要修复小面积瑕疵的区域，单击或拖曳进行涂抹
修复画笔工具 J 可利用无瑕疵部分来修复所选区域中的瑕疵
修补工具 J 建立选区，通过图像融合替换的方式来完成对图像的修复，主要用于大面积的污点修复
内容感知移动工具 J 可对图像中的某部分进行移动或移除，同时自动计算和修复移除部分，以实现更好的合成效果
红眼工具 J 对人物图像中眼睛出现的红眼现象进行修复
修复工具组
画笔工具 B 用来绘图的工具，可设置不同大小的笔刷和虚实效果，一般都有预置的笔刷素材
铅笔工具 B 用来绘图的工具，只能通过设置不同大小的笔刷来绘制不同粗细的硬边线条
颜色替换工具 B 用自定义的颜色以选定的限制方式替换掉取样颜色
混合器画笔工具 B 可绘制出逼真的手绘效果，是较专业的绘画工具
画笔工具组
仿制图章工具 S 可从已有图像中取样，将取样图像复制到其他图像或同一图像中
图案图章工具 S 可复制图案并填充指定区域，主要用于设计无缝连接的图案
图章工具组
历史记录画笔工具 Y 可快速恢复图像至任意一次操作后的效果，还可结合笔刷形状、不透明度和混合模式等制作特殊效果
历史记录艺术画笔工具 Y 可以将局部图像依照指定历史记录转换成手绘图效果
历史记录画笔工具
橡皮擦工具 E 最基本的擦除工具，使用时可结合属性栏的各项设置进行使用
背景橡皮擦工具 E 可以擦除背景，从而得到主体图像
魔术橡皮擦工具 E 可批量擦除图片中颜色相同的像素
橡皮擦工具组
渐变工具 G 主要用于在图片中创建渐变效果
油漆桶工具 G 主要用于在图像和选择区域内填充颜色与图案
3D 材质拖放工具 G 可将3D材质拖曳到3D模型上进行填充，无须再单击模型进行材质更换
渐变工具组
模糊工具 通过画笔使图片变得模糊，其工作原理是减弱像素间的反差
锐化工具 和模糊工具的工作原理相反，通过增加像素间的对比度使图片更清晰
涂抹工具 能制造出用手指在未干的颜料上涂抹的效果
模糊工具组
减淡工具 O 可对图片的阴影、中间调和高光部分进行增亮和加光处理
加深工具 O 可改变图片特定区域的曝光度，使图像变暗
海绵工具 O 可改变图片的色彩饱和度
减淡工具组
钢笔工具 P 可用于绘制路径和矢量图形
自由钢笔工具 P 对物体进行描边，尤其适用于复制精准的图像路径，不能绘制出直线和曲线
弯度钢笔工具 P 用于绘制弧线路径并快速调整弧线的位置、弧度等，方便创建线条较平滑的路径和形状
添加锚点工具 可为已创建的路径添加锚点，是对工作路径进行修改的工具
删除锚点工具 可删除路径上的锚点，是对工作路径进行修改的工具
转换点工具 用来转换锚点，可使锚点在角点和平滑点之间转换
钢笔工具组

图1-17

图1-18

图1-19

图1-20

图1-21

图1-22

图1-23

图1-24

图1-25

图1-26

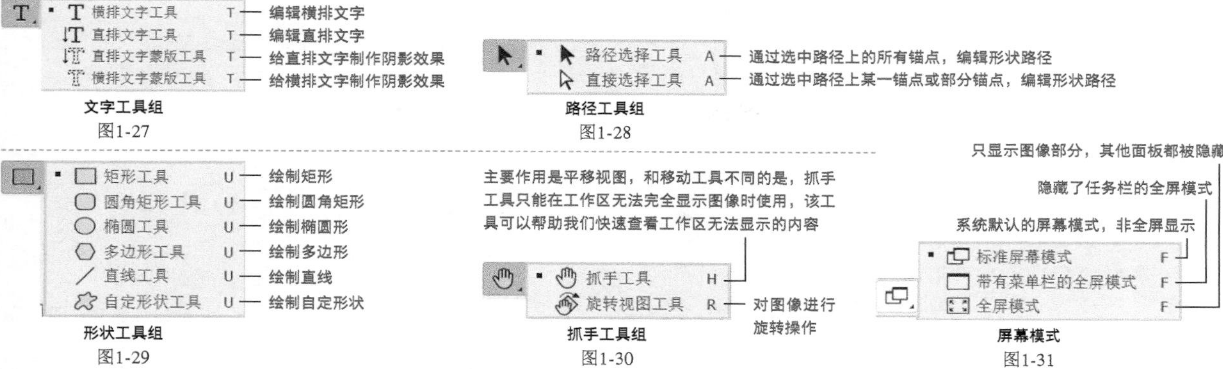

图1-27 图1-28 图1-29 图1-30 图1-31

技巧提示

工具箱中还有3个独立存在的工具。

缩放工具：对图像进行放大或缩小显示，便于编辑图像的局部。

设置前景色/背景色：前景色和背景色指的是图像颜色和画布底色，都可在拾色器中快速修改，也可单击“切换前景色和背景色”按钮切换前景色和背景色。

以快速蒙版模式编辑：快速蒙版可以理解为浮在图层上的一块玻璃挡板，本身不包含图像数据，只对图层的一部分起遮挡作用。

实战：新建文件

素材文件	无
实例文件	无
教学视频	实战：新建文件.mp4
学习目标	了解新建图像文件的方法

扫码观看视频

启动Photoshop后，系统不会自动新建或打开图像文件，这时可根据自身需求新建一个图像文件。新建一个图像文件是指新建一个空白图像文件，如图1-32所示。

图1-32

操作步骤

01 打开Photoshop，执行“文件>新建”菜单命令或按快捷键Ctrl+N，如图1-33所示。

图1-33

技巧提示

读者还可以在软件初始界面直接单击“新建”按钮，如图1-34所示。

图1-34

02 在“新建文档”对话框右侧的“预设详细信息”区域可手动设置文档的名称、宽度、高度、分辨率、颜色模式、背景内容等参数。文档默认命名为“未标题-1”，可手动将文档默认名称更改为“标题”，如图1-35所示。

03 设置“宽度”和“高度”分别为700像素和400像素，“方向”为“横向”，如图1-36所示。

图1-35

图1-36

04 设置“分辨率”为72，“分辨率”的单位为“像素/英寸”，如图1-37所示。

> **技巧提示**
>
> 若制作的图像只用于计算机屏幕显示，图像分辨率只需设置为72或96像素/英寸即可；若制作的图像要用于打印输出，则最好使用高分辨率（如300像素/英寸）。
>
> 一般把分辨率设置为72像素/英寸，因为大多数显示器的屏幕每英寸显示72个像素。换句话说，文档设置的分辨率应尽量与显示器的分辨率相同。如果增大分辨率、高度或宽度，图像尺寸会随之增大。在实际操作中尽量避免使用大图像，因为大图像在操作时不仅会让软件的反应速度变慢，还会降低计算机的运行速度。

图1-37

05 展开“颜色模式”的第1个下拉列表，其中包括“位图”“灰度”“RGB颜色”“CMYK颜色”“Lab颜色”，选择“RGB颜色”选项；展开“颜色模式”的第2个下拉列表，其中包括“8位”“16位”“32位”，选择“8位”选项，如图1-38所示。

> **技巧提示**
>
> RGB颜色模式是工业界普遍使用的一种颜色标准，通过红（Red）、绿（Green）、蓝（Blue）3个颜色通道的变化和相互之间的叠加，可以得到各种颜色。这个标准几乎包括人类视力所能感知到的所有颜色，是目前应用比较广泛的颜色系统之一。
>
> RGB颜色模式使用RGB模型为图像中每一个像素的R、G和B分量分配一个0~255范围内的强度值。例如，红色的R值为255，G值为0，B值为0；灰色的R值、G值、B值相等（0和255除外）；白色的R值、G值、B值都为255；黑色的R值、G值、B值都为0。RGB图像使用3种颜色通道按照不同的比例对颜色进行混合，可以在屏幕上显示出16 777 216种颜色。
>
> Photoshop中RGB模式的颜色通道位数指的是颜色深度，也是颜色质量的单位。2位代表黑白色，8位代表256色，最大为32位。位数越高，颜色分得越细，颜色越多。通常8位就足以满足眼睛对颜色的分辨需求了，所以大多默认将颜色通道的位数设定为8位。

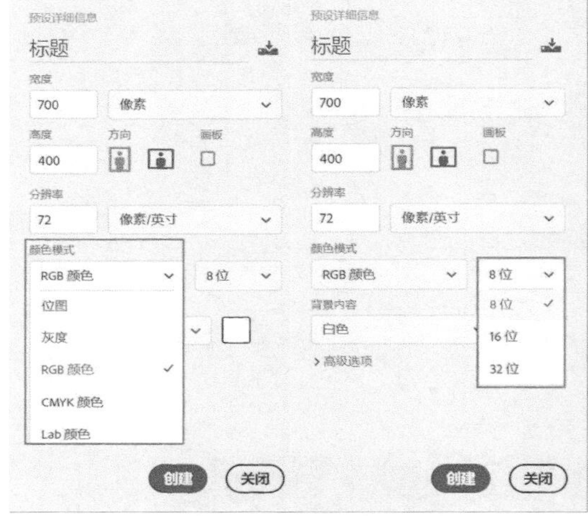

图1-38

06 展开“背景内容”下拉列表，其中包括“白色”“黑色”“背景色”，选择“白色”选项，如图1-39所示。注意，白色的色值为（R:255，G:255，B:255）。

图1-39

> **技巧提示**
>
> 读者可以单击“背景内容”下拉列表右侧的色块，打开“拾色器（新建文档背景颜色）”对话框，然后单击需要选取的颜色或直接输入对应的颜色值，单击“确定”按钮，设置文档的背景色，如图1-40所示。

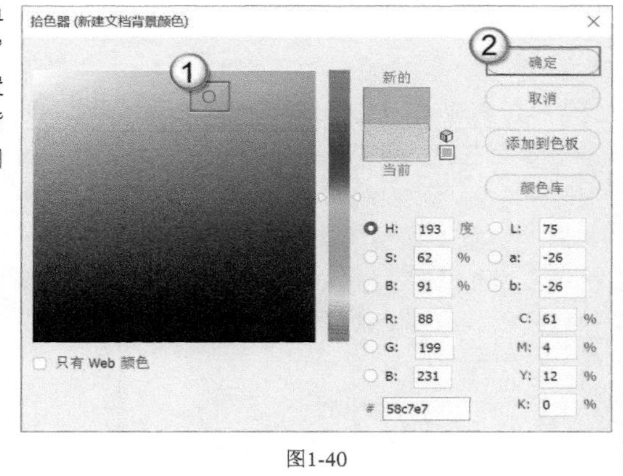

图1-40

07 单击“创建”按钮，图像文件即新建完成，如图1-41所示。

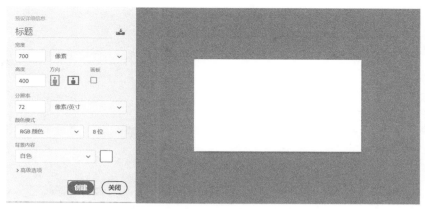

图1-41

知识回顾

扫码观看视频

教学视频： 回顾新建文件.mp4

命令： 新建

位置： 文件>新建

用途： 新建一个图像文件，设置图像文件的名称、宽度、高度、分辨率、颜色模式和背景内容等参数。

操作流程

第1步： 打开Photoshop，执行“文件>新建”菜单命令或按快捷键Ctrl+N，打开“新建文档”对话框。

第2步： 在“新建文档”对话框的“预设详细信息”区域，设置图像文件的名称、宽度、高度、分辨率、颜色模式、背景内容，单击“创建”按钮，即可完成图像文件的创建。

实战：打开图像文件

素材文件	素材文件>CH01>01
实例文件	无
教学视频	实战：打开图像文件.mp4
学习目标	掌握打开一个图像文件的方法

扫码观看视频

在使用Photoshop时，很多时候我们会在原有图片的基础上对图像内容进行编辑和处理，这就需要打开已经准备好的图像文件。

操作步骤

执行“文件>打开”菜单命令或按快捷键Ctrl+O，然后在“素材文件>CH01>01”文件夹中找到“01.jpg”，即可打开图像文件，如图1-42所示。

除此之外，读者还可以直接打开最近使用过的文件。执行“文件>最近打开文件”菜单命令，在子菜单中选择最近打开过的文件，即可快速打开该图像文件，如图1-43所示。

图1-42

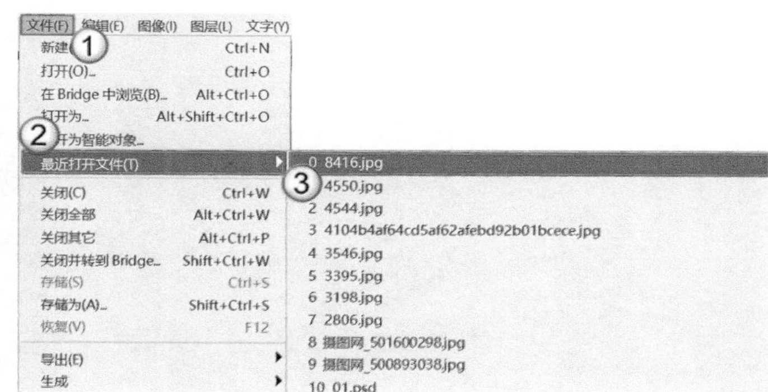

图1-43

☞ 知识回顾

扫码观看视频

教学视频： 回顾打开图像文件.mp4

命令： 打开

位置： 文件>打开

用途： 打开一个存储在计算机中的图像文件。

操作流程

在Photoshop中，执行“文件>打开”菜单命令或按快捷键Ctrl+O，找到文件在计算机中的存储位置，选中图像文件，单击“打开”按钮，即可在Photoshop中打开。

实战：打开多个文件

素材文件	素材文件>CH01>02
实例文件	无
教学视频	实战：打开多个文件.mp4
学习目标	掌握同时打开多个图像文件的方法

扫码观看视频

很多时候需要使用Photoshop对多个文件进行编辑，如果每次只打开一个图像文件，操作过程会较烦琐，因此需要掌握同时打开多个图像文件的方法。

☞ 操作步骤

01 执行“文件>打开”菜单命令或按快捷键Ctrl+O，然后按住Ctrl键依次选中“素材文件>CH01>02”文件夹中的“01.jpg”“02.jpg”“03.jpg”，如图1-44所示。

02 多个图像文件同时打开后，可以在工作区上方看到每个图像文件的名称，单击某一个图像文件的名称，即可在下方工作区中查看并编辑该文件，如图1-45~图1-47所示。

图1-44

图1-45

图1-46

图1-47

03 如果要同时查看已打开的3个图像文件，可以执行“窗口>排列>平铺”菜单命令，如图1-48所示。此时，3个图像文件的窗口会平铺显示，如图1-49所示。

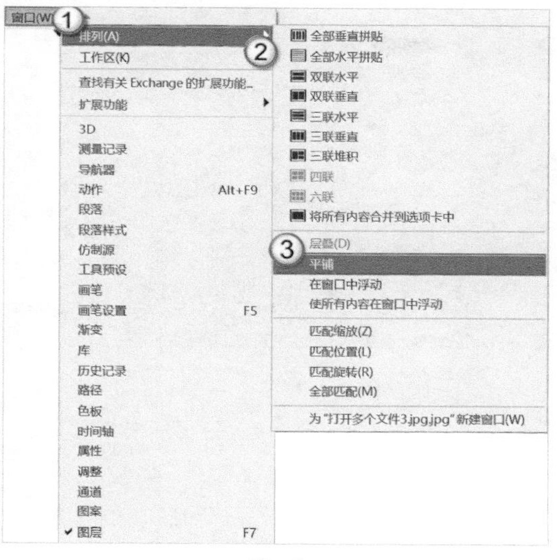

图1-48

图1-49

知识回顾

扫码观看视频

教学视频： 回顾打开多个文件.mp4

命令： 打开

位置： 文件>打开

用途： 在Photoshop中同时打开多个图像文件。

操作流程

在Photoshop中，执行“文件>打开”菜单命令或按快捷键Ctrl+O，找到需要打开的多个图像文件在计算机中的存储位置，按住Ctrl键，依次选中多个图像文件，单击“打开”按钮，即可打开它们。

实战：置入图像文件

素材文件	素材文件>CH01>03
实例文件	实例文件>CH01>实战：置入图像文件.psd
教学视频	实战：置入图像文件.mp4
学习目标	掌握置入图像文件的方法

扫码观看视频

在图像文件中建立一个或多个图层后，可以将Photoshop外部的图片或任何它支持打开的文件置入已有的图层中，效果如图1-50所示。

图1-50

操作步骤

01 打开Photoshop，执行“文件>打开”菜单命令或按快捷键Ctrl+O，打开“素材文件>CH01>03”文件夹中的“01.jpg”，如图1-51所示。

图1-51

02 执行“文件>置入嵌入对象”菜单命令，选择置入“素材文件>CH01>03”文件夹中的“02.jpg”，置入的图像文件将自动放置在画布中间。此时，该图像文件上显示了4条边和两条对角线，如图1-52所示。

图1-52

技巧提示

下面说明一下置入嵌入对象与置入链接的智能对象的区别。

置入嵌入对象的好处是，一个PSD文件就包含了所有资源，其他人在直接查看或编辑时比较方便。

置入链接的智能对象只是将链接置入PSD文件中，发送给其他人查看或编辑时，需要将PSD文件和链接文件一起打包发送。这种方式是无损的，即可以任意缩放图片，并且会减少PSD文件的大小，使PSD文件的打开速度变快。此外，链接的智能对象能同步更新到使用该对象的文件中。也就是说，如果在多个PSD文件中使用相同的智能对象，可以同步更新修改。

置入链接的智能对象的方法如下。

执行“文件>置入链接的智能对象”菜单命令，选中需要置入的图片，单击“置入”按钮，置入后的图片效果和置入嵌入对象一样。

03 选择其中一个角点或边框，按住鼠标左键并拖曳，可调整图像的大小或位置，调整到满意的状态后，按Enter键即可完成置入操作，如图1-53所示。

图1-53

知识回顾

扫码观看视频

教学视频： 回顾置入图像文件.mp4

命令： 置入嵌入对象

位置： 文件>置入嵌入对象

用途： 将Photoshop外部的图片或任何它支持打开的文件置入文档，方便后续操作。

操作流程

第1步： 在图像文件的某一图层中执行“文件>置入嵌入对象”菜单命令，将准备好的素材文件置入该图层。

第2步： 置入图像文件后，可以对图像进行缩放、定位、旋转等操作，按Enter键完成置入。

实战：存储文件与存储为其他文件

素材文件	素材文件>CH01>04
实例文件	无
教学视频	实战：存储文件与存储为其他文件.mp4
学习目标	掌握存储文件与存储为其他文件的方法

扫码观看视频

在Photoshop中处理完图像文件后需要进行保存，可以选择直接存储文件或存储为其他文件。存储文件是指将文件以原文件名、原文件格式和原位置进行保存，存储为其他文件是指将文件以不同的文件名、不同的文件格式进行保存或保存到不同的位置。

操作步骤

01 执行“文件>打开”菜单命令，打开“素材文件>CH01>04”文件夹中的“01.jpg”，如图1-54所示。

02 执行“文件>存储”菜单命令或按快捷键Ctrl+S，打开“JEPG选项”对话框，在这里可以设置“图像选项”选项组中的“品质”参数。例如，将“品质”设置为8，或将下方滑块拖曳到合适的位置，单击“确定”按钮，如图1-55所示。这种存储方式会覆盖原素材文件。

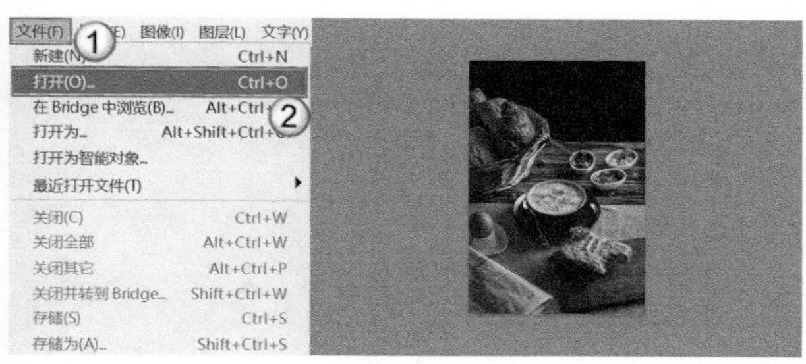

图1-54

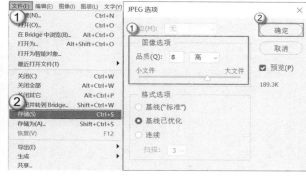

图1-55

技巧提示

“品质”取值范围为0~12，数值越大，图片的品质越高，但文件也越大。

03 如果想在存储文件时不修改素材文件的原有格式，而是另存为其他格式的文件，则需执行“文件>存储为”菜单命令或按快捷键Ctrl+Shift+S，选择图像文件的存储位置，如桌面；将“文件名”设置为“存储文件与存储为其他文件”，在“保存类型”下拉列表中设置文件格式，如PSD格式，单击“保存”按钮，如图1-56所示。这样即可在不覆盖原有文件格式的情况下将JPG素材文件另存为PSD文件。

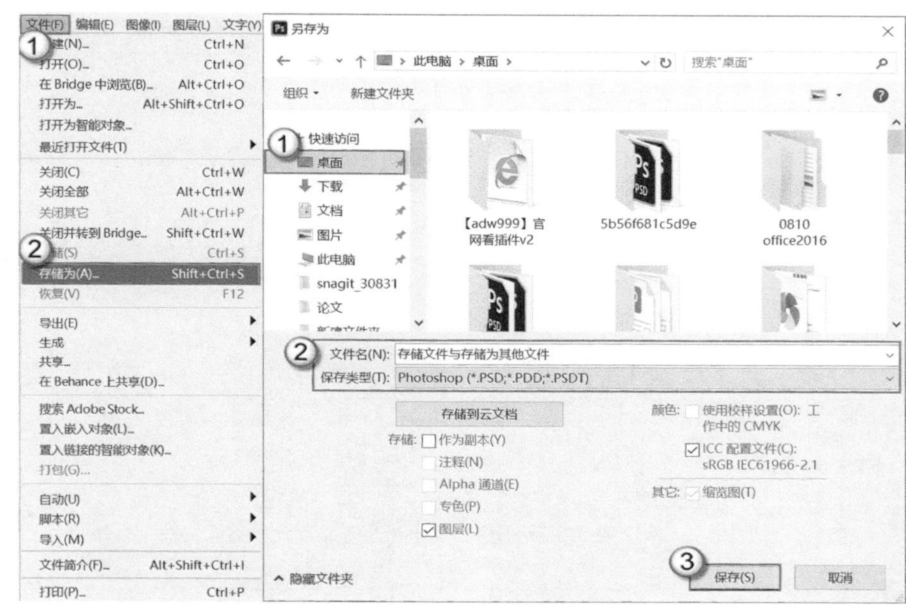

图1-56

知识回顾

扫码观看视频

教学视频： 回顾存储文件与存储为其他文件.mp4

命令： 存储/存储为

位置： 文件>存储/存储为

用途： 处理完图像文件后，将图像文件存储为当前格式或其他格式的文件。

操作流程

第1步： 执行“文件>存储”菜单命令或按快捷键Ctrl+S，即可存储文件，将文件以原文件名、原文件格式和原位置进行保存。

第2步： 执行“文件>存储为”菜单命令或按快捷键Ctrl+Shift+S，设置图像文件的存储位置、文件名、文件格式，即可将文件以不同的文件名、不同的文件格式进行保存或保存到不同的位置。

技术专题：常用文件格式概览

Photoshop是一款功能强大的图像处理软件，它支持的文件格式非常多，了解各种文件格式的特点对图像的编辑、保存，以及文件的转换有很大帮助。本专题将简单介绍Photoshop中常用的7种文件格式。

PSD格式

此格式是Photoshop的专用格式，能保存图像的每一个细节，包括图层、通道等信息，确保各图层相互独立，便于后期修改。PSD格式还可以保存为RGB或CMYK等颜色模式的文件，但缺点是保存的文件比较大。

EPS格式

这是矢量绘图软件和排版软件支持的格式，可保存路径信息，并在各软件间相互转换。若用户要将图像置入CorelDRAW、Illustrator、InDesign等软件中，可将图像存储为EPS格式。另外，这种格式在保存时可选用JPEG编码方式压缩，不过这种压缩会损失图像细节。

BMP格式

BMP格式是Windows系统的标准位图格式，也是Photoshop常用的位图格式之一，它支持RGB、索引、灰度和位图等颜色模式，但不支持Alpha通道。

JPEG格式

JPEG格式是一种灵活的格式，具有调节图像质量的功能，可以在图像质量和文件大小间做出平衡。此格式是较常用的图像格式，支持真彩色、CMYK、RGB和灰度颜色模式，但不支持Alpha通道。JPEG格式可用于Windows和macOS系统。虽然它是一种有损压缩格式，但在压缩文件前，可以在弹出的对话框中设置图像品质，这样就可以有效控制压缩时损失的数据量。JPEG格式的文件是目前网络支持的图像文件之一。

TIFF格式

此格式几乎被所有绘图、排版、图像处理软件支持，几乎所有印刷厂都支持这种格式的文件的印刷，而且可以跨平台，不论是Windows还是macOS系统都可以读取此种格式的文件，是一种灵活的位图图像格式。TIFF格式在Photoshop中可支持24个通道，是除了Photoshop格式外唯一能存储多个通道的文件格式。

GIF格式

这种文件格式最多只能容纳256种颜色，对于保存颜色少的图像来说是不错的选择。因为颜色少，所以数据量大大减少，传输速度快。此格式支持多帧画面，可以将多张图像制作成一个GIF文件，形成动画效果。

PNG格式

此格式是Adobe公司针对网络图像开发的文件格式，这种格式可以使用无损压缩方式压缩图像文件，并利用Alpha通道制作透明背景。PNG格式是功能非常强大的网络文件格式，但较早版本的Web浏览器可能不支持。

实战：关闭图像文件

素材文件	素材文件>CH01>05
实例文件	无
教学视频	实战：关闭图像文件.mp4
学习目标	掌握关闭图像文件的方法

扫码观看视频

有时在完成图像操作后，需要在不关闭Photoshop的情况下关闭图像文件。

操作步骤

01 打开“素材文件>CH01>05”文件夹中的“01.jpg”，如图1-57所示。

02 在对图像文件进行处理后，需要关闭图像文件。执行“文件>关闭”菜单命令或按快捷键Ctrl+W，关闭图像文件，如图1-58所示。这时系统会弹出提示对话框，若需要保存图像，单击“是”按钮，然后进行后续的存储操作；若不保存对图像文件的更改，单击“否”按钮；若要取消关闭图像文件的操作，则单击“取消”按钮，如图1-59所示。

图1-57

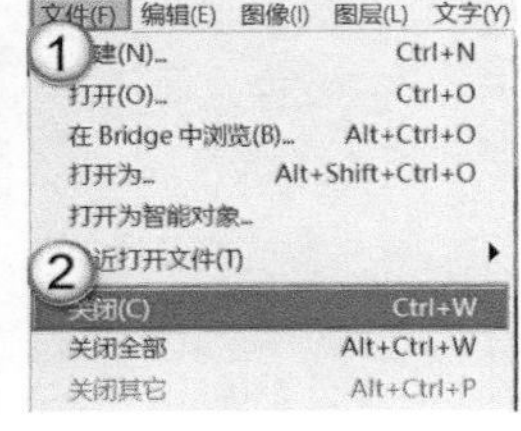

图1-58

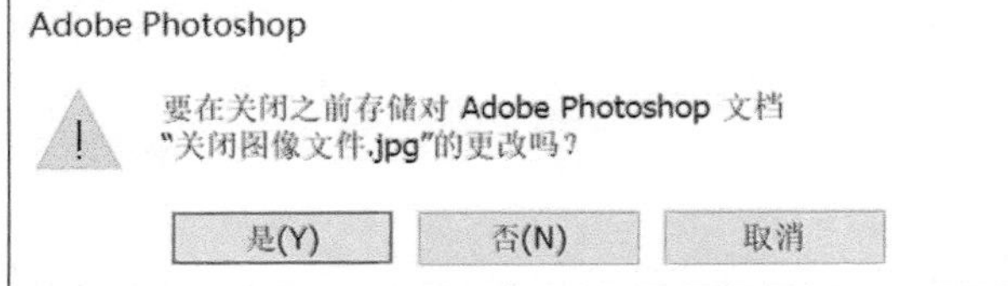

图1-59

技巧提示

下面介绍关闭图像文件的其他方法。

方法1： 单击文件名右侧的“×”按钮，关闭图像文件，如图1-60所示。

方法2： 如果想同时关闭已打开的全部图像文件，可以执行“文件>关闭全部”菜单命令或按快捷键Alt+Ctrl+W，关闭全部图像文件，如图1-61所示。

图1-60

图1-61

知识回顾

教学视频： 回顾关闭图像文件.mp4

命令： 关闭

位置： 文件>关闭

用途： 在不关闭Photoshop的情况下关闭图像文件。

扫码观看视频

操作流程

在Photoshop中处理完图像文件后，需要对图像文件进行保存或直接关闭图像。如果不保存，执行“文件>关闭”菜单命令或按快捷键Ctrl+W，即可关闭图像文件。

实战：快速导出文件

素材文件	素材文件>CH01>06
实例文件	实例文件>CH01>实战：快速导出文件.psd
教学视频	实战：快速导出文件.mp4
学习目标	掌握将图像文件快速导出的方法

扫码观看视频

在Photoshop中完成对图像文件的处理后，可以将图像文件存储和导出。存储的目的是保存当前图像的信息，包括图像的大小、格式、颜色等；导出主要是针对目标导向而不是当前图像设置的，主要服务于图像文件的实际使用环境。快速导出的文件格式一般为PNG格式。

操作步骤

01 打开“素材文件>CH01>06”文件夹中的“01.jpg”，如图1-62所示。

02 在对图像文件进行处理后，执行“文件>导出>快速导出为PNG”菜单命令，选择图像文件的导出位置，如桌面。接下来将“文件名”设置为“快速导出文件”，保持“保存类型”为“所有文件”，单击“保存”按钮，如图1-63所示。

图1-62

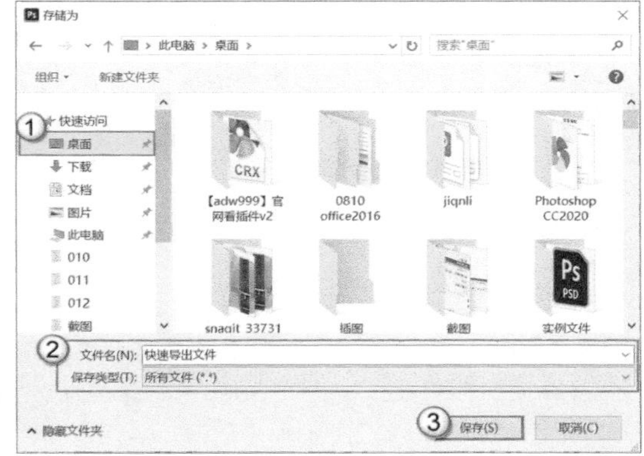

图1-63

知识回顾

扫码观看视频

教学视频： 回顾快速导出文件.mp4

命令： 快速导出为PNG

位置： 文件>导出>快速导出为PNG

用途： 在对图像文件进行处理后，将图像文件快速导出为PNG格式的文件。

操作流程

在Photoshop中，处理完图像文件后，执行"文件>导出>快速导出为PNG"菜单命令，选择图像文件的导出位置，设置导出文件的文件名，将图像文件快速导出为PNG格式的文件。

实战：导出为特定格式和特定尺寸的文件

素材文件	素材文件>CH01>07
实例文件	实例文件>CH01>导出为特定格式和特定尺寸的文件.psd
教学视频	实战：导出为特定格式和特定尺寸的文件.mp4
学习目标	掌握将图像文件导出为特定格式和特定尺寸的文件的方法

扫码观看视频

在导出图像文件时，可根据实际需求自行设置导出文件的文件格式和尺寸，案例效果对比如图1-64所示。

图1-64

操作步骤

01 打开"素材文件>CH01>07"文件夹中的"01.jpg"，如图1-65所示。

图1-65

02 执行"文件>导出>导出为"菜单命令或按快捷键Alt+Shift+Ctrl+W，打开"导出为"对话框，如图1-66和图1-67所示。

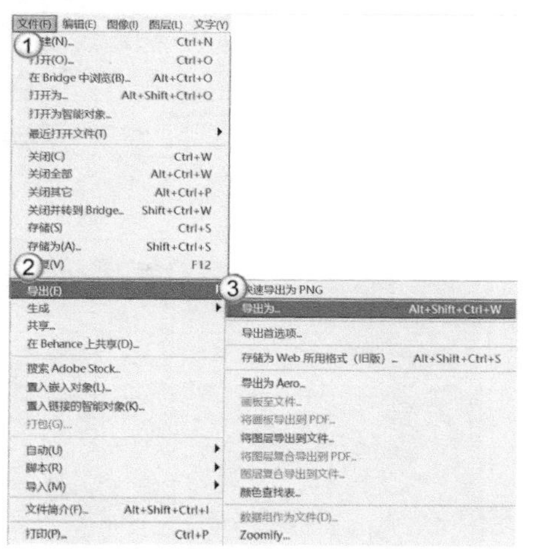

图1-66

图1-67

03 在"导出为"对话框中可根据实际需求设置导出文件的文件格式和尺寸。设置"格式"为JPG，"品质"为100%，然后让"图像大小"和"画布大小"保持一致，这里设置"宽度"和"高度"分别为1000像素和1276像素，单击"导出"按钮，完成图像文件的导出，如图1-68所示。

图1-68

☞ 知识回顾

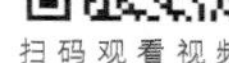

扫码观看视频

教学视频： 回顾导出为特定格式和特定尺寸的文件.mp4

命令： 导出为

位置： 文件>导出>导出为

用途： 在Photoshop中对图像文件进行处理后，将图像文件导出为特定格式和特定尺寸的文件。

操作流程

第1步： 在Photoshop中对图像文件进行处理后，执行“文件>导出>导出为”菜单命令。

第2步： 在“导出为”对话框中，根据实际需求设置“格式”“品质”“图像大小”“画布大小”的参数，单击“导出”按钮，即可将当前图像导出为特定格式和特定尺寸的文件。

实战：将文件打包

素材文件	素材文件>CH01>08	 扫码观看视频
实例文件	实例文件>CH01>实战：将文件打包.psd	
教学视频	实战：将文件打包.mp4	
学习目标	掌握将文件打包的方法	

置入链接的智能对象只是将图片链接置入PSD文件中，将文件发送给别人查看或编辑时，需要将PSD文件和链接文件一起打包发送，这时需要使用“打包”功能。

☞ 操作步骤

01 打开“素材文件>CH01>08”文件夹中的“01.jpg”，如图1-69所示。

02 执行“文件>置入链接的智能对象”菜单命令，置入“素材文件>CH01>08”文件夹中的“02.jpg”，然后拖曳图像边框，调整图像的大小和位置，当调整到合适的状态时，按Enter键完成置入，如图1-70和图1-71所示。

图1-69

图1-70

图1-71

03 执行“文件>存储”菜单命令，将修改后的文件保存。然后执行“文件>打包”菜单命令，如图1-72所示，将置入的智能对象打包，即与文件存储在同一个文件夹中。操作完成后，用于存储的文件夹中会同时有“打包文件.psd”文件和“链接”文件夹，如图1-73所示。

图1-72

图1-73

知识回顾

教学视频： 回顾将文件打包.mp4

命令： 打包

位置： 文件>打包

用途： 将PSD文件和置入的智能对象打包，便于查看与编辑图片。

操作流程

第1步： 在Photoshop中处理图像文件时，执行“文件>置入链接的智能对象”菜单命令，将准备好的图像文件链接到正在处理的图像文件中。

第2步： 将置入的图像文件处理好后，执行“文件>存储”菜单命令，存储整个图像文件。

第3步： 执行“文件>打包”菜单命令，将置入的智能对象打包，建议将其与已经保存好的图像文件存储在同一个文件夹中，以方便查看。

实战：复制文件

素材文件	素材文件>CH01>09
实例文件	无
教学视频	实战：复制文件.mp4
学习目标	掌握复制文件的方法

在使用Photoshop处理图像文件的过程中，如果要对同一个图像文件进行编辑且保留原图像，可以对当前文件进行复制，复制的文件将在Photoshop中作为一个副本文件单独存在，只需要对副本进行处理即可。

操作步骤

01 打开“素材文件>CH01>09”文件夹中的“01.jpg”，如图1-74所示。

02 执行“图像>复制”菜单命令，打开“复制图像”对话框，将复制的图像文件命名为“复制文件 拷贝”，单击“确定”按钮，如图1-75所示。完成图像文件复制后的界面如图1-76所示。

图1-74

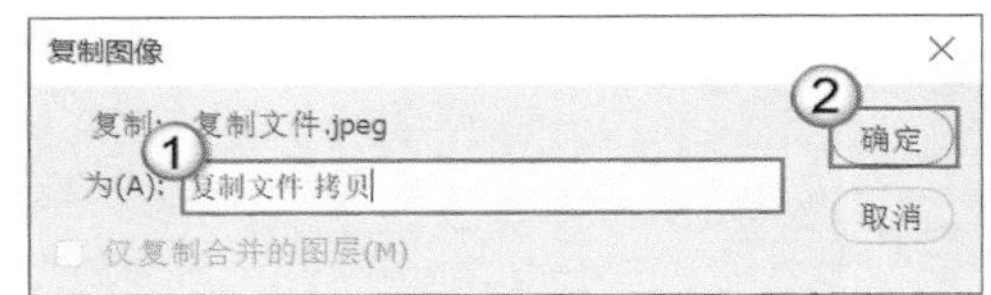

图1-75

图1-76

知识回顾

教学视频： 回顾复制文件.mp4

命令： 复制

位置： 图像>复制

用途： 在Photoshop中复制当前文件。

操作流程

针对需要复制的图像文件，执行“图像>复制”菜单命令。在“复制图像”对话框中，对复制的图像文件进行命名，完成图像文件的复制。

实战：操作的撤销

素材文件	素材文件>CH01>10
实例文件	实例文件>CH01>实战：操作的撤销.psd
教学视频	实战：操作的撤销.mp4
学习目标	掌握撤销操作的方法

扫码观看视频

在Photoshop中偶尔会误操作，这时就要撤销特定的误操作或直接将文件还原到上一次的保存状态或打开时的初始状态，案例效果对比如图1-77所示。

图1-77

操作步骤

01 打开“素材文件>CH01>10”文件夹中的“01.jpg”，如图1-78所示。

图1-78

02 这时可以对图像文件进行一系列处理，如果出现了一些错误，如图片未裁剪完整、文字输入错误、绘制的图形不美观等，就需要撤销这些误操作。本案例中最后一步是移动操作，可以按快捷键Ctrl+Z或执行“编辑>还原移动”菜单命令，撤销最后一步操作，即后退一步，取消移动操作，如图1-79~图1-81所示。连续按快捷键Ctrl+Z或连续执行“编辑>还原××”菜单命令，可依次撤销已完成的操作并还原到之前的状态。

图1-79

图1-80

图1-81

03 如果想直接撤销所有操作，将图像文件恢复到上一次保存的状态或刚打开时的初始状态，则需执行“文件>恢复”菜单命令，如图1-82所示。

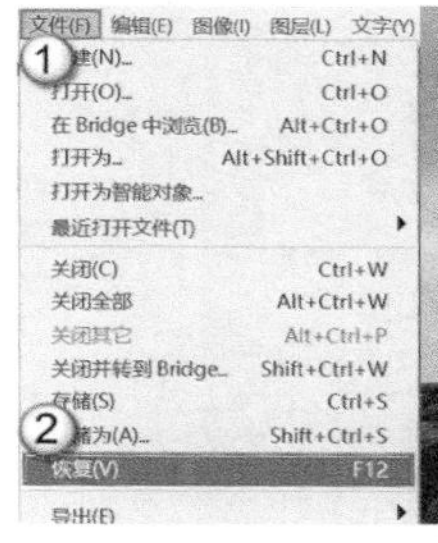

图1-82

知识回顾

扫码观看视频

教学视频： 回顾操作的撤销.mp4

命令： 还原/恢复

位置： 编辑>还原、文件>恢复

用途： 在Photoshop中依次撤销操作，或直接将图像文件恢复到上一次保存的状态或刚打开时的初始状态。

操作流程

第1步： 按快捷键Ctrl+Z或执行“编辑>还原”菜单命令，可以撤销最后一步操作，将当前图像文件还原到误操作之前的状态。

第2步： 如果想直接撤销所有操作，将图像文件恢复到上一次保存的状态或刚打开时的初始状态，则需执行“文件>恢复”菜单命令。

实战：使用“历史记录”面板还原操作

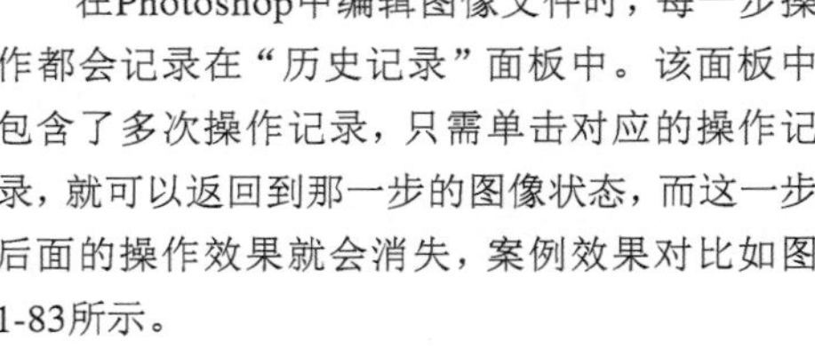

素材文件	素材文件>CH01>11
实例文件	无
教学视频	实战：使用“历史记录”面板还原操作.mp4
学习目标	掌握使用“历史记录”面板还原操作的方法

扫码观看视频

在Photoshop中编辑图像文件时，每一步操作都会记录在“历史记录”面板中。该面板中包含了多次操作记录，只需单击对应的操作记录，就可以返回到那一步的图像状态，而这一步后面的操作效果就会消失，案例效果对比如图1-83所示。

图1-83

操作步骤

01 打开“素材文件>CH01>11”文件夹中的“01.jpg”，如图1-84所示。

02 在对图像文件进行了一系列操作后，如果想直接回到图像文件的某一状态，又不想通过连续撤销的操作来实现，就需要执行“窗口>历史记录”菜单命令，让“历史记录”处于勾选状态，打开“历史记录”面板，如图1-85所示。

图1-84

图1-85

03 “历史记录”面板的上部有一张缩略图，这张缩略图显示的是图像文件刚打开时的初始状态。在处理图像文件的过程中，如果对图像不满意，在这张缩略图上单击，可以让图像直接回到初始状态，如图1-86所示。

04 缩略图下方记录的是每一步操作，单击对应的操作记录，就可以直接返回到那一步的图像状态，该操作之后的步骤效果都会消失。此外，还可以选中某一步操作记录，然后将其拖曳到面板底部的“删除当前状态”按钮 上，删除该操作记录。在本案例中，如果想将图像状态还原至“分层云彩”步骤之前的状态，只需单击“分层云彩”步骤的上一步操作记录“修改曲线图层”即可，如图1-87所示。

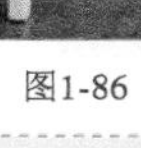

图1-86

图1-87

技巧提示

“历史记录”面板中的记录次数是有一定限制的，默认情况下只能记录最近操作的20条。如果想修改这个记录次数，需要执行“编辑>首选项>性能”菜单命令，然后更改历史记录的记录次数，具体操作步骤可参考“实战：Photoshop首选项设置”。

05 “历史记录”面板底部有3个按钮，依次为“从当前状态创建新文档”、“创建新快照”、“删除当前状态”。其中，“删除当前状态”按钮的功能可参考步骤04；“从当前状态创建新文档”按钮主要用于复制当前选中的某一步操作记录，从而创建出新的图像，如图1-88所示。另外，在处理图像文件时，如果历史记录的次数很少，可以单击“创建新快照”按钮，创建图像任意状态的临时拷贝，避免丢失操作记录，如图1-89所示。

技巧提示

在Photoshop中对面板、颜色设置、动作和首选项进行的修改不属于对某个特定图像的更改，因此不会记录在“历史记录”面板中。

图1-88

图1-89

知识回顾

教学视频： 回顾使用“历史记录”面板还原操作.mp4

命令： 历史记录

位置： 窗口>历史记录

用途： 通过使用“历史记录”面板还原任意一个操作。

扫码观看视频

操作流程

第1步： 将准备好的图像文件导入Photoshop，对图像文件进行一系列操作后出现误操作，需要还原操作。

第2步： 执行“窗口>历史记录”菜单命令，让“历史记录”处于勾选状态，打开“历史记录”面板，查看全部操作记录。单击需要返回到的操作记录。

实战：使用“缩放工具”查看图像

素材文件	素材文件>CH01>12
实例文件	无
教学视频	实战：使用“缩放工具”查看图像.mp4
学习目标	掌握使用“缩放工具”查看图像的方法

扫码观看视频

在Photoshop中处理图像文件时，为了方便查看图像，可以对图片进行放大或缩小操作，案例效果对比如图1-90所示。

图1-90

操作步骤

01 打开“素材文件>CH01>12”文件夹中的“01.jpg”，如图1-91所示。

02 单击工具箱中的“缩放工具”按钮或按Z键激活“缩放工具”，如图1-92所示，即可对图像进行缩放。

03 在“缩放工具”的属性栏中单击“放大”按钮，然后单击图像，可以放大图像，如图1-93所示；单击“缩小”按钮，然后单击图像，可以缩小图像，如图1-94所示。

图1-91

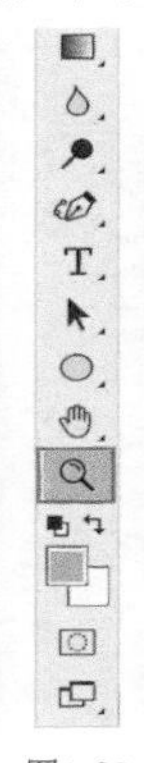
图1-92

图1-93

图1-94

技巧提示

下面介绍缩放图像的其他方法。

方法1： 按住Alt键并向前滚动鼠标滚轮，可以放大图像；按住Alt键并向后滚动鼠标滚轮，可以缩小图像。

方法2： 按快捷键Ctrl++，可以放大图像；按快捷键Ctrl+－，可以缩小图像。

方法3： 双击工作区下方状态栏中的百分比，输入合适的数值，如图1-95所示，然后按Enter键确认，即可将图像按一定比例缩放。

80% 1000 像素 x 667 像素 (72 ppi)

图1-95

知识回顾

扫码观看视频

教学视频： 回顾使用“缩放工具”查看图像.mp4

工具： 缩放工具

位置： 工具箱

用途： 对图像的视图进行放大或缩小操作，方便查看图像。

操作流程

第1步： 将准备好的图像文件导入Photoshop。

第2步： 单击工具箱中的“缩放工具”。

第3步： 在“缩放工具”的属性栏中单击“放大”按钮或“缩小”按钮，单击图像，即可对图像进行放大或缩小操作。

实战：使用“抓手工具”查看图像

素材文件	素材文件>CH01>13
实例文件	无
教学视频	实战：使用“抓手工具”查看图像.mp4
学习目标	掌握使用“抓手工具”查看图像的方法

扫码观看视频

有时使用“缩放工具”对图像进行放大时，会使图像过大，导致在工作区中无法查看完整的图像。这个时候如果想查看图像的其他部分，可以使用“抓手工具”平移图像，案例效果对比如图1-96所示。

图1-96

操作步骤

01 打开“素材文件>CH01>13”文件夹中的“01.jpg”，如图1-97所示。使用工具箱中的“缩放工具”将图像放大后，在工作区中无法查看完整的图像，如图1-98所示。

02 单击工具箱中的“抓手工具”按钮或按H键直接激活“抓手工具”，将鼠标指针放在图像上，按住鼠标左键并拖曳，即可查看图像未完整显示的部分，如图1-99所示。

图1-97

图1-98

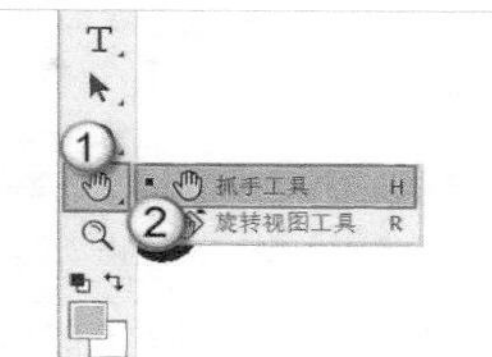

图1-99

技巧提示

当正在使用其他工具时（文字类工具除外），按住Space键，鼠标指针会自动变成小手形状，按住鼠标左键并拖曳，即可平移图像。如果松开Space键，鼠标指针会恢复为原来的状态。

知识回顾

扫码观看视频

教学视频：回顾使用“抓手工具”查看图像.mp4

工具：抓手工具

位置：工具箱

用途：使用“抓手工具”对图像进行平移，方便查看图像。

操作流程

第1步：将图像文件导入Photoshop，使用工具箱中的“缩放工具”将图像放大。

第2步：单击工具箱中的“抓手工具”按钮或按H键激活“抓手工具”，将鼠标指针放在图像上，按住鼠标左键并拖曳，即可平移图像。

实战：使用标尺和参考线辅助设计

素材文件	素材文件>CH01>14
实例文件	实例文件>CH01>实战：使用标尺和参考线辅助设计.psd
教学视频	实战：使用标尺和参考线辅助设计.mp4
学习目标	了解标尺和参考线的作用

扫码观看视频

在Photoshop中，有一些工具不能用来直接编辑图像，但可以辅助修改图片，如标尺和参考线。标尺常用于辅助用户绘制尺寸精准的对象，参考线则是以浮动状态显示在图像上方，常与标尺搭配使用，以精准定位图像或元素，案例效果对比如图1-100所示。

操作步骤

01 执行“文件>打开”菜单命令或按快捷键Ctrl+O，打开“素材文件>CH01>14”文件夹中的“01.psd”，图像文件中的“春”“日”“野”“炊”4个文字排列得不规则，如图1-101所示。

图1-100

图1-101

02 执行“视图>标尺”菜单命令或按快捷键Ctrl+R，窗口顶部和左侧会出现标尺，如图1-102所示。

03 将鼠标指针放置在标尺上，按住鼠标左键向工作区拖曳（可从顶部向下拖曳，也可从左侧向右拖曳），松开鼠标左键，即可创建参考线，如图1-103所示。

图1-102

图1-103

> **技巧提示**
>
> 如果想调整参考线的位置，可以按H键，然后将鼠标指针放置在参考线上，按住鼠标左键并拖曳，即可调整参考线的位置，如图1-104所示。
>
> 如果想锁定参考线，即在操作中不误拖动参考线，可以执行“视图>锁定参考线”菜单命令，如图1-105所示，将所有参考线锁定。

图1-104

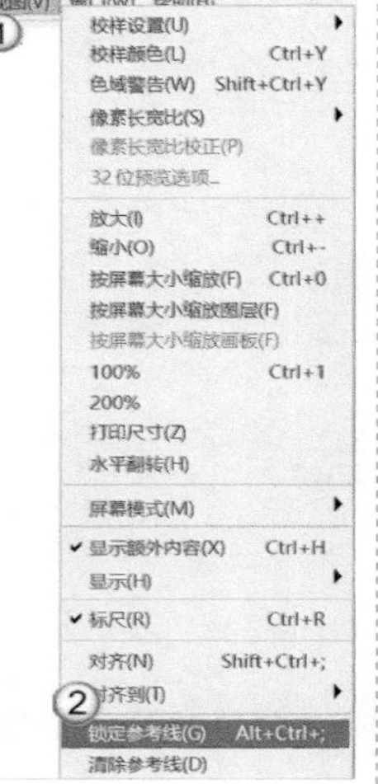

图1-105

04 现在需要将图像文件中的“春”“日”“野”“炊”4个文字排列整齐，但仅靠肉眼分辨无法做到完全对齐。可以分别选中这4个文字，然后将它们按排列需求拖曳到参考线附近，文字会自动吸附到参考线上，这时文字就排列整齐了，如图1-106所示。

图1-106

知识回顾

教学视频： 回顾使用标尺和参考线辅助设计.mp4

命令： 标尺

位置： 视图>标尺

用途： 使用标尺和参考线以精准定位图像或元素。

扫码观看视频

操作流程

第1步： 执行“视图>标尺”菜单命令或按快捷键Ctrl+R，激活标尺，窗口顶部和左侧会出现标尺。将鼠标指针放在标尺上，按住鼠标左键并向工作区拖曳，将参考线放在需要对齐的位置。接下来按照需要不断重复上述操作，拖曳出所有参考线。

第2步： 将需要排列对齐的元素拖曳到参考线附近，元素会自动对齐到参考线上。

技术专题：清除参考线

下面介绍清除参考线的两种方法。

第1种： 当图像中的参考线较少时，可以按H键，然后将鼠标指针放置在参考线上，当鼠标指针变成分隔符形状时，按住鼠标左键，将参考线依次拖曳到工作区以外的地方。清除参考线前后的对比效果如图1-107所示。

第2种： 当图像中的参考线较多时，可以执行“视图>清除参考线”菜单命令，将工作区中的所有参考线一次性清除，如图1-108所示。

图1-107

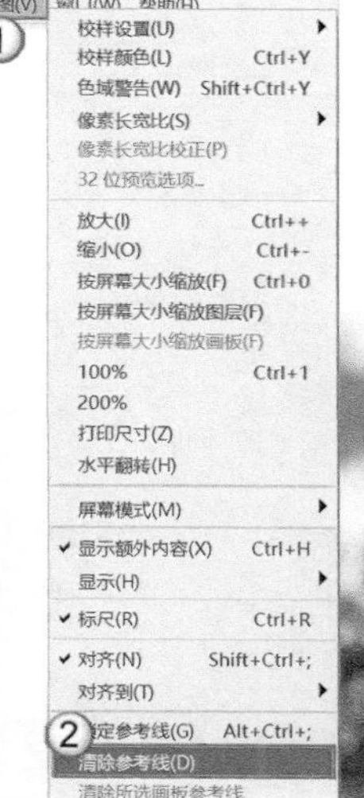

图1-108

实战：使用“网格”和“对齐”命令排列元素

素材文件	素材文件>CH01>15
实例文件	实例文件>CH01>实战：使用“网格”和“对齐”命令排列元素.psd
教学视频	实战：使用“网格”和“对齐”命令排列元素.mp4
学习目标	了解“网格”和“对齐”命令的作用

Photoshop中网格的作用和参考线类似，都可以用来精准定位图像或元素，案例效果对比如图1-109所示。

操作步骤

01 打开“素材文件>CH01>15”文件夹中的“使用‘网格’和‘对齐’命令排列元素.psd”，如图1-110所示。

图1-109

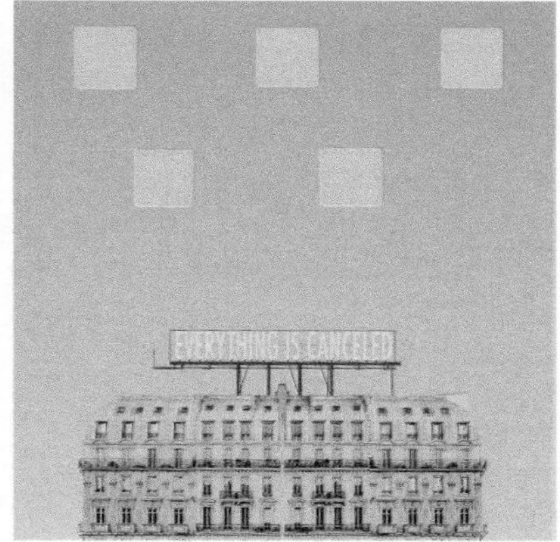

图1-110

02 执行“视图>显示>网格”菜单命令，即可打开网格，如图1-111所示。

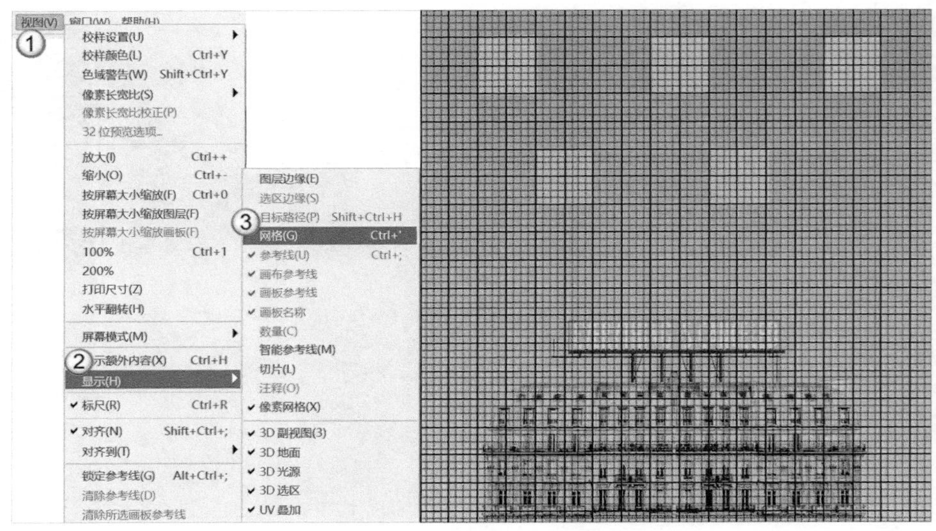

图1-111

技巧提示

下面介绍修改网格参数的方法。

第1步： 执行“编辑>首选项>参考线、网格和切片”菜单命令，如图1-112所示。

第2步： 打开“首选项”对话框，在“参考线、网格和切片”选项卡中根据需要设置“网格”选项组中的“颜色”、网格样式、“网格线间隔”和“子网格”，设置完成后单击“确定”按钮，如图1-113所示。

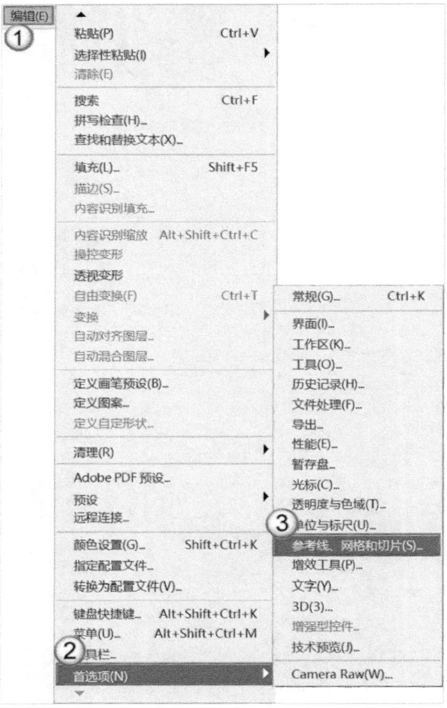

图1-112

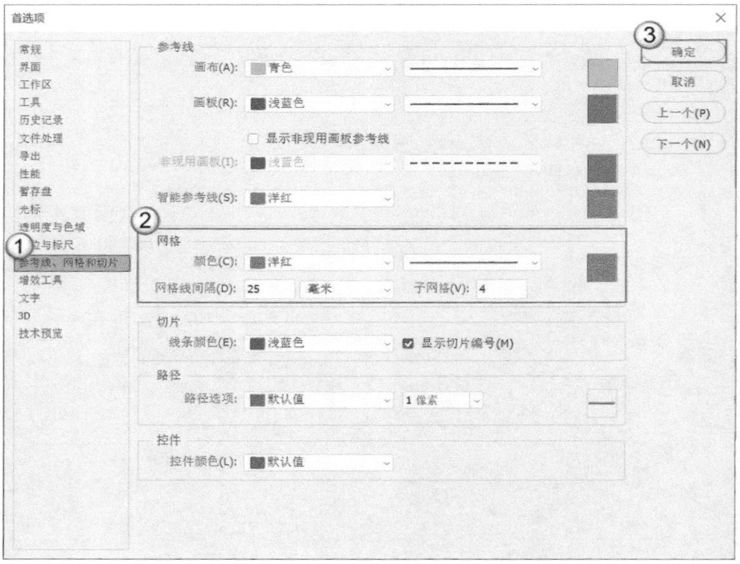

图1-113

03 执行“视图>对齐”菜单命令，将工作区中的5个矩形依次拖曳到网格线附近，矩形会自动捕捉到网格线并进行对齐，如图1-114所示。

04 执行“视图>显示>网格”菜单命令，即可关闭网格线，如图1-115所示。

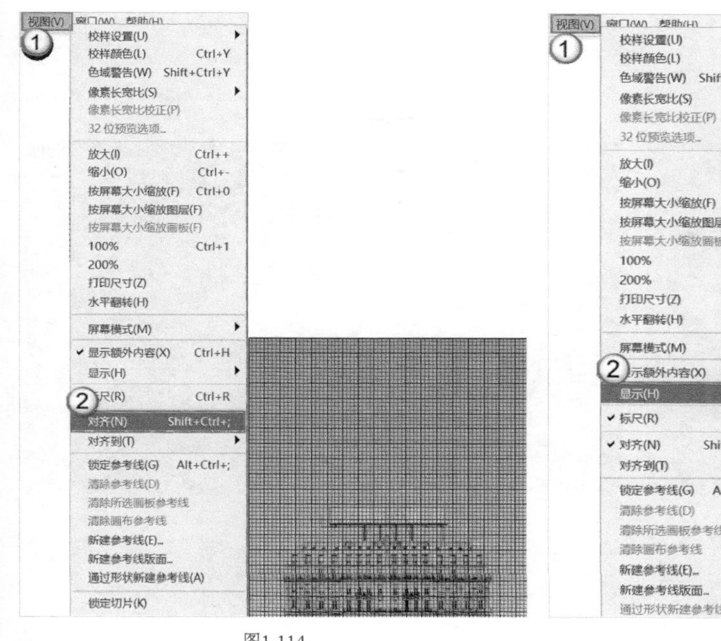

图1-114

图1-115

知识回顾

扫码观看视频

教学视频：回顾使用“网格”和“对齐”命令排列元素.mp4

命令：网格/对齐

位置：视图>显示>网格、视图>对齐

用途：精准定位图像或元素。

操作流程

第1步：当图像文件中有多个元素需要对齐时，执行“视图>显示>网格”菜单命令，打开网格线。

第2步：执行“视图>对齐”菜单命令，依次将图像文件中需要对齐的元素拖曳到网格线附近，元素会自动捕捉到网格线并进行对齐。

第3步：执行“视图>显示>网格”菜单命令，即可关闭网格线。

实战：Photoshop首选项设置

素材文件	无
实例文件	无
教学视频	实战：Photoshop首选项设置.mp4
学习目标	学会设置Photoshop的首选项

扫码观看视频

Photoshop默认设置对于部分使用者来说并不方便，读者可以根据需要对首选项进行设置。“磨刀不误砍柴工”，首选项就像磨刀石，要想Photoshop用起来更称心如意，就需要设置首选项的一些重要功能，如界面颜色、自动保存时间、历史记录次数、暂存盘等。

操作步骤

01 执行“编辑>首选项>常规”菜单命令，如图1-116所示，打开“首选项”对话框。

图1-116

02 在“首选项”对话框中，切换到“界面”选项卡，“颜色方案”中有黑色、深灰色、浅灰色、白色4种界面颜色，读者可以根据个人习惯设置界面颜色，下面分别演示各个颜色的对话框效果。设置“颜色方案”为黑色，效果如图1-117所示；设置“颜色方案”为深灰色，效果如图1-118所示；设置“颜色方案”为浅灰色，效果如图1-119所示；设置“颜色方案”为白色，效果如图1-120所示。

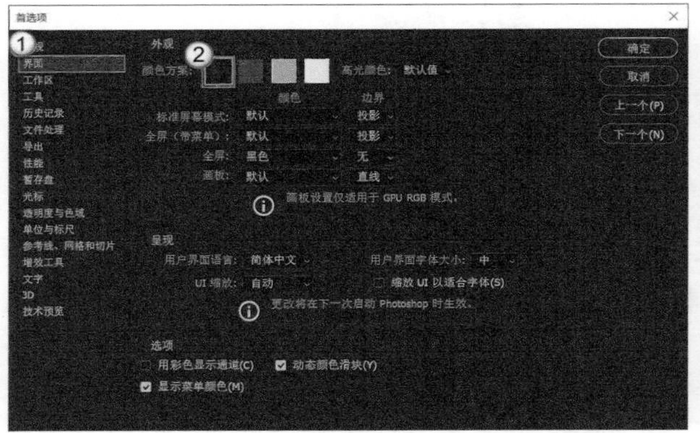

图1-117

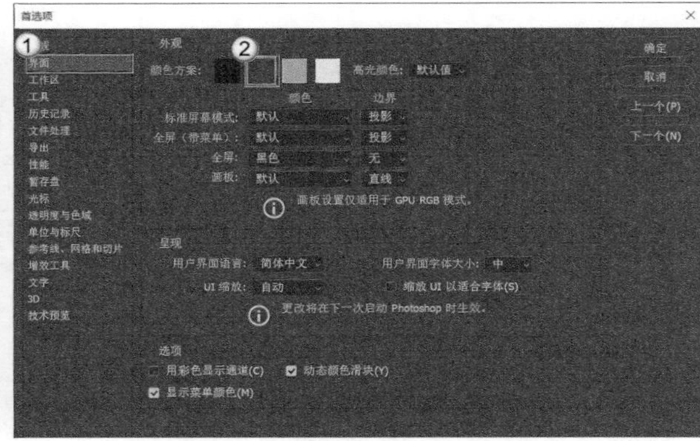

图1-118

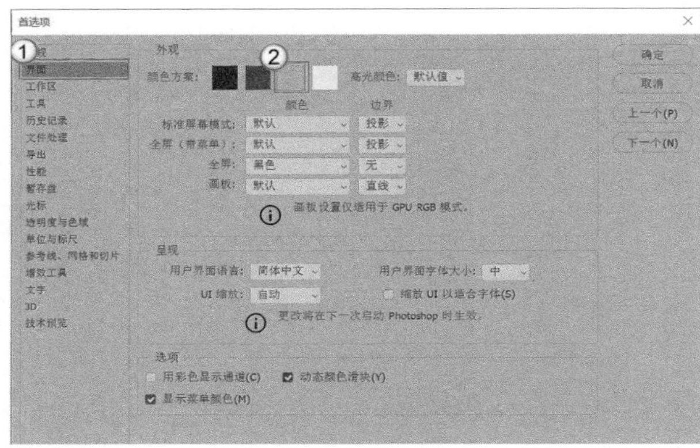

图1-119

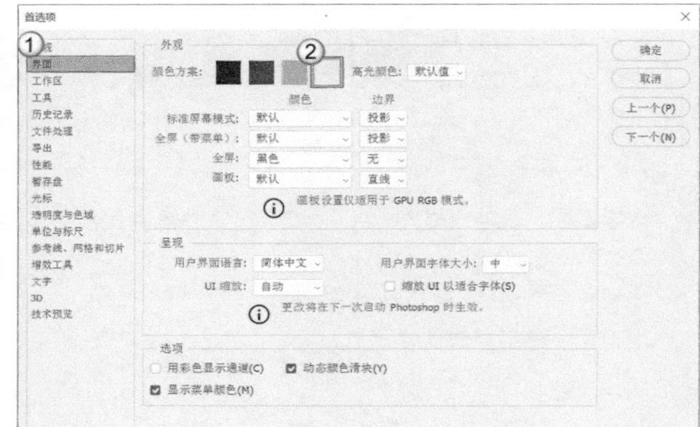

图1-120

03 切换到“文件处理”选项卡，勾选“自动存储恢复信息的间隔”复选框，在下方的下拉列表中选择需要的时间间隔。例如，选择“5分钟”选项，表示Photoshop每隔5分钟就会自动存储文件，如图1-121所示。

04 切换到“性能”选项卡，在“历史记录状态”文本框中可以输入1~1000的任意整数，也可以单击右侧的按钮，拖曳滑块进行调整，这样就可以设置“历史记录”面板中的记录次数，从而保证有足够多的记录次数来记录比较多的操作，让用户能够随时还原到想要的状态，如图1-122所示。

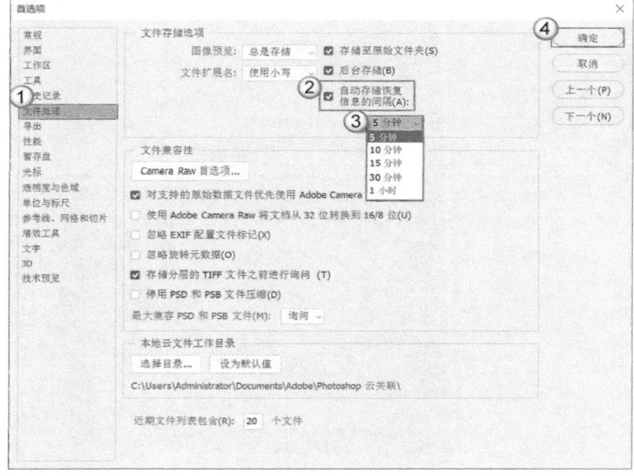

图1-121

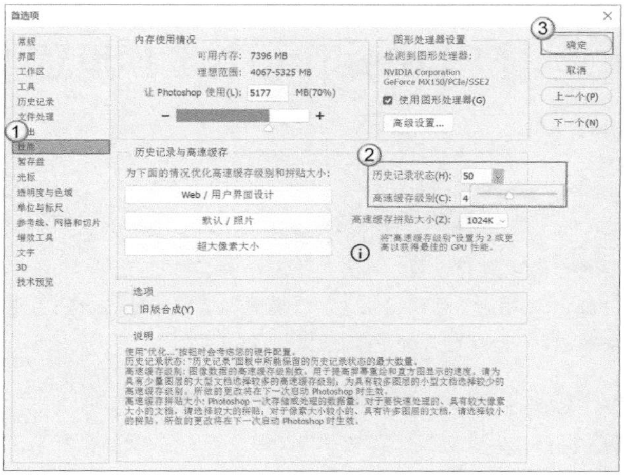

图1-122

05 切换到“暂存盘”选项卡，勾选用于暂存文件的驱动盘。例如，勾选“C:\”驱动盘，目前空间还剩下163.52GB，然后单击“确定”按钮，如图1-123所示。

> **技巧提示**
>
> 建议将空间较大的驱动盘设置为暂存盘，如果暂存盘的空间不足，Photoshop会出现卡顿甚至自动退出的问题。

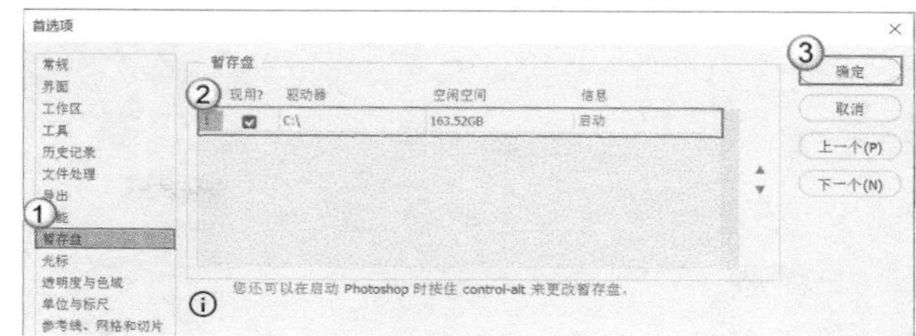

图1-123

知识回顾

扫码观看视频

教学视频： 回顾Photoshop首选项设置.mp4

命令： 常规

位置： 编辑>首选项>常规

用途： 设置首选项的一些重要功能，如界面颜色、自动保存时间、历史记录次数、暂存盘等。

操作流程

第1步： 执行“编辑>首选项>常规”菜单命令，打开“首选项”对话框。

第2步： 在“首选项”对话框中，设置Photoshop的“颜色方案”“自动存储恢复信息的间隔”“历史记录状态”“暂存盘”等参数。

实战：清理内存

素材文件	无
实例文件	无
教学视频	实战：清理内存.mp4
学习目标	掌握清理内存的方法

扫码观看视频

在处理图像时Photoshop需要暂存大量数据，这会占用大量内存，从而导致Photoshop的运行速度变慢，影响工作效率。为了能更顺畅地使用Photoshop，应及时清理内存。

操作步骤

01 执行“编辑>清理>剪贴板”菜单命令，在弹出的对话框中单击“确定”按钮，清理剪贴板内容所占用的内存，如图1-124所示。

02 执行“编辑>清理>历史记录”菜单命令，在弹出的对话框中单击“确定”按钮，清理历史记录内容所占用的内存，如图1-125所示。

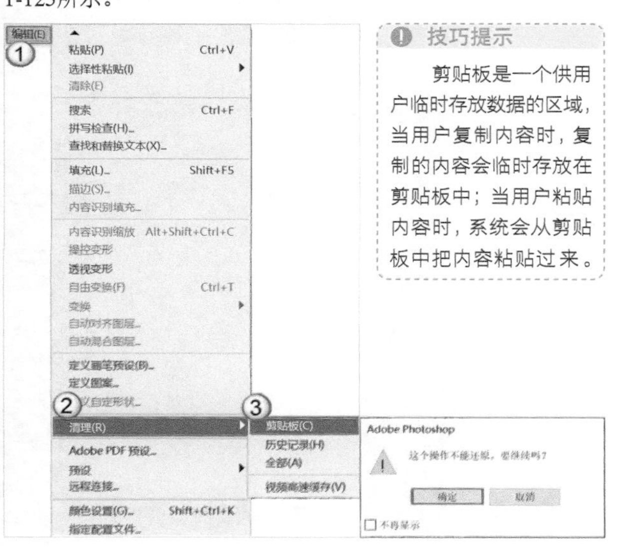

图1-124

> **技巧提示**
>
> 剪贴板是一个供用户临时存放数据的区域，当用户复制内容时，复制的内容会临时存放在剪贴板中；当用户粘贴内容时，系统会从剪贴板中把内容粘贴过来。

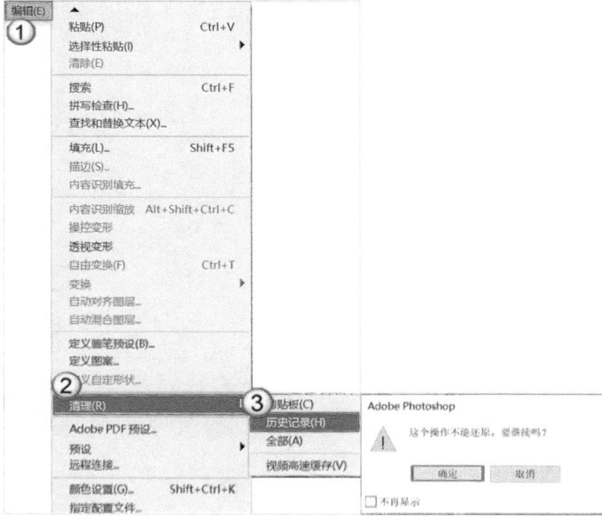

图1-125

03 执行“编辑>清理>全部”菜单命令，在弹出的对话框中单击“确定”按钮，清理全部操作记录和内容，释放内存，如图1-126所示。

☞ 知识回顾

教学视频： 回顾清理内存.mp4

命令： 清理

位置： 编辑>清理

用途： 清理Photoshop内存，提高软件的运行速度。

扫码观看视频

操作流程

执行“编辑>清理”菜单命令，在子菜单中选择“剪贴板”“历史记录”或“全部”命令，分别清理对应内容所占用的内存，提高Photoshop的运行速度。

图1-126

综合案例：使用“新建”“置入嵌入对象”“存储为”命令制作饮品广告

素材文件	素材文件>CH01>16
实例文件	实例文件>CH01>综合案例：使用“新建”“置入嵌入对象”“存储为”命令制作饮品广告.psd
教学视频	综合案例：使用“新建”“置入嵌入对象”“存储为”命令制作饮品广告.mp4
学习目标	掌握“新建”“置入嵌入对象”“存储为”等命令的用法

扫码观看视频

通过执行“文件>新建/置入嵌入对象/存储为”菜单命令制作饮品广告，了解广告海报的制作方式，并对素材进行简单的阴影处理，案例效果如图1-127所示。

01 打开Photoshop，执行“文件>新建”菜单命令，如图1-128所示，打开“新建文档”对话框。

02 在“新建文档”对话框中选择“最近使用项”中的“自定”模板，在“预设详细信息”区域设置名称为“饮品广告”，“宽度”为1000像素，“高度”为1500像素，“方向”为竖向，“分辨率”为72像素/英寸，“颜色模式”为“RGB颜色”和“8位”，“背景内容”为“白色”（R:255，G:255，B:255），单击“创建”按钮，完成图像文档的创建，如图1-129和图1-130所示。

图1-127　　图1-128

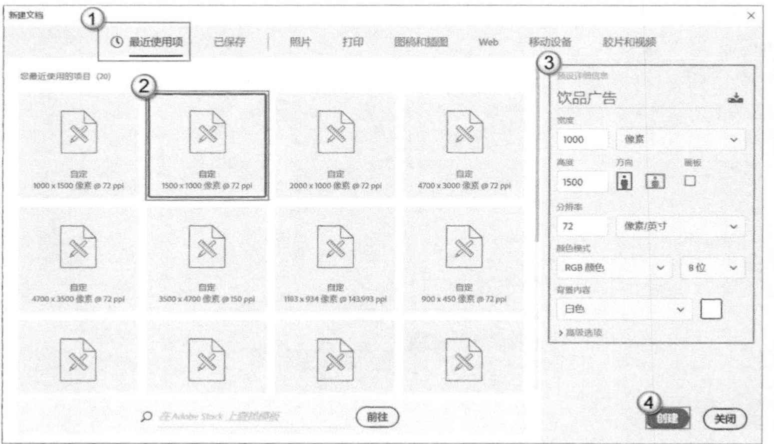

图1-129

图1-130

03 执行“文件>置入嵌入对象”菜单命令，将“素材文件>CH01>16”中的“饮品广告背景图.jpg”导入背景图层，拖曳图像边框或角点调整图像的大小，以适应画布，按Enter键确认，如图1-131所示。

图1-131

04 执行“文件>置入嵌入对象”菜单命令，将“素材文件>CH01>16”中的“饮品.psd”导入Photoshop，拖曳图像边框或角点调整图像的大小，以适应画布，按Enter键确认，如图1-132所示。

图1-132

05 目前饮品广告的主体元素都放置好了，接下来需要对它们进行简单的阴影处理，使瓶身与背景融合得更自然。选择工具箱中的“钢笔工具>弯度钢笔工具”，将“弯度钢笔工具”的工具模式设置为“形状”，在瓶身下方绘制阴影的形状，按Enter键确认选区，如图1-133所示。

06 此时“图层”面板中出现“形状1”图层，该图层为阴影所在的图层。双击“形状1”图层的名称，将“形状1”图层重命名为“阴影”图层，并将“饮品”图层拖曳至“阴影”图层的上方，避免阴影挡住瓶身，如图1-134和图1-135所示。

图1-133

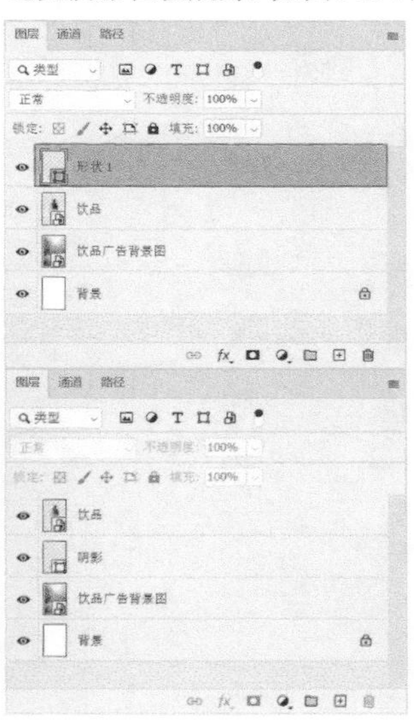

图1-134

图1-135

07 按快捷键Ctrl+T激活自由变换模式，对阴影的形状进行调整，按Enter键确认，如图1-136所示。

08 选中“阴影”图层，执行“滤镜>模糊>高斯模糊”菜单命令。在“高斯模糊”对话框中设置“半径”为10.0像素，单击“确定”按钮，对阴影进行模糊处理，如图1-137和图1-138所示。

图1-136

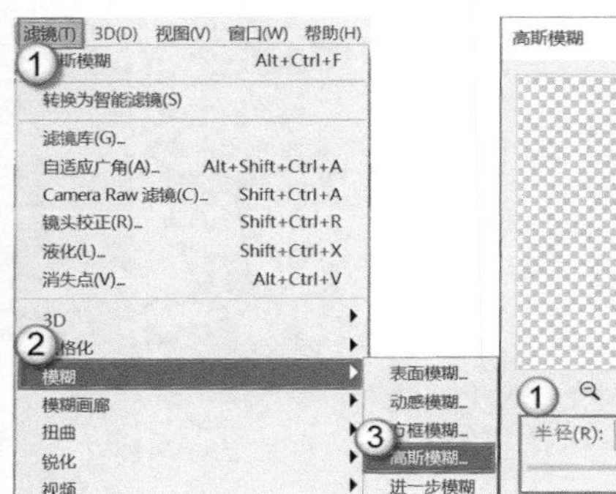

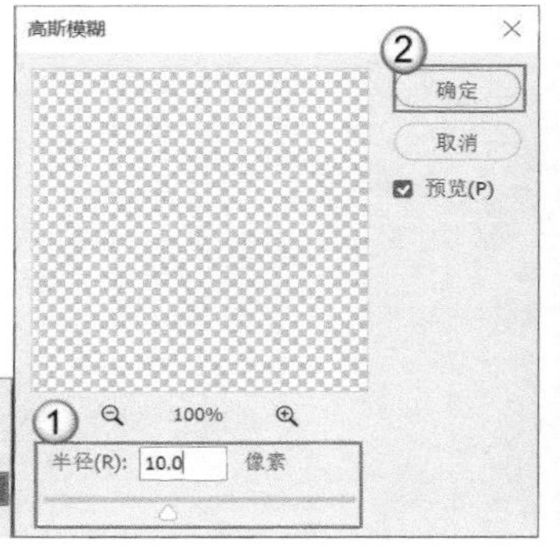

图1-137

图1-138

09 双击“阴影”图层，打开“图层样式”对话框，切换到“颜色叠加”选项卡，单击“颜色”选项组中的色块，打开“拾色器”对话框，选取一种介于深棕色和黑色之间的颜色，因为阳光的投影并非黑色，而是带有些许投射面的颜色，即图像中下方木头呈现的深棕色，单击“确定”按钮，关闭“拾色器”对话框。然后单击“图层样式”对话框中的“确定”按钮，关闭“图层样式”对话框。操作步骤如图1-139~图1-141所示，图片效果如图1-142所示。

10 现在阴影部分和背景的过渡更自然，下面需要用“画笔工具”修饰阴影周围的区域。选择工具箱中的“画笔工具”，在“画笔工具”的属性栏中设置“大小”为80像素，“硬度”为17%，选中“饮品广告背景图”图层，在阴影周围进行涂抹。操作过程如图1-143所示，图片效果如图1-144所示。

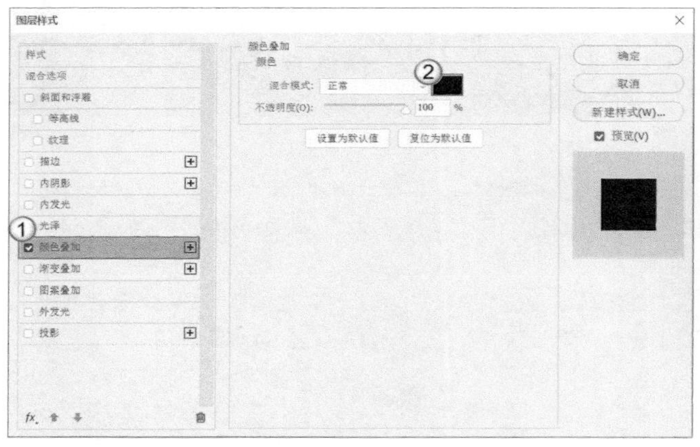

图1-139

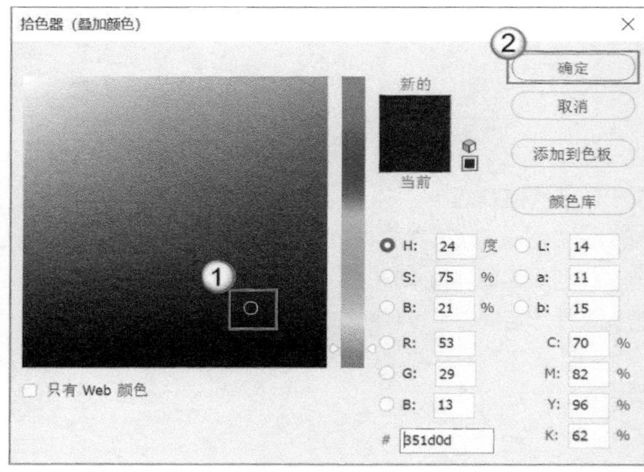

图1-140

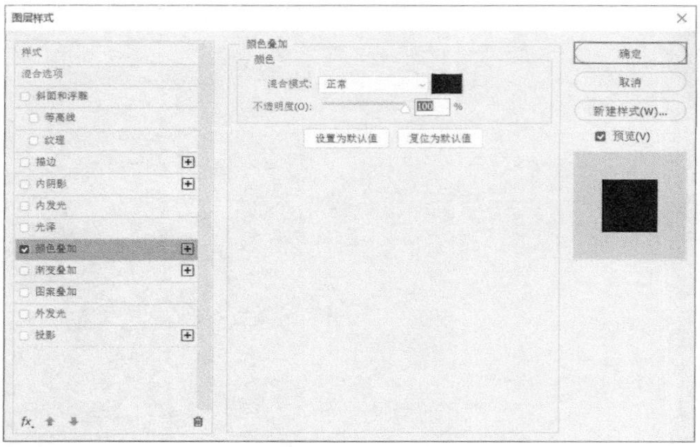

图1-141

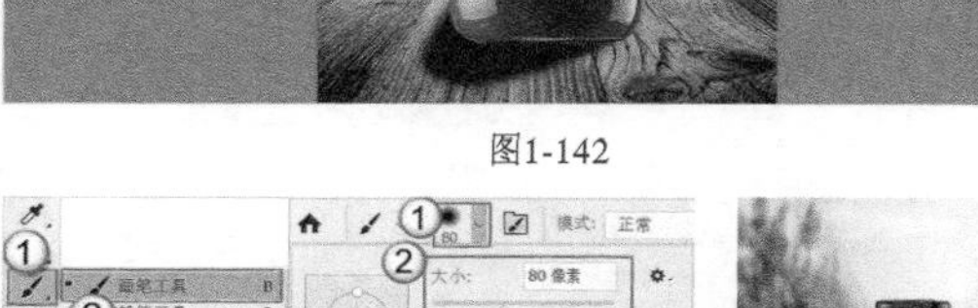

图1-142

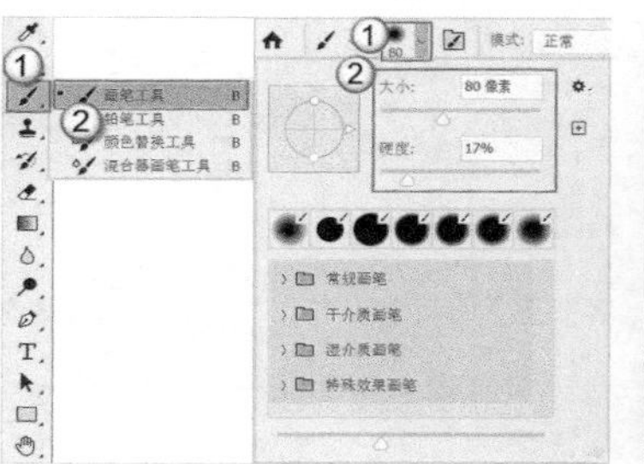

图1-143

图1-144

 **疑难问答**

问： 用“画笔工具”在阴影周围进行过渡处理时，如果出现图1-145所示的对话框，应该怎么解决呢？

Adobe Photoshop

无法使用画笔工具，因为智能对象不能直接进行编辑。

确定

图1-145

答： 在进行添加滤镜、形状分割等操作时，图层内容必须为位图形式。目前图层中的图像是智能对象，无法直接对其进行操作，因此需要对其进行栅格化处理，即将智能对象转化为位图形式。在“饮品广告背景图”图层上单击鼠标右键，选择“栅格化图层”命令，即可将其转换为位图形式，如图1-146所示。

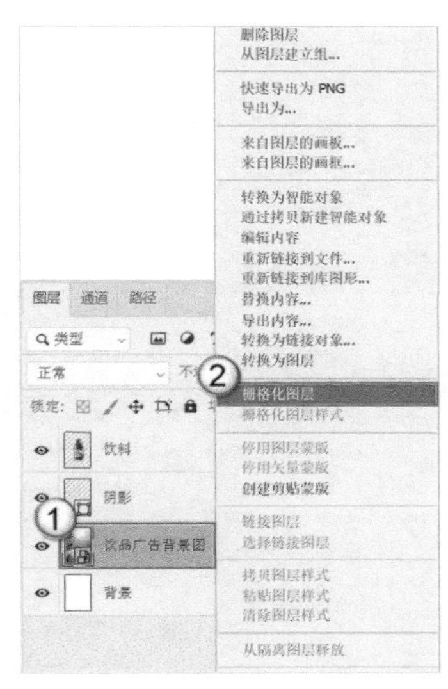

图1-146

11 制作好饮品广告的图像后需要进行保存。执行“文件>存储为”菜单命令，选择图像文件的存储位置，设置“文件名”为“饮品广告”，根据实际需要选择保存类型。例如，设置“保存类型”为Photoshop。单击“保存”按钮，即可完成保存，如图1-147所示。

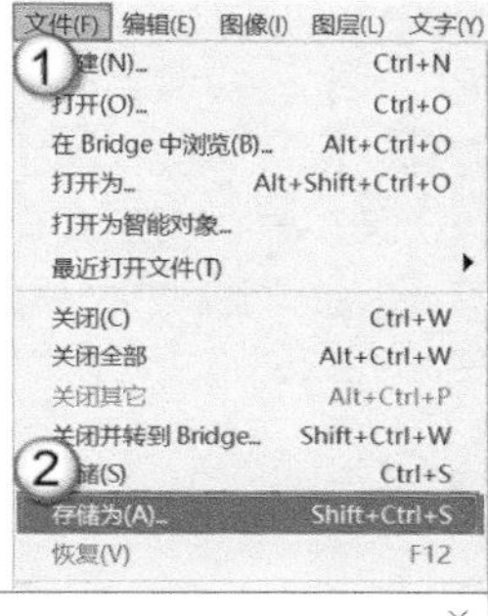

图1-147

综合案例：使用“置入嵌入对象”命令、标尺和参考线制作拼贴画

素材文件	素材文件>CH01>17
实例文件	实例文件>CH01>综合案例：使用“置入嵌入对象”命令、标尺和参考线制作拼贴画.psd
教学视频	综合案例：使用“置入嵌入对象”命令、标尺和参考线制作拼贴画.mp4
学习目标	掌握控制画面位置的方法

扫码观看视频

本案例主要通过执行“文件>置入嵌入对象”菜单命令置入多个图像文件，并借助参考线完成多个图像文件的排列，以制作出简单的拼贴画，案例效果如图1-148所示。

01 执行“文件>新建”菜单命令或按快捷键Ctrl+N，打开“新建文档”对话框，设置文件名为“拼贴画”，“宽度”为800像素，“高度”为500像素，“方向”为竖向，“分辨率”为72像素/英寸，“颜色模式”为“RGB颜色”和“8位”，“背景内容”为“白色”(R:255，G:255，B:255)，单击“创建”按钮，如图1-149所示。新建的图像文件如图1-150所示。

图1-148

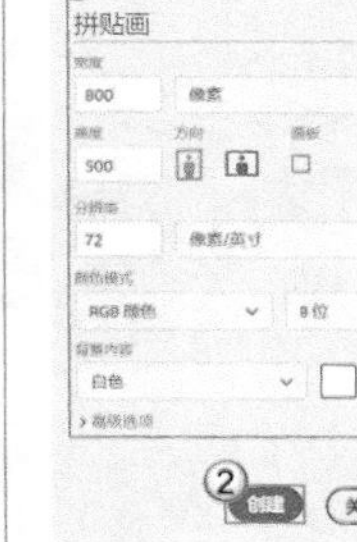

图1-149

图1-150

02 执行“视图>标尺”菜单命令或按快捷键Ctrl+R，窗口顶部和左侧会出现标尺。将鼠标指针放置在标尺上，按住鼠标左键向工作区拖曳，根据实际需要创建合适的参考线，便于后续调整置入对象的尺寸和位置，如图1-151所示。

03 执行“文件>置入嵌入对象”菜单命令，依次置入准备好的图像文件。置入后，根据参考线调整图像文件的尺寸和位置，如图1-152所示。

图1-151

图1-152

04 执行“视图>清除参考线”菜单命令，一次性清除全部参考线，如图1-153所示。

05 执行“文件>存储”菜单命令，将图像文件直接按默认存储类型保存至默认位置，如图1-154所示。

如果要单独保存，可以执行“文件>存储为”菜单命令，选择存储位置，设置“文件名”为“拼贴画”，根据实际需要选择“保存类型”，如PSD，单击“保存”按钮，完成保存，如图1-155所示。

图1-153

图1-154

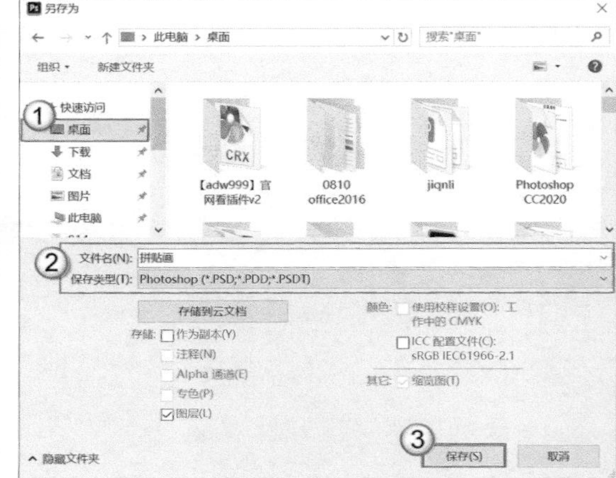

图1-155

学以致用：更换手机屏保

素材文件	素材文件>CH01>18
实例文件	实例文件>CH01>学以致用：更换手机屏保.psd
教学视频	学以致用：更换手机屏保.mp4
学习目标	掌握使用置入功能更换手机屏保的方法

扫码观看视频

本案例通过执行“文件>置入嵌入对象”菜单命令将准备好的素材文件置入背景图层中，更换手机屏保，案例效果对比如图1-156所示。

图1-156

01 打开“素材文件>CH01>18”文件夹中的“手机屏保.jpg”，如图1-157所示。

02 执行“文件>置入嵌入对象”菜单命令，将“素材文件>CH01>18”文件夹中的“替换屏保.jpg”置入图像中，如图1-158所示。将其调整至合适的尺寸和位置，以覆盖手机原有的屏保，如图1-159所示。

图1-157

图1-158

图1-159

03 执行“文件>置入嵌入对象”菜单命令，将“素材文件>CH01>18”文件夹中的“文字.png”置入图像中，并将其调整至合适的尺寸和位置，以合成新的手机屏保，如图1-160所示。

图1-160

学以致用：制作悬浮岛屿

素材文件	素材文件>CH01>19
实例文件	实例文件>CH01>学以致用：制作悬浮岛屿.psd
教学视频	学以致用：制作悬浮岛屿.mp4
学习目标	掌握使用“置入嵌入对象”命令制作悬浮岛屿的方法

扫码观看视频

本案例通过执行“文件>置入嵌入对象”菜单命令，将岛屿、月亮、长颈鹿、大树和小鸟这几个元素合成在同一个图像文件中，案例效果如图1-161所示。

01 打开“素材文件>CH01>19”文件夹中的“背景图.jpg”，如图1-162所示。

图1-161

图1-162

02 执行“文件>置入嵌入对象”菜单命令，将“素材文件>CH01>19”文件夹中的“大树和长颈鹿.psd”置入图像中，如图1-163所示。将其调整至合适的尺寸和位置，如图1-164所示。

图1-163

图1-164

03 执行“文件>置入嵌入对象”菜单命令，将“素材文件>CH01>19”文件夹中的“月亮.psd”置入图像中，将其调整至合适的尺寸和位置，效果如图1-165所示。

04 执行“文件>置入嵌入对象”菜单命令，将“素材文件>CH01>19”文件夹中的“小鸟.psd”置入图像中，将其调整至合适的尺寸和位置，效果如图1-166所示。

图1-165

图1-166

第 2 章

① 技巧提示 + ② 疑难问答 + ◎ 技术专题

Photoshop的基础操作

本章将介绍Photoshop的基础工具，这些工具比较常用，主要用于对图片进行基础处理，如修改尺寸、裁剪、旋转、变换等。请读者按照步骤操作，以便熟悉工具的功能和操作方法。

学习重点

实战：修改图像尺寸

素材文件	素材文件>CH02>01
实例文件	实例文件>CH02>实战：修改图像尺寸.psd
教学视频	实战：修改图像尺寸.mp4
学习目标	掌握修改图像尺寸的方法

扫码观看视频

在使用Photoshop处理图片时，免不了要对图像尺寸进行修改。在实际操作中，处理和编辑图像时往往需要更改或调整图像的高度、宽度和分辨率，执行“图像>图像大小”菜单命令即可设置相关参数，案例效果对比如图2-1所示。

图2-1

操作步骤

01 打开Photoshop，执行“文件>打开”菜单命令（快捷键为Ctrl+O），打开“素材文件>CH02>01”文件夹中的1.jpg素材图片，如图2-2所示。

图2-2

图2-3

02 执行“图像>图像大小”菜单命令（快捷键为Alt+Ctrl+I），打开“图像大小”对话框，对话框中显示了图像文件的原尺寸，如图2-3所示。

> **技巧提示**
>
> 展开“调整为”下拉列表，可以选择Photoshop预设的常用尺寸，如图2-4所示，单击“确定”按钮，即可完成尺寸的修改。

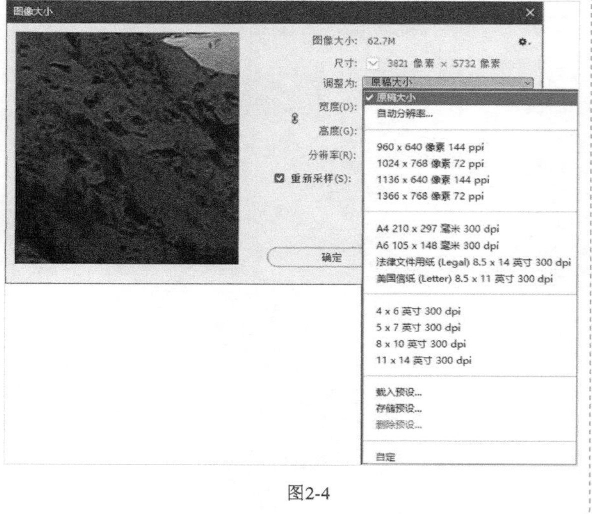

图2-4

03 这里直接通过输入的方式来改变图像的尺寸。设置“宽度”为1000像素，“高度”会自动变更为1500像素，单击“确定”按钮，即可完成图像尺寸的修改，如图2-5所示。

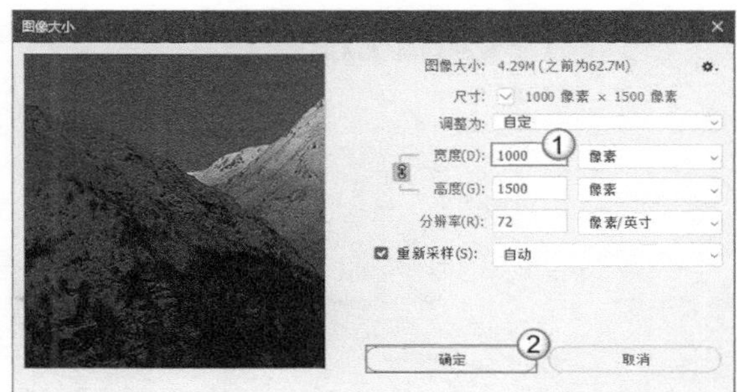

图2-5

技术专题：自定义图片的宽度和高度

读者在操作过程中可能会发现宽度和高度没有同步变化，这是因为锁定宽高比功能没有激活，如图2-6所示。这个时候就需要单独设置宽度和高度。

笔者建议读者在修改图片尺寸的时候一定要激活这个功能，否则会改变原图像的宽高比，从而使图像被拉伸，如图2-7所示。

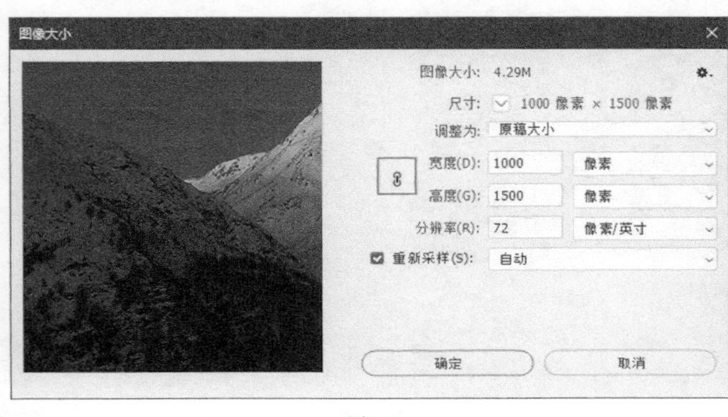

图2-6

图2-7

知识回顾

教学视频：图像大小.mp4

命令：图像大小（快捷键为Alt+Ctrl+I）

位置：图像>图像大小

用途：自定义图像的高度、宽度和分辨率，一般用于修改图像大小，以适配不同比例的画布（常见的比例有16：9和4：3等）。参数如图2-8所示。

扫码观看视频

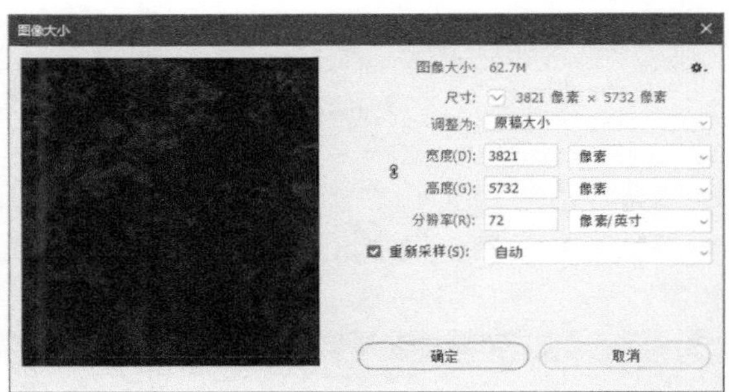

图2-8

疑难问答

问：在设计工作中对图片的尺寸有什么要求？

答：不同的设计对象对图片的尺寸有不同的要求，下面罗列一些常用的设计尺寸，这些尺寸会因为平台或设置的变化而不同。注意，表中数据的单位均为像素（px）。

类型	大小
天猫/淘宝全屏首页	1920（宽度）
天猫店招	990×150
淘宝店招	950×150
天猫详情页（计算机端）	790（宽度）
淘宝详情页（计算机端）	750（宽度）
产品主图（计算机端）	800×800
产品主图（手机端）	750×1000

实战：修改画布大小

素材文件	素材文件>CH02>02
实例文件	实例文件>CH02>实战：修改画布大小.psd
教学视频	实战：修改画布大小.mp4
学习目标	掌握修改画布大小的方法

扫码观看视频

在Photoshop中，可以把画布理解为一张白纸，要处理的图像可以理解为这张白纸上的画。修改画布大小时，图像并不会随着画布大小的变化而变化，这是修改画布大小和修改图像大小的区别。

操作步骤

01 执行“文件>打开”菜单命令（快捷键为Ctrl+O），打开“素材文件>CH02>02”文件夹中的2.jpg素材图片，如图2-9所示。

02 执行“图像>画布大小”菜单命令（快捷键为Alt+Ctrl+C），打开“画布大小”对话框，对话框中显示的是画布的原始尺寸，如图2-10所示。

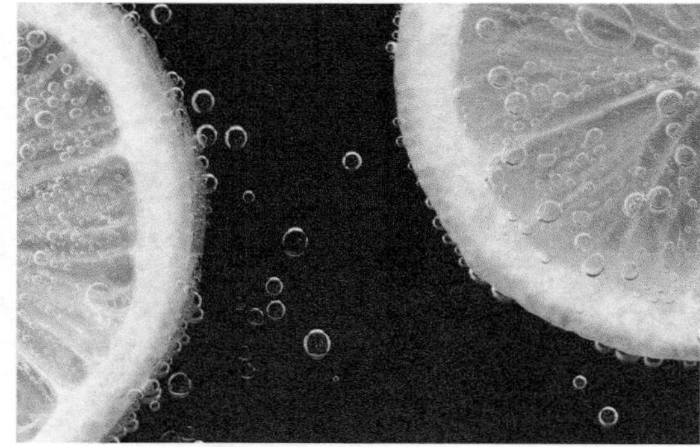

图2-9

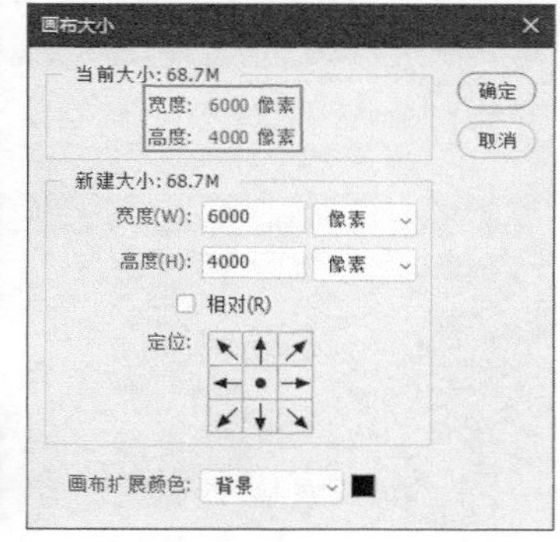

图2-10

03 在“画布大小”对话框中可以自定义画布的“宽度”“高度”“定位”“画布扩展颜色”。当修改后的“宽度”或“高度”值大于原始画布尺寸时，就会增加画布的尺寸。设置“宽度”为7000像素，单击“确定”按钮，如图2-11所示。此时画布会变宽，如图2-12所示。

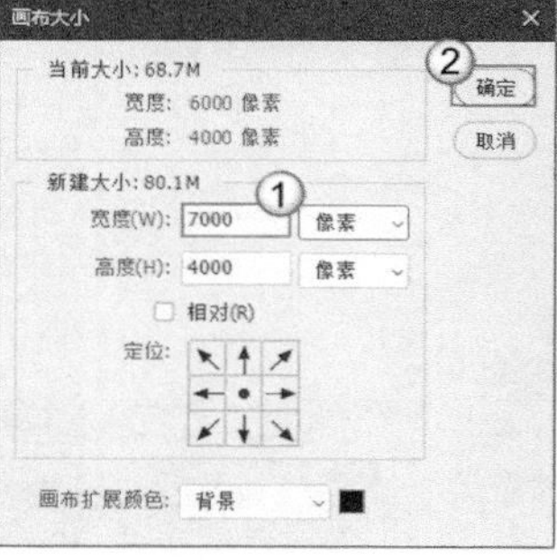

图2-11

图2-12

当修改后的“宽度”或“高度”值小于原始画布尺寸时，超出画布区域的图像部分就会被裁切掉。设置“宽度”为5000像素，单击“确定”按钮，在弹出的提示对话框中单击“继续”按钮，如图2-13所示。此时可以发现图片超出画布的区域被裁切掉了，如图2-14和图2-15所示。

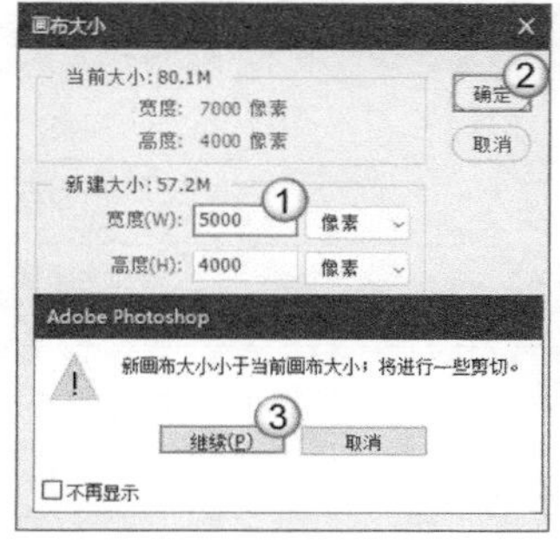

图2-13

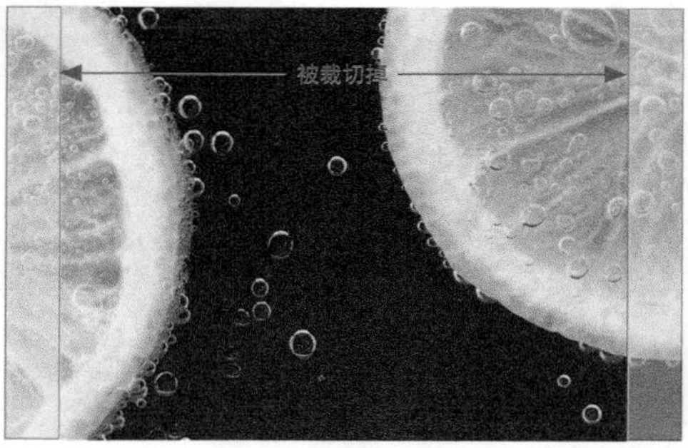

图2-14

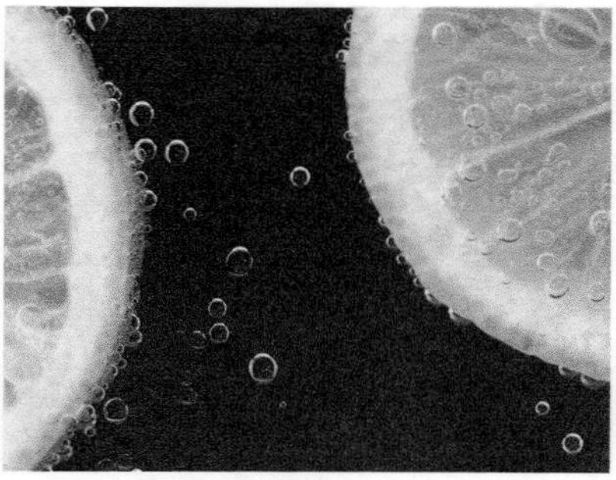

图2-15

04 勾选“相对”复选框，此时的“宽度”和“高度”将代表实际增加或减少区域的大小，而非代表整个画布的大小。正值表示增大画布。设置“宽度”和“高度”均为1400像素，单击“确定”按钮，如图2-16所示。此时画布的高度和宽度均增加了1400像素，如图2-17所示。

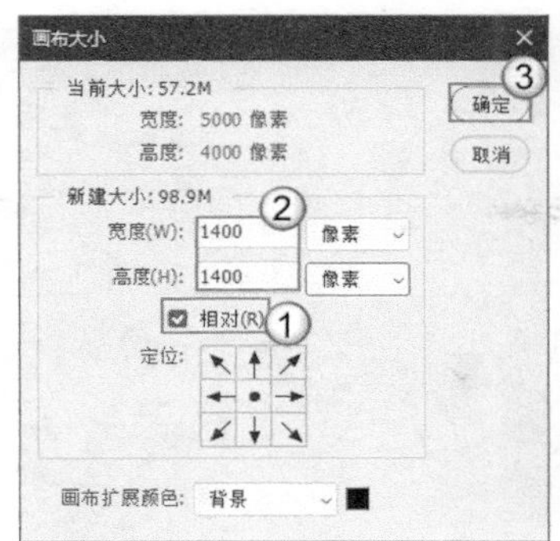

图2-16

图2-17

负值表示减小画布。设置“宽度”和“高度”均为-2800像素，单击“确定”按钮，在弹出的提示对话框中单击“继续”按钮，如图2-18所示。此时画布的宽度和高度均减少了2800像素，如图2-19所示。

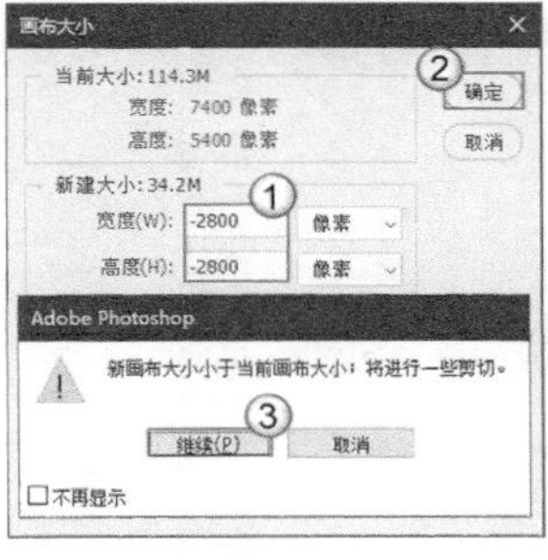

图2-18

图2-19

05 “画布扩展颜色”用于设置超出原始画布区域的颜色，展开“画布扩展颜色”下拉列表，可以选择使用“前景色”、“背景色”、“白色”、“黑色”或“灰色”作为画布扩展区域的颜色，也可以单击后面的色块，选择想要的颜色。勾选“相对”复选框，设置“宽度”和“高度”均为2800像素，单击“画布扩展颜色”下拉列表后面的色块，在弹出的“拾色器（画布扩展颜色）”对话框中选择想要的颜色，单击“确定”按钮，回到“画布大小”对话框，单击“确定”按钮，如图2-20所示。此时画布扩大，且画布扩展区域的颜色会变为前面选择的橙色，如图2-21所示。

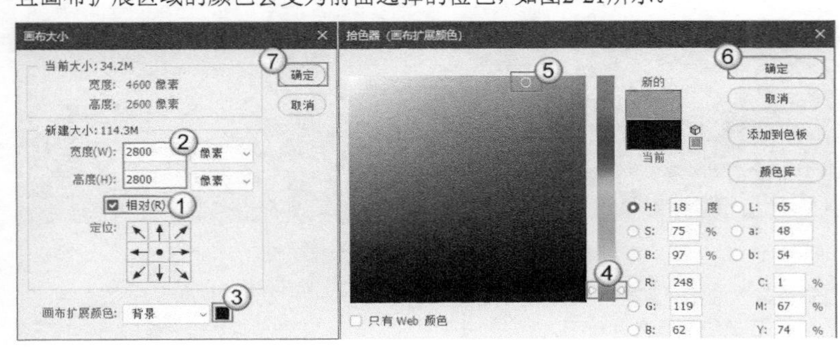

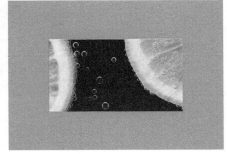

图2-20

图2-21

技术专题：指定画布扩展方向

注意，如果图片的背景是透明的，那么“画布扩展颜色”下拉列表将不可用，新增的画布部分也将是透明的。前面介绍的修改画布大小的方法，都是在上下左右4个方向上均匀分配长宽，如果要在特定位置修改画布的大小，应该如何操作呢？这就需要用到“定位”功能了，如图2-22所示。

对于“定位”功能，读者可以从以下两个要点来理解。

第1点：圆点表示画布中的图片，圆点四周的矩形框表示画布的上下左右边缘，如图2-23所示。

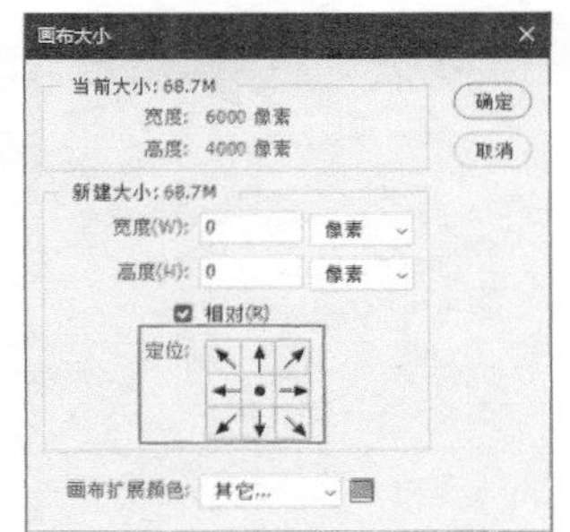

图2-22

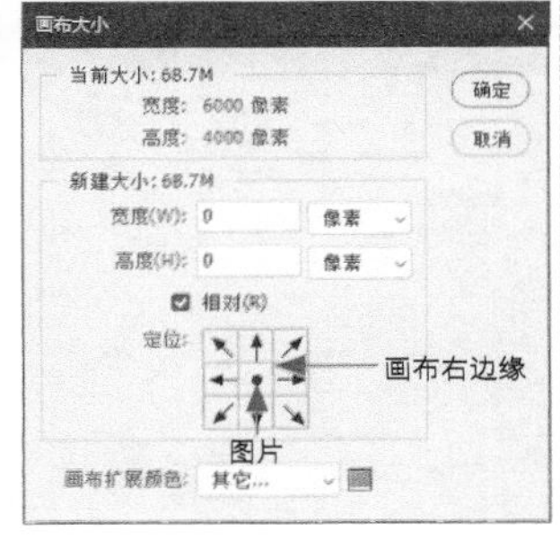

图2-23

第2点：↑、↓、←、→分别表示画布4个边缘的移动方向，↖、↙、↘、↗分别表示画布的4个角点的移动方向。

下面来测试一下。

第1步：打开“素材文件>CH02>02”文件夹中的“2.jpg”文件，如图2-24所示，按快捷键Alt+Ctrl+C打开“画布大小”对话框，如图2-25所示。

第2步：这里勾选了“相对”复选框，设置“宽度”为1000像素，“高度”为500像素，此时“定位”区域的箭头均指向画布的边缘和角点外侧，表示画布会增大，如图2-26所示。确认后发现画布增大了，且画布的扩展方向与箭头方向完全一致，如图2-27所示。

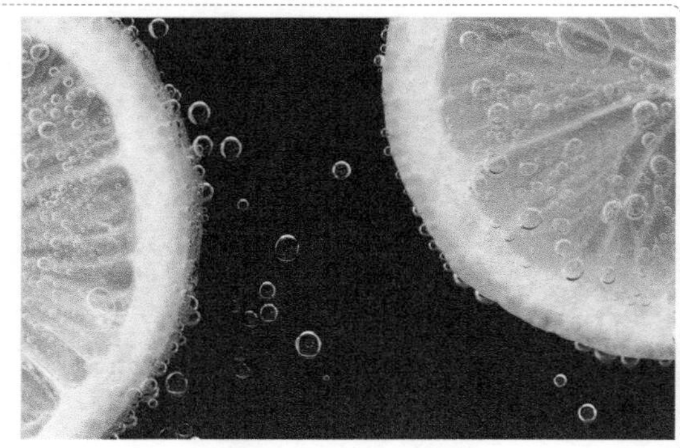

图2-24

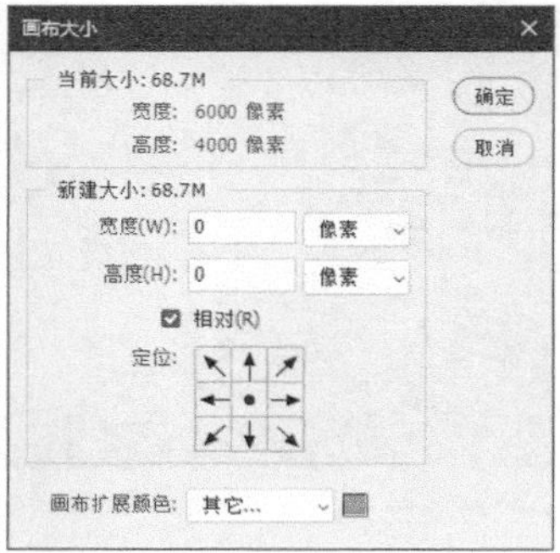

图2-25

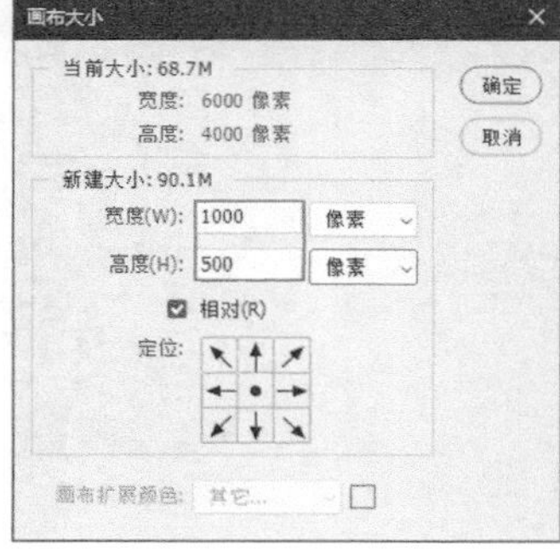

图2-26

图2-27

第3步：按快捷键Alt+Ctrl+C打开“画布大小”对话框，设置“宽度”为500像素，“高度”为-1000像素，如图2-28所示。此时，画布左右边缘的箭头指向外侧，表示扩展；画布上下边缘的箭头指向内侧，表示缩减，画布的4个边角也会发生变化，如图2-29所示。变化后的效果如图2-30所示。

图2-28

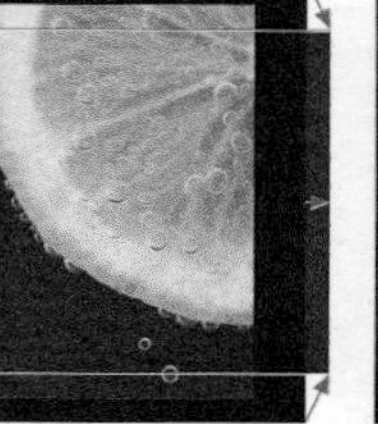

图2-29

图2-30

明白了“定位”区域箭头的含义，就能轻松地控制画布变化的位置了，读者可以直接在九宫格中单击，选择图片相对于画布的位置，如图2-31所示。需要注意，有箭头的位置才会变化，因此当前画布边缘可以变化的只有左、右和下，画布角点可以变化的只有左下和右下。

设置“宽度”为1000像素，“高度”为500像素，如图2-32所示。此时画布的变化与“定位”区域的显示一样，即向左右、向下扩展，上部未发生变化，如图2-33所示。

图2-31

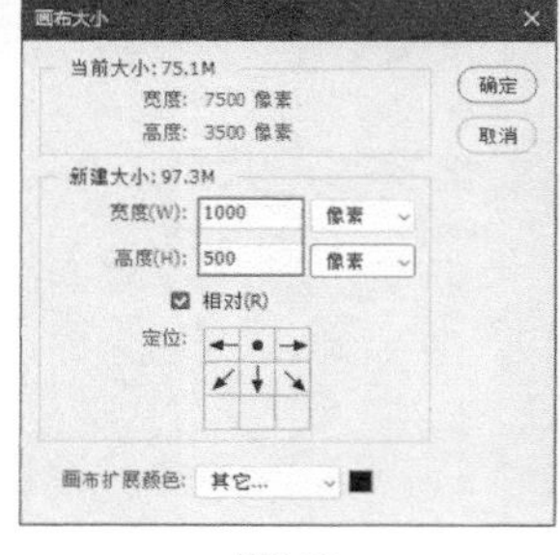

图2-32

图2-33

☞ 知识回顾

教学视频：画布大小.mp4

命令：画布大小

位置：图像>画布大小

用途：修改画布的宽度、高度、定位和画布扩展颜色，用来匹配不同的背景尺寸。参数如图2-34所示。

扫码观看视频

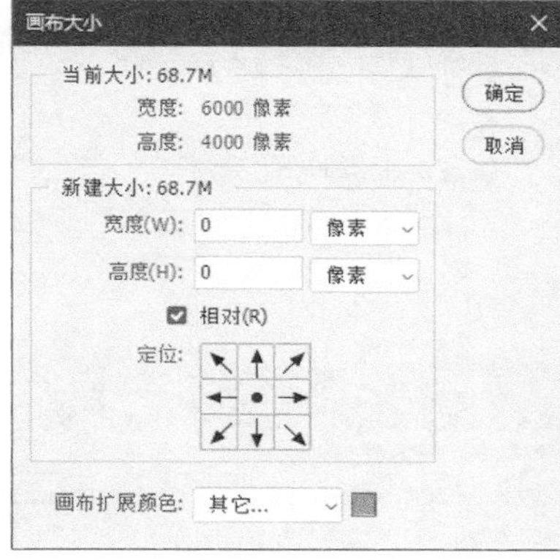

图2-34

实战：使用图像旋转命令调整照片角度

素材文件	素材文件>CH02>03
实例文件	实例文件>CH02>实战：使用图像旋转命令调整照片角度.psd
教学视频	实战：使用图像旋转命令调整照片角度.mp4
学习目标	掌握调整照片角度的方法

扫码观看视频

☞ 操作步骤

01 执行“文件>打开”菜单命令（快捷键为Ctrl+O），打开“素材文件>CH02>03”文件夹中的“3.jpg”，如图2-35所示。

02 执行“图像>图像旋转>逆时针90度”菜单命令，如图2-36所示，图片会沿着逆时针方向旋转90°，如图2-37所示。

图2-35

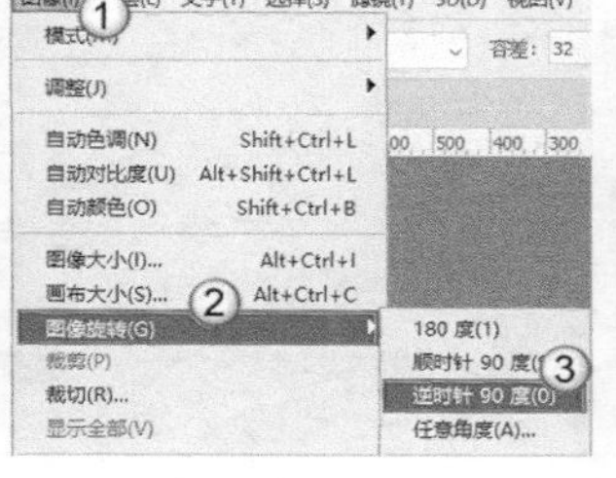

图2-36

图2-37

03 在工具箱中单击“横排文字工具”按钮**T**，然后在图片上拖曳出文本框，在属性栏中设置字体为TypoPRO DancingScript，字号为72点，对齐方式为居中对齐，接着在文本框中输入Just Do It，如图2-38所示。

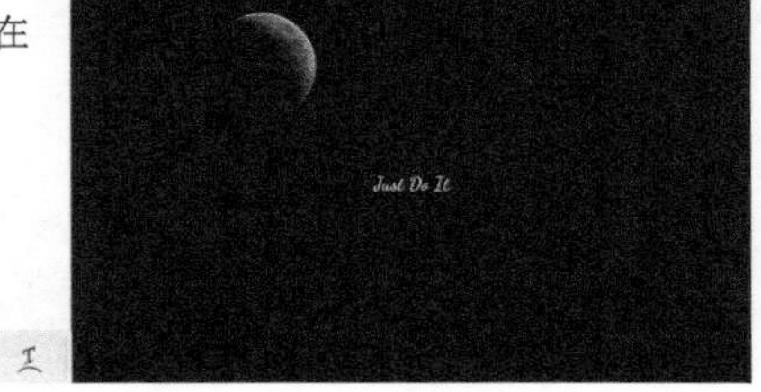

图2-38

◎ 技术专题：如何以任意角度旋转图片

如何以任意角度来旋转图片呢？下面具体讲解一下。

第1步：打开素材图片后，执行“图像>图像旋转>任意角度”菜单命令，如图2-39所示，打开“旋转画布”对话框，如图2-40所示。

第2步：更改“角度”数值，并且选择旋转的方向（“顺时针”或“逆时针”），如图2-41所示，效果如图2-42所示。

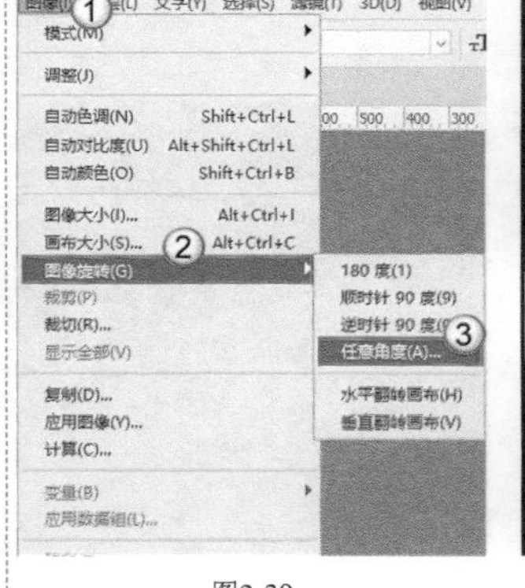

图2-39

图2-40

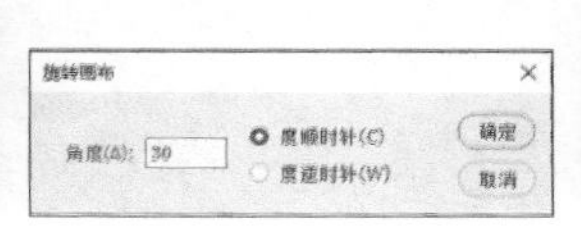

图2-41

图2-42

知识回顾

扫码观看视频

教学视频： 图像旋转.mp4

命令： 图像旋转

位置： 图像>图像旋转

用途： 修改图像的方向，以匹配相关的文字和背景。有时修改图像的方向会有意想不到的效果出现。

实战："裁剪工具"的使用

素材文件	素材文件>CH02>04
实例文件	实例文件>CH02>实战："裁剪工具"的使用.psd
教学视频	实战："裁剪工具"的使用.mp4
学习目标	掌握"裁剪工具"的用法

扫码观看视频

操作步骤

01 执行"文件>打开"菜单命令（快捷键为Ctrl+O），打开"素材文件>CH02>04"文件夹中的"4.jpg"，如图2-43所示。

02 在工具箱中选择"裁剪工具"，在该工具的属性栏中展开"比例"下拉菜单，选择"1∶1（方形）"选项，如图2-44所示。

图2-43

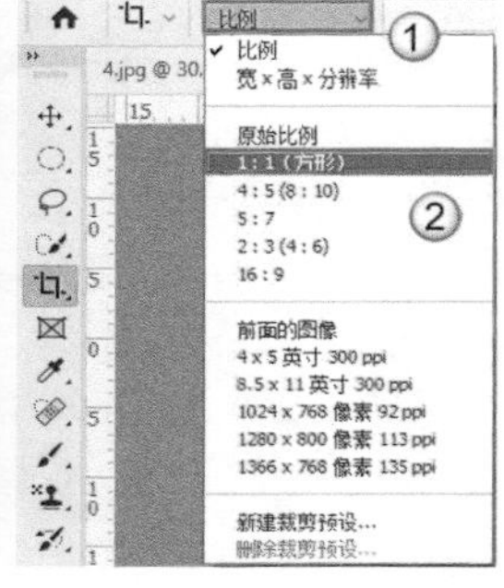

图2-44

03 拖曳方框的边缘，将其调整到适当的大小和位置，使图片中的蝴蝶更加突出，如图2-45所示。按Enter键确认，完成对所选区域的裁剪，效果如图2-46所示。

04 在工具箱中选择"横排文字工具"T，添加文案"Butterfly"，并调整字体，效果如图2-47所示。

> **技巧提示**
>
> 字体要符合图片的特征。本图片的特征是比较优雅、娟秀，所以可以使用比较细的字体，这里使用的英文字体为TypoPRO Dancing-Script。

图2-45

图2-46

图2-47

> **技术专题：使用选区裁剪**
>
> 在工具箱中选择"矩形选框工具"，在需要裁剪的区域创建选区，如图2-48所示。执行"图像>裁剪"菜单命令，如图2-49所示，即可完成裁剪。按快捷键Ctrl+D取消选区，添加相同文字，效果如图2-50所示。

图2-48

图像(I) 图层(L) 文字(Y) 选择(S) 滤镜	
模式(M)	▸
调整(J)	▸
自动色调(N)	Shift+Ctrl+L
自动对比度(U)	Alt+Shift+Ctrl+L
自动颜色(O)	Shift+Ctrl+B
图像大小(I)...	Alt+Ctrl+I
画布大小(S)...	Alt+Ctrl+C
图像旋转(G)	▸
裁剪(P)	
裁切(R)...	
显示全部(V)	

图2-49

图2-50

☞ 知识回顾

教学视频： 回顾“裁剪工具”的使用.mp4

扫码观看视频

工具： 裁剪工具

位置： 工具箱

用途： 将图像中的一部分裁剪下来，以突出图像中的某个元素，使用“裁剪工具”可以改变构图，从而达到意想不到的效果，效果对比如图2-51所示。

图2-51

实战：自由变换

素材文件	素材文件>CH02>05
实例文件	实例文件>CH02>实战：自由变换.psd
教学视频	实战：自由变换.mp4
学习目标	掌握自由变换图片的方法

扫码观看视频

本例的效果对比如图2-52所示。

01 打开Photoshop，执行“文件>打开”菜单命令或按快捷键Ctrl+O，打开“素材文件>CH02>05”文件夹中的“5-1.jpg”，如图2-53所示。

图2-52

图2-53

02 在“素材文件>CH02>05”文件夹中选中“5-2.png”，然后将其拖曳至Photoshop的画布中，如图2-54所示。

03 按Enter键确认，完成图片的插入，如图2-55所示。

04 选中导入的“5-2.png”，按快捷键Ctrl+T进入自由变换模式，如图2-56所示。按住Shift键拖曳角点，调整大小和位置，效果如图2-57所示。

图2-54

图2-55

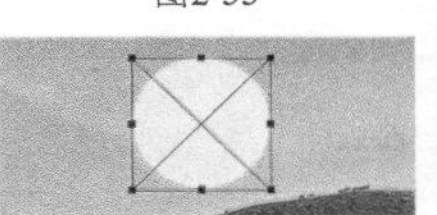

图2-56

图2-57

实战：斜切变形

素材文件	素材文件>CH02>06
实例文件	实例文件>CH02>实战：斜切变形.psd
教学视频	实战：斜切变形.mp4
学习目标	掌握斜切变形图片的方法

扫码观看视频

01 执行“文件>打开”菜单命令，或按快捷键Ctrl+O，打开“素材文件>CH02>06”文件夹中的“6-1.jpg”，如图2-58所示。

02 选择工具箱中的“横排文字工具” T，在文本框中输入FLOWER，如图2-59所示。设置字体为Bahiana，字体的粗细类型为Regular，字号为288点，对齐方式为居中对齐，颜色为白色，字体间距为200，如图2-60所示。

图2-58

图2-59

图2-60

03 在素材文件夹中选中“6-2.png”，并将其拖曳至Photoshop的画布中，如图2-61所示。调整图片中花的大小和位置，如图2-62所示。

图2-61

图2-62

04 在“6-2.png”上单击鼠标右键，选择“斜切”命令，如图2-63所示。按住图形的边缘并拖曳，使其与宣传牌的边缘对齐，如图2-64所示。拖曳图形到适当的位置，按Enter键确认，效果如图2-65所示。

图2-63

图2-64

图2-65

05 对文字进行同样的斜切操作，并调整其大小和位置，如图2-66所示。

06 为图片和文字添加图层效果。双击它们的图层缩略图，打开“图层样式”对话框，勾选“投影”复选框，设置“不透明度”为60%，“角度”为30度，“距离”为18像素，“扩展”为14%，“大小”为10像素，如图2-67所示，效果如图2-68所示。

图2-66

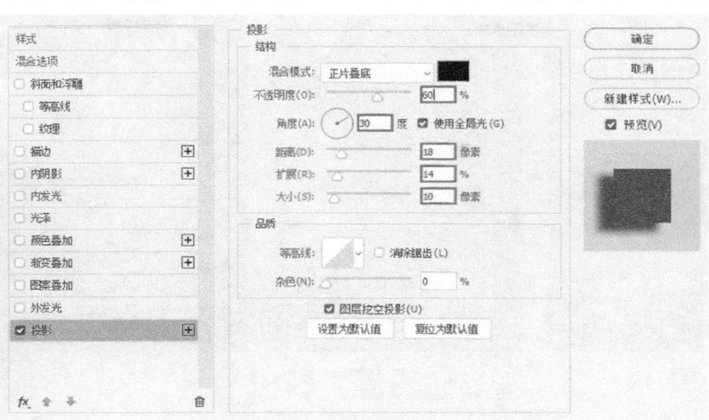

图2-67

图2-68

综合案例：书中的草原

素材文件	素材文件>CH02>07	 扫码观看视频
实例文件	实例文件>CH02>综合案例：书中的草原.psd	
教学视频	综合案例：书中的草原.mp4	
学习目标	掌握自由变换变形图片和自由变换的综合应用方法	

本例的效果如图2-69所示。

01 打开“素材文件>CH02>07”文件夹中的“6-1.jpg”，如图2-70所示。

图2-69

图2-70

02 打开“素材文件>CH02>07”文件夹，将“6-2.jpg”拖曳到画布中，如图2-71所示。

图2-71

03 在导入的图片上单击鼠标右键，选择“变形”命令，如图2-72所示。选择“6-2.jpg”的一个锚点，然后按住鼠标左键，拖曳该锚点到书的边缘，使它们重合，如图2-73所示。

04 用同样的方法选择其余的3个锚点，执行相同的操作，将锚点拖曳至书的边缘，使它们重合，如图2-74所示。

图2-72

图2-73

图2-74

05 单击每个角点的控制柄，按住鼠标左键并拖曳，让图片的边缘与书的边缘完全重合，如图2-75所示。用同样的方法处理其他位置，效果如图2-76所示。按Enter键确认，完成图像的形状拟合和变换，如图2-77所示。

图2-75

图2-76

图2-77

06 在图层面板中设置“6-2.jpg”的“不透明度”为40%，如图2-78所示，让书中的文字显示出来。

07 继续处理书的另一侧，效果如图2-79所示。

08 至此，相关的练习完成。有兴趣的读者可以对其进行一些细节修饰。例如，笔者这里使用“椭圆工具”○和“横排文字工具”T添加了水印，如图2-80所示。具体操作步骤可以观看教学视频。

图2-78

图2-79

图2-80

综合案例：斜面海报

素材文件	素材文件>CH02>08
实例文件	实例文件>CH02>综合案例：斜面海报.psd
教学视频	综合案例：斜面海报.mp4
学习目标	掌握自由变换斜切和自由变换的综合应用方法

本例的效果如图2-81所示。

01 打开“素材文件>CH02>08”文件夹中的“7.jpg”，如图2-82所示。

02 选择“直线工具” ⁄，设置其“填充”和“描边”均为白色，“大小”为6像素，绘制出直线以分割画面，如图2-83所示。

03 选择“横排文字工具” T，输入文本“人是不能太闲的，闲久了，努力一下就以为是拼命。”“优于别人，并不高贵，真正的高贵应该是优于过去的自己。”“闭上眼睛，好好回想之前的努力，自信会喷涌而出。”，如图2-84所示。

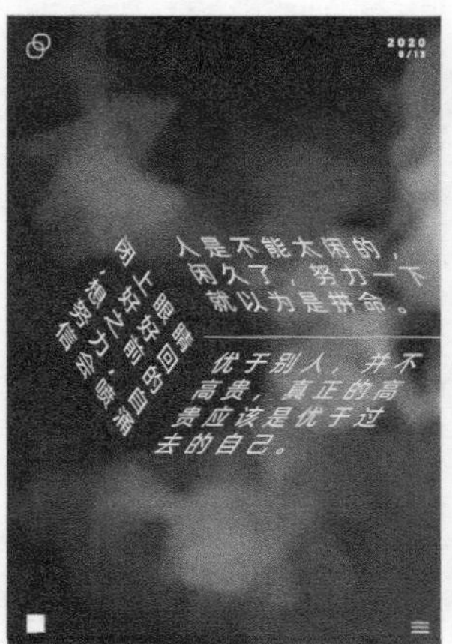

图2-81

图2-82

图2-83

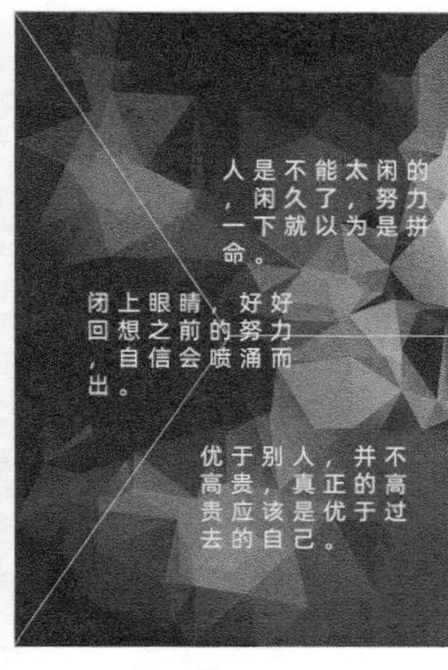

图2-84

> **技巧提示**
>
> 关于“直线工具” ⁄，后续的相关章节会详细介绍。

04 选中某一个文本框并按快捷键Ctrl+T进入自由变换模式，如图2-85所示。在该文本框上单击鼠标右键，选择“斜切”命令，如图2-86所示。

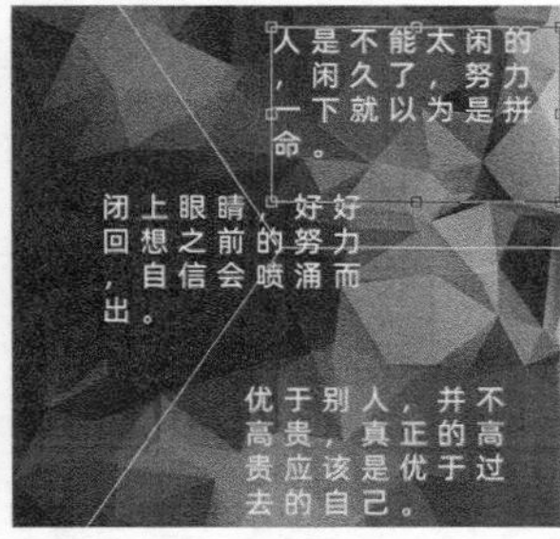

图2-85

05 拖曳上方的边框，使文本框对齐绘制出的辅助线，如图2-87所示。接下来拖曳文本框，将其调整到适当的位置，如图2-88所示。

图2-86

图2-87

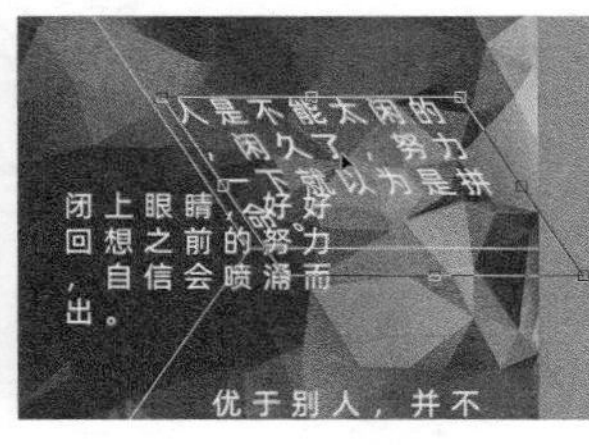

图2-88

06 用相同的方法处理剩余的两个文本框，效果如图2-89所示。

07 选中背景图层，执行“滤镜>模糊>高斯模糊”菜单命令，如图2-90所示。设置模糊“半径”为35像素，如图2-91所示。

图2-89

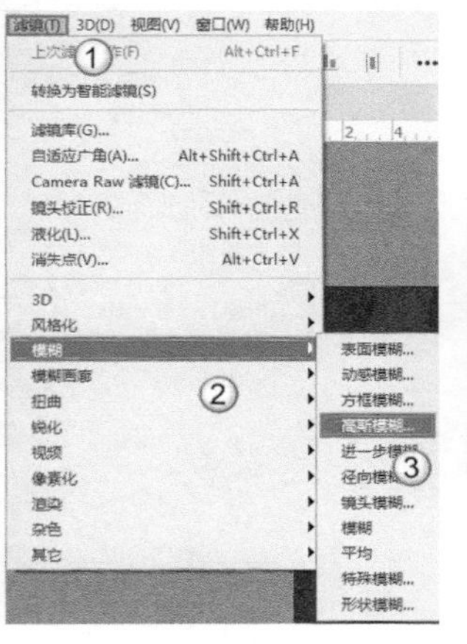

图2-90

> **技巧提示**
>
> 关于滤镜的相关知识在后面的章节会详细介绍。

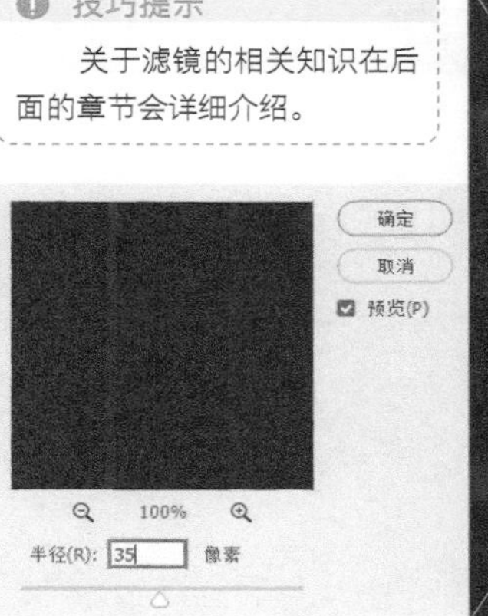

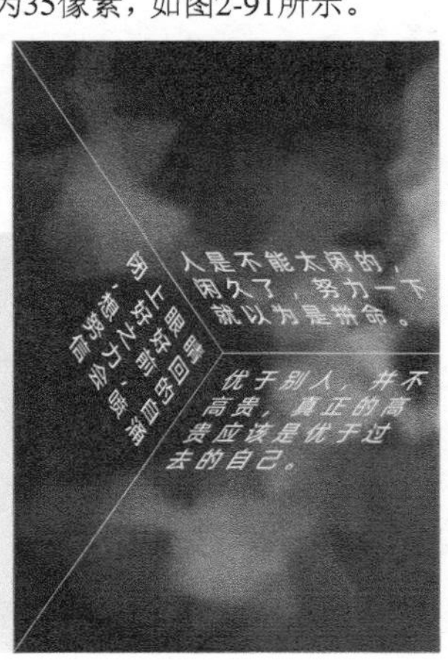

图2-91

08 选择“矩形工具”，添加3个矩形至画布中，在属性栏中设置“填充”为白色，如图2-92所示。

09 选择“圆角矩形工具”，添加两个圆角矩形至画布中，在属性栏中设置“填充”为无，“描边”为白色，宽度为8像素，如图2-93所示。

10 单击两条辅助线图层（“形状1”图层）前面的眼睛图标，将图层隐藏，如图2-94所示，继续添加自己喜欢的小元素进行装饰，效果如图2-95所示。

图2-92

图2-93

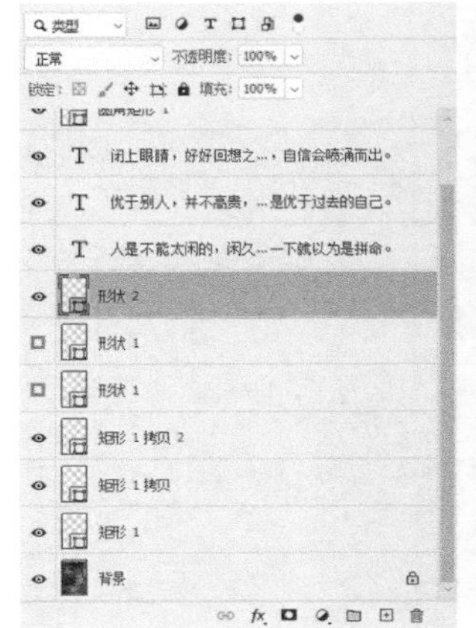

图2-94

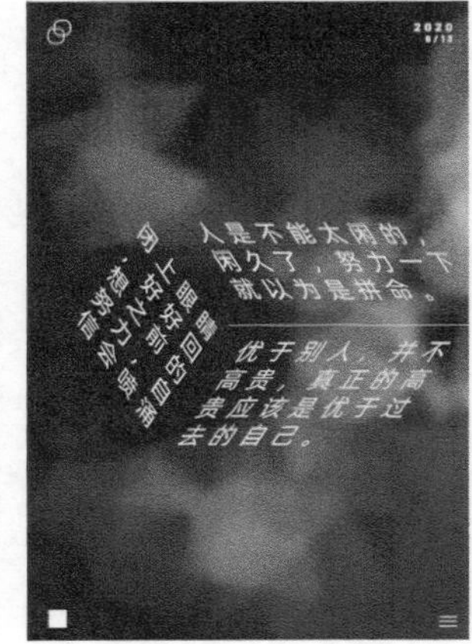

图2-95

学以致用：山峰

素材文件	素材文件>CH02>09
实例文件	实例文件>CH02>学以致用：山峰.psd
教学视频	学以致用：山峰.mp4
学习目标	掌握利用内容识别填充内容的方法

扫码观看视频

本例主要在A4纸尺寸的画布中合成文字与图片，并根据文字的前后位置关系调整图层顺序，效果如图2-96所示。

图2-96

学以致用：沙漠中的月亮

素材文件	素材文件>CH02>10
实例文件	实例文件>CH02>学以致用：沙漠中的月亮.psd
教学视频	学以致用：沙漠中的月亮.mp4
学习目标	掌握利用自由变换完成效果的方法

扫码观看视频

本例是简单的合成练习，效果如图2-97所示。为了方便读者操作，笔者在此简单说明一下制作思路。

01 创建黑色背景，将素材图片导入画布中，根据位置关系调整图层顺序。

02 调整月亮的大小。

03 观看教学视频，预习调整图片颜色和效果的方法。

图2-97

第 3 章

① 技巧提示 + ⑦ 疑难问答 + ◎ 技术专题

图层的基础操作

通俗地讲，图层就像是含有文字或图形等元素的“玻璃纸”，将它们一张张地按顺序叠加在一起，组合起来就可以形成完整的画面。在图层中可以精准定位页面上的元素，可以加入文本、图片、表格和插件，也可以嵌套图层。本章将由浅入深地讲解图层的基础操作和一些设计上的应用，主要包含如何创建图层、如何修改图层、如何移动图层、如何栅格化图层、如何导出图层和如何使用图层组等内容。

学习重点

实战：新建/删除/重命名图层

素材文件	素材文件>CH03>01
实例文件	实例文件>CH03>实战：新建/删除/重命名图层.psd
教学视频	实战：新建/删除/重命名图层.mp4
学习目标	掌握新建/删除/重命名图层的方法

扫码观看视频

新建/删除/重命名图层是比较基础的操作。通过这些操作可以快速地建立、删除或者命名一个图层，方便后续的处理。图层是Photoshop的基本组成之一。注意，图层与图层之间是遮罩关系，后面会进行讲解。

操作步骤

01 执行“文件>打开”菜单命令，打开“素材文件>CH03>01”文件夹中的01.jpeg素材文件。若想创建一个新的图层，可以执行“图层>新建>图层”菜单命令，在弹出的对话框中对新建图层进行命名，如“图层1”，“颜色”“模式”等选项可维持默认设置，如图3-1所示。

02 接下来对图层进行重命名。在“图层”面板中选中目标图层，执行“图层>重命名图层”菜单命令即可。重命名完成后，在“图层”面板中选中新建的图层，然后将“02.png”拖曳至Photoshop中，可以看到，此时图片已经添加至新建的图层中。对一个图层进行操作，不会影响其他图层。例如，使用“橡皮擦”工具对“图层2”进行修改，可以清晰地看到鹰的身体被擦去了，而“图层1”中的云朵没有任何改变，如图3-2所示。

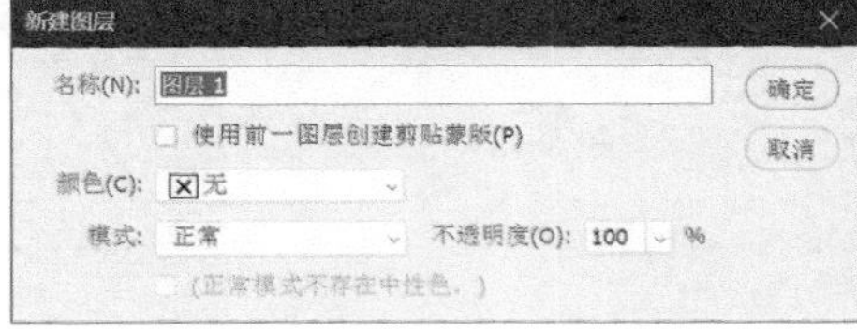

图3-1

图3-2

> **技巧提示**
>
> 图层允许图形要素分别放置在不同的层级中，这些要素互不干扰，叠加之后会组成整体的画面效果。

03 若想删除图层，可在“图层”面板中找到待删除的图层并单击鼠标右键，选择“删除图层”命令即可，如图3-3所示。

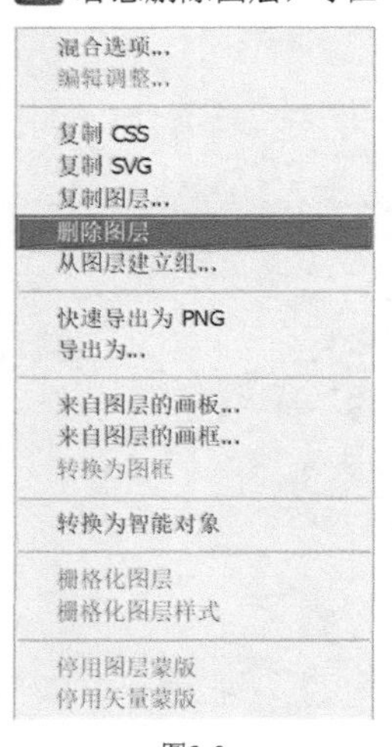

图3-3

> **技巧提示**
>
> 注意，在实际操作中，新建/删除/重命名图层还有另一种方法。
>
> 新建图层。在“图层”面板中单击“创建新图层”按钮，如图3-4所示。
>
> 重命名图层。在“图层”面板中双击待修改图层的名称，即可重命名图层，如图3-5所示。
>
> 删除图层。在“图层”面板中选中待删除的图层，单击“删除图层”按钮，如图3-6所示。

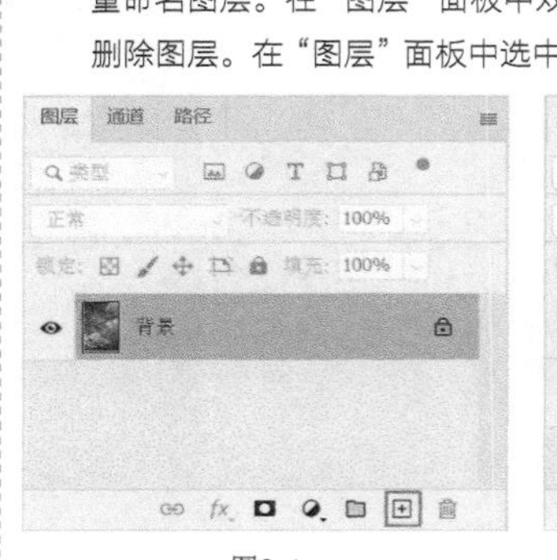

图3-4

图3-5

图3-6

知识回顾

图层是Photoshop中一切操作的基础，最终的图像和效果都将在图层中呈现。因此熟练地运用图层是十分重要的。

教学视频：回顾新建/删除/重命名图层.mp4

用途：新建/删除/重命名图层。

扫码观看视频

操作流程

第1步：打开Photoshop，导入准备好的图片。

第2步：执行“图层>新建>图层”菜单命令，打开“新建图层”对话框，填写图层名称。

第3步：若想删除图层，可在“图层”面板中找到待删除的图层并单击鼠标右键，选择“删除图层”命令即可。

实战：复制图层

素材文件	素材文件>CH03>02
实例文件	实例文件>CH03>实战：复制图层.psd
教学视频	实战：复制图层.mp4
学习目标	掌握复制图层的方法

扫码观看视频

复制图层即创建已有图层的副本。复制图层前后的对比图如图3-7所示。

操作步骤

01 执行“文件>打开”菜单命令，打开“素材文件>CH03>02”文件夹中的素材文件。选择“快速选择工具”，将图像中的热气球选中，按快捷键Ctrl+J复制一个图层，如图3-8所示。

图3-7

图3-8

除此之外，读者还可以在“图层”面板中找到需要复制的图层，单击鼠标右键，选择“复制图层”命令即可，如图3-9所示。在这里可以一次复制多个图层，并将它们重命名。

02 在“图层”面板中选中任意一个复制后的图层，使用快捷键Ctrl+T激活自由变换模式，调整图像大小。选择“移动工具”，在“图层”面板中选择需要移动的图层，在图像中单击并拖曳至合适的位置即可。最后为图像添加边框，如图3-10所示。如需观察复制前后的效果对比，在“图层”面板中，单击左侧的眼睛图标，即可调整图层可见性，以便进行观察。

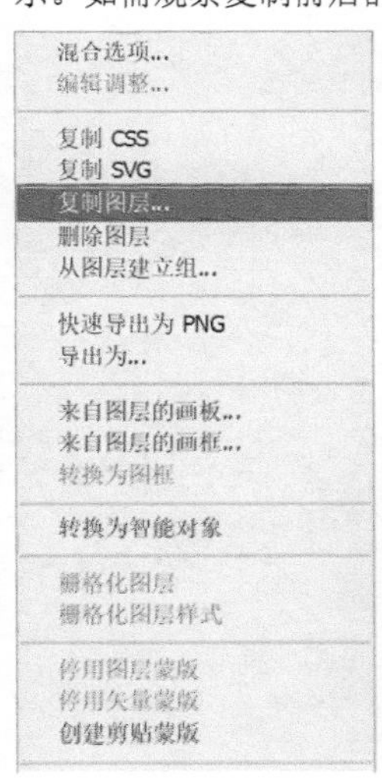

图3-9

图3-10

技巧提示

读者可以使用选框工具先创建选区，然后按快捷键Ctrl+J复制图层。对于已有的图层，可以单击图层，同时按住Alt键，任意拖曳即可快速复制图层。读者也可以通过拖曳复制图层。在“图层”面板中，拖曳待复制的图层到“创建新图层”按钮上，释放鼠标即可，如图3-11所示。

图3-11

知识回顾

扫码观看视频

教学视频： 回顾复制图层.mp4

命令： 复制图层（快捷键为Ctrl+J）

位置： 图层>复制图层

用途： 复制选区或新图层。

可以在图像中复制图层，也可以将图层复制到其他图像或新图像中。

操作流程

第1步： 打开Photoshop，导入准备好的图片。

第2步： 在“图层”面板中选中一个图层，执行“图层>复制图层”菜单命令或者直接拖曳图层到“创建新图层”按钮⊞上。

如果想将图层复制到另外一个Photoshop文件中，只需从源图像的“图层”面板中选择一个（或多个）图层或一个图层组，并将图层或图层组拖曳至目标图像中即可。

实战：通过调整图层顺序实现云中飞行

素材文件	素材文件>CH03>03
实例文件	实例文件>CH03>实战：通过调整图层顺序实现云中飞行.psd
教学视频	实战：通过调整图层顺序实现云中飞行.mp4
学习目标	掌握调整图层顺序的方法

扫码观看视频

调整图层顺序即调整各个图层的叠加顺序，以实现不同图层之间的遮盖效果。图层顺序对比图如图3-12所示。

操作步骤

01 执行“文件>打开”菜单命令，打开“素材文件>CH03>03”文件夹中的素材文件。首先调整3个图层的位置，将飞机图层放置在天空图层与相框图层的中间。接着在工具箱中选择“快速选择工具”，任意选择一小块云朵，按快捷键Ctrl+J创建一个新的图层，如图3-13所示。

图3-12

图3-13

02 在“图层”面板中选中新创建的图层，执行“图层>排列>前移一层”菜单命令，即可实现图层顺序的改变，如图3-14所示。同理，也可选择“后移一层”“置为顶层”等选项。

图3-14

技巧提示

读者可以按快捷键Ctrl+[往下调整图层，按快捷键Ctrl+]往上调整图层。在“图层”面板中拖曳“图层12”到“图层8”的上方，可以调整这两个图层的顺序，如图3-15所示。

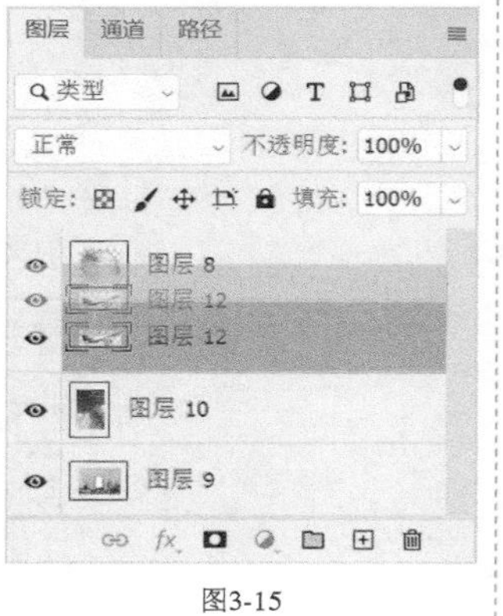

图3-15

技术专题：锁定图层

在Photoshop中锁定图层可使该图层不能移动或不能编辑。一般为了防止出错，可以对一些固定好位置的图层进行锁定。

在“图层”面板中单击待锁定的图层，并在“锁定”栏中选择锁定类型，锁定后图层的相关参数变灰且无法执行操作（锁定类型为“锁定全部”时），如图3-16所示。若想解除锁定，则单击“图层”面板中待解锁图层标签中的🔒图标即可。

图3-16

知识回顾

教学视频： 调整图层顺序.mp4

命令： 排列

位置：“图层>排列”或“图层”面板

用途： 调整图层顺序。

扫码观看视频

操作流程

第1步： 打开Photoshop，导入准备好的图片。

第2步： 执行“图层>排列”菜单命令，调整图层顺序。

如果想更改图层和图层组的顺序，可以在“图层”面板中将图层或图层组向上或向下拖曳。稍微调整一下图层的不透明度，可以更加直观地了解调整图层顺序的过程，如图3-17所示，将篝火图层的不透明度降低，这时两个图层便很好地体现出了图层顺序变化形成的遮盖关系。

图3-17

实战：栅格化图层

素材文件	素材文件>CH03>04
实例文件	实例文件>CH03>实战：栅格化图层.psd
教学视频	实战：栅格化图层.mp4
学习目标	掌握栅格化图层的方法

扫码观看视频

在包含矢量数据（文字图层、形状图层、矢量蒙版或智能对象）和生成的数据（填充图层）的图层上，不能使用绘画工具或滤镜。只有将这些图层栅格化，将其内容转换为位图之后，才可以进行操作。栅格化后的图层可使用绘画工具进行修改，如图3-18所示。

图3-18

技巧提示

转换为智能对象就是将位图转换为矢量图，栅格化就是将矢量图转换为位图。

操作步骤

01 执行“文件>打开”菜单命令，打开“素材文件>CH03>04”文件夹中的素材文件。首先在“图层”面板中将其他图层全部隐藏，仅保留背景图层。然后新建一个空白图层，如图3-19所示。

02 在工具箱中选择“横排文字工具” T 并在画布中输入“立夏”。此时需要在属性栏中调整字体的相关参数。例如，将字体设置为“华文宋体”，将字号设置为“72点”，如图3-20所示。单击属性栏中的“切换字符和段落面板”按钮，即可打开“字符/段落”面板，在其中可加粗字体，并更改字体颜色，如图3-21所示。

03 在“拾色器（文本颜色）”对话框中更改字体颜色，建议选择RGB模式，具体参数为（R:55，G:135，B:130），如图3-22所示。效果如图3-23所示。

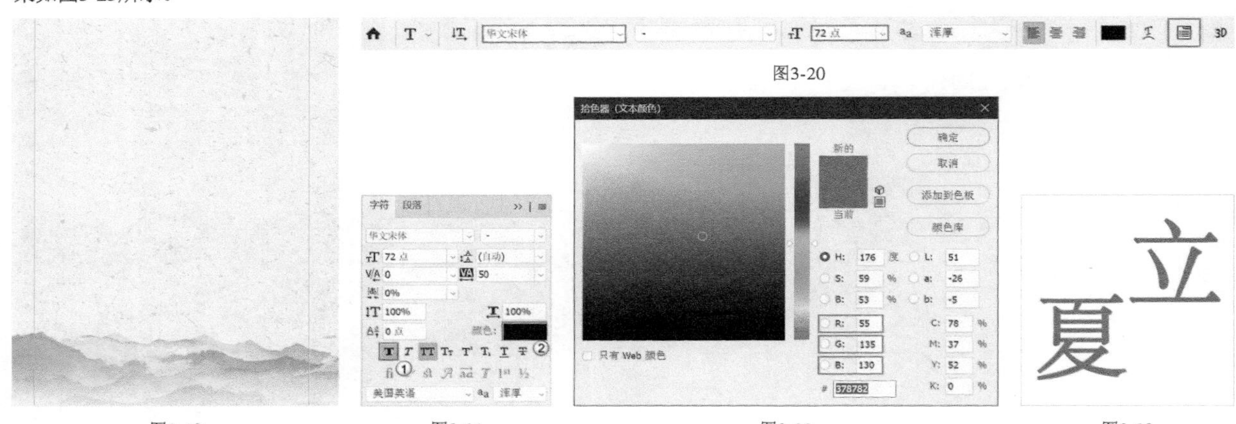

图3-20

图3-19　　图3-21　　图3-22　　图3-23

04 在工具箱中选择“画笔工具”为图像添加一些水墨元素。这里可以在属性栏中调整“大小”“硬度”“不透明度”等参数。例如，设置“大小”为21像素，“不透明度”为40%。此外，也可单击“切换‘画笔设置’面板”按钮，调出“画笔设置”面板，选择更多类型的画笔，如图3-24和图3-25所示。使用“画笔工具”在图像中单击，并适当调整笔触的不透明度，以表现出图像的水墨感，效果如图3-26所示。

05 对文字进行处理。此时如果使用“橡皮擦工具”或其他工具对图层进行修改，系统会提示错误，如图3-27所示。这是因为在Photoshop中对图层进行特定修改需要先栅格化图层。选中待栅格化的图层，执行“图层>栅格化>文字”菜单命令，即可完成图层的栅格化，如图3-28所示。

图3-24

图3-26

图3-25　　图3-27　　图3-28

06 完成栅格化之后即可在图层中进行绘画或应用滤镜等操作。在工具箱中选择"橡皮擦工具"，在图层中用"橡皮擦工具"擦除文字某个部首，再通过移动图层完成图案的重构，如图3-29所示。

07 将其他隐藏的图层设置为"可见"并调整位置，即可做成海报样式，如图3-30所示。

图3-29

图3-30

技巧提示

矢量图中每一个元素的记录方式都是通过数学公式来实现的，不管对矢量图怎么放大和缩小，画面依然清晰。位图也叫点阵图，它是以像素为最小单位构成的图，缩放的时候会失真。位图是通过像素的排列来实现其效果的，在对位图进行编辑时，实际上是在对每个像素进行修改。

两者最大的区别在于：矢量图与分辨率无关，将它缩放到任意大小或者以任意分辨率从输出设备上打印出来，都不会影响清晰度；而位图是由一个个像素点组成的，当放大图像时，像素点会随之放大，可能会出现马赛克现象，如图3-31所示。

图3-31

知识回顾

简单来说，栅格化图层就是把矢量图转换为位图。栅格化完成后，如果放大图像，发现图像的边缘出现了锯齿，说明已经转换为位图。在Photoshop中，某些命令和工具不适用于文字图层，所以必须在执行命令或使用工具前将图层栅格化。

扫码观看视频

教学视频： 回顾栅格化图层.mp4

位置： 图层>栅格化

命令： 栅格化

用途： 将矢量图转换为位图。

操作流程

第1步： 打开Photoshop，导入准备好的图片。

第2步： 在"图层"面板中选中待栅格化的图层。

第3步： 执行"图层>栅格化"菜单命令，选择具体要栅格化的对象并栅格化图层。

技术专题：智能对象与栅格化

智能对象图层的特点是：对其进行放大或缩小，该图层的分辨率不会发生变化。一般拖曳到Photoshop中的图像即为智能对象，不可修改，除非经过栅格化处理。它与普通图层的区别是：普通图层在缩小之后，再进行放大，分辨率会发生变化。

执行"文件>打开"菜单命令，选择任意一张图像在Photoshop中打开，"图层"面板中会显示"智能对象缩览图"，如图3-32所示。此时图像作为智能对象，无法对其进行编辑，若执行相关命令，会出现错误提示，如图3-33所示。

智能对象可通过栅格化的方式转换为位图，从而实现编辑。在待操作的图层上单击鼠标右键，选择"栅格化图层"命令，如图3-34所示。若想由位图转换为智能对象，可在图层上单击鼠标右键，执行"转换为智能对象"命令，如图3-35所示。

图3-32

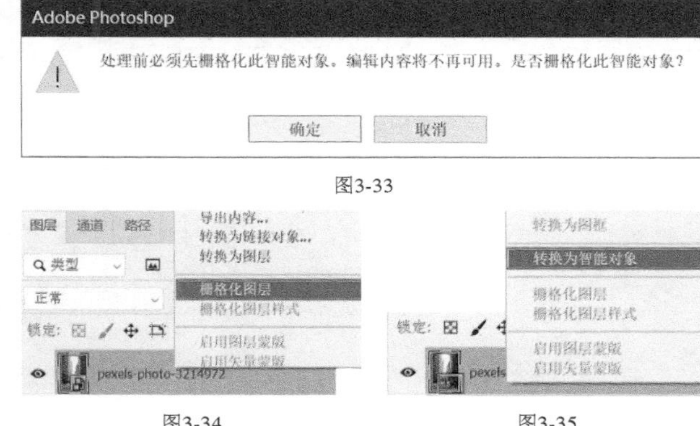

图3-33

图3-34

图3-35

实战：导出图层内容

素材文件	素材文件>CH03>05
实例文件	实例文件>CH03>实战：导出图层内容.psd
教学视频	实战：导出图层内容.mp4
学习目标	掌握导出图层内容的方法

扫码观看视频

在Photoshop中可以选择导出单个图层的内容，而非画布中全部图层，如图3-36所示。

操作步骤

01 执行“文件>打开”菜单命令，打开“素材文件>CH03>05”文件夹中的素材文件。选择“椭圆选框工具”，按住Shift键，在图像中框选出圆形头像，并按快捷键Ctrl+J创建一个新的图层，如图3-37所示。

图3-36

图3-37

02 在新创建的图层上单击鼠标右键，选择“导出为”命令，如图3-38所示。在弹出的对话框中选择具体要导出的格式和位置。例如，设置“格式”为JPG，“品质”为100%。单击“导出”按钮，如图3-39所示。

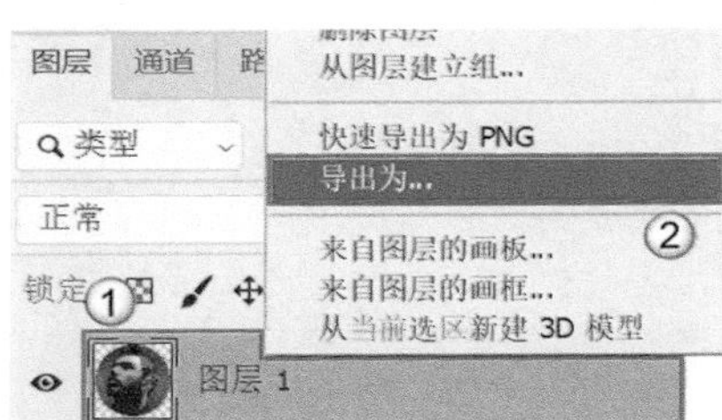

图3-38

图3-39

> **技巧提示**
>
> 导出时也可选择“SVG”格式，此时图像将被保存为可缩放的矢量图形，便于以后使用，如图3-40所示。
>
> 此外，也可直接执行“图层>快速导出为PNG”菜单命令，即可快速导出PNG格式的图片。

图3-40

☞ 知识回顾

扫码观看视频

在Photoshop中，系统提供了丰富、全面的导出选项，以满足导出各种格式文件的需求。如果想导出一个文件，可以执行“文件>导出>导出为”菜单命令；也可以转到“图层”面板，选择要导出的图层、图层组或画板，单击鼠标右键并执行“导出为”命令。

教学视频： 回顾导出图层内容.mp4

命令： 导出为

位置： 图层>导出为

用途： 导出图层内容。

操作流程

第1步： 打开Photoshop，导入准备好的图片。

第2步： 在“图层”面板中选中待导出的图层。

第3步： 执行“图层>导出为”菜单命令，选择具体要导出的格式并导出图层。

技巧提示

Photoshop中的图层组工具可以有效地将不同图层分类分组，便于快速处理多个图层。

第1步： 在“图层”面板中单击“创建新组”按钮，创建新组，或在菜单栏中执行“图层>新建>组”菜单命令进行创建，如图3-41所示。

第2步： 将多个图层全部选中，拖曳到新建组中，按住Ctrl键即可同时选中多个图层。当多个图层被放置在同一个组中时，对组的操作可对所有图层生效。当设置组为不可见状态时，则组内所有图层均不可见，如图3-42所示。

图3-41　图3-42

实战：使用“对齐”与“分布”命令制作墙纸

素材文件	素材文件>CH03>06
实例文件	实例文件>CH03>实战：使用“对齐”与“分布”命令制作墙纸.psd
教学视频	实战：使用“对齐”与“分布”命令制作墙纸.mp4
学习目标	掌握使用“对齐”与“分布”命令制作墙纸的方法

扫码观看视频

要对齐多个图层，通常需要使用对齐与分布功能来快速调整多个图层的分布。使用“对齐”与“分布”命令制作的个性化墙纸如图3-43所示。

图3-43

操作步骤

01 执行“文件>打开”菜单命令，打开“素材文件>CH03>06”文件夹中的素材文件，如图3-44所示。然后选中壁纸图像，这里需要使用“切片工具”将其分为3份，在工具箱中选择“切片工具”，单击鼠标右键，选择“划分切片”命令，在弹出的对话框中设置“垂直划分为”为3，如图3-45所示。接着在工具箱中选择“矩形选框工具”，依次圈选3个切片，并按快捷键Ctrl+J创建新图层，如图3-46所示。

图3-44

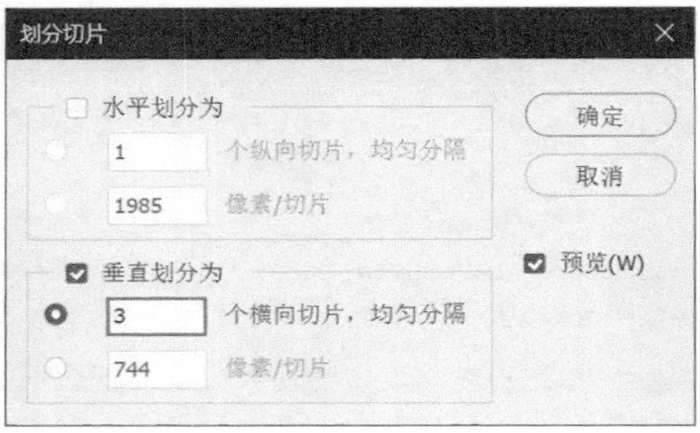

图3-45

图3-46

技巧提示

建立选区时，若系统弹出图3-47所示的对话框，是由于在“图层”面板中默认选中的是刚刚创建的新图层，仅需在“图层”面板中选择背景图层即可，如图3-48所示。

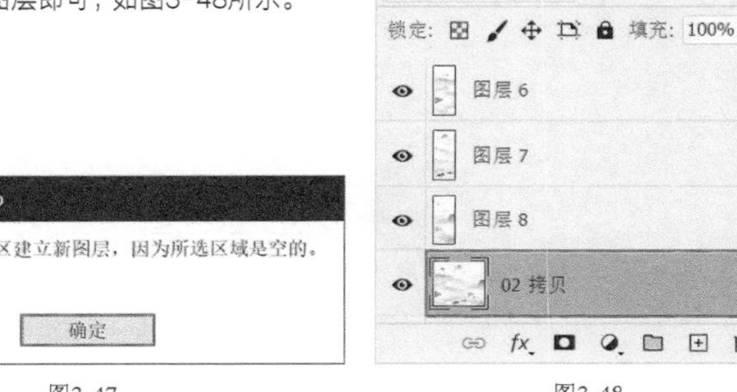

图3-47

图3-48

02 将壁纸图像分开，在“图层”面板中选中3个壁纸图层，在菜单栏中执行“图层>对齐>顶边”菜单命令，被选中的图层即会在画布顶端对齐，如图3-49所示。也可以根据不同的需求选择不同的对齐方式。

图3-49

技巧提示

使用“移动工具”时，其属性栏中有“对齐”“分布”等功能的按钮，如图3-50所示。单击属性栏中分布与对齐功能区右侧的…按钮，即可调出功能面板，如图3-51所示。

图3-50

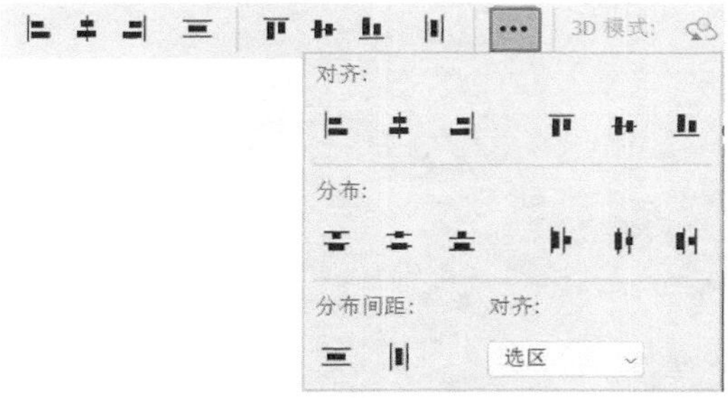

图3-51

03 “图层分布”功能可使多个图层按照一定比例的间隔进行分布。在“图层”面板中选中所有图层，在菜单栏中执行“图层>分布>垂直居中”菜单命令和“图层>分布>水平居中”菜单命令，3个图层会以同等间隔垂直、水平排列，如图3-52所示。

图3-52

04 将位置调整好之后，稍微改善一下光线。在“图层”面板中选中3个壁纸图层，执行“图层>图层样式>外发光”菜单命令。在弹出的对话框中修改不透明度及大小。例如，设置“不透明度”为50%，“大小”为20像素，如图3-53所示。

05 由于图像整体亮度较低，需要着重改善一下图像的光照及亮度，按快捷键Ctrl+Shift+Alt+E盖印图层。执行“滤镜>Camera Raw滤镜”菜单命令。首先调整图像的色温及自然饱和度，使图像呈现为暖色调，给人以温馨感。接着修改一下图像的对比度及纹理。例如，设置“色温”为 +10，“对比度”为 + 30，“高光”为-10，“纹理”为 + 50，“清晰度”为 – 10，“自然饱和度”为 +20，以营造出一种真实感，如图3-54所示。

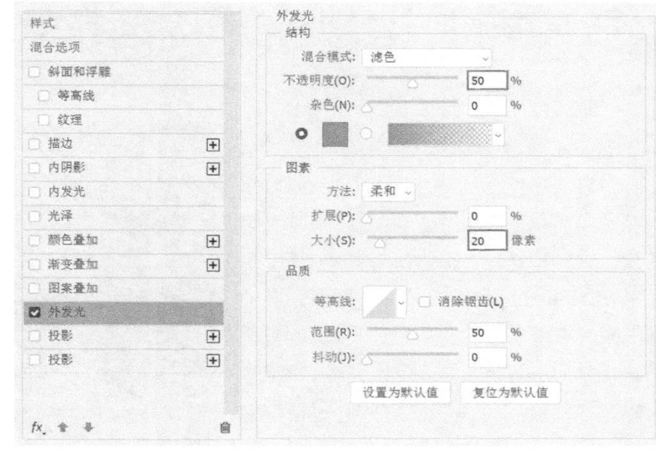

图3-53

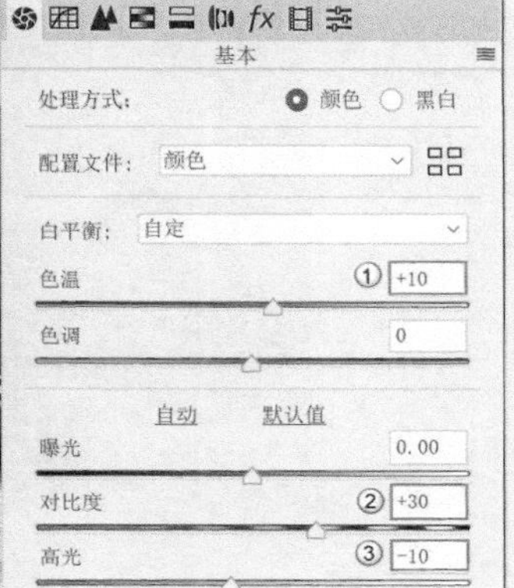

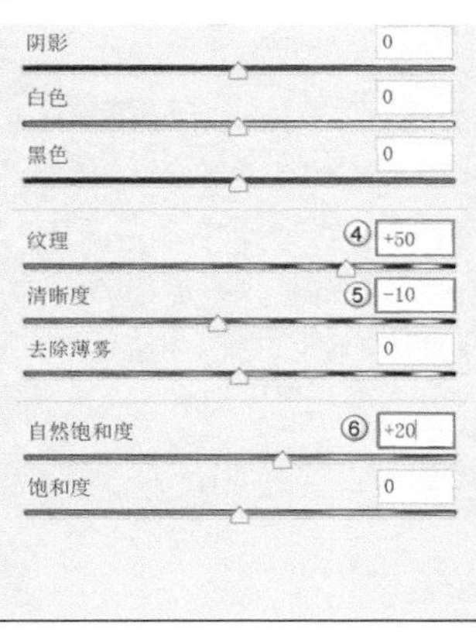

图3-54

知识回顾

教学视频：回顾对齐与分布功能的使用.mp4

命令：对齐/分布

位置：图层>对齐和图层>分布

用途：对齐与排列图像。

操作流程

第1步：打开Photoshop，导入准备好的图片。

第2步：在“图层”面板中选中多个目标图层。

第3步：执行“图层>对齐”或者“图层>分布”菜单命令。

重要参数解释

在对齐与分布功能中，最常用的有以下几种。

顶对齐：将选定图层中的顶端像素与所有选定图层中最顶端的像素对齐，或与选区边界的顶边对齐。

垂直居中对齐：将每个选定图层中的垂直中心像素与所有选定图层的垂直中心像素对齐，或与选区边界的垂直中心对齐。

底对齐：将选定图层中的底端像素与所有选定图层中最底端的像素对齐，或与选区边界的底边对齐。

左对齐：将选定图层中的左端像素与所有选定图层中的最左端像素对齐，或与选区边界的左边对齐。

水平居中对齐：将选定图层中的水平中心像素与所有选定图层的水平中心像素对齐，或与选区边界的水平中心对齐。

右对齐：将选定图层中的右端像素与所有选定图层中的最右端像素对齐，或与选区边界的右边对齐。

垂直分布：在图层之间均匀分布垂直间距。

水平分布：在图层之间均匀分布水平间距。

实战：使用“自动对齐图层”命令拼接图像

素材文件	素材文件>CH03>07
实例文件	实例文件>CH03>实战：使用“自动对齐图层”命令拼接图像.psd
教学视频	实战：使用“自动对齐图层”命令拼接图像.mp4
学习目标	掌握自动对齐图层的方法

扫码观看视频

使用“自动对齐图层”命令可以根据不同图层中的相似内容（如角和边）自动对齐图层。可以指定一个图层作为参考图层，也可以让Photoshop自动选择参考图层。其他图层将与参考图层对齐，以便匹配的内容能够自行叠加。使用“自动对齐图层”命令将3张图片合并为一张完整的图片，效果如图3-55所示。

图3-55

操作步骤

01 执行“文件>打开”菜单命令，打开“素材文件>CH03>07”文件夹中的素材文件。将3个图层全部拖曳至画布中，如图3-56所示，在“图层”面板中将图层随机打乱，并全部选中，如图3-57所示。

图3-56

图3-57

02 在菜单栏中执行“编辑>自动对齐图层”菜单命令，如图3-58所示，在弹出的对话框中选择“自动”单选项，并单击“确定”按钮，如图3-59所示。3个图层即可自动完成对齐，合并为一张图片，如图3-60所示。

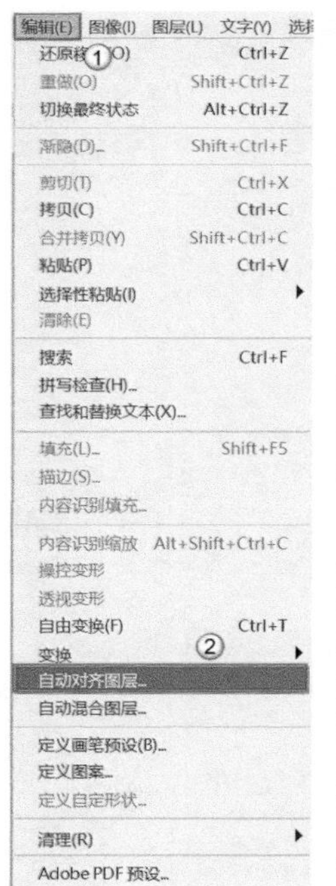

图3-58

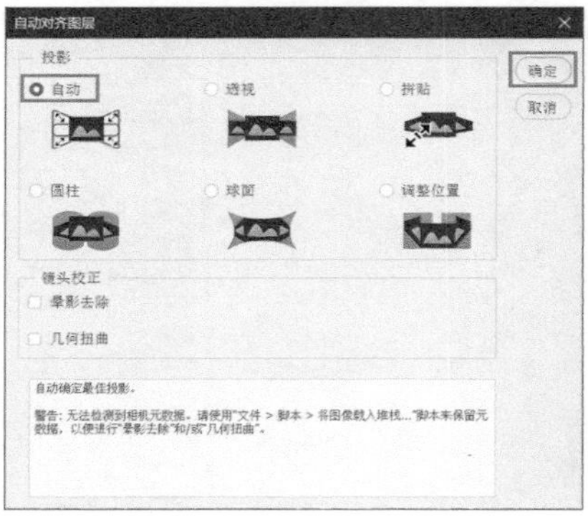

图3-59

图3-60

> **技巧提示**
>
> 在操作时，“编辑”菜单中的“自动对齐图层”选项可能显示为灰色而无法单击，如图3-61所示。
>
> 之所以无法选择命令，可能是以下两种情况造成的。
>
> **第1种：** 没有选中所有图层，只选择了一个图层。在“图层”面板中选中所有图层即可。
>
> **第2种：** 没有将图层栅格化。在菜单栏中执行“图层>栅格化>所有图层”菜单命令即可将图层栅格化。 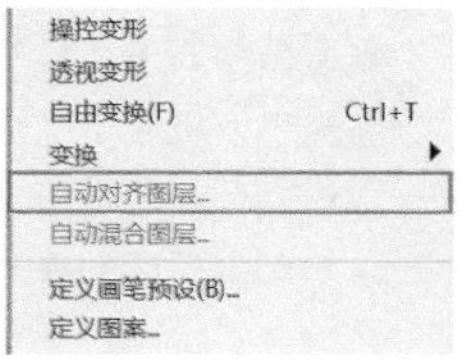
>
> 图3-61

☞ 知识回顾

扫码观看视频

教学视频： 回顾自动对齐图层.mp4

命令： 自动对齐图层

位置： 图层>自动对齐图层

用途： 自动对齐图层。

使用“自动对齐图层”命令可以快速对多个图层进行合并。但是要注意，所选图层的尺寸最好一致，内容有些许重叠。

操作流程

第1步： 打开Photoshop，导入准备好的图片。

第2步： 选中多个待操作的图层。

第3步： 在菜单栏中执行“编辑>自动对齐图层”菜单命令。

实战：使用“自动混合图层”命令渲染图像

素材文件	素材文件>CH03>08
实例文件	实例文件>CH03>实战：使用“自动混合图层”命令渲染图像.psd
教学视频	实战：使用“自动混合图层”命令渲染图像.mp4
学习目标	掌握自动混合图层的方法

扫码观看视频

使用“自动混合图层”命令可缝合或组合图像，从而在最终的复合图像中获得平滑的过渡效果，效果对比如图3-62所示。自动混合图层的混合方法有两种。

全景图： 将重叠的图层混合成全景图。

堆叠图像： 混合每个相应区域中的最佳细节，将多个图层相融合。

图3-62

☞ 操作步骤

01 执行“文件>打开”菜单命令，打开“素材文件>CH03>08”文件夹中的素材文件，如图3-63所示。

02 在“图层”面板中选中“酒瓶”图层，按快捷键Ctrl+T调整酒瓶图片的位置，使其位于图片中央合适的位置，如图3-64所示。

图3-63

图3-64

03 在工具箱中选择“快速选择工具”，将酒瓶的主体部分全选，按快捷键Ctrl+J创建一个新的图层，并将其命名为“图层2”，如图3-65所示。

04 在“图层”面板中选中“图层0”“图层2”两个图层，如图3-66所示。在菜单栏中执行“编辑>自动混合图层”菜单命令，在弹出的对话框中选择“堆叠图像”单选项，如图3-67所示。

05 自动混合完毕后，在工具箱中选择“涂抹工具”，对混合后图像的细节进行修补和调整，如图3-68所示。

图3-65

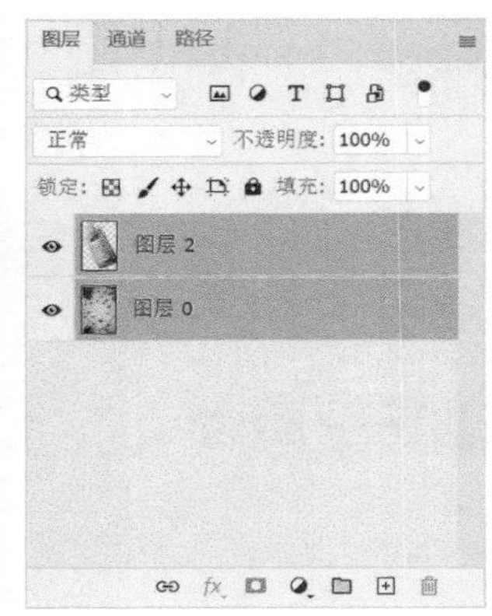

图3-66

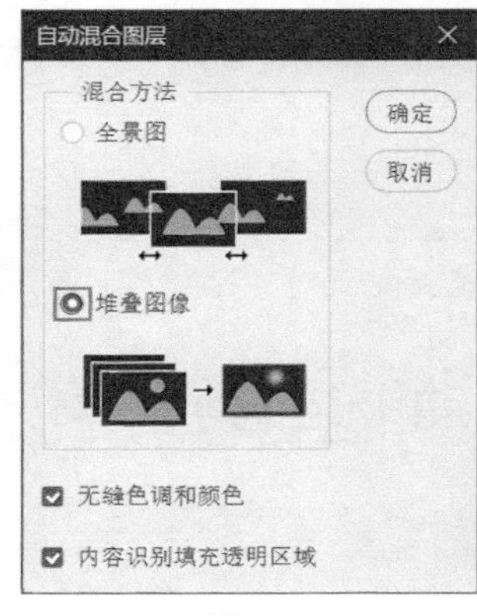

图3-67

图3-68

知识回顾

教学视频： 回顾自动混合图层.mp4

命令： 自动混合图层

位置： 编辑>自动混合图层

用途： 用于图像的快速融合。

使用“自动混合图层”命令快速融合图像，是Photoshop的常用功能之一。但是“自动混合图层”命令不适用于智能对象、视频图层、3D图层和背景图层等，这种情况下“自动混合图层”命令是灰色的，需要进行栅格化处理后才可以使用。此外，自动混合图像中的“堆叠图像”功能集成了添加蒙版、混合图层、盖印图层等一系列操作。此功能强调的是“自动”，因此有些细节无法处理到位，此时需要人工进行修补和调整。

操作流程

第1步： 打开Photoshop，导入准备好的图片。

第2步： 选中多个待操作的图层。

第3步： 在菜单栏中执行“编辑>自动对齐图层”菜单命令，并选择“全景图”或“堆叠图像”单选项。

使用“全景图”功能可以将重叠的图层混合成全景图，该功能与“自动对齐图层”功能相似，这里不做过多介绍。

技术专题：合并图层与盖印图层

使用“合并图层”功能可以将两个或多个图层合并为一个图层。在合并图层时，顶部图层中的数据会替换它所覆盖的底部图层中的所有数据。在合并后的图层中，所有透明区域的交叠部分都会保持透明。盖印图层就是把所有图层拼合后的效果变成一个新的图层，但是保留了之前的所有图层，并没有真正地拼合图层，便于以后继续编辑个别图层。

在“图层”面板中选中两个或多个图层，单击鼠标右键，在弹出的菜单中选择“合并图层”命令，如图3-69所示。

图3-69

在“图层”面板中选中一个图层后，单击鼠标右键，也可以执行“向下合并”或“合并可见图层”命令。选中顶部的图层，单击鼠标右键，选择“向下合并”命令，该图层将会与其下方第一个图层合并，如图3-70和图3-71所示。

在任意图层上单击鼠标右键，执行“合并可见图层”命令，所有可见图层将会合并为一个图层，如图3-72所示。

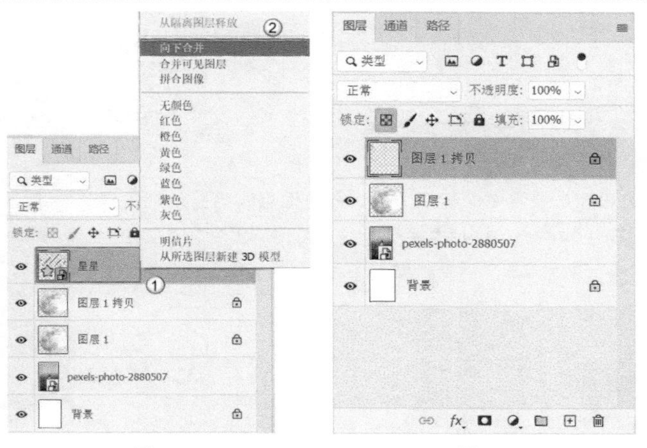

图3-70 图3-71

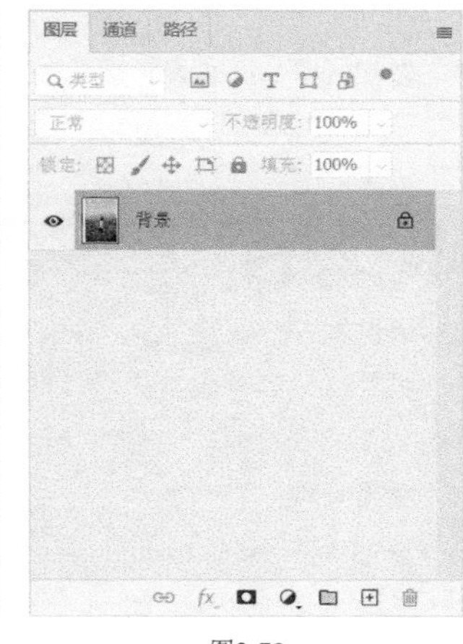

图3-72

另外，按快捷键Ctrl+Alt+Shift+E可以盖印所有可见图层；按快捷键Ctrl+Alt+E可以盖印所选图层。盖印后即显示新的图层。

实战：使用剪切/拷贝/粘贴功能替换图像

素材文件	素材文件>CH03>09
实例文件	实例文件>CH03>实战：使用剪切/拷贝/粘贴功能替换图像.psd
教学视频	实战：使用剪切/拷贝/粘贴功能替换图像.mp4
学习目标	掌握剪切/拷贝/粘贴图像的方法

扫码观看视频

使用剪切/拷贝/粘贴功能可以快速地对图像中的某些元素进行修改和复制，使图像呈现出不同的效果，如图3-73所示。

图3-73

操作步骤

01 执行“文件>打开”菜单命令，打开“素材文件>CH03>09”文件夹中的素材文件。在工具箱中选择“矩形选框工具”，并在图像中将要替换的图像框选，如图3-74所示。

02 在菜单栏中执行“编辑>拷贝”菜单命令，或按快捷键Ctrl+C，即可拷贝相应的图像，如图3-75所示。

03 同理，用选框工具选取图像后，执行“编辑>剪切”菜单命令或按快捷键Ctrl+X可剪切图层。执行“编辑>粘贴”菜单命令或者按快捷键Ctrl+V可粘贴图层。通过调整图层的位置与顺序，即可实现图像的替换，如图3-76所示。

图3-74

图3-75

图3-76

知识回顾

教学视频： 回顾替换图像.mp4

命令： 剪切/拷贝/粘贴

位置： “编辑>剪切/拷贝/粘贴”菜单命令或快捷键Ctrl+X/C/V

用途： 剪切/拷贝/粘贴图像。

在Photoshop中，剪切/拷贝/粘贴功能是最常用的功能之一。熟练地运用这些功能可以为后续的操作打下坚实的基础。需要注意的是，执行“拷贝”或“粘贴”命令之后，在图层中不会立刻展示出效果，需要使用“移动工具”稍微调整一下图层的位置，才能看出效果，如图3-77所示。

操作流程

第1步： 打开Photoshop，导入准备好的图片。

第2步： 按快捷键Ctrl+X/C/V剪切/拷贝/粘贴图像。

图3-77

实战：使用“清除”命令去除图像中的元素

素材文件	素材文件>CH03>10
实例文件	实例文件>CH03>实战：使用“清除”命令去除图像中的元素.psd
教学视频	实战：使用“清除”命令去除图像中的元素.mp4
学习目标	掌握清除图像中多余部分的方法

使用“清除”命令可快速清除图像中多余的部分，实现图像的替换和更改，效果对比如图3-78所示。

图3-78

操作步骤

01 执行“文件>打开”菜单命令，打开“素材文件>CH03>10”文件夹中的素材文件。在工具箱中选择“快速选择工具”，在画布中框选要清除的图像，如图3-79所示。确定选区之后，在菜单栏中执行“编辑>清除”菜单命令，即可将图像完全清除，如图3-80所示。

02 虽然图像已经被清除，但是露出了大片的空白，需要为这片区域填充图案。返回上一步，在确定选区之后，可以在菜单栏中执行“编辑>填充”菜单命令，在弹出的对话框中，将“内容”设置为“内容识别”，将“不透明度”设置为100%，单击“确定”按钮，如图3-81所示。效果如图3-82所示。

> **技巧提示**
>
> 按Delete键也可快速清除图像。

图3-79

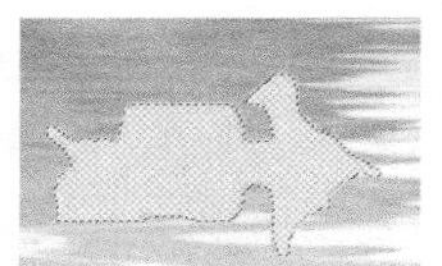

图3-80

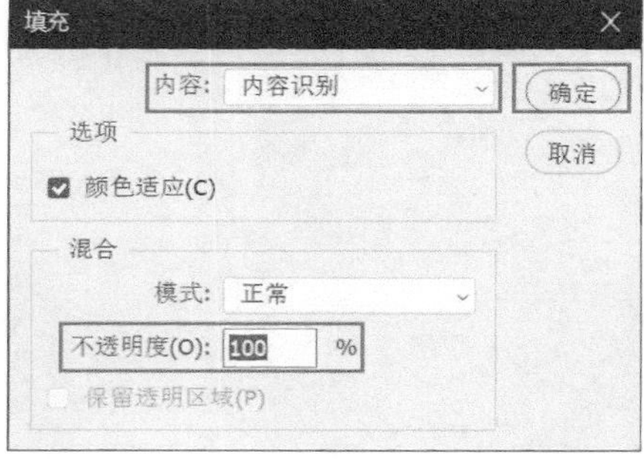

图3-81

图3-82

知识回顾

扫码观看视频

教学视频：回顾清除图像中的元素.mp4

命令：清除

位置：“编辑>清除”菜单命令或Delete键

用途：清除图像中的多余内容。

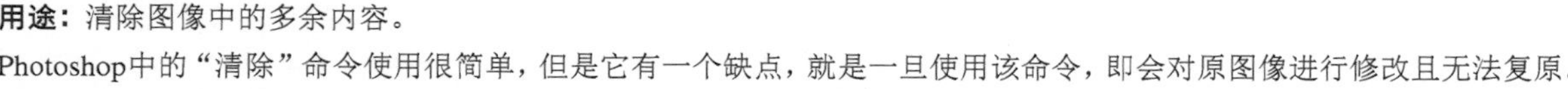

Photoshop中的“清除”命令使用很简单，但是它有一个缺点，就是一旦使用该命令，即会对原图像进行修改且无法复原。因此，笔者推荐大家使用蒙版进行相关的修改。关于蒙版的知识，第7章将会进行详细的讲解。

操作流程

第1步：打开Photoshop，导入准备好的图片。

第2步：使用“快速选择工具”框选要清除的图像。

第3步：执行“编辑>清除”菜单命令或按Delete键清除图像。

实战：使用画板工具创建UI设计工作台

素材文件	素材文件>CH03>11
实例文件	实例文件>CH03>实战：使用画板工具创建UI设计工作台.psd
教学视频	实战：使用画板工具创建UI设计工作台.mp4
学习目标	掌握画板工具的用法

扫码观看视频

如果使用Photoshop进行网页或UI设计，使用画板工具可简化设计过程，该工具提供了一个无限大的画布，可以在此画布上布置适用于不同设备和屏幕的设计。创建画板时，可以从各种预设中进行选取，也可以自定义画板的大小。可以在Photoshop中新建多个画板，便于在多个画板中进行操作、对比。

操作步骤

01 执行“文件>打开”菜单命令，打开“素材文件>CH03>11”文件夹中的素材文件。在工具箱中的“移动工具”，上单击鼠标右键，选择“画板工具”，如图3-83所示。

02 拖曳选框，创建一个大小合适的新画板，如图3-84所示。新画板创建完成后可单击其四周的“加号”，快速在四周复制更多的画板，如图3-85和图3-86所示。

03 此时，在“图层”面板中，所有图层均属于“画板1”。拖曳图层可将图层置于不同画板中，如图3-87所示。

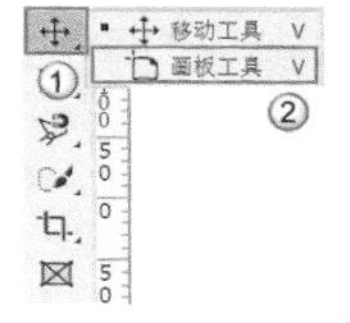

图3-83

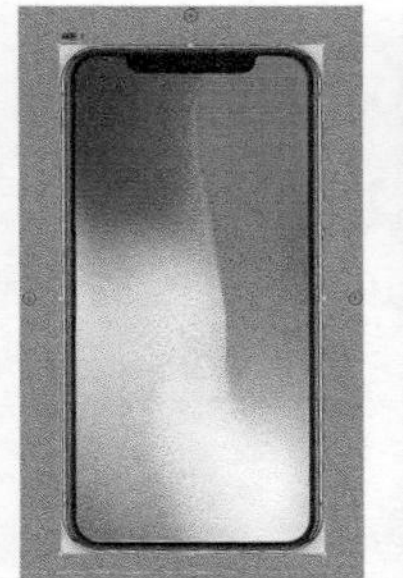
图3-84

图3-85

图3-86

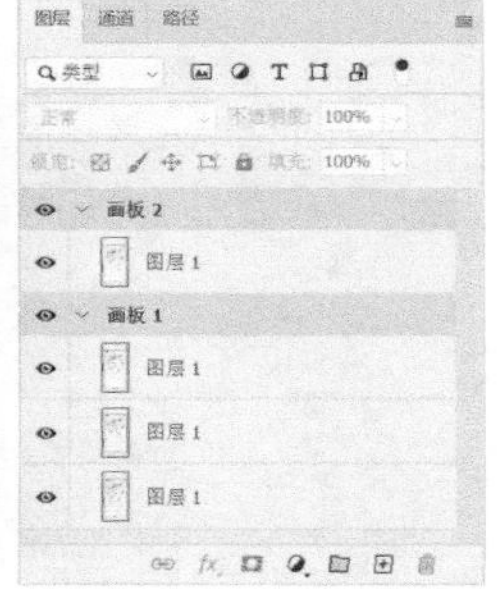

图3-87

知识回顾

扫码观看视频

可以将画板视为一种特殊类型的图层组。画板中元素的层次结构显示在“图层”面板中，其中还有图层和图层组。画板可以包含图层和图层组，但不能包含其他画板。

教学视频：回顾画板工具.mp4

工具：画板工具

位置：工具箱

用途：使用画板工具新建画板。

操作流程

第1步：打开Photoshop，导入准备好的图片。

第2步：在工具箱中选择“画板工具”，创建新画板。

第3步：将图层拖曳至新画板中。

技巧提示

“来自图层的画板”命令用于将选中的图层添加到画板中。在“图层”面板中选中一个或多个待操作的图层，执行“图层>新建>来自图层的画板”菜单命令，如图3-88所示。在“图层”面板中新建画板后，选中的图层将会添加至新画板中，如图3-89所示。

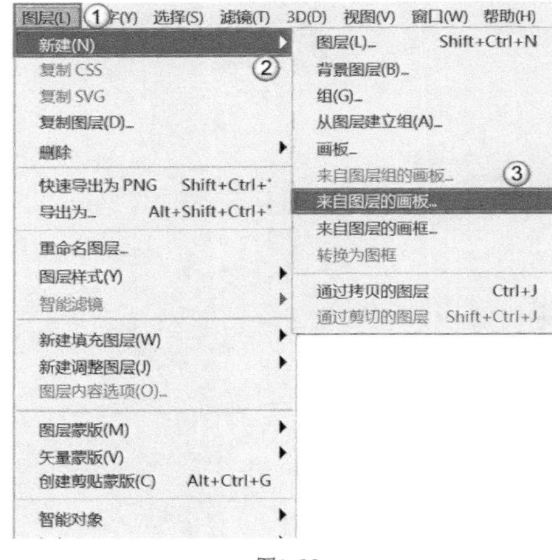

图3-88

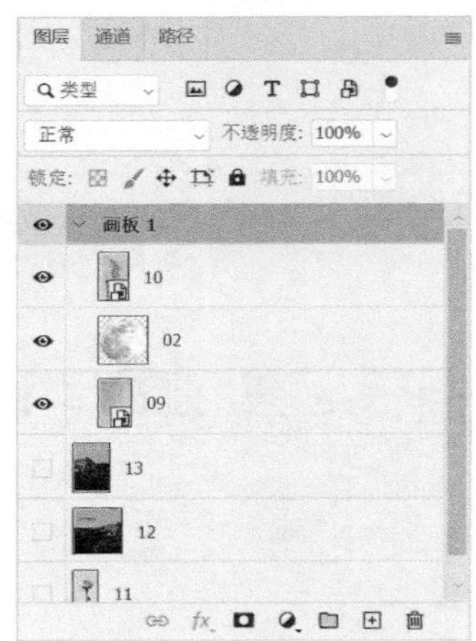

图3-89

综合案例：自动混合图层功能的应用

素材文件	素材文件>CH03>12
实例文件	实例文件>CH03>综合案例：自动混合图层功能的应用.psd
教学视频	综合案例：自动混合图层功能的应用.mp4
学习目标	了解自动混合图层功能的应用方法

扫码观看视频

使用自动混合图层功能可快速对图像进行混合更换，该功能常用于人物的“换脸”，如图3-90和图3-91所示。

01 执行“文件>打开”菜单命令，打开“素材文件>CH03>12”文件夹中的素材文件。在“图层”面板中，将“22”图层拖曳至图层顶部，并设置“图层”面板中的“不透明度”为54%，如图3-92所示。

图3-90

图3-91

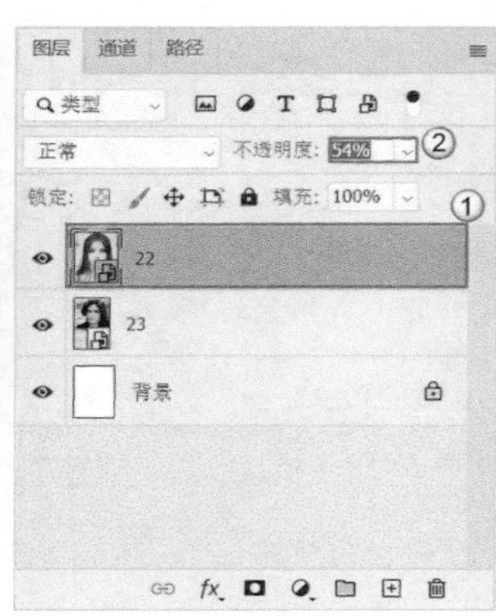

图3-92

02 在工具箱中选择“移动工具”，将“22”图层中的面部移动至合适的位置。然后按快捷键Ctrl+T对“22”图层进行缩放和旋转，直至两个图层中的面部重合，如图3-93所示。

03 在工具箱中选择“套索工具”，如图3-94所示，然后仔细地将人物的五官框选出来，如图3-95所示。

04 框选完成后，执行“选择>修改>收缩”菜单命令，如图3-96所示，在弹出的对话框中，将“收缩量”设置为3像素，如图3-97所示。

图3-93

图3-94

图3-95

图3-96

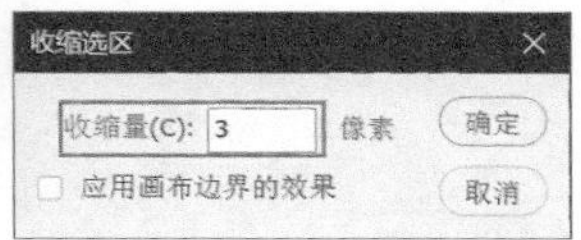
图3-97

05 在“图层”面板中选中“23”图层，并按Delete键删除“23”图层中所选的部分，如图3-98和图3-99所示。

图3-98

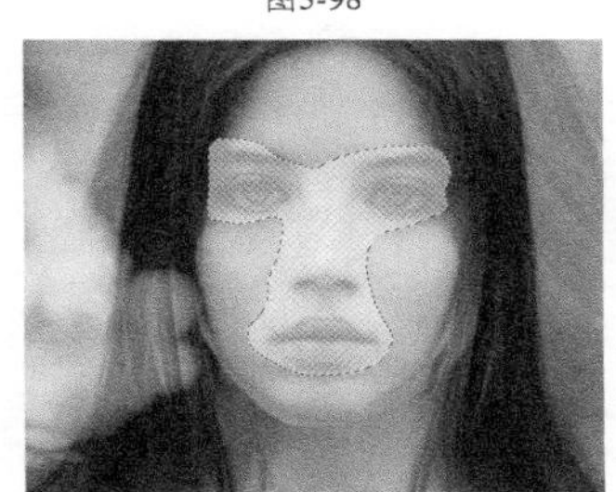
图3-99

技巧提示

如果按Delete键删除选区时弹出图3-100所示的对话框，可能是由于没有将图层栅格化。只需在图层上单击鼠标右键，选择“栅格化图层”命令即可，如图3-101所示。

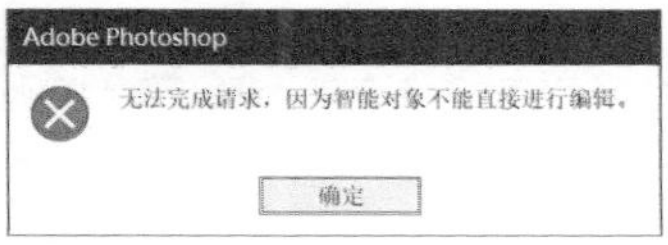

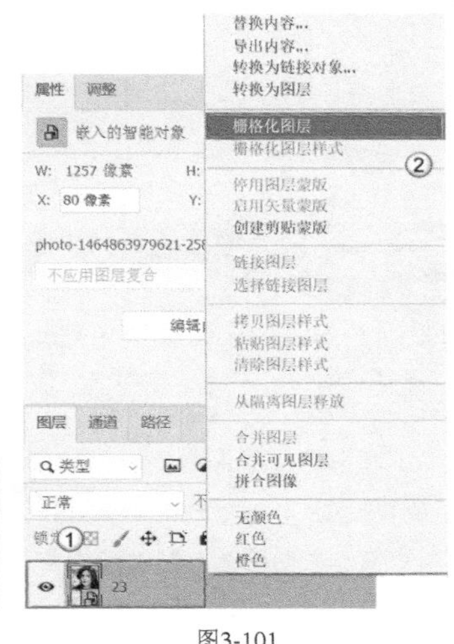
图3-100

图3-101

06 在“图层”面板中选中“22”图层，并按快捷键Ctrl+J复制图层，如图3-102和图3-103所示。

07 在“图层”面板中将“22”图层隐藏，然后选中“23”图层和新复制的图层，如图3-104所示。

08 在菜单栏中执行“编辑>自动混合图层”菜单命令，如图3-105所示，在弹出的对话框中选择“堆叠图像”单选项，如图3-106所示。

图3-102

图3-103

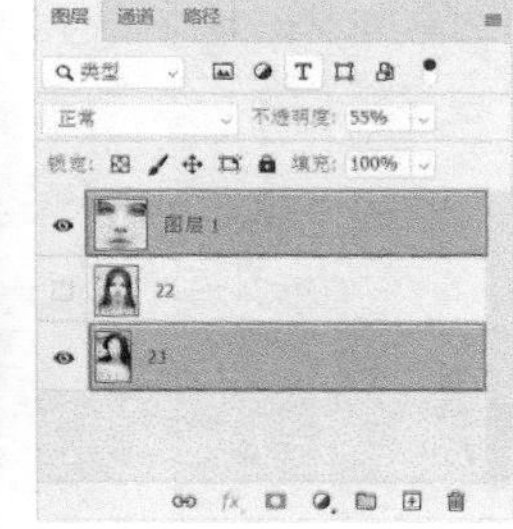
图3-104

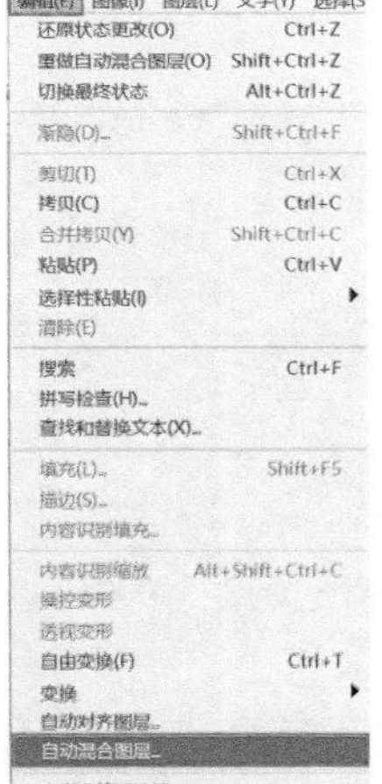
图3-105

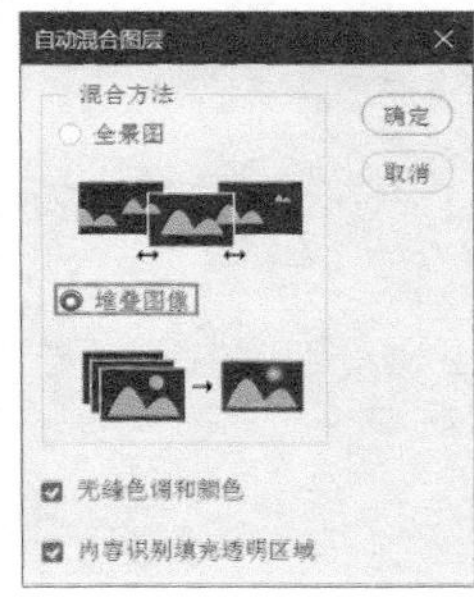
图3-106

09 自动混合图层完成后，按快捷键Ctrl+D取消选区。此时“换脸”操作已经基本完成，只需在某些部位稍做修改即可，如图3-107所示。

10 在工具箱中选择“修补工具”，对图像中的某些部分进行修改。只需使用“修补工具”框选出待修改的部位，并将其拖曳至可替换的、自然的部位即可，如图3-108和图3-109所示。

也可在工具箱中选择“涂抹工具”，然后使用“涂抹工具”在图像中对颜色不协调的图层进行涂抹修改，如图3-110所示。

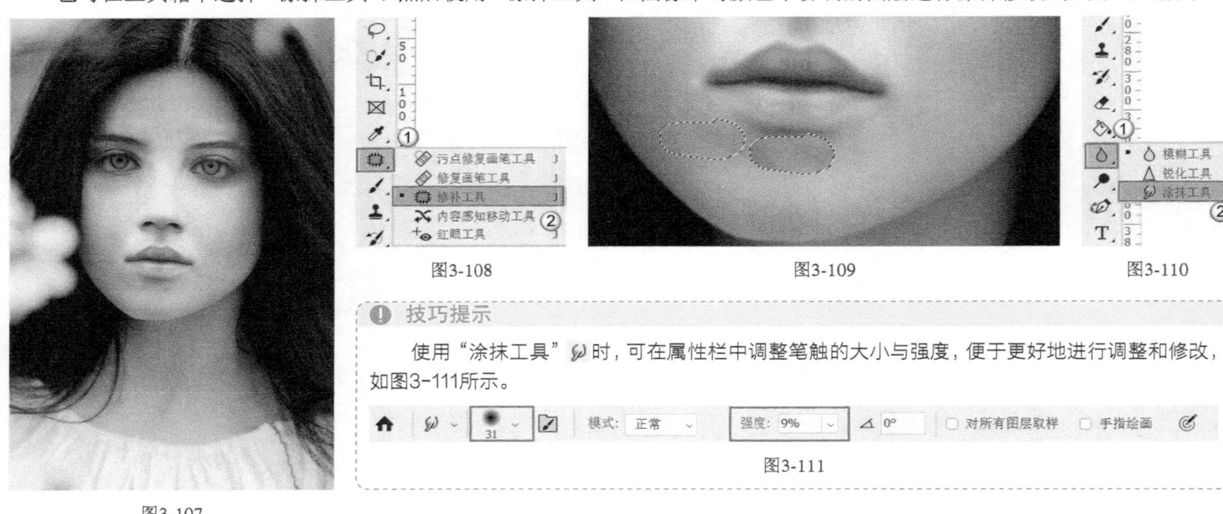

图3-107

图3-108

图3-109

图3-110

> **技巧提示**
>
> 使用“涂抹工具”时，可在属性栏中调整笔触的大小与强度，便于更好地进行调整和修改，如图3-111所示。
>
> 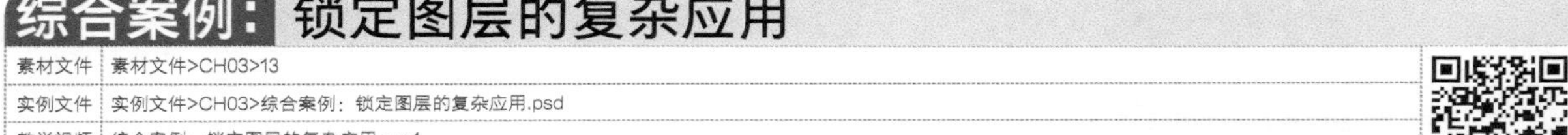
>
>
> 图3-111

综合案例：锁定图层的复杂应用

素材文件	素材文件>CH03>13
实例文件	实例文件>CH03>综合案例：锁定图层的复杂应用.psd
教学视频	综合案例：锁定图层的复杂应用.mp4
学习目标	了解锁定图层的复杂应用方法

扫码观看视频

“图层”面板的“锁定”工具栏中有5个锁定选项，分别是“锁定透明像素”“锁定图像像素”“锁定位置”“防止在画板和画框内外自动嵌套”“锁定全部”，如图3-112所示。

图3-112

“锁定透明像素”选项用于将透明像素锁定，即不能再对该透明像素进行操作。通过锁定透明像素，可排除透明像素的干扰。本案例对SLOW DOWN图层进行修改，将文字外的其他部分清除，如图3-113所示。

01 执行“文件>打开”菜单命令，打开“素材文件>CH03>13”文件夹中的素材文件。在工具箱中右击“吸管工具”，并在图像中选择汽车尾灯的红色，作为文字的替换色，如图3-114和图3-115所示。

图3-113

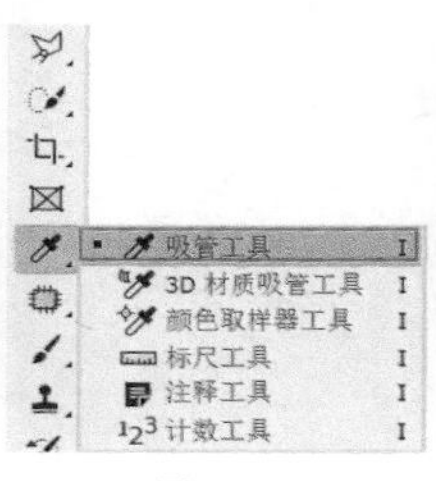

图3-114

图3-115

02 在“图层”面板中选中待隐藏的图层，并单击左侧“指示图层可见性”按钮，将其余图层设置为不可见图层，如图3-116所示。

图3-116

图3-117

03 在“图层”面板中选中待锁定透明像素的图层，并在“锁定”工具栏中单击“锁定透明像素”按钮，如图3-117所示。

04 此时使用“油漆桶”工具给文字部分上色。可以发现，填充部分只限于文字部分，其余透明部分被锁定了，无法进行填充，如图3-118所示。

图3-118

05 在“图层”面板中单击“指示图层可见性”按钮，将其他图层恢复为可见图层，并将SLOW DOWN图层拖曳至适当位置即可。后期可以适当地调整图像的色调，使其呈现出赛博朋克风格。

技巧提示

“锁定”工具栏中其余4个锁定选项介绍如下。

1.锁定图像像素

开启“锁定图像像素”功能后，不能对应用的图层进行任何绘制更改。它的作用是防止处理图片时不小心绘制错图层。开启该功能后不能对应用的图层进行填充、画笔、移动选区、仿制图章、渐变等操作。

2.锁定位置

开启该功能后，用移动工具无法对图案进行移动。

3.防止在画板和画框内外自动嵌套

在Photoshop中，当图层或图层组超出画板边缘时，图层或图层组会在组层视图中移除画板。所以为了防止这种事情发生，可开启“防止在画板和画框内外自动嵌套”功能。

4.锁定全部

单击此按钮后，针对此图层的所有操作都不能进行。

学以致用：图层混合模式应用之颜色减淡

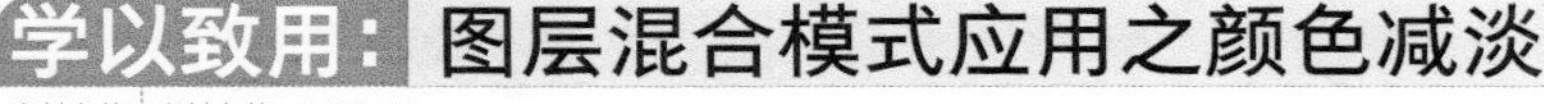

素材文件	素材文件>CH03>14
实例文件	实例文件>CH03>学以致用：图层混合模式应用之颜色减淡.psd
教学视频	学以致用：图层混合模式应用之颜色减淡.mp4
学习目标	了解图层混合模式的应用方法

“颜色减淡”混合模式用于比较两个图层中的像素，颜色减淡是通过对混合色及基色的各通道颜色值进行对比，减少两者的对比度，从而使基色变亮，反映混合色并快速地将两个图层“融合”，效果如图3-119所示。

图3-119

技巧提示

按住Alt键同时拖曳图层即可实现图层的快速复制，如图3-120所示。

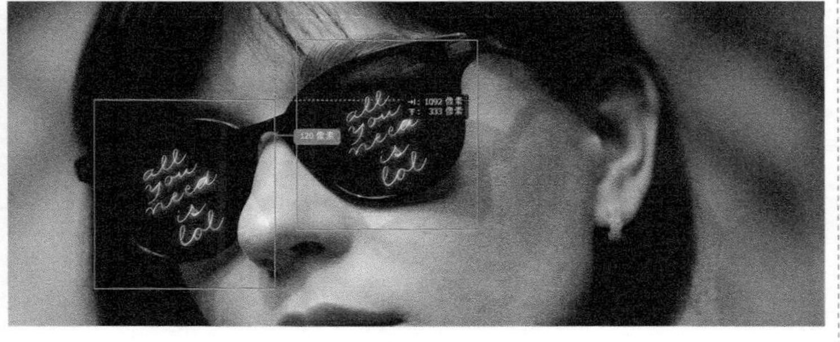

图3-120

学以致用：图层混合模式应用之正片叠底

素材文件	素材文件>CH03>15
实例文件	实例文件>CH03>学以致用：图层混合模式应用之正片叠底.psd
教学视频	学以致用：图层混合模式应用之正片叠底.mp4
学习目标	了解图层混合模式的应用方法

扫码观看视频

“正片叠底”混合模式用于将两个相同图层的颜色加深，并使白色部分效果减弱，效果如图3-121所示。

图3-121

技巧提示

在Photoshop的图层混合模式中，还有4种混合模式与正片叠底的效果相似，它们被统称为“加深模式组”，分别是“变暗”“颜色加深”“线性加深”“深色”。总体来说，加深模式组会将图像的颜色变得更暗，而不同的混合模式各有其侧重点，这里不再展开说明。

学以致用：使用“对齐”与“分布”命令制作照片版式

素材文件	素材文件>CH03>16
实例文件	实例文件>CH03>学以致用：使用“对齐”与“分布”命令制作照片版式.psd
教学视频	学以致用：使用“对齐”与“分布”命令制作照片版式.mp4
学习目标	掌握使用“对齐”与“分布”命令制作照片版式的方法

扫码观看视频

使用“对齐”与“分布”命令可快速对图层进行排版整理，从而得到合适的图像，如图3-122所示。

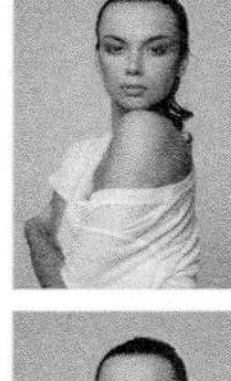

图3-122

技术专题：合并拷贝图层

合并拷贝是把两个或多个图层合并成一个图层并进行拷贝，以免打乱排版。合并拷贝用于复制图像中的所有图层，即在不影响原图像的情况下，将选取范围内的所有图层复制并放入剪贴板中。操作步骤如下。

（1）在“图层”面板中可以看到许多图层组及图层。此时，执行“选择>全部”菜单命令，选中画布中所有的图层，如图3-123所示。

（2）在菜单栏中执行“编辑>合并拷贝”菜单命令（快捷键为Ctrl+Shift+C），此时所有选中的内容会合并至同一个图层并被拷贝，如图3-124所示。

（3）在菜单栏中执行“文件>新建”菜单命令，新建一个Photoshop文档。在新建文档中执行“编辑>粘贴”菜单命令，将原来合并拷贝的图像粘贴，如图3-125所示。粘贴后图像全部合并到一个图层中。

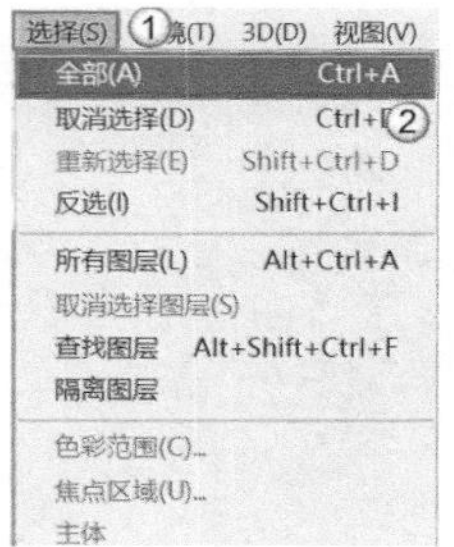

图3-123

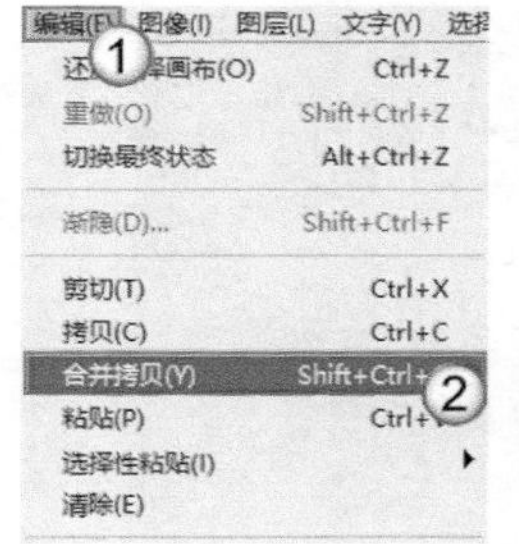

图3-124

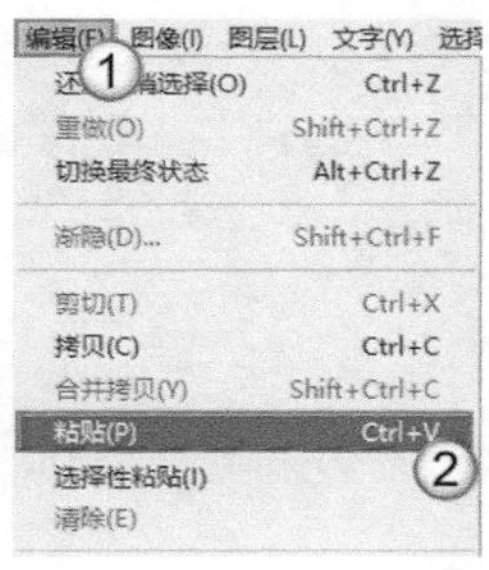

图3-125

粘贴时根据需求也可以使用“选择性粘贴”菜单命令，子菜单中包含“粘贴且不使用任何格式”“原位粘贴”等多种命令。

第 4 章

① 技巧提示 + ② 疑难问答 + ◎ 技术专题

选区和颜色的填充

选区是为局部编辑对象建立的选择区域。在选区中可以填充颜色、复制选区的内容。Photoshop中的众多选区工具常用于抠取图像和合成创意图片，这些工具是Photoshop的基础工具，也是设计中的必要工具。

学习重点

实战：使用选框工具更换手机界面

素材文件	素材文件>CH04>01
实例文件	实例文件>CH04>实战：使用选框工具更换手机界面.psd
教学视频	实战：使用选框工具更换手机界面.mp4
学习目标	掌握使用选框工具更换手机界面的方法

扫码观看视频

本案例效果如图4-1所示。

图4-1

操作步骤

01 执行"文件>打开"菜单命令或按快捷键Ctrl+O，打开"素材文件>CH04>01"文件夹中的1-1.png素材文件。在素材文件夹中选中"1-2.png"，将其拖曳到画布中，如图4-2所示。

图4-2

02 选择"矩形选框工具"，单击之后鼠标指针会变成+，然后在图中绘制出选区，如图4-3所示。

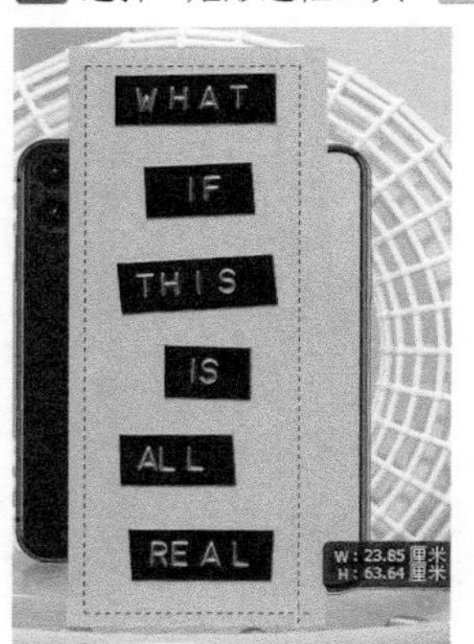

图4-3

疑难问答

问：在实际操作中为什么选框工具的图标会变成椭圆形？如图4-4所示。

答：这是因为选择的是"椭圆选框工具"。长按图4-4所示的按钮，选择"矩形选框工具"即可，如图4-5所示。

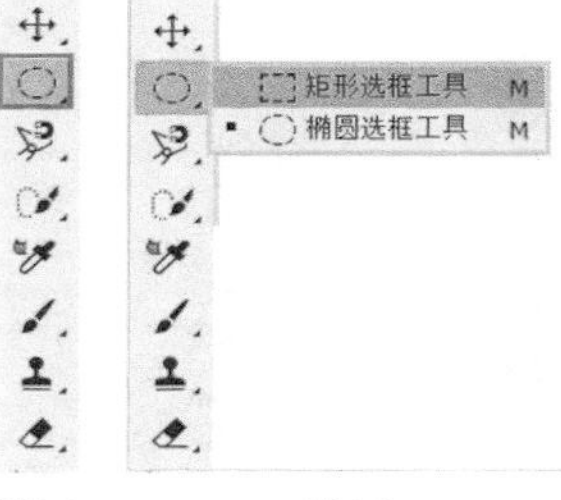

图4-4　　图4-5

03 单击"02"图层，如图4-6所示，然后按快捷键Ctrl+J新建图层，如图4-7所示。单击"02"图层前面的按钮即可关闭"02"图层的预览，按快捷键Ctrl+T自由变换新建图层的大小，并拖曳壁纸到适当的位置，效果如图4-8所示。

图4-6

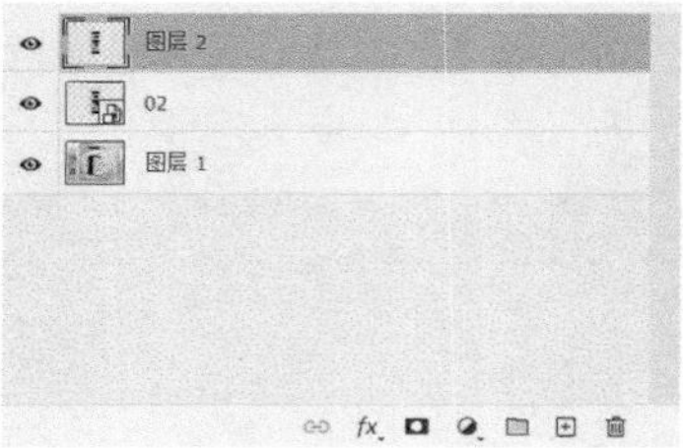

图4-7

图4-8

知识回顾

扫码观看视频

选框工具用于选择所需的区域，从而对选区内部的内容进行编辑。矩形或椭圆选框工具用于创建矩形或椭圆选区。

教学视频：回顾选框工具的用法.mp4

工具：选框工具

位置：工具箱>“矩形选框工具”或“椭圆选框工具”

用途：用于创建规则选区。

操作流程

第1步：打开Photoshop，导入准备好的图片。

第2步：在工具箱中选择“矩形选框工具”或“椭圆选框工具”。

第3步：拖曳鼠标绘制出选区。

第4步：按快捷键Ctrl+T自由变换图层并拖曳图片到合适的位置。

实战：使用选择工具使“破蛋重圆”

素材文件	素材文件>CH04>02
实例文件	实例文件>CH04>实战：使用选择工具使“破蛋重圆”.psd
教学视频	实战：使用选择工具使“破蛋重圆”.mp4
学习目标	掌握套索工具/多边形套索工具/磁性套索工具/快速选择工具/对象选择工具的用法

扫码观看视频

使用相关选区工具可创建选区，从而进行后面的相关操作，创建选区最基本的方式如下。本案例前后效果对比如图4-9所示。

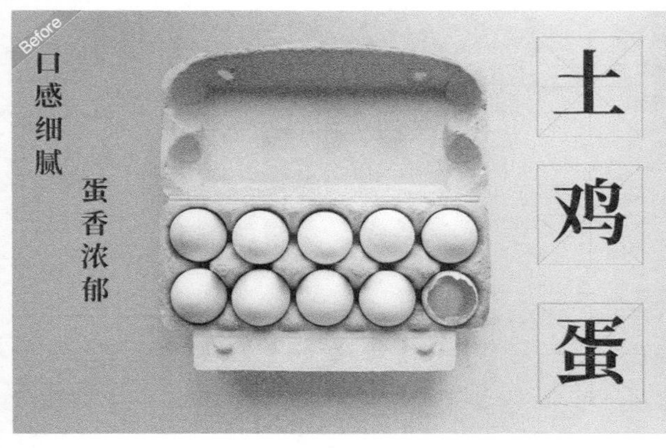

图4-9

操作步骤

打开“素材文件>CH04>02”文件夹中的素材文件。

方法1：使用套索工具创建选区

01 在工具箱中选择“套索工具”，如图4-10所示。

02 按住鼠标左键沿着鸡蛋边缘勾勒，如图4-11所示。

方法2：使用多边形套索工具创建选区

01 在工具箱中选择“多边形套索工具”，如图4-12所示。

02 沿着鸡蛋边缘绘制直线，创建多边形选区，如图4-13所示。

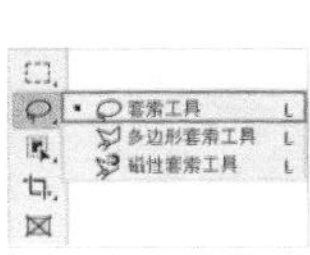

图4-10

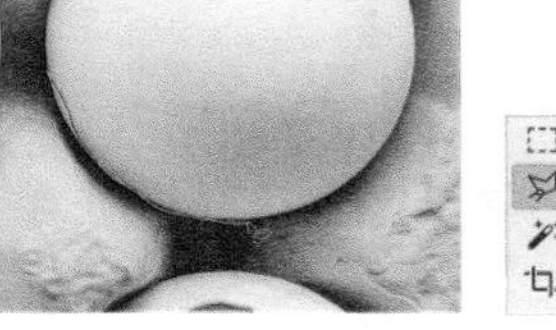

图4-11

图4-12

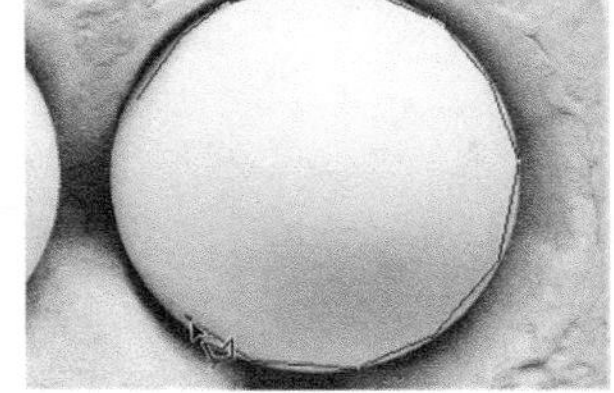

图4-13

方法3：使用磁性套索工具创建选区

01 在工具箱中选择“磁性套索工具”，如图4-14所示。

02 将鼠标指针移动到想创建选区的区域，单击鼠标，创建锚点，然后移动鼠标指针，“磁性套索工具”会自动吸附欲创建选区的区域，如图4-15所示。

03 在图形边缘移动鼠标指针创建选区，在必要的时候单击鼠标，创建锚点。围绕图形一圈后，鼠标指针会变成图4-16所示的图形，单击后会创建选区，选区如图4-17所示。

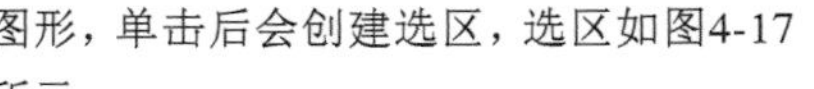

图4-14

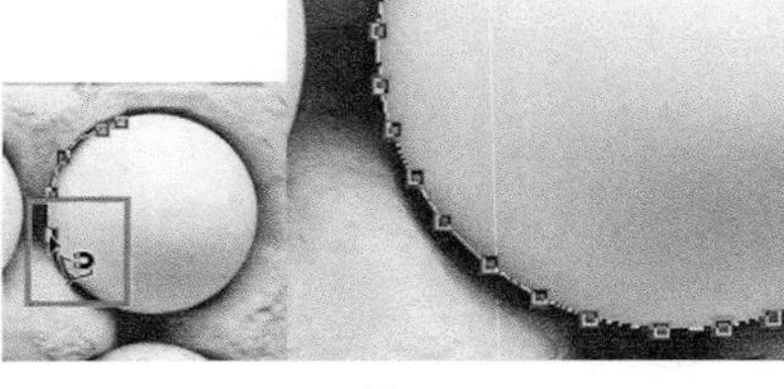
图4-15

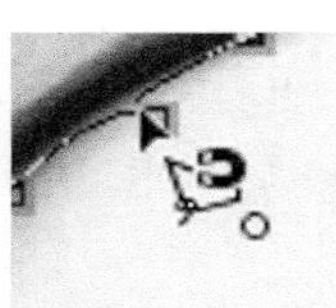
图4-16

图4-17

方法4：使用快速选择工具创建选区

01 在工具箱中选择“快速选择工具”，如图4-18所示。

02 找到想创建选区的物体，在物体所在区域单击即可创建选区，如图4-19所示。

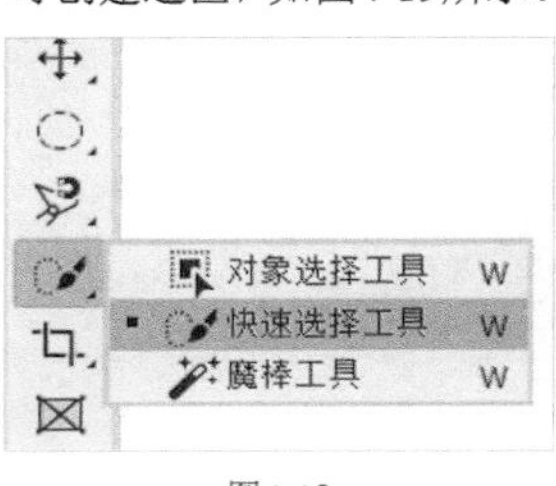

图4-18

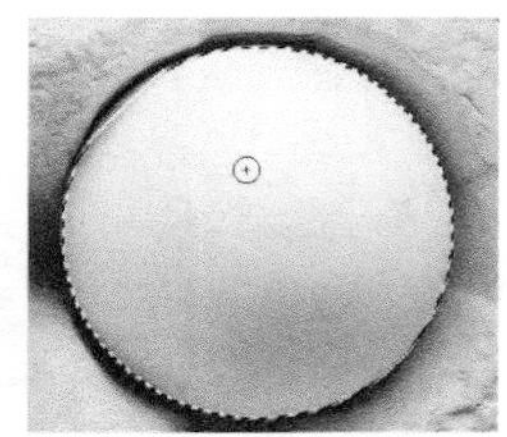
图4-19

> **疑难问答**
>
> **问：** 新手在操作的过程中可能会出现多选的情况，如图4-20所示。这个问题应该如何解决呢？
>
> **答：** 可以按住Alt键单击多余的区域来减选。

图4-20

方法5：使用魔棒工具创建选区

01 在工具箱中选择“魔棒工具”，如图4-21所示。

02 在鸡蛋区域单击，可能会出现图4-22所示的情况。按住Shift键或者单击属性栏中的“添加到选区”按钮，如图4-23所示，继续单击没有创建选区的区域，即可创建选区，如图4-24所示。

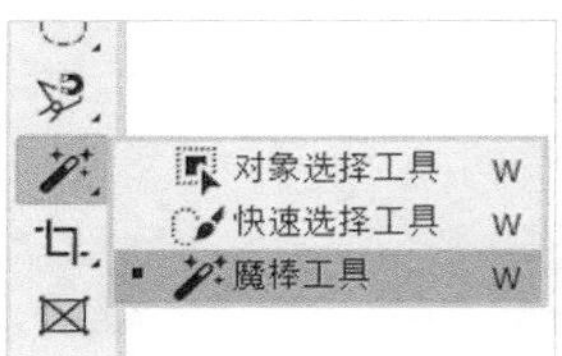

图4-21

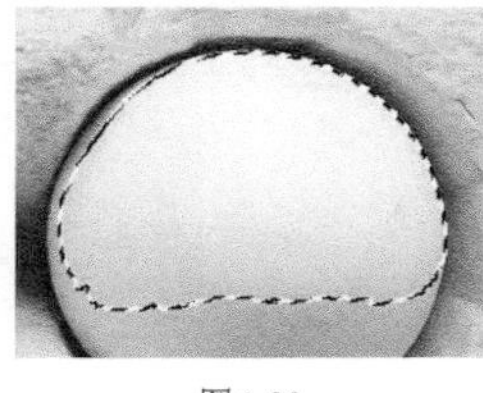
图4-22

图4-23

图4-24

方法6：使用对象选择工具创建选区

01 在工具箱中选择“对象选择工具”，如图4-25所示。

02 拖曳鼠标，用一个规则选区框选要选择的物体，如图4-26所示。

03 松开鼠标即可创建选区，如图4-27所示。

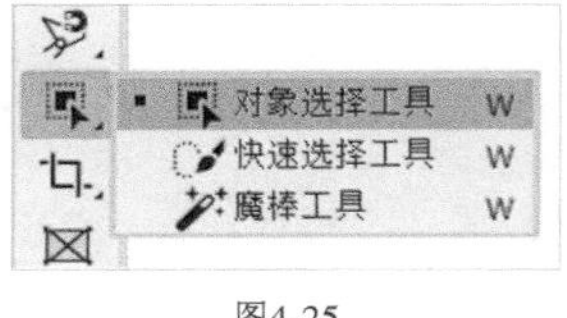

图4-25

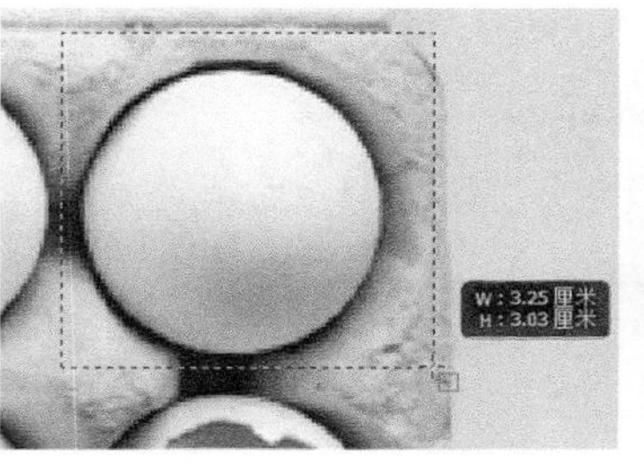

图4-26

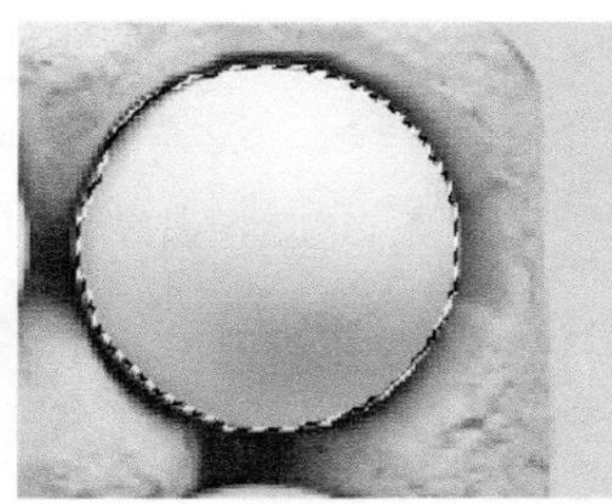
图4-27

04 按快捷键Ctrl+J新建图层，如图4-28所示。

05 利用“移动工具”拖曳图层1至破损的鸡蛋上，按快捷键Ctrl+T适当调整蛋壳的大小，完成“破蛋重圆”，如图4-29所示，前后效果对比如图4-30所示。

图4-28

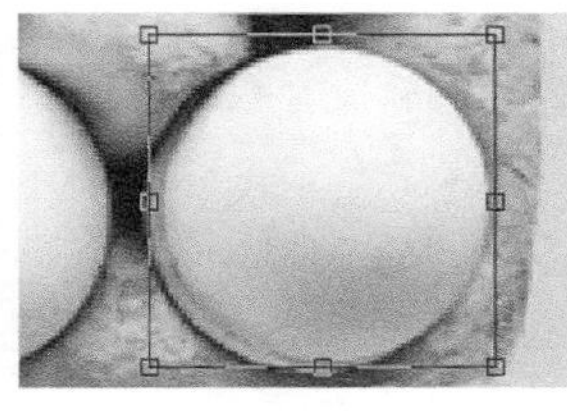

图4-29

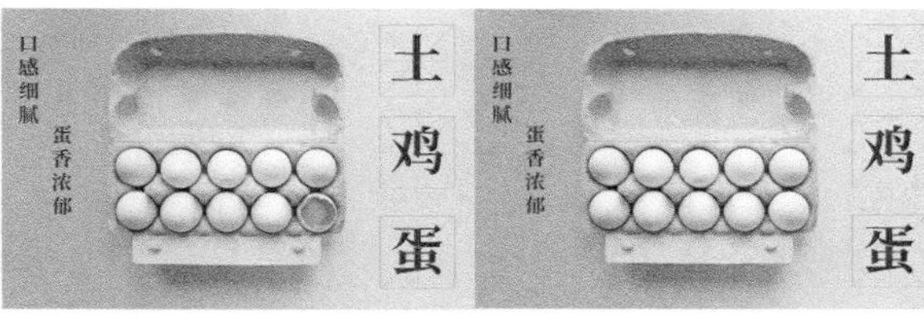

图4-30

知识回顾

扫码观看视频

教学视频： 回顾“磁性套索工具”“快速选择工具”“对象选择工具”等的用法.mp4

工具： 套索系列工具和选择系列工具

位置： 工具箱

用途： 用于创建异形选区。

操作流程

第1步： 打开Photoshop，导入相关素材图片。

第2步： 创建异形选区。

实战：使用单行或单列选框工具制作重影效果

素材文件	素材文件>CH04>03
实例文件	实例文件>CH04>实战：使用单行或单列选框工具制作重影效果.psd
教学视频	实战：使用单行或单列选框工具制作重影效果.mp4
学习目标	掌握“单行选框工具”“单列选框工具”的使用方法

扫码观看视频

本案例效果如图4-31所示。

图4-31

操作步骤

01 执行“文件>打开”菜单命令，打开“素材文件>CH04>03”文件夹中的素材文件。选中“04”图层，然后按快捷键Ctrl+J复制图层。在工具箱中找到“矩形选框工具”并选择“单行选框工具”，如图4-32所示。在画板上单击鼠标，创建一个单行选框，如图4-33所示。按住Shift键重复创建选框，选框越密越好，如图4-34所示。

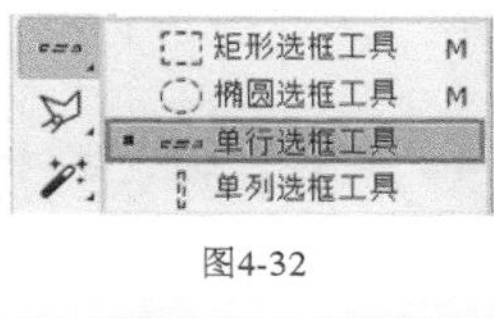

图4-32

图4-33

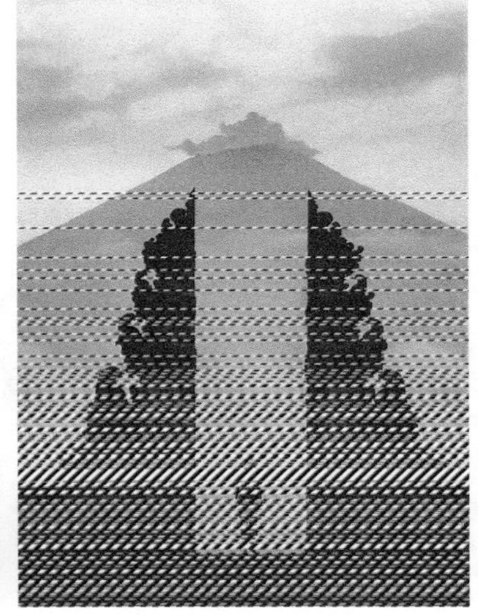

图4-34

02 单击“图层”面板中的“添加图层蒙版”按钮 （蒙版相关知识见第11章），如图4-35所示，添加完成后面板如图4-36所示。拖曳第1个图层，效果如图4-37所示。

图4-35

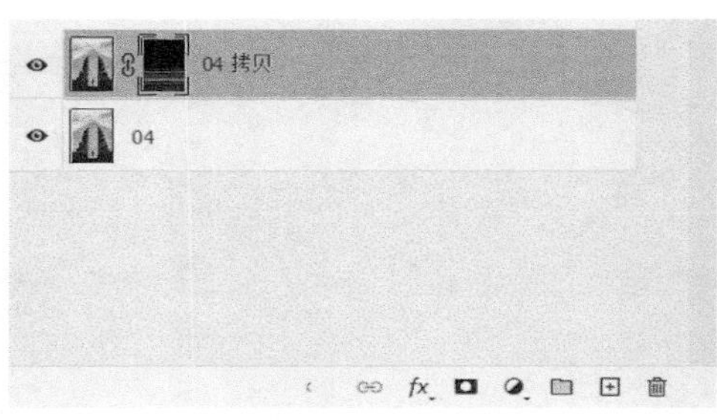

图4-36

图4-37

疑难问答

1.问： 为什么选区会突然减少？如图4-38所示。

答： 因为按住Alt键，同时滚动滚轮可以放大或缩小画布的大小，缩小画布是为了缩短计算时间，按Alt键的同时向前滚动滚轮即可恢复。

2.问： 为什么拖曳第1个图层的时候出现的是拖曳第2个图层的情况？如图4-39所示。

答： 因为没有选择到第1个图层中的元素，这时按住Alt键，同时向前滚动滚轮，放大视图后单击第1个图层中的元素即可，如图4-40所示。

图4-38

图4-39

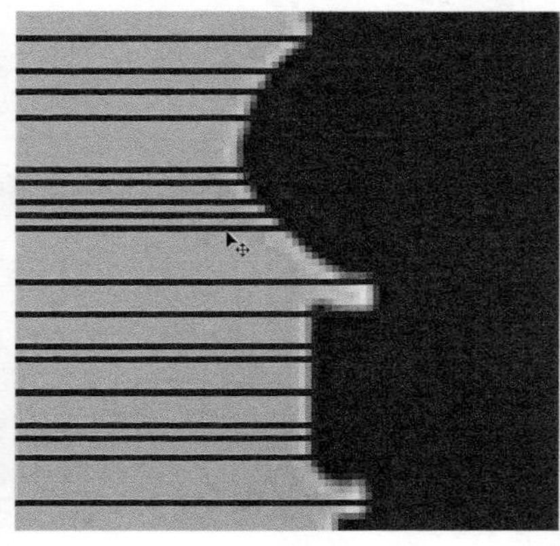

图4-40

知识回顾

扫码观看视频

教学视频： 回顾单行或单列选框工具的用法.mp4

工具：“单行选框工具” 或“单列选框工具”

位置： 工具箱

用途： 用于创建单行或单列选区。

操作流程

第1步： 打开Photoshop，导入相关素材图片。

第2步： 在工具箱中选择“单行选框工具” 或“单列选框工具” 。

第3步： 单击即可创建单行或单列选区。

实战：使用选区的相关方法替换UI背景

素材文件	素材文件>CH04>04
实例文件	实例文件>CH04>实战：使用选区的相关方法替换UI背景.psd
教学视频	实战：使用选区的相关方法替换UI背景.mp4
学习目标	掌握拖曳、取消、反选、全选、隐藏和显示选区的方法

扫码观看视频

在设计过程中可能需要对某些选区进行反选、全选等操作，此类操作可以为编辑图片节省大量的时间。本案例效果如图4-41所示。

☞ 操作步骤

01 执行“文件>打开”菜单命令，打开“素材文件>CH04>04”文件夹中的素材文件。创建一个矩形选区，如图4-42所示。

02 把鼠标指针放到选区上，当鼠标指针变为 时即可拖曳选区，如图4-43所示。

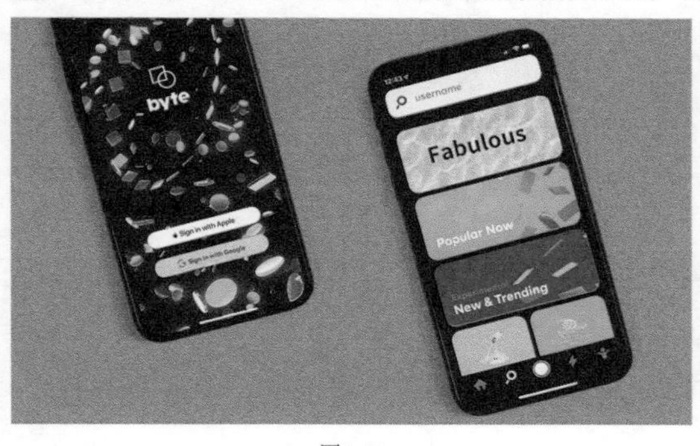

图4-41

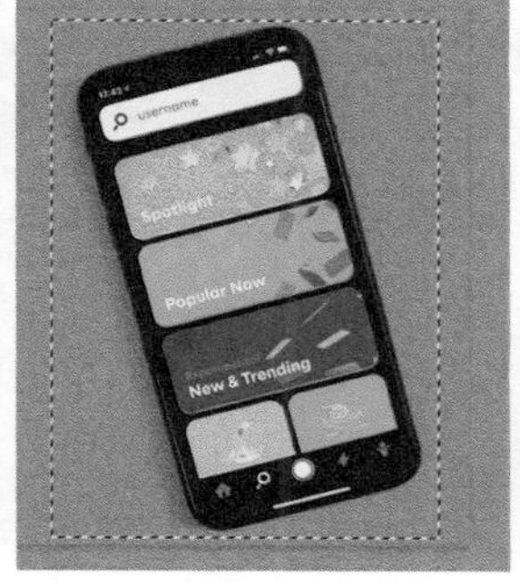

图4-42

图4-43

1. 取消选区

方法1： 按快捷键Ctrl+D。

方法2： 右击选区，选择“取消选择”命令，如图4-44所示。

方法3： 执行“选择>取消选择”菜单命令。

取消选区后，效果如图4-45所示。后面创建选区时注意要先取消选区，然后再进行下一步操作。

2. 全选选区

方法1： 按快捷键Ctrl+A。

方法2： 执行“选择>全部”菜单命令，如图4-46所示。

全选选区的效果如图4-47所示。

图4-44

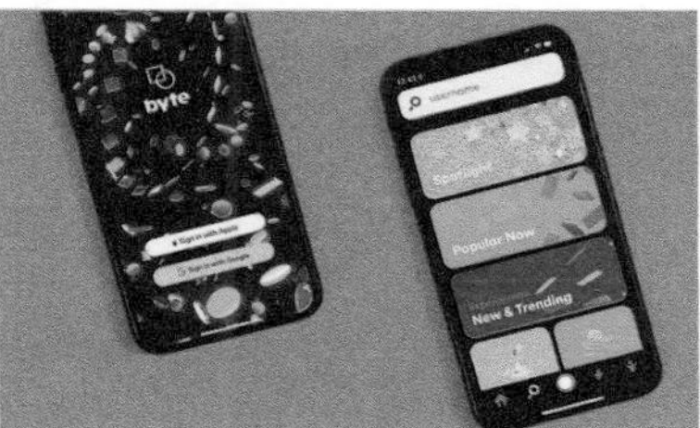

图4-45

选择(S)	滤镜(T) 3D(D) 视图(V)
全部(A)	Ctrl+A
取消选择(D)	Ctrl+D
重新选择(E)	Shift+Ctrl+D
反选(I)	Shift+Ctrl+I
所有图层(L)	Alt+Ctrl+A
取消选择图层(S)	
查找图层	Alt+Shift+Ctrl+F

图4-46

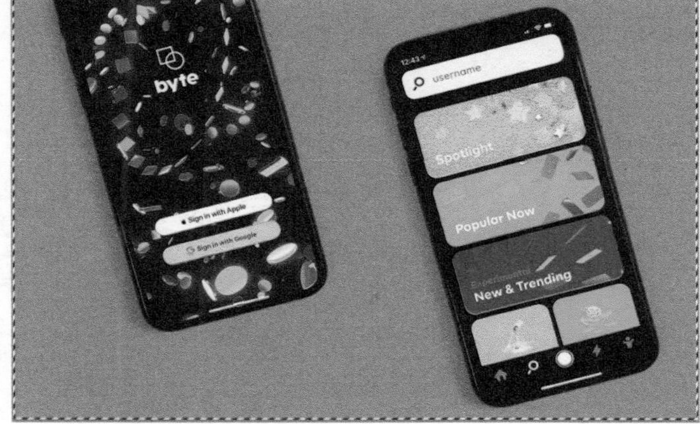

图4-47

3. 反选选区

选区创建完成后才能反选选区，使用“快速选择工具”创建图形的选区，如图4-48所示，按快捷键Ctrl+Shift+I即可反选选区，如图4-49所示。

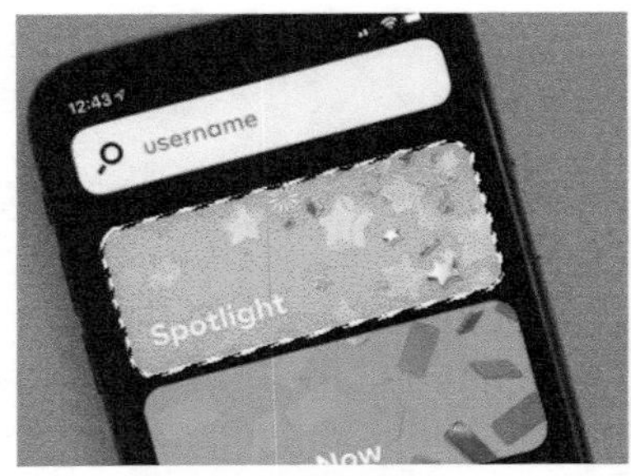

图4-48

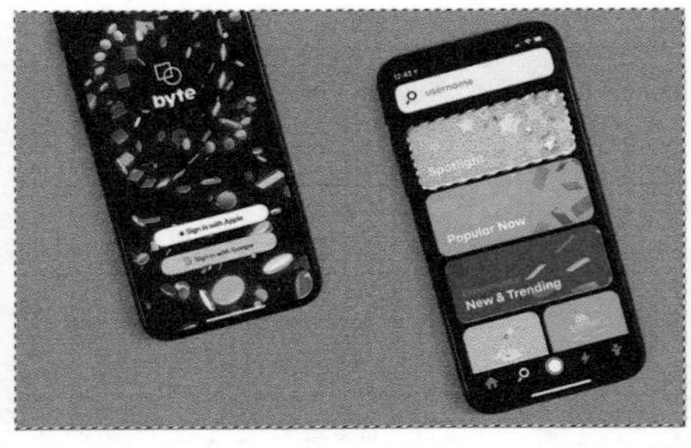

图4-49

4. 隐藏选区

在实际操作中，有时候为了方便观察，会把选区隐藏起来。

方法1： 按快捷键Ctrl+H。

方法2： 执行“视图>显示>选区边缘”菜单命令，如图4-50所示。

隐藏选区的效果如图4-51所示。

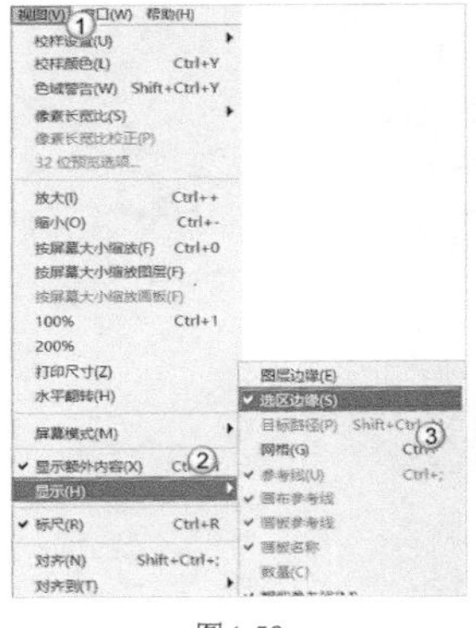

图4-50

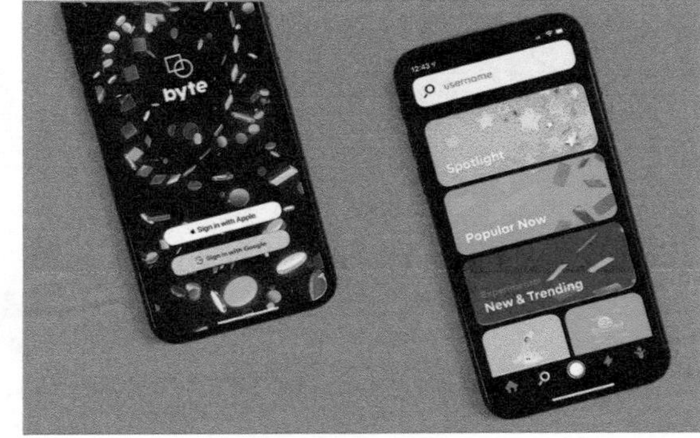

图4-51

5. 显示选区

方法1： 按快捷键Ctrl+H。

方法2： 执行“视图>显示>选区边缘”菜单命令，即可显示选区。

01 给图形创建选区，单击鼠标右键，选择“填充”命令，如图4-52所示。在弹出的对话框中展开“内容”下拉列表，选择“图案”选项，然后选择一个具体的图案，如图4-53所示。

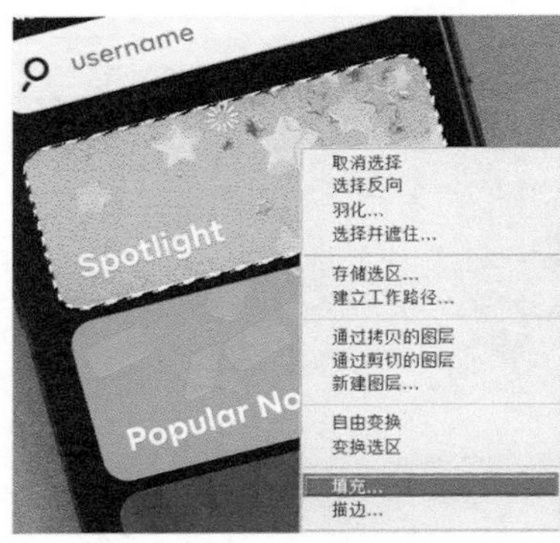

图4-52

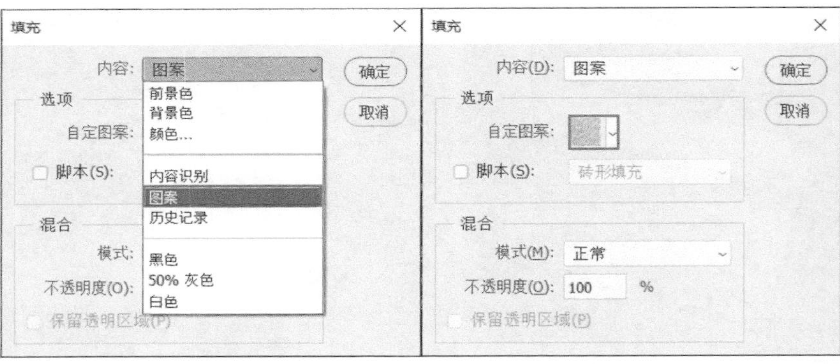

图4-53

02 替换颜色后，按快捷键Ctrl+D取消选区，如图4-54所示。选择“横排文字工具”（字体样式设置为“思源黑体”，文字大小设置为144点），输入Fabulous，按快捷键Ctrl+T调整位置和旋转方向，效果如图4-55所示。

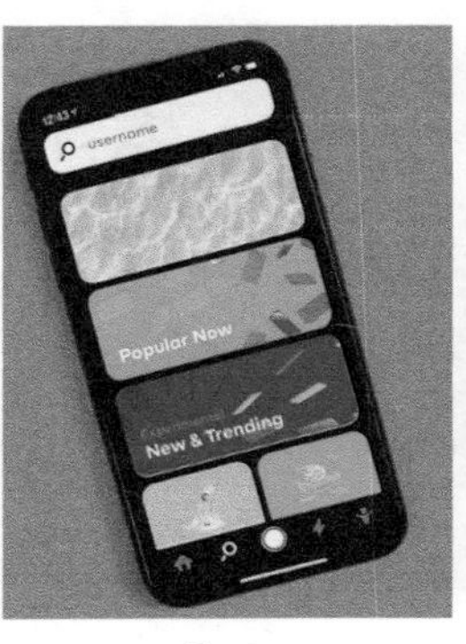

图4-54

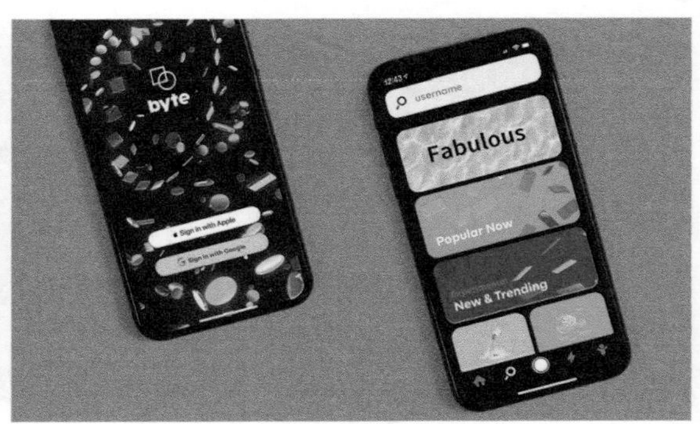

图4-55

☞ 知识回顾

本案例介绍了操作选区的相关方法，熟练掌握可以为之后的学习和操作打下基础，快捷键的总结如下。

取消选区： Ctrl+D；

全选选区： Ctrl+A；

反选选区： Ctrl+Shift+I；

显示/隐藏选区： Ctrl+H。

实战：使用存储/载入/填充选区和选区描边的方法改变背景

素材文件	素材文件>CH04>05
实例文件	实例文件>CH04>实战：使用存储/载入/填充选区和选区描边的方法改变背景.mp4
教学视频	实战：使用存储/载入/填充选区和选区描边的方法改变背景.mp4
学习目标	掌握存储/载入/填充选区和选区描边的方法

扫码观看视频

本案例效果如图4-56所示。

图4-56

01 执行"文件>打开"菜单命令，打开"素材文件>CH04>05"文件夹中的素材文件。利用"快速选择工具"创建一个选区，如图4-57所示。按快捷键Alt+S+V或执行"选择>存储选区"菜单命令，给选区命名后即可存储选区，如图4-58所示。

图4-57

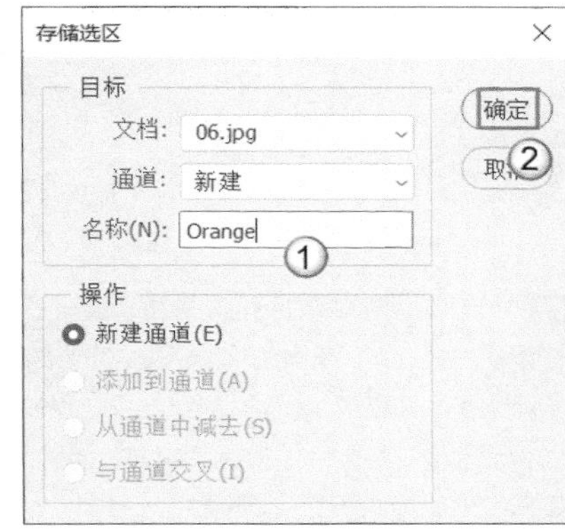

图4-58

02 取消选区后在需要的时候可以载入选区。按快捷键Alt+S+O或执行"选择>载入选区"菜单命令，如图4-59所示。在"载入选区"对话框中勾选"反相"复选框，然后单击"确定"按钮，如图4-60所示。这样载入的选区即为刚刚存储选区的反相选区。

03 单击"设置前景色"色块，如图4-61所示，更换颜色为（R:240，G:168，B:161），如图4-62所示。同理，也可调整背景色的颜色为（R:240，G:168，B:161）。

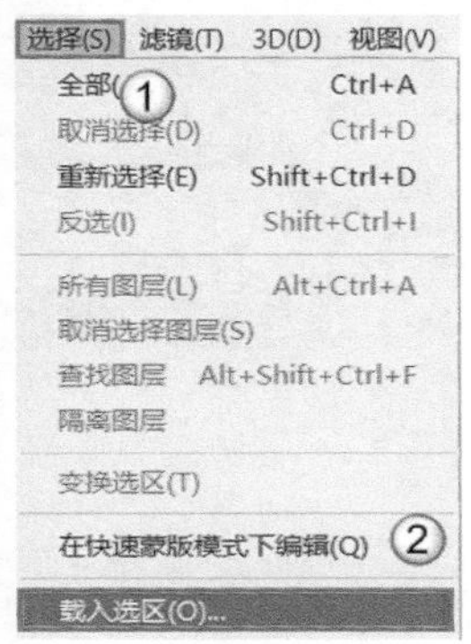

图4-59

图4-60

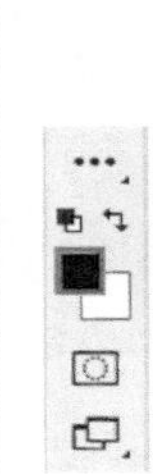

图4-61

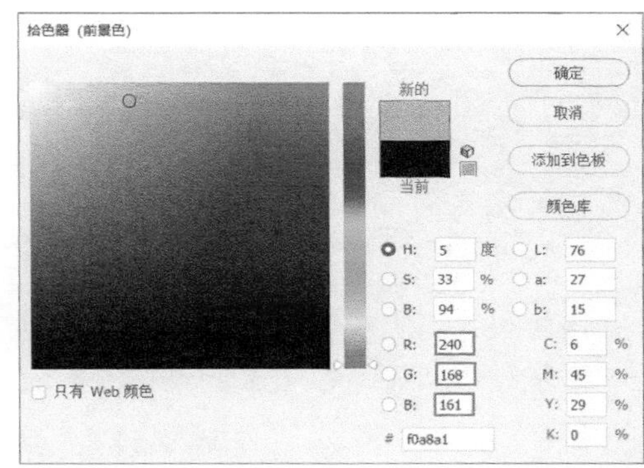

图4-62

04 按快捷键Alt+Delete填充前景色，或在选区上单击鼠标右键，选择“填充”命令，如图4-63所示，接着在弹出的对话框中设置“内容”为“前景色”，单击“确定”按钮，如图4-64所示。按快捷键Ctrl+Delete填充背景色，或在选区上单击鼠标右键，选择“填充”命令，接着在弹出的对话框中设置“内容”为“背景色”，单击“确定”按钮，如图4-65所示。

图4-63

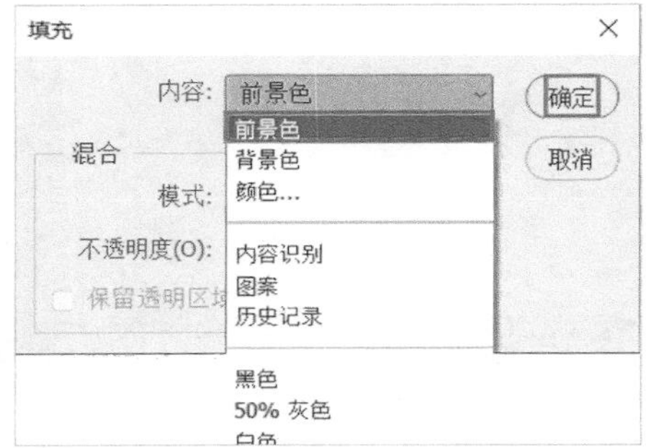

图4-64

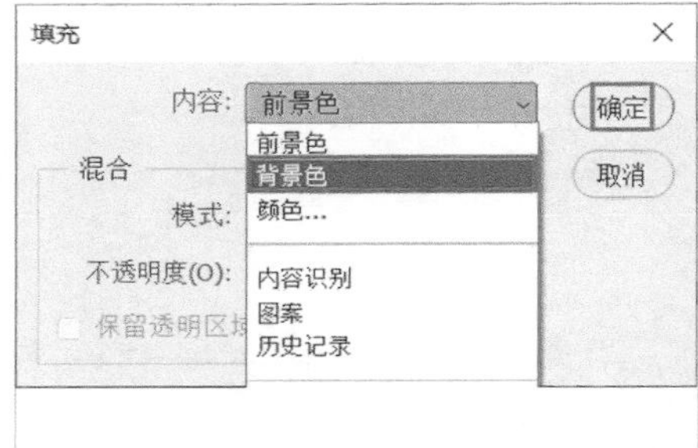

图4-65

技巧提示

读者还可以在工具箱中选择“吸管工具”，来吸取颜色，如图4-66所示。当鼠标指针变成时，单击所要吸取颜色的区域，即可使前景色变为所吸取的颜色。图4-67中圆的上半部分代表的是前景色，下半部分代表的是背景色。

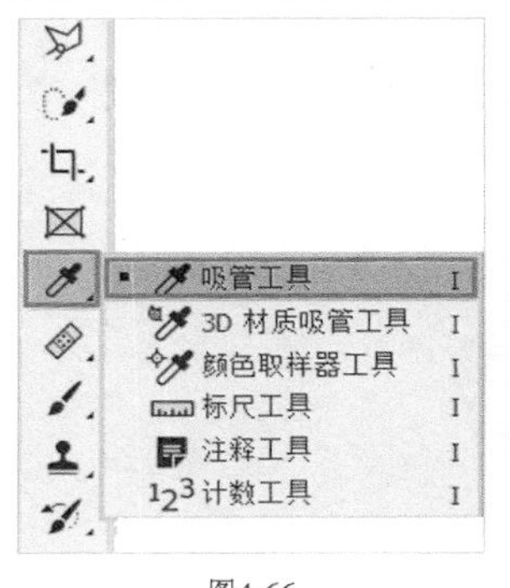

图4-66

图4-67

05 为选区填充前景色和背景色，填充后效果如图4-68所示。按住Alt键单击所要吸取颜色的区域，即可使背景色变为所吸取的颜色。此时前/背景色均为黄色（R:254，G:206，B:140），如图4-69所示。

06 使用“油漆桶工具”填充选区。将前/背景色调整为（R:240，G:168，B:161），在工具箱中选择“油漆桶工具”，如图4-70所示，在属性栏中设置“容差”为32，如图4-71所示，然后单击选区即可填充前景色，对比效果如图4-72和图4-73所示。

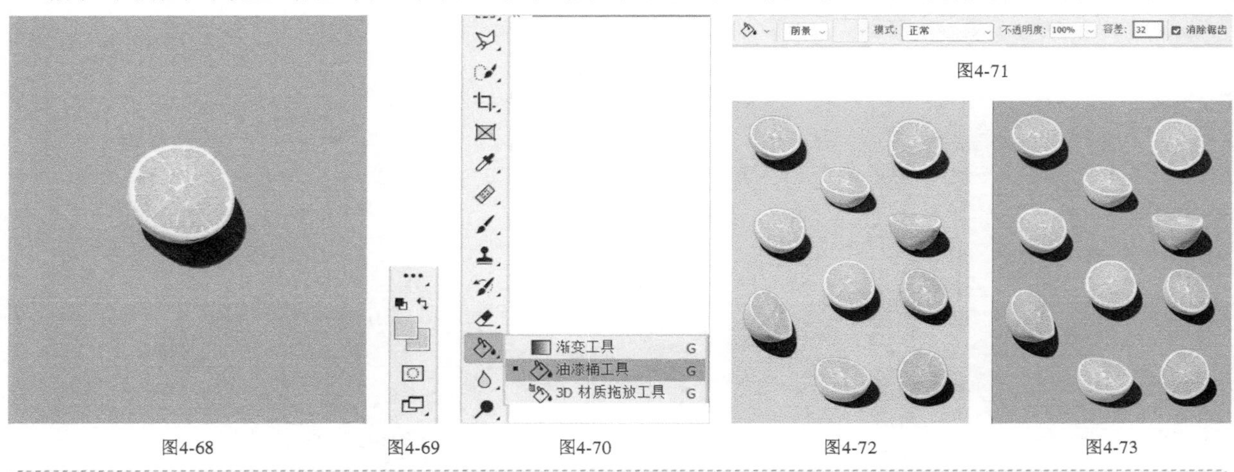

图4-71

图4-68　图4-69　图4-70　图4-72　图4-73

技巧提示

容差即选取颜色的差值。容差越大，选取颜色差值的阈值就越大。

07 使用“渐变工具”填充选区。在工具箱中选择“渐变工具”，如图4-74所示。可以在Photoshop上部的属性栏中调整参数，如图4-75所示。单击渐变颜色条，弹出图4-76所示的对话框。

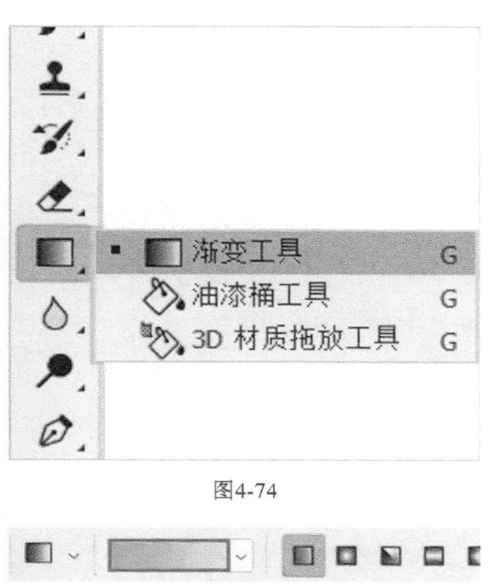

图4-74

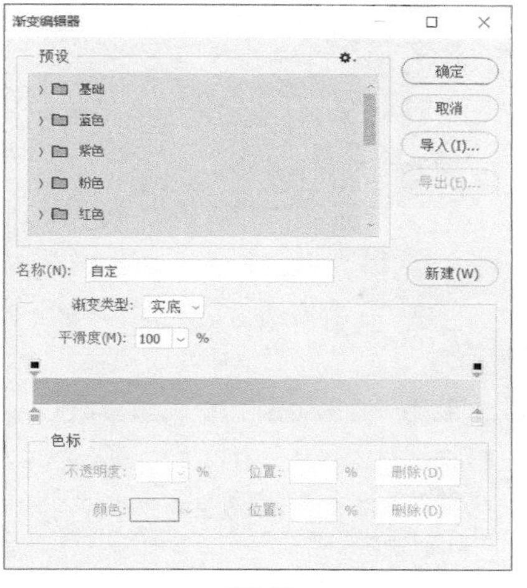

图4-75　图4-76

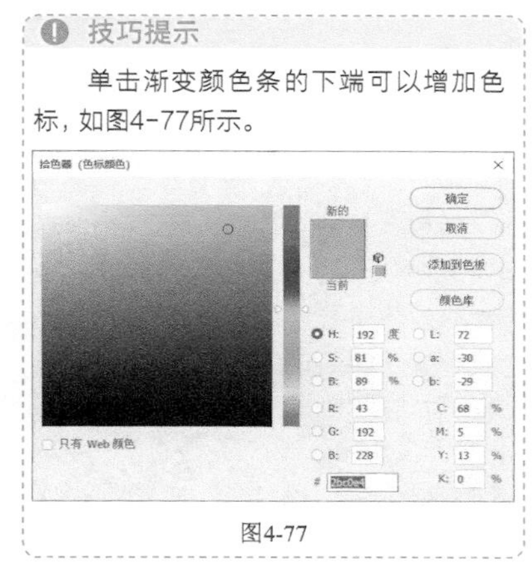

技巧提示

单击渐变颜色条的下端可以增加色标，如图4-77所示。

图4-77

08 读者可选择预设中的颜色，也可自己编辑颜色。双击色标，如图4-78所示，在弹出的对话框中设置色彩参数，如图4-79所示。在属性栏中单击不同渐变类型的按钮可以更换渐变形式，如图4-80所示。拖曳鼠标生成直线（直线即为渐变方向）即可填充，如图4-81所示。

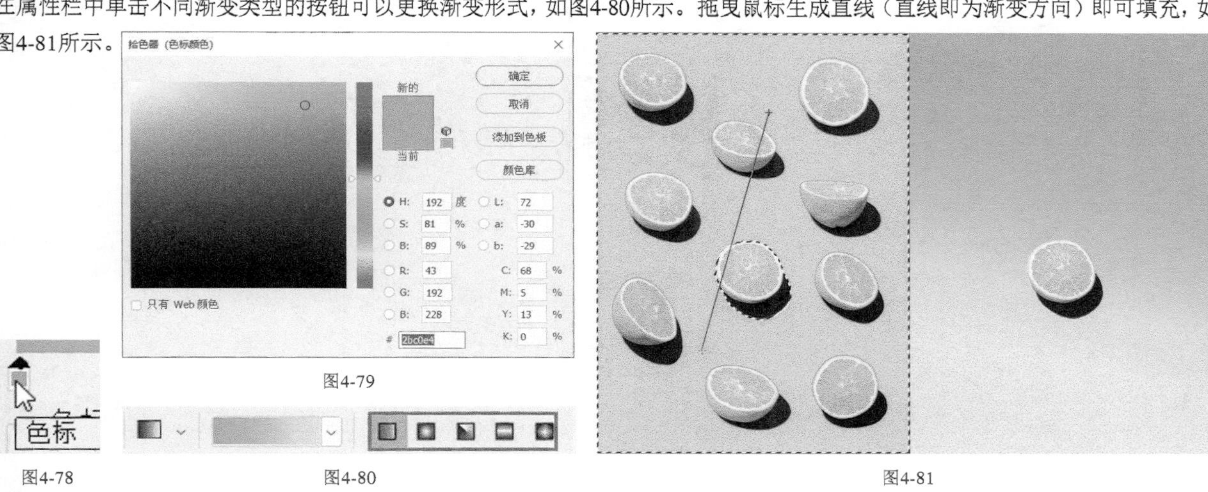

图4-79

图4-78　图4-80　图4-81

09 给选区描边。按快捷键Ctrl+A全选选区，如图4-82所示，然后执行“编辑>描边”菜单命令，如图4-83所示。也可右击选区，选择“描边”命令。

10 在弹出的对话框中设置“宽度”为16像素，“位置”为“内部”，如图4-84所示。效果如图4-85所示。

图4-82

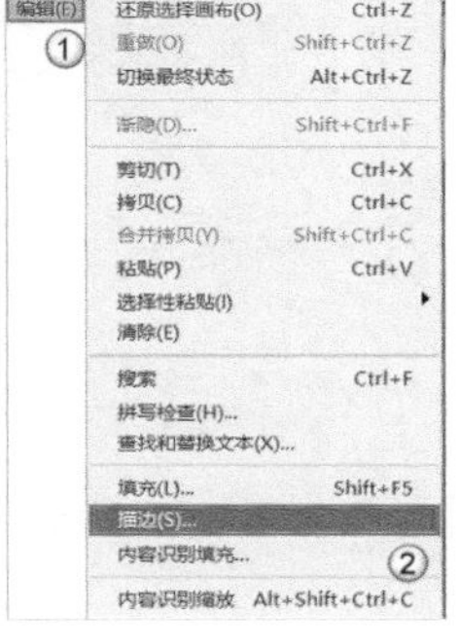

图4-83

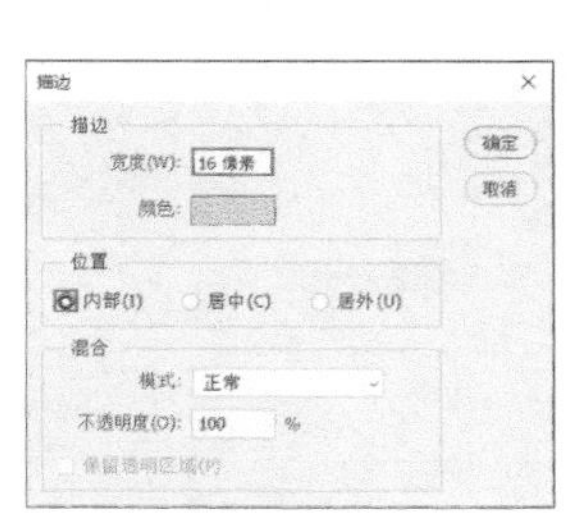

图4-84

图4-85

实战：利用色彩差异替换界面底色

素材文件	素材文件>CH04>06
实例文件	实例文件>CH04>实战：利用色彩差异替换界面底色.psd
教学视频	实战：利用色彩差异替换界面底色.mp4
学习目标	掌握利用色彩差异选取对象的方法

当背景和主体的颜色差距较大时，即可采用以下方式快速抠出图像。本案例的效果如图4-86所示。

图4-86

操作步骤

执行“文件>打开”菜单命令，打开“素材文件>CH04>06”文件夹中的素材文件。

1. 利用“色彩范围”命令选取对象

01 执行“选择>色彩范围”菜单命令，弹出对话框。勾选“本地化颜色簇”复选框设置“颜色容差”为86，在“选区预览”下拉列表中选择“快速蒙版”选项，单击“确定”按钮，如图4-87所示。

图4-87

02 利用“添加到取样”或“从取样中减去”功能来增加或减少高亮区域，如图4-88所示。此时即可创建选区，如图4-89所示。根据需要可利用“快速选择工具”增加或减少选区。

03 按快捷键Alt+Delete填充前景色，前景色参数为（R:245，G:255，B:251），完成填充后的效果如图4-90所示。

图4-88

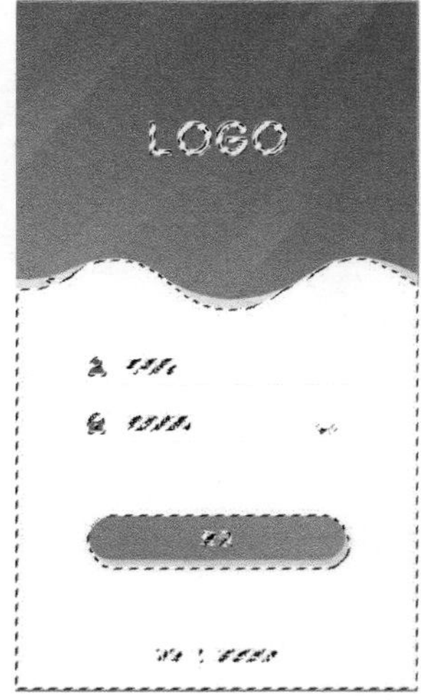

图4-89

图4-90

2. 利用"焦点区域"命令和"选择并遮住"功能更换Logo颜色

01 执行"选择>焦点区域"菜单命令，如图4-91所示，弹出对话框，如图4-92所示。调整焦点对准范围，使所要选取的区域被完全选中，如图4-93所示。

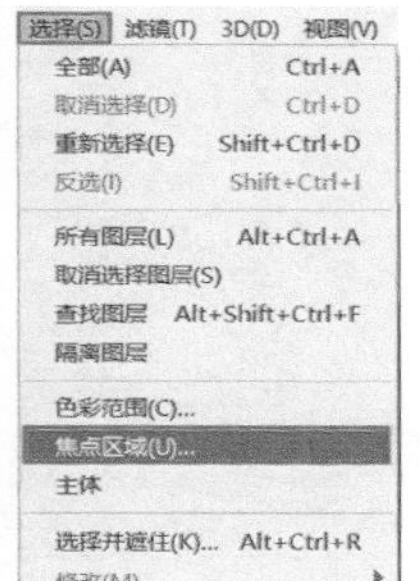

图4-91

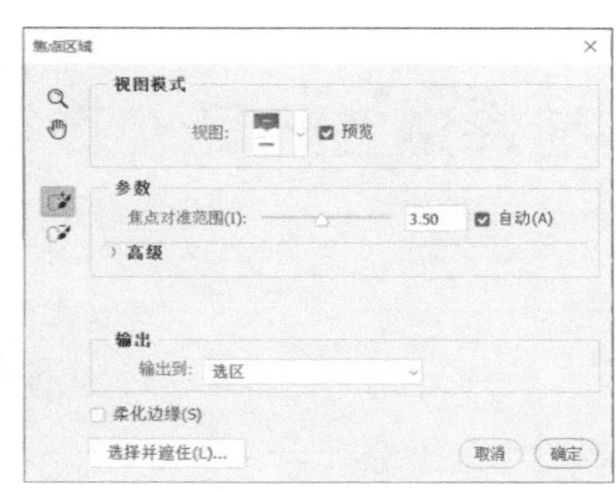

图4-92

图4-93

02 单击"选择并遮住"按钮。在"属性"面板中设置"视图"为"黑白"，如图4-94所示。选择"快速选择工具"，如图4-95所示，减去不需要的选区，如图4-96所示。

03 选择"调整边缘画笔工具"，涂抹Logo区域，如图4-97所示。涂抹完毕后调整参数，设置"平滑"为26，"羽化"为1.1像素，"对比度"为6%，"移动边缘"为+2%，单击"确定"按钮，如图4-98所示。

图4-94

图4-95

图4-96

图4-97

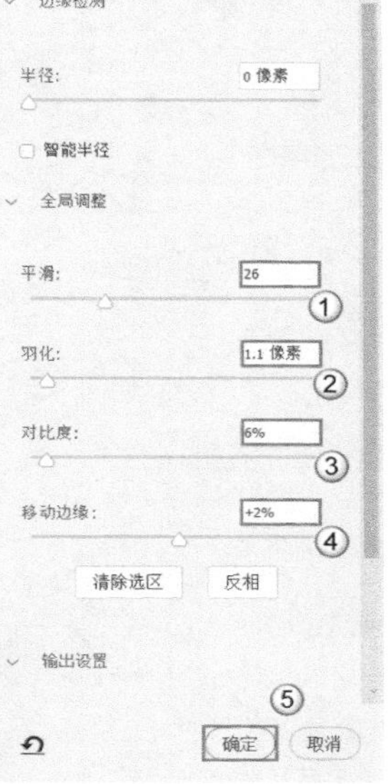

图4-98

04 按快捷键Alt+Delete填充前景色，前景色参数为（R:150，G:234，B:255），完成效果如图4-99所示。

图4-99

技巧提示

羽化：右击选区，选择"羽化"命令，如图4-100所示。调整"羽化半径"为1像素，勾选"应用画布边界的效果"复选框，单击"确定"按钮，如图4-101所示。调整羽化半径可以让边缘显得更加自然。

右击选区时可能出现图4-102所示的情况，这是为什么呢？这是因为现在使用的工具是移动工具而不是选区工具，只要切换回选区工具即可弹出相应的快捷菜单，如图4-103所示。

图4-100

图4-101

图4-102

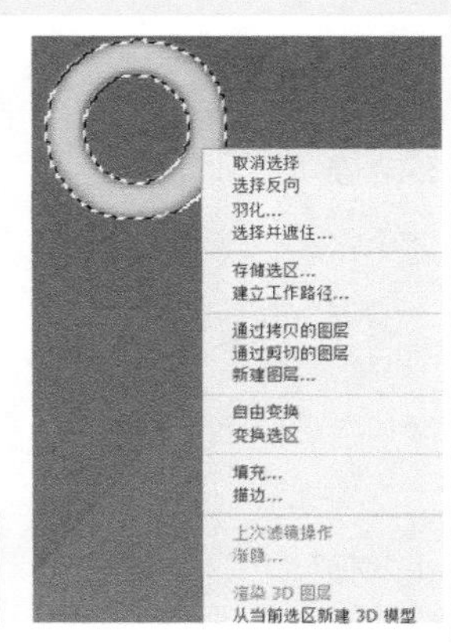

图4-103

知识回顾

扫码观看视频

执行“选择>色彩范围”菜单命令，弹出“色彩范围”对话框，然后使用“吸管工具”在图像的单色部分单击，预览框中被选取的颜色呈白色，结合图像观察区域内容的变化，单击“确定”按钮，被选中的颜色变成了选区，再为选区填充颜色即可。可以通过调整颜色的色值来替换颜色。

教学视频：回顾利用色彩差异替换界面底色.mp4

实战：利用选取对象的拓展方法打造幸运四叶草效果

素材文件	素材文件>CH04>07
实例文件	实例文件>CH04>实战：利用选取对象的拓展方法打造幸运四叶草效果.psd
教学视频	实战：利用选取对象的拓展方法打造幸运四叶草效果.mp4
学习目标	掌握选取对象的拓展方法

扫码观看视频

本案例效果如图4-104所示。

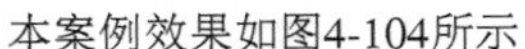

图4-104

操作步骤

01 执行“文件>打开”菜单命令，打开“素材文件>CH04>07”文件夹中的素材文件，利用“快速选择工具”创建一个三叶草选区，如图4-105所示。

02 执行“选择>扩大选取”菜单命令，即可扩大选区的范围，如图4-106所示。

图4-105

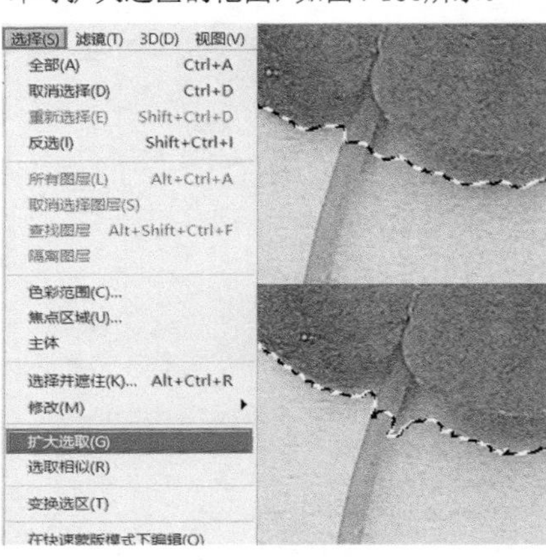

图4-106

03 执行“选择>选取相似”菜单命令，即可选取图中相似的颜色区域，如图4-107所示。

04 反选选区后填充颜色（R:194，B:255，G:180），然后取消选区，即可更换四叶草的背景颜色，如图4-108所示。

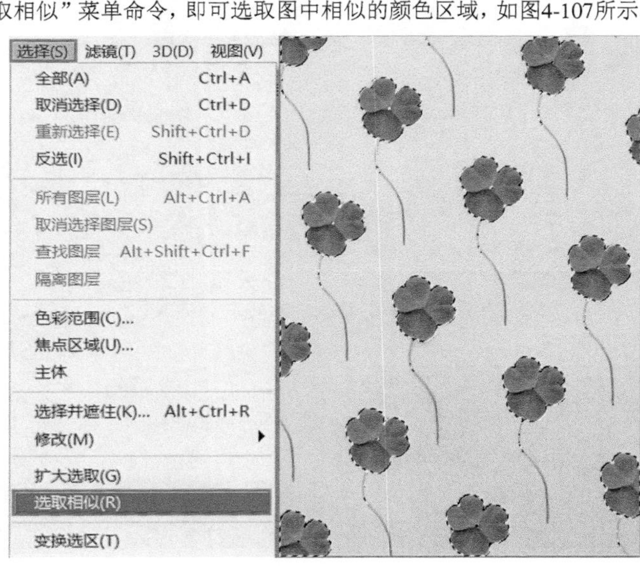

图4-107

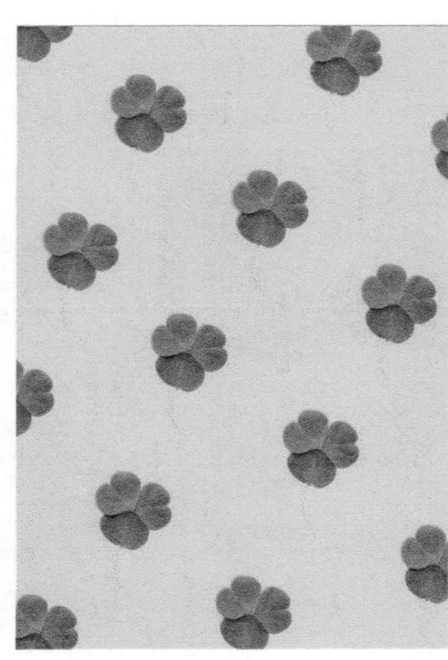

图4-108

05 执行“滤镜>模糊>高斯模糊”菜单命令，设置“半径”为15像素，如图4-109所示。

06 使用“横排文字工具” T 添加文案和图形。设置文案字体为BickhamScriptPro，字体大小为488，字体样式为Bold，然后添加一个渐变的圆形，详细的操作读者可以观看教学视频。本例的最终效果如图4-110所示。

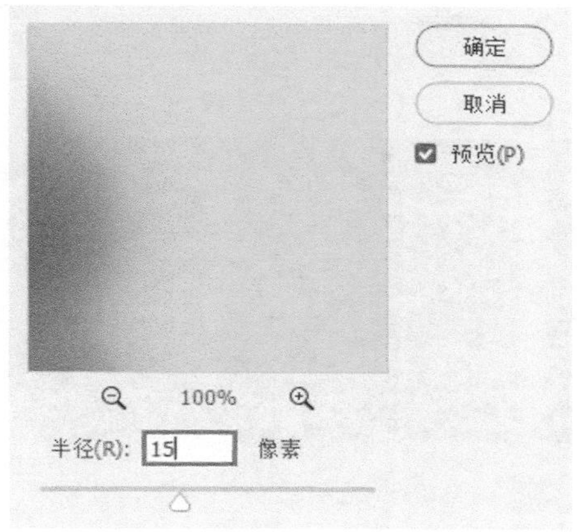

图4-109

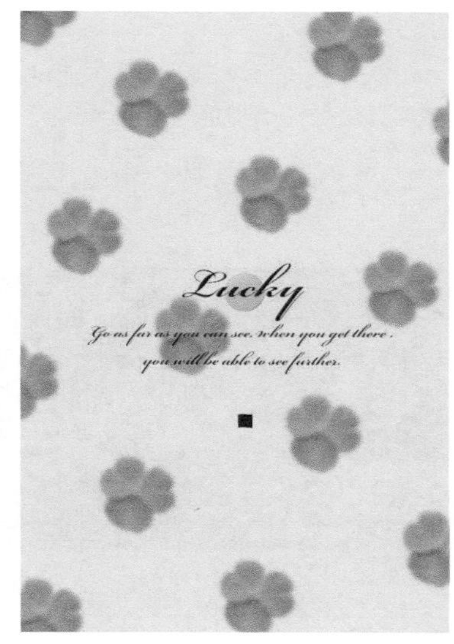

图4-110

知识回顾

扫码观看视频

教学视频： 扩大选取/选取相似.mp4

命令： 扩大选取/选取相似

位置： 选择>扩大选取/选取相似

用途： 用于快速选取画面中重复较多的元素。

实战：利用选取对象更换霓虹灯的颜色

素材文件	素材文件>CH04>08
实例文件	实例文件>CH04>实战：利用选取对象更换霓虹灯的颜色.psd
教学视频	实战：利用选取对象更换霓虹灯的颜色.mp4
学习目标	掌握选取对象的扩展/收缩/羽化/平滑的方法

扫码观看视频

本案例介绍了关于选区运算的相关操作，选区的相关运算在创建复杂选区的时候经常会用到。

操作步骤

01 执行“文件>打开”菜单命令，打开“素材文件>CH04>08”文件夹中的素材文件。选择“魔棒工具”，先单击字母A，创建选区，如图4-111所示。

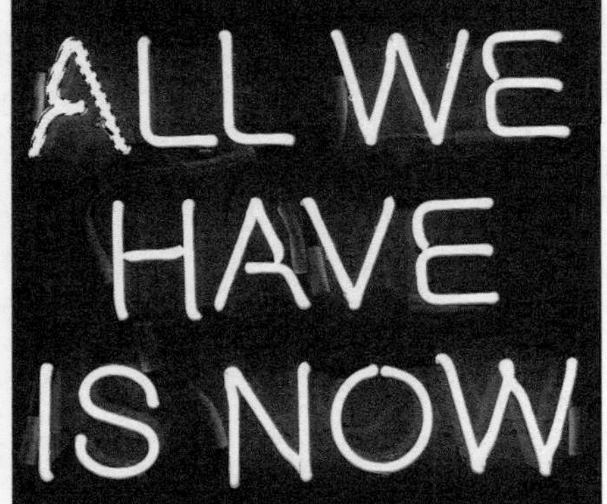

图4-111

技术专题：选区的运算

当再单击字母L时会发现字母A选区消失了，这是因为没有设置好合适的选区运算方式。接下来对选区的运算方式进行详细讲解。

选区联合

在“魔棒工具”的属性栏中单击“添加到选区”按钮，如图4-112所示，即可将连续单击所选择的所有字母的选区相加。

选区相减

单击“从选区减去”按钮，如图4-113所示。然后单击刚刚选择的字母，可以减去相应选区，如图4-114所示。

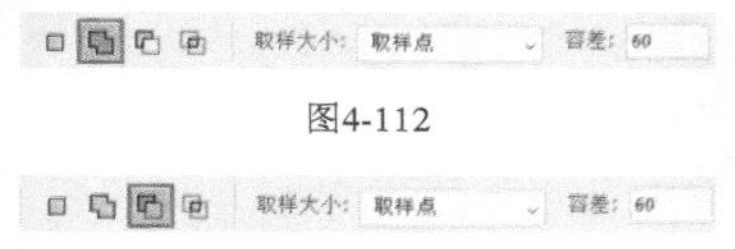

图4-112

图4-113

图4-114

选区相交

这里用“矩形选框工具” 进行演示，选择“矩形选框工具” ，然后单击“与选区交叉”按钮 ，如图4-115所示。接着在画布上创建两个选区并使其相交，如图4-116所示。最终所得选区即为相交的部分，如图4-117所示。

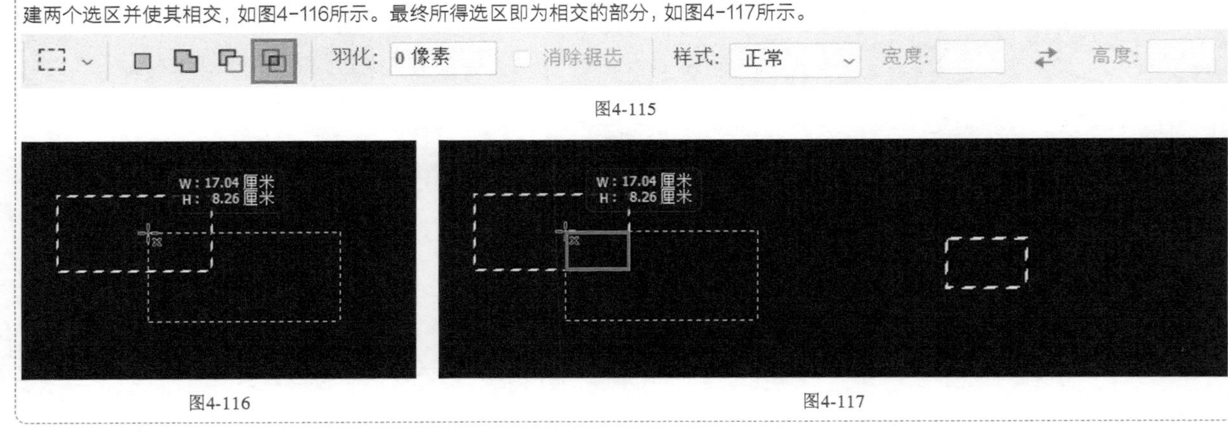

图4-115

图4-116

图4-117

02 通过选区联合的方法选择所有字母，如图4-118所示。

03 扩大选取的范围。执行“选择>修改>边界”菜单命令，如图4-119所示，在弹出的对话框中调大“宽度”参数，即可扩大边界选取的范围，如图4-120所示。

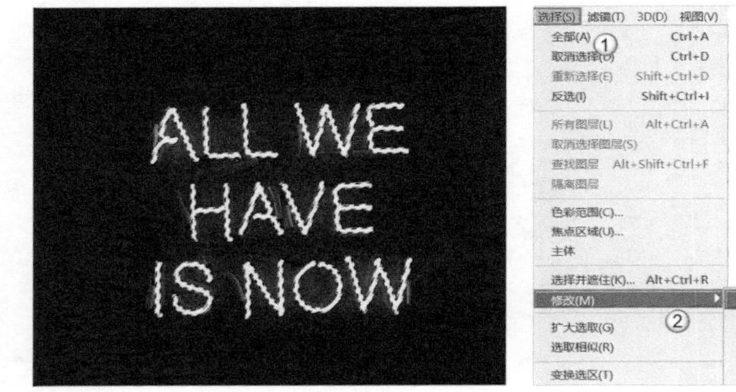

图4-118

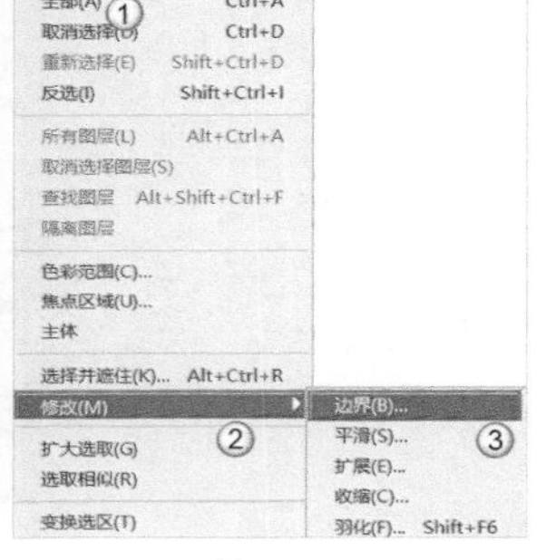

图4-119

图4-120

技巧提示

执行“选择>修改>扩展”菜单命令，也可以扩大选取的范围，扩展量越大，得到的选区越大，如图4-121所示。

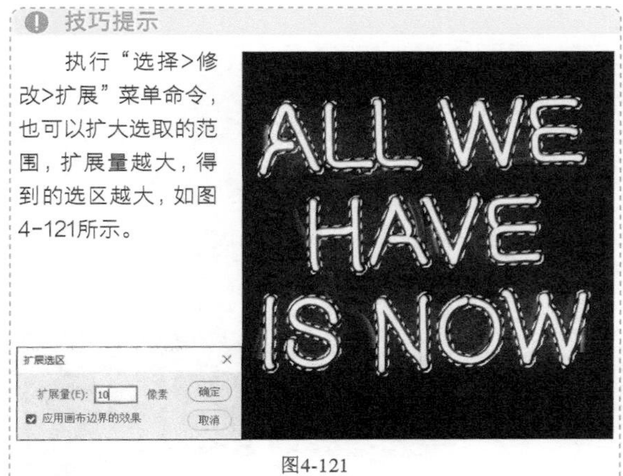

图4-121

04 同理，也可收缩选区。执行“选择>修改>收缩”菜单命令，调整参数（收缩量越大，收缩后的选区越小），即可将选区的范围缩小，如图4-122所示。

图4-122

05 创建平滑选区。重新选择所有字体，然后执行“选择>修改>平滑”菜单命令，调整参数（取样半径越大，选区越圆润），如图4-123所示。对比效果如图4-124所示。

06 创建羽化选区。扩展选区后执行“选择>修改>羽化”菜单命令，调整参数（羽化半径越大，模糊的范围越大），如图4-125所示。效果如图4-126所示。

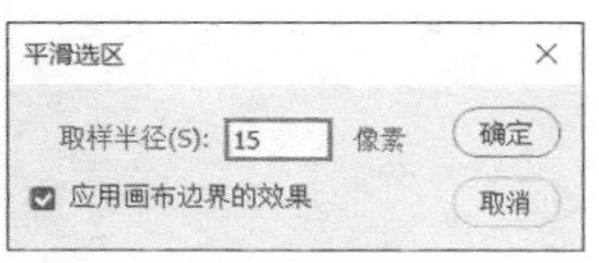

图4-123

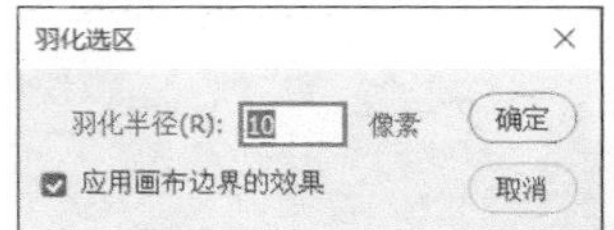

图4-125

图4-124

图4-126

07 填充选区，设置填充颜色（R:106，G:152，B:244），即可得到羽化效果，如图4-127所示。

图4-127

技巧提示

下面介绍自定义图案的方法。

方法1：先将字母选区恢复为羽化后的选区，然后右击选区，选择“填充”命令，弹出对话框，在“内容”下拉列表中选择“图案”选项，如图4-128所示。单击“自定图案”后的下拉菜单按钮，如图4-129所示。

方法2：选择“导入图案”命令或单击预设的图案，导入图案，如图4-130所示（导入图片的格式为.PAT）。效果如图4-131所示。

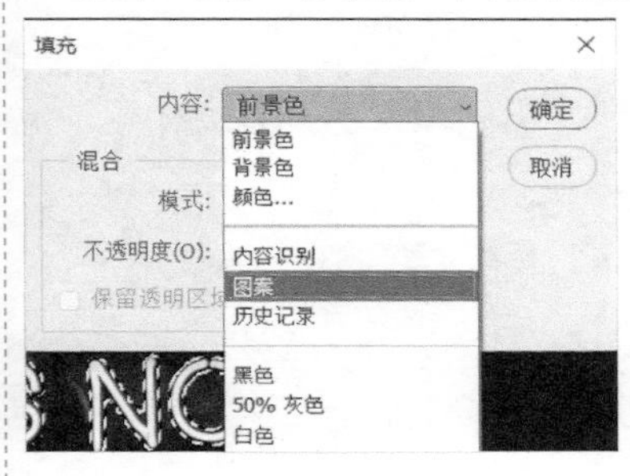

图4-128

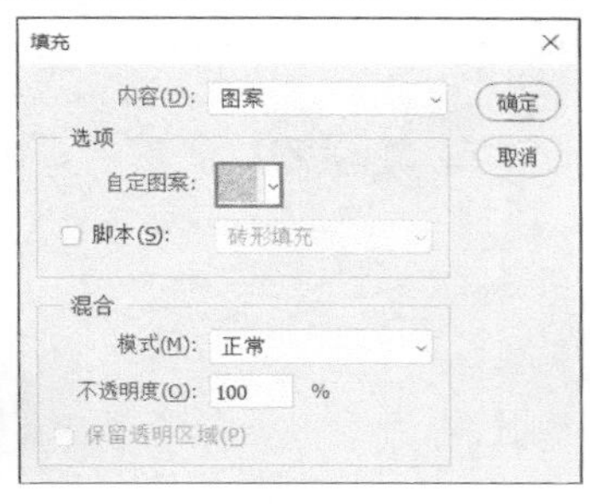

图4-129

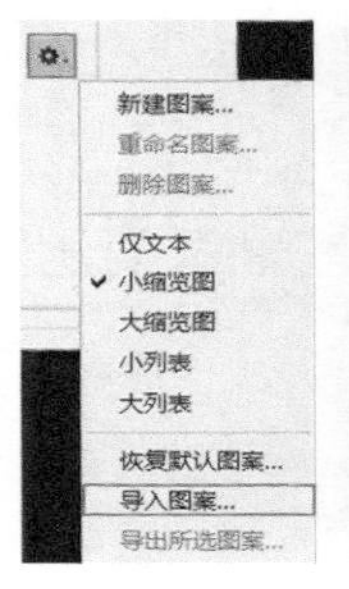

图4-130

图4-131

知识回顾

教学视频：回顾选取对象.mp4

用途：用于创建复杂形状的选区。

选区运算的4个按钮的功能总结如下。

新选区：可以创建一个新选区。如果已经存在选区，那么新创建的选区将替代原来的选区。

添加到选区：可以将当前创建的选区添加到原来的选区中（按住Shift键可以实现同样的操作）。

从选区减去：可以将当前创建的选区从原来的选区中减去（按住Alt键可以实现相同的操作）。

与选区交叉：新建选区时只保留原有的选区与新创建的选区相交的部分（按住Alt+Shift键可以实现相同的操作）。

实战：天空替换

素材文件	素材文件>CH04>09
实例文件	实例文件>CH04>实战：天空替换.psd
教学视频	实战：天空替换.mp4
学习目标	了解“天空替换”功能

利用Photoshop中的“天空替换”功能，可以快速选择和替换照片中的天空，并自动调整风景颜色，以便与新天空搭配。因此，即使拍摄条件不理想，也可以在照片中呈现出理想的拍摄效果。在修饰风景、房地产、婚礼或肖像照片时，使用该功能可以节省时间。如果想获得更高的精度，可以放大并只选择天空的一部分，或通过移动天空来找到所需的云彩或颜色，效果

对比如图4-132所示。

图4-132

01 执行“文件>打开”菜单命令，打开“素材文件>CH04>09”文件夹中的素材文件。在“图层”面板中复制图层，并执行“编辑>天空替换”菜单命令，如图4-133所示。

02 在弹出的对话框中选择一个天空背景，并适当调整参数即可。选择用于替换的背景，然后将“亮度”设置为10，将“色温”设置为10，如图4-134所示。最终效果如图4-135所示。

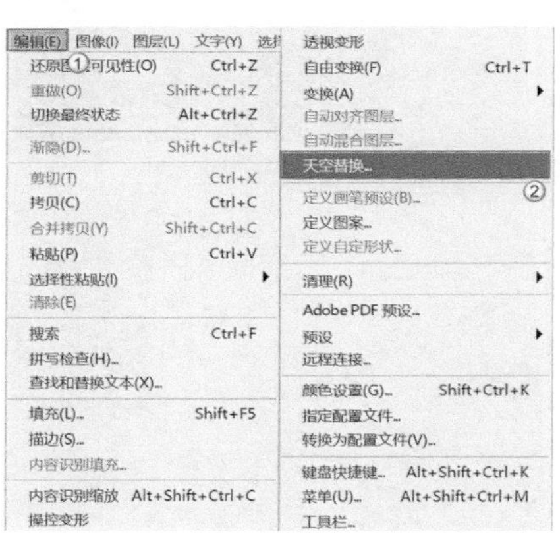

图4-133

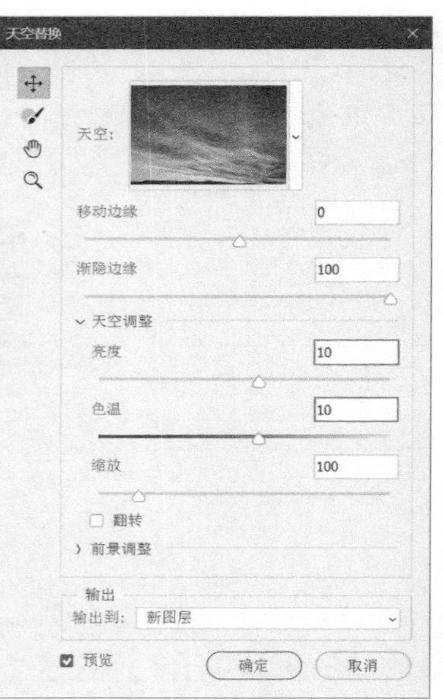

图4-134

图4-135

综合案例：亚光唇膏展示

素材文件	素材文件>CH04>10
实例文件	实例文件>CH04>综合案例：亚光唇膏展示.psd
教学视频	综合案例：亚光唇膏展示.mp4
学习目标	学会选区的相关操作方法

本案例效果如图4-136所示。

01 执行“文件>打开”菜单命令，打开“素材文件>CH04>10”文件夹中的“10.png”，然后将“11.jpg”导入画布中，利用“快速选择工具”选择唇膏部分，如图4-137所示。右击选区，选择“选择并遮住”命令，在“属性”面板中调整“视图”为“叠

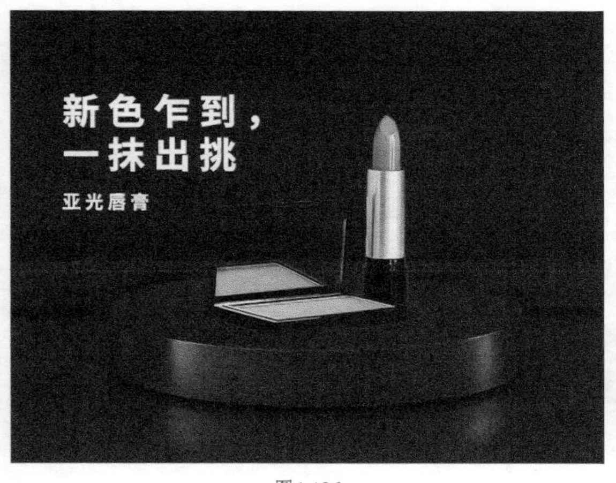

图4-136

加”。选择“调整边缘画笔工具”，如图4-138所示，涂抹选区边缘，使其变得更加平滑，如图4-139所示。

图4-137

图4-138

图4-139

02 确认无误后根据需要可以使用“快速选择工具”进行微调。按快捷键Ctrl+J复制一个新的图层，并关闭“10.png”的图层预览，如图4-140所示。按快捷键Ctrl+J复制一个新的图层，并关闭“11.jpg”的图层预览，如图4-141所示。为其添加图层蒙版，如图4-142所示。

图4-140

图4-141

图4-142

03 选择“橡皮擦工具”，然后在其属性栏中选择“柔边圆”画笔，如图4-143所示。利用“橡皮擦工具”涂抹唇膏的边缘部分，使其完全贴合背景（适当的时候可以调整橡皮擦的大小），如图4-144所示。

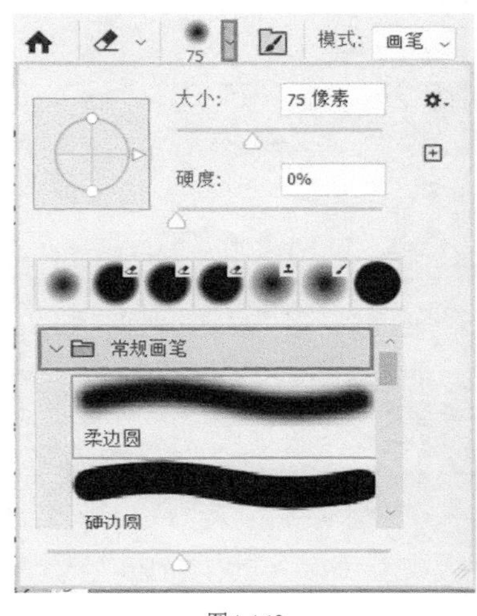

图4-143

图4-144

04 按快捷键Ctrl+T激活“自由变换”功能，调整其大小并将其拖曳到适当的位置，如图4-145所示。接下来涂抹部分镜面，使其呈现为黑色，如图4-146所示。

05 使用“横排文字工具”T添加文字，并将文字拖曳到合适的位置，如图4-147所示。

图4-145

图4-146

图4-147

综合案例：Lemon Juice

素材文件	素材文件>CH04>11
实例文件	实例文件>CH04>综合案例：Lemon Juice.psd
教学视频	综合案例：Lemon Juice.mp4
学习目标	学会复杂选区的相关操作及其应用

扫码观看视频

本案例的效果如图4-148所示。

图4-148

01 执行“文件>打开”菜单命令，打开“素材文件>CH04>11”文件夹中的“12.png”，然后将“13.jpg”导入画布中，利用“快速选择工具”大致选取出瓶子选区，如图4-149所示。

02 单击鼠标右键，执行“选择并遮住”命令，如图4-150所示，在“属性”面板中调整“视图”为“叠加”，勾选“智能半径”复选框，调整“羽化”参数，勾选“净化颜色”复选框并调整参数，具体设置如图4-151所示。

图4-149

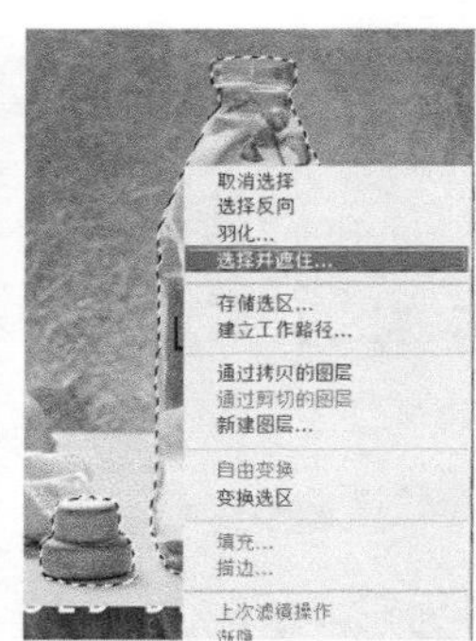

图4-150

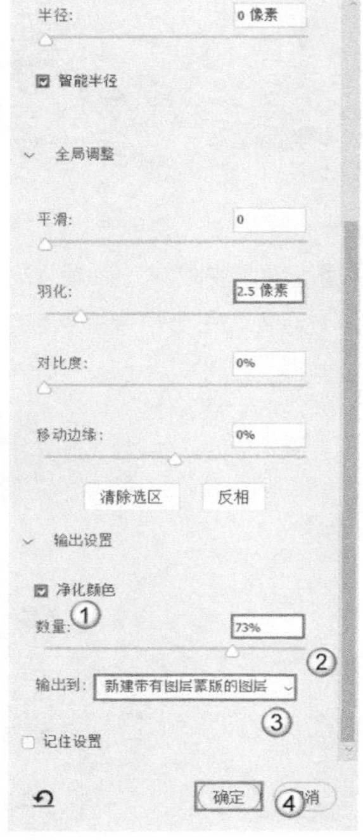

图4-151

03 利用“调整边缘画笔工具”涂抹边缘，确认后按快捷键Ctrl+J进行复制（注意关闭原图层的预览模式），即可完成精细抠图，如图4-152所示。接下来按快捷键Ctrl+T调整瓶子到合适的位置，如图4-153所示。

04 选择“橡皮擦工具” ，如图4-154所示，然后调整属性栏中的参数，选择“柔边圆”画笔，如图4-155所示。接着涂抹瓶子边缘，使其完全贴合背景，如图4-156所示。

图4-152

图4-153

图4-154

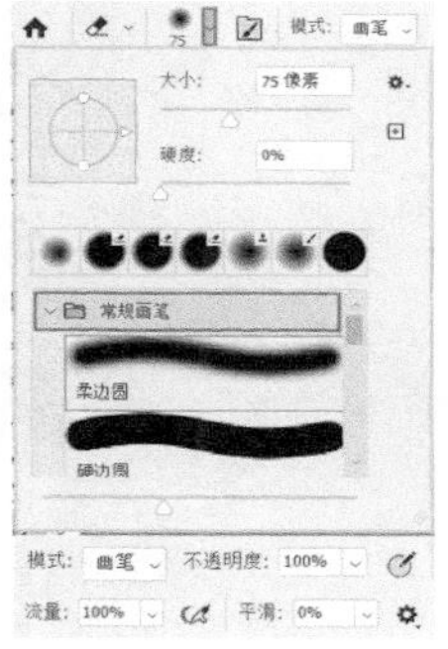

图4-155

图4-156

05 将素材“14.png”“15.png”导入画布中，按快捷键Ctrl+T将其调整到合适的位置，如图4-157所示。调整“14.png”的图层混合模式为“正片叠底”，如图4-158所示。

06 利用“横排文字工具” T 加入文字，利用“矩形工具”加入相关装饰，效果如图4-159所示。

图4-157

图4-158

图4-159

学以致用：大嘴网球

素材文件	素材文件>CH04>12
实例文件	实例文件>CH04>学以致用：大嘴网球.psd
教学视频	学以致用：大嘴网球.mp4
学习目标	掌握选区的相关操作方法

扫码观看视频

本案例的效果如图4-160所示。

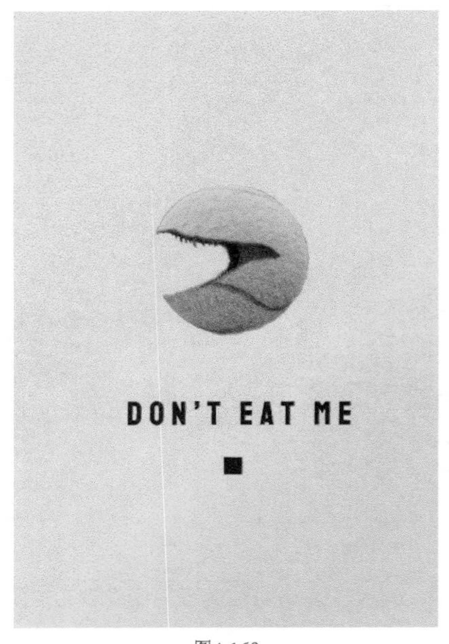

图4-160

学以致用：翻天薯条

素材文件	素材文件>CH04>13
实例文件	实例文件>CH04>学以致用：翻天薯条.psd
教学视频	学以致用：翻天薯条.mp4
学习目标	熟悉选区的运用方向

扫码观看视频

本案例的效果如图4-161所示。

图4-161

① 技巧提示 + ② 疑难问答 + ◎ 技术专题

第5章

绘画与图像修饰

本章将介绍画笔工具的使用方法和对图像进行修饰的方法。相对于前面介绍的关于参数设置的知识点，本章的内容比较灵活，注重修图的经验积累。在学习的过程中，希望读者能掌握工具的操作原理，然后反复练习，做到熟能生巧。

学习重点

实战：画笔面板与画笔设置

素材文件	无
实例文件	无
教学视频	实战：画笔面板与画笔设置
学习目标	了解画笔面板与画笔设置，理解各项参数的含义

在“画笔”面板中可以设置各项参数，以便使用不同形状、不同混合属性的画笔来模拟真实绘画效果，如图5-1所示。

打开“画笔”面板。执行“窗口>画笔”菜单命令，可以直接打开“画笔”面板，如图5-2所示。另外，在“画笔工具”的属性栏中单击图5-3所示的按钮，可以弹出“画笔设置”面板，然后切换到“画笔”面板即可，如图5-4所示。

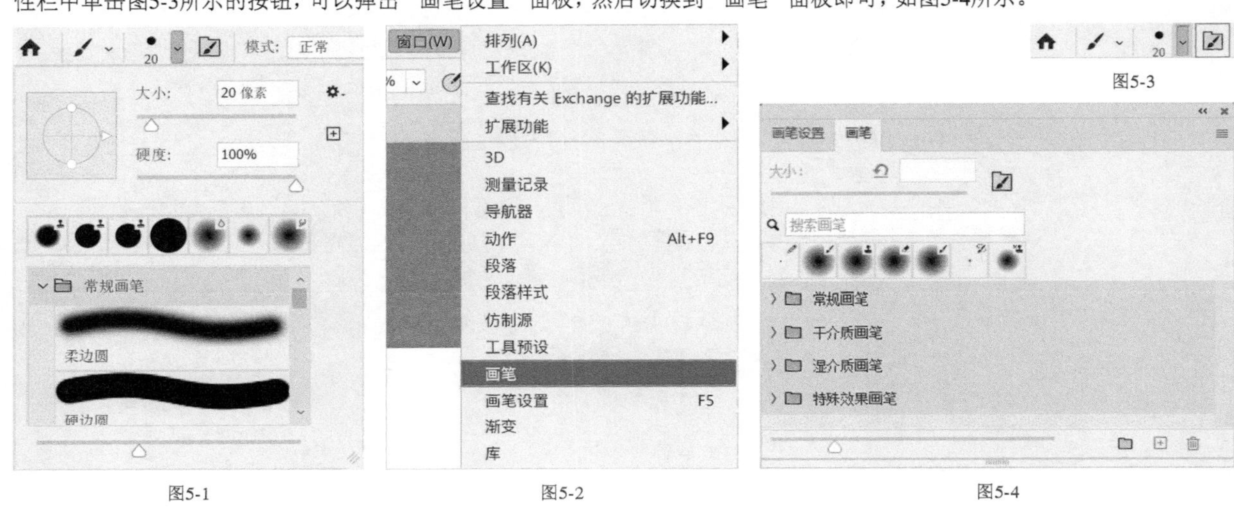

图5-1　图5-2　图5-3　图5-4

读者可以直接从“画笔”面板切换到“画笔设置”面板，如图5-5所示。在“画笔设置”面板中可以对画笔进行自定义设置。

下面介绍几项主要的参数，首先是“画笔笔尖形状”，该选项主要用于选择笔尖形状，并对其进行大小、硬度、间距设置，如图5-6所示。

“大小”“硬度”“圆度”等参数的含义从字面上就能理解，这里不再赘述。绘制出来的线条是由一系列紧密的点构成的，而“间距”指的就是这些点之间相隔的距离，如图5-7所示。

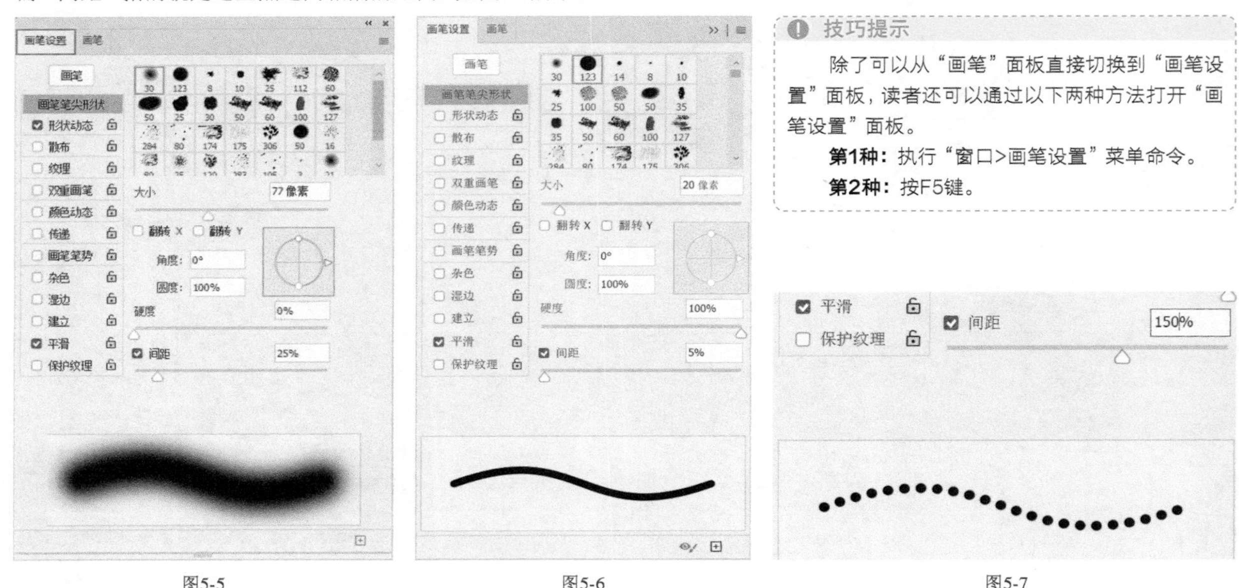

技巧提示

除了可以从“画笔”面板直接切换到“画笔设置”面板，读者还可以通过以下两种方法打开“画笔设置”面板。

第1种： 执行“窗口>画笔设置”菜单命令。

第2种： 按F5键。

图5-5　图5-6　图5-7

使用"翻转X"功能可以将画笔笔尖的形状沿着x轴进行轴对称翻转，"翻转Y"功能用于将画笔笔尖的形状沿着y轴进行轴对称翻转。除此之外，读者还可以通过设置"角度"参数进行更加精细的角度调节，如图5-8~图5-11所示。

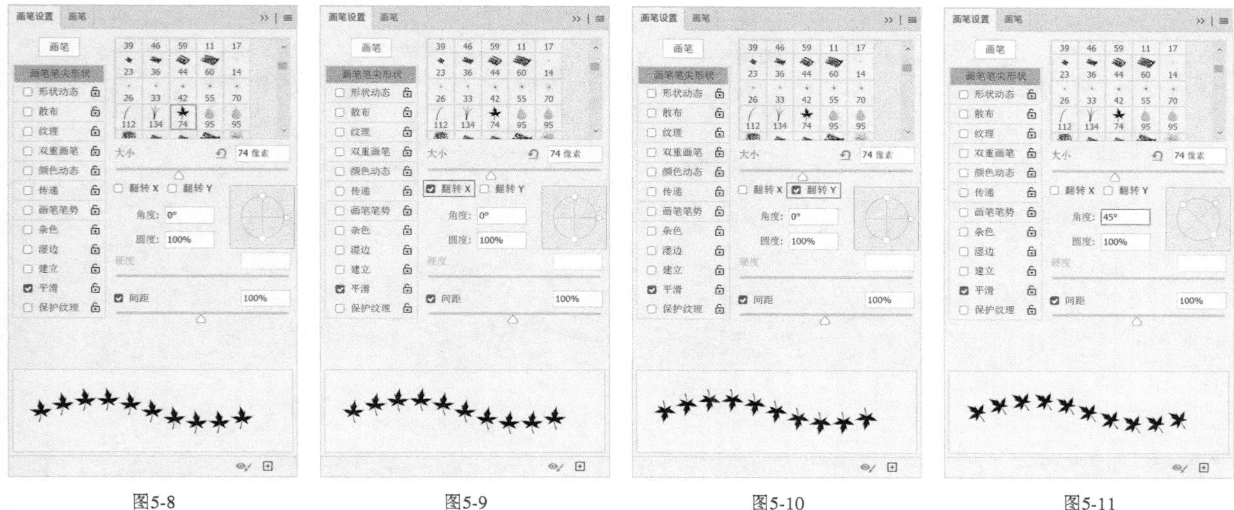

图5-8　　图5-9　　图5-10　　图5-11

"形状动态"功能主要用于控制画笔笔尖的大小、圆度、角度的随机变化。"控制"为"关"时表示不进行随机变化，为"渐隐"时会产生逐渐淡化的效果。"钢笔压力""钢笔斜度""光笔轮"等选项只对数位板生效，通过数位板画笔与数位板接触时的压力、斜度等来改变笔尖的形状，达到精准模拟真实画笔的目的，如图5-12~图5-14所示。

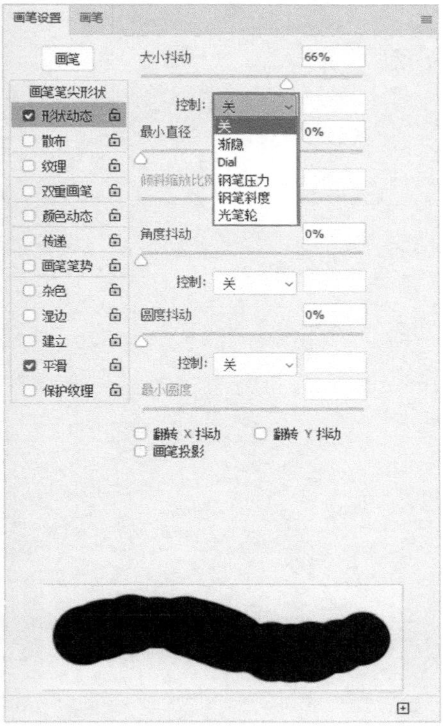

图5-12 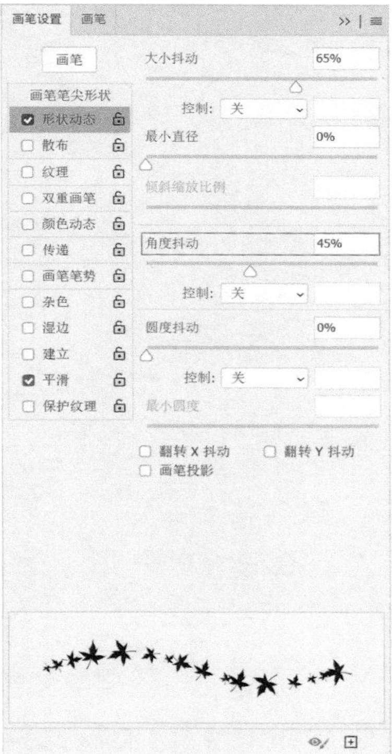　　图5-13 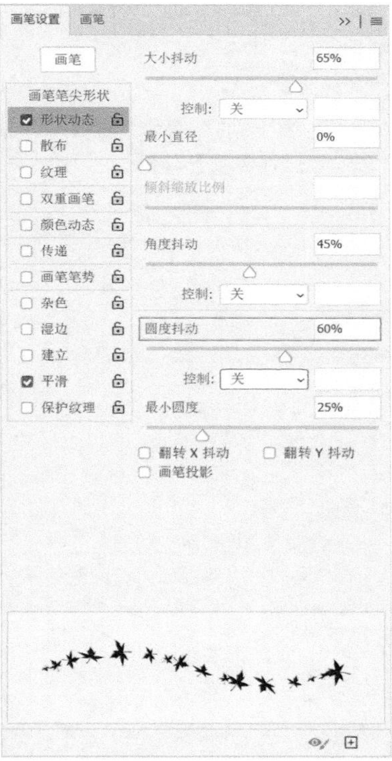　　图5-14

"散布"功能主要用于控制笔迹中最小点的数目和位置。"散布（两轴）"用于控制笔迹在描边中的分散程度，数值越大，分散范围越广。如果勾选"两轴"复选框，则表示笔迹会以中心点为基准，向两侧分散，如图5-15和图5-16所示。

使用"双重画笔"功能能够使绘制出的笔迹具有两种画笔混合的效果，如图5-17和图5-18所示。

图5-15

图5-16

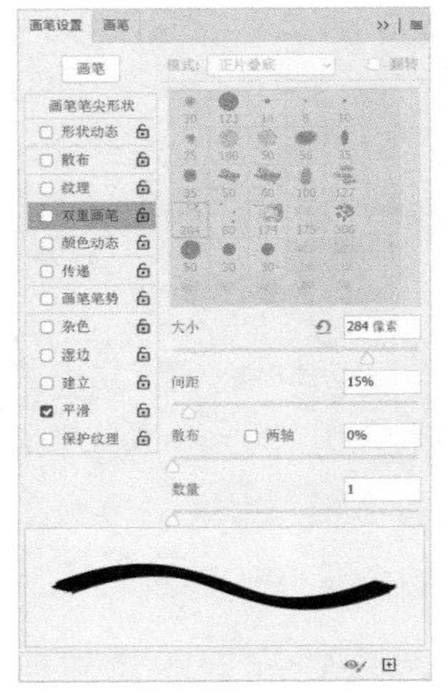

图5-17

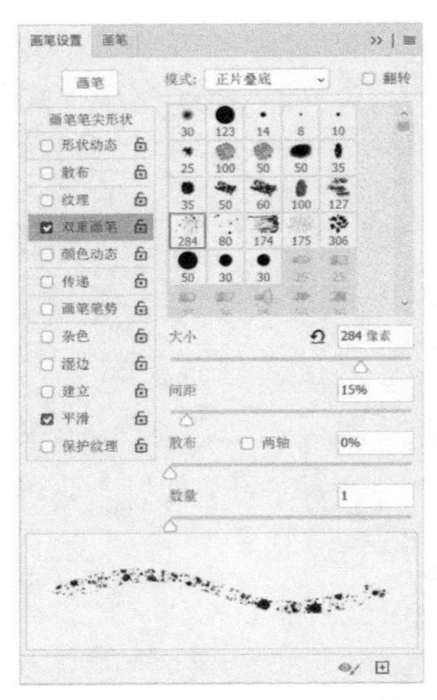

图5-18

“颜色动态”功能主要用于控制笔迹色彩的变化。“前景/前景抖动”的数值越小，变化后的颜色越接近前景色，反之则越接近背景色。“色相抖动”“饱和度抖动”“亮度抖动”则用于控制色彩对应数值的变化范围，如图5-19所示。以前景色为#f096d5、背景色为#bff5ff为例，如图5-20所示，“前景/背景抖动”为100%、“色相抖动”为45%、“饱和度抖动”为45%、“亮度抖动”为45%的效果如图5-21所示（从左到右）。

“传递”功能主要用于控制画笔的不透明度、流量、湿度、混合的抖动，如图5-22和图5-23所示。

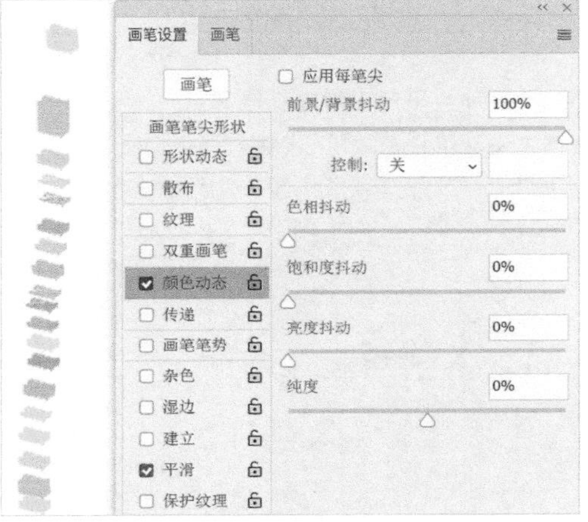

图5-19

图5-20

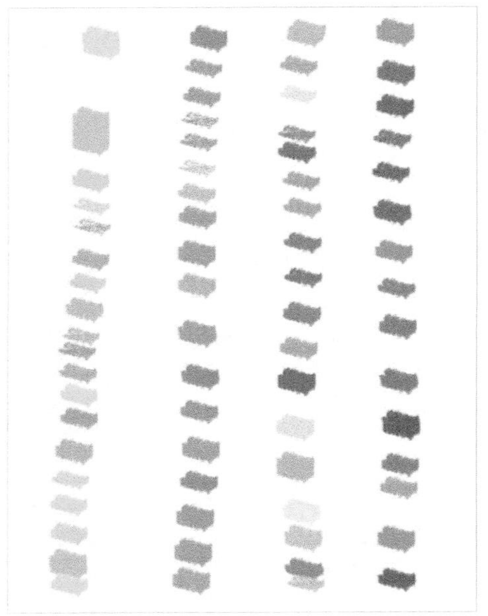

图5-21

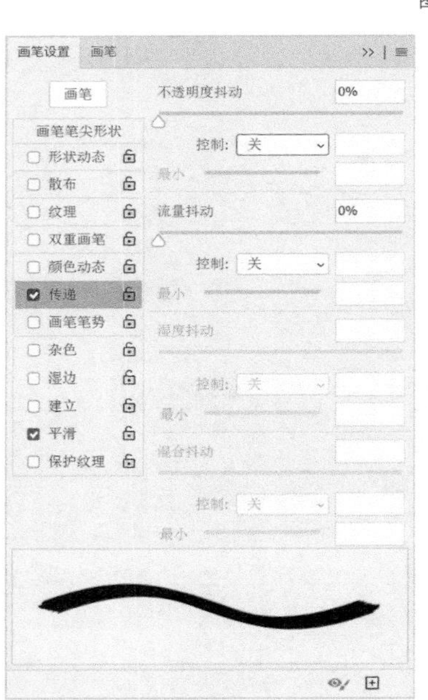

图5-22

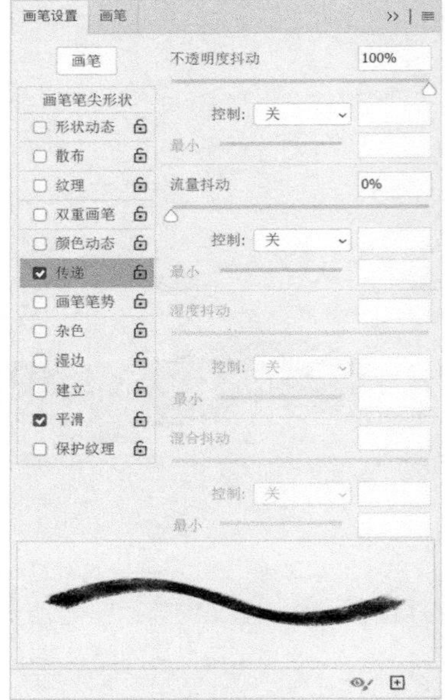

图5-23

实战：使用“铅笔工具”制作像素风图标

素材文件	无
实例文件	实例文件>CH05>实战：使用“铅笔工具”制作像素风图标.psd
教学视频	实战：使用“铅笔工具”制作像素风图标.mp4
学习目标	掌握“铅笔工具”的用法

扫码观看视频

在UI设计中，常常需要使用大量的图标，而像素风界面设计是近年来比较热门的界面设计风格。“铅笔工具”的笔尖形状由方形像素组成，能够快速绘制出理想的像素风图案。效果如图5-24所示。

01 新建一个100像素×100像素的画布，将“背景内容”设置为“透明”，如图5-25所示。确定自己想绘制的图案，这里以音符图标为例。使用“椭圆选框工具”创建一个圆形选区（按住Shift键拖曳），如图5-26所示。

图5-24

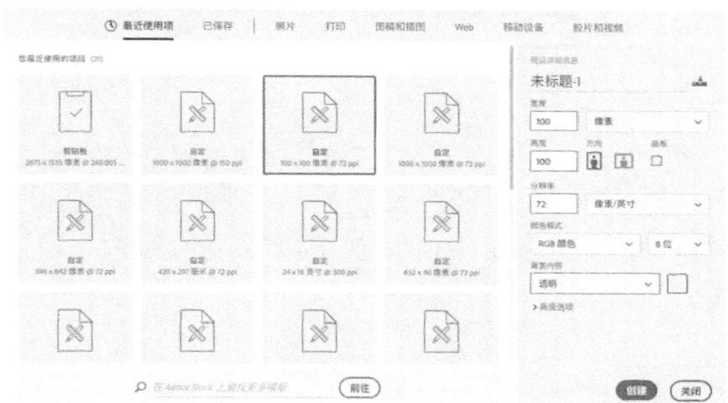

图5-25

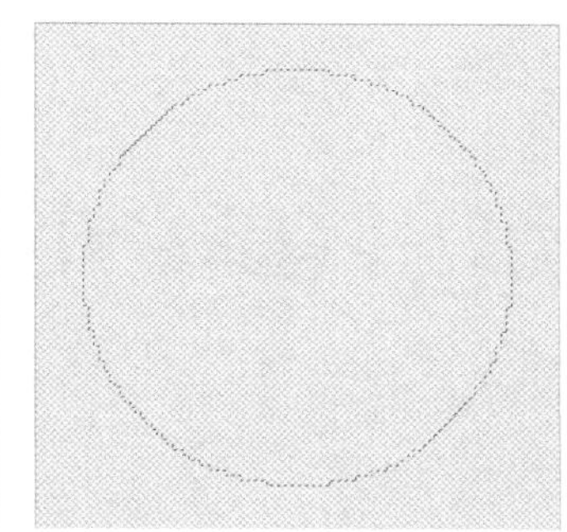

图5-26

02 选择“渐变工具”，单击属性栏中的渐变颜色条，在弹出的对话框中设置“预设”为“紫色_01”，如图5-27所示，并将该图层命名为“渐变圆”。

03 创建新图层，选择“铅笔工具”，设置前景色为浅紫色（R:255，G:233，B:251），画笔大小为5像素，“不透明度”为100%，如图5-28所示。绘制的音符图标如图5-29所示。

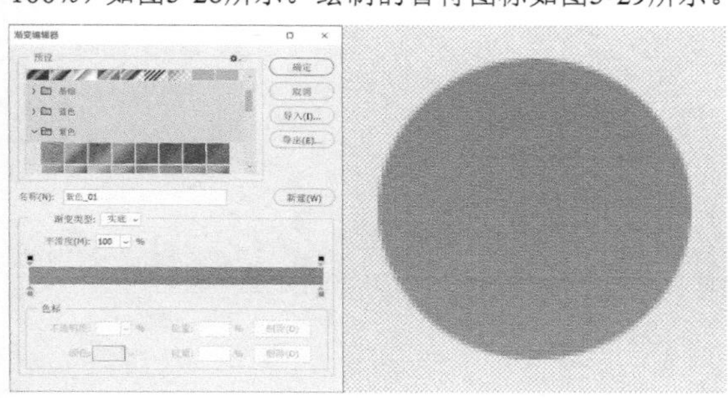

图5-27

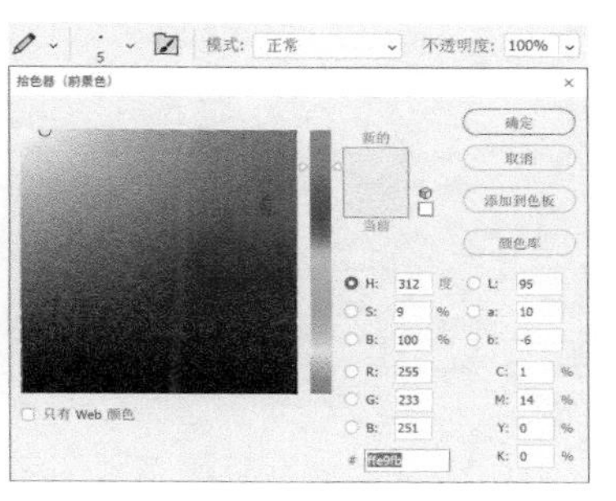

图5-28

图5-29

04 设置画笔大小为1像素，对图标进行修饰，如图5-30所示。继续添加立体效果，如图5-31所示。

05 选择“加深工具”，参数设置如图5-32所示，在“渐变圆”图层中涂抹音符的内侧，以表现出质感，如图5-33所示。

图5-30

图5-31

图5-32

图5-33

06 将制作好的图标导出为PNG格式，如图5-34所示。最终效果如图5-35所示。

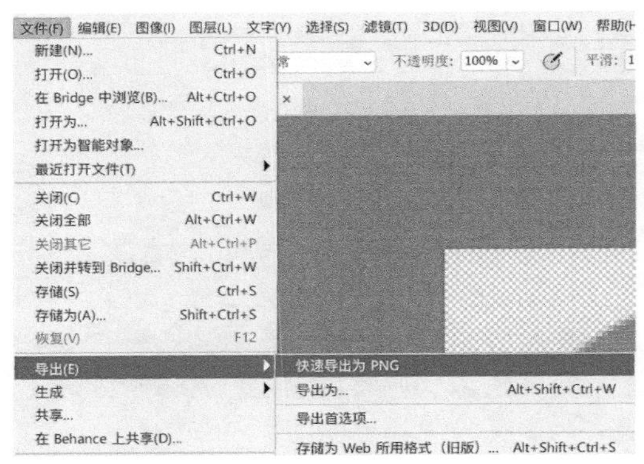

图5-34

图5-35

实战：自定义画笔

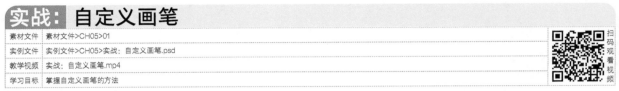

素材文件	素材文件>CH05>01
实例文件	实例文件>CH05>实战：自定义画笔.psd
教学视频	实战：自定义画笔.mp4
学习目标	掌握自定义画笔的方法

扫码观看视频

遇到心仪的图案时，可以通过自定义画笔的方式将图案转化为笔刷，创建出可以连续绘制该图案的笔尖形态。

操作步骤

01 打开"素材文件>CH05>01"文件夹中的"3-1.png"，如图5-36所示。使用"矩形选框工具"框选左上角的星球图案，如图5-37所示。

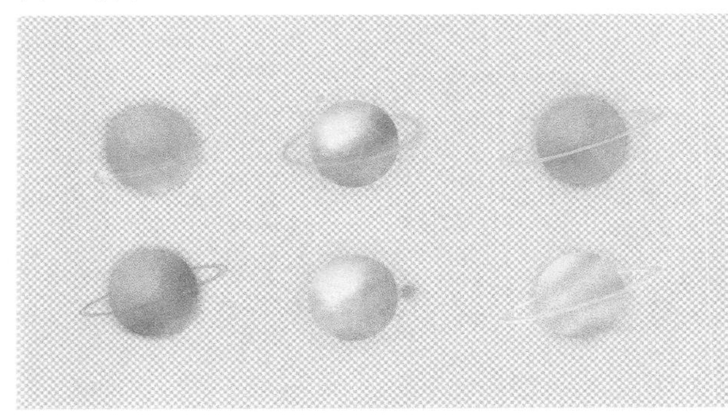

图5-36

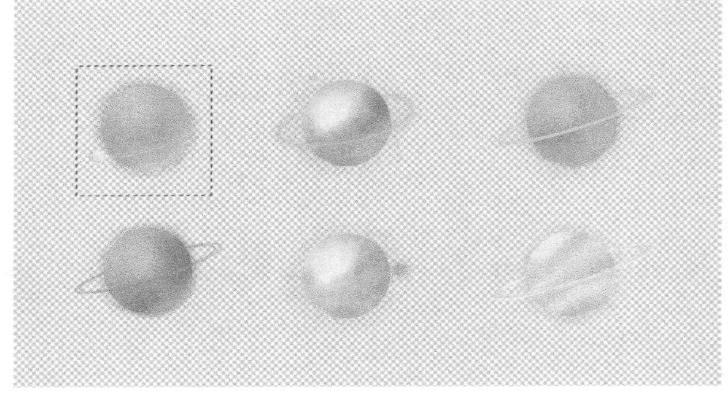

图5-37

02 执行"编辑>定义画笔预设"菜单命令，如图5-38所示，在弹出的"画笔名称"对话框中设置画笔的"名称"为"星球1"，如图5-39所示。

> **技巧提示**
>
> 由于"画笔工具"自身的特点，画笔的颜色是可以自定义的。自定义画笔实际上是将选中区域的像素转化为只保留明度的图案，无法保留图像的色彩。如果需要保留色彩，可使用"图案图章工具"。可参考本章的"实战：使用图案图章工具快速制作孟菲斯风格波点"。

03 使用同样的方法添加其余的5个星球图案。选择"画笔工具"，即可找到所定义的画笔，如图5-40所示。

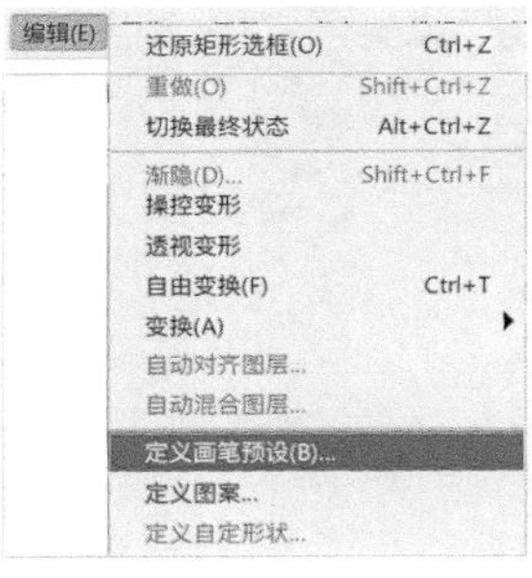

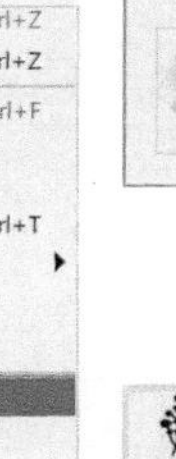

图5-38

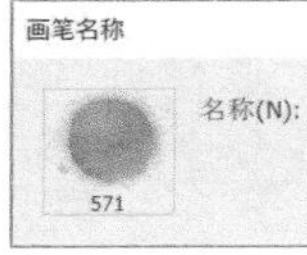

图5-39

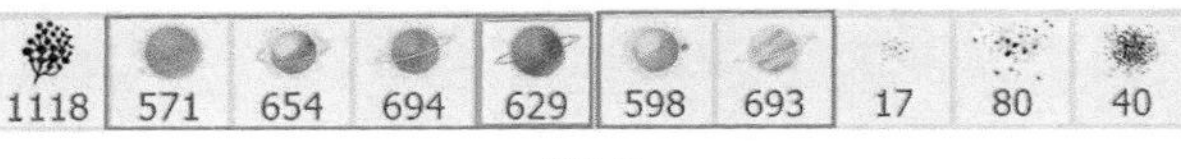

图5-40

知识回顾

扫码观看视频

教学视频： 回顾自定义画笔的方法.mp4

命令： 定义画笔预设

位置： 编辑>定义画笔预设

用途： 自定义画笔。

操作流程

第1步： 打开合适的素材文件。

第2步： 使用各种工具创建选区，将想制作为笔刷的图案框选。

第3步： 执行“编辑>定义画笔预设”菜单命令。

实战：使用外部笔刷资源

素材文件	素材文件>CH05>02
实例文件	无
教学视频	实战：使用外部笔刷资源.mp4
学习目标	掌握导入笔刷文件（ABR格式文件）的方式

扫码观看视频

Photoshop中的笔刷资源有限，在不侵犯他人版权的情况下，可以使用一些他人制作并调试好的笔刷进行相应的绘制。笔刷资源的导入方式十分便捷。

操作步骤

01 新建一张任意大小的画布，选择“画笔工具”，打开“画笔”面板。单击面板右上角的按钮，选择“导入画笔”命令，如图5-41所示。

02 根据笔刷资源的存储路径，找到要载入的笔刷载入即可。例如，选择“素材文件>CH05>02”文件夹中的“水彩花卉笔刷.abr”，如图5-42所示。

03 在“画笔”面板中可以找到刚才载入的笔刷，进行相应的创作，如图5-43所示。

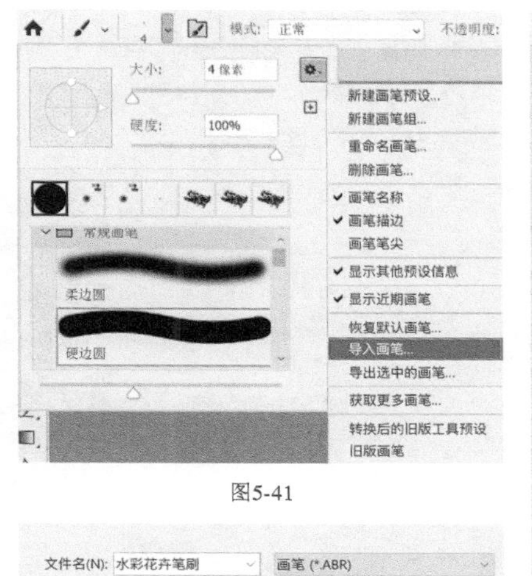

图5-41

图5-42

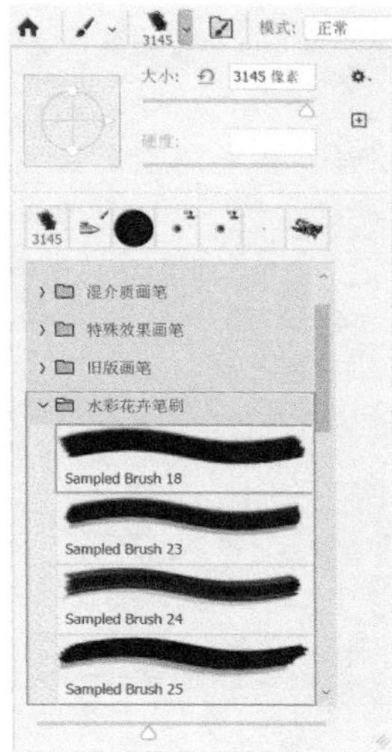

图5-43

知识回顾

扫码观看视频

教学视频： 回顾外部笔刷的导入方法.mp4

命令： 导入画笔

位置：“画笔”面板

用途： 导入外部笔刷。

操作流程

第1步： 新建画布，否则无法进行导入操作。

第2步： 在“画笔”面板的下拉菜单中选择“导入画笔”命令。

第3步： 找到相应的ABR文件并导入即可。

很多时候，使用外部笔刷可以帮助读者更加快速地模拟出想要的笔刷效果，使画面效果更加成熟，同时能降低初学者在绘画入门时的学习成本。巧妙利用外部笔刷资源，能够提高绘画效率。

实战：使用“颜色替换工具”将黄玫瑰巧变粉玫瑰

素材文件	素材文件>CH05>03
实例文件	实例文件>CH05>实战：使用“颜色替换工具”将黄玫瑰巧变粉玫瑰.psd
教学视频	实战：使用“颜色替换工具”将黄玫瑰巧变粉玫瑰.mp4
学习目标	学会使用“颜色替换工具”快速修改图片局部色彩

扫码观看视频

“颜色替换工具”是画笔类型的局部色彩修改器，使用该工具能够将图片原本的色彩修改为目标色彩，适用于需要快速修改色彩的情况。对比效果如图5-44所示。

图5-44

操作步骤

01 打开“素材文件>CH05>03”文件夹中的“5-1.jpg”文件，复制“背景”图层作为备份，将原图层锁定，如图5-45所示。

图5-45

02 选择“颜色替换工具”，将前景色设置为#ff6699，画笔参数设置如图5-46所示。

03 观察图片，可以发现图片的色彩差异较大，黄色、绿色、黑色区别明显，因此我们保持“容差”为30%，在黄玫瑰的花瓣处进行涂抹，可以看到黄色被替换为粉色，如图5-47所示。继续涂抹，直到玫瑰花的颜色被完全替换，如图5-48所示。

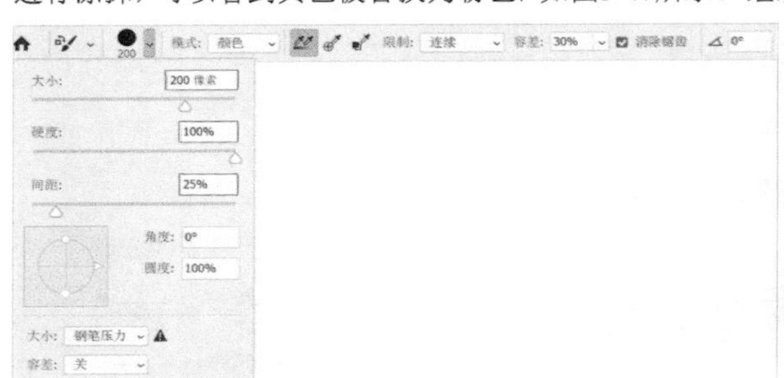

图5-46

图5-47

图5-48

技巧提示

“颜色替换工具”用于修改某一点及其周围容差范围内的色彩的色相。容差范围越小，被替换的颜色范围越小，越精准；容差范围越大，被替换的颜色范围越大。

知识回顾

扫码观看视频

教学视频： 回顾“颜色替换工具”的用法.mp4

工具： 颜色替换工具

位置： 工具箱

用途： 替换色彩。

操作流程

第1步： 选择“颜色替换工具”。

第2步： 选择合适的画笔笔尖，将混合模式设置为“颜色”。

第3步： 在图片上进行涂抹，替换颜色。

关于色彩的容差范围，容差越大，色彩范围越大；容差越小，色彩范围越小，色彩越相近、精准。图5-49所示为容差为10%时的涂抹效果，图5-50所示为容差为30%时的涂抹效果。

图5-49

图5-50

> **技巧提示**
>
> 如果"颜色替换工具"不可见，那么可以右击"画笔工具"，在弹出的下拉菜单中选择"颜色替换工具"，如图5-51所示。
>
> "颜色替换工具"操作简单，适用于快速编辑，但是并不一定能够取得理想的效果。同时，该工具对于"位图""索引"及"多通道"颜色模式的图片不适用。
>
> 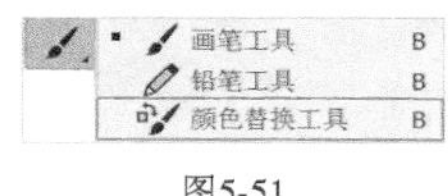
>
> 图5-51

实战：使用"混合器画笔工具"打造3D字母Banner

素材文件	无
实例文件	实例文件>CH05>实战：使用"混合器画笔工具"打造3D字母Banner.psd
教学视频	实战：使用"混合器画笔工具"打造3D字母Banner.mp4
学习目标	学会使用"混合器画笔工具"简单绘制图案

扫码观看视频

"混合器画笔工具"模拟的是真实绘画过程中的颜料混合过程，可以将画布上的颜色、湿度进行混合。借助"混合器画笔工具"可以将不同质感的色彩自然地融合。3D字母Banner在如今的电商行业中应用十分广泛，设计者们往往会使用Cinema 4D等软件进行创作。使用Photoshop中的"混合器画笔工具"也可以达到类似的效果。效果如图5-52所示。

操作步骤

01 新建空白画布，设置"宽度"为1000像素，"高度"为500像素，"分辨率"为72像素/英寸，"颜色模式"为"RGB颜色"，然后新建一个空白图层，并将其命名为"渐变色"，如图5-53所示。

图5-52

图5-53

02 选择"渐变工具"，设置一个紫色到蓝色的渐变色带（读者可以根据自己的需求设置颜色），如图5-54所示。按住Shift键在画布上水平拖曳，填充该渐变，效果如图5-55所示。

图5-54

图5-55

03 新建一个图层并将其命名为"画笔"，单击"椭圆选框工具"，按住Shift键创建一个相对较小的圆形选区，如图5-56所示。再次选择"渐变工具"，在该选区中填充渐变，如图5-57所示。

图5-56

图5-57

04 选择“混合器画笔工具”，单击图5-58所示的按钮，选择“载入画笔”命令，将画笔大小调整到和圆形选区一样大或比圆形区域稍大，并按住Alt键单击该区域。选择“干燥，深描”选项，设置“潮湿”为0%，“载入”为100%，“流量”为100%，平滑度为30%，如图5-59所示。

05 隐藏“画笔”图层，并新建一个“字母”图层，在该图层中绘制字母，如图5-60所示。如果线条不够平滑，可以提高“混合器画笔工具”的平滑度参数。对画面进行裁剪，使画面效果更为美观，如图5-61所示。

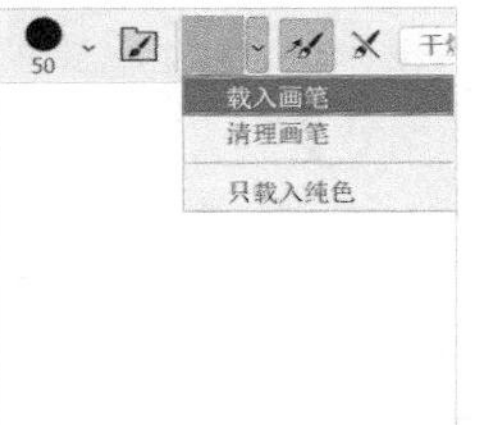

图5-58

图5-59

图5-60

图5-61

技巧提示

“混合器画笔工具”的湿度越小，模拟效果越接近干油彩叠加的效果，即没有混合，直接叠加色彩，如图5-62所示。湿度越大，越接近潮湿油彩混色的效果，会产生色彩拖移的痕迹，如图5-63所示。

图5-62

图5-63

知识回顾

扫码观看视频

教学视频： 回顾“混合器画笔工具”的用法.mp4

工具： 混合器画笔工具

位置： 工具箱

用途： 混合颜色和湿度。

操作流程

第1步： 创建圆形选区并填充渐变色彩，这两种色彩将会在绘制中通过混合的方式产生立体的高光阴影效果。

第2步： 选择“混合器画笔工具”，并载入画笔。

第3步： 新建图层，进行绘制即可。

实战：使用“背景橡皮擦工具”和“历史记录画笔工具”进行背景擦除

素材文件	素材文件>CH05>04
实例文件	实例文件>CH05>实战：使用“背景橡皮擦工具”和“历史记录画笔工具”进行背景擦除.psd
教学视频	实战：使用“背景橡皮擦工具”和“历史记录画笔工具”进行背景擦除.mp4
学习目标	掌握“背景橡皮擦工具”的使用方法，并能够结合“历史记录画笔工具”使用

扫码观看视频

使用“背景橡皮擦工具”可以在不损失前景色的条件下，达到快速大片擦除背景色彩的效果，适用于背景色彩干净统一、与前景色色差较大的情况。为了使“背景橡皮擦工具”的应用面更广，可以结合“历史记录画笔工具”，对“背景橡皮擦工具”的不足之处进行弥补，进行基础抠图。效果对比如图5-64所示。

01 打开“素材文件>CH05>04”文件夹中的“7-1.jpg”文件，复制“背景”图层作为备份，将原图层锁定，如图5-65所示。

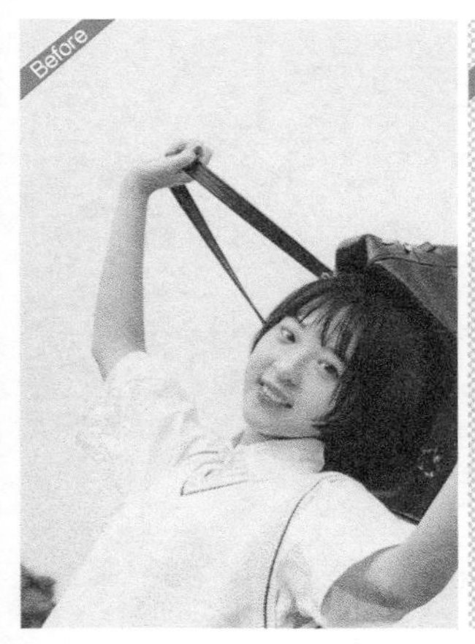

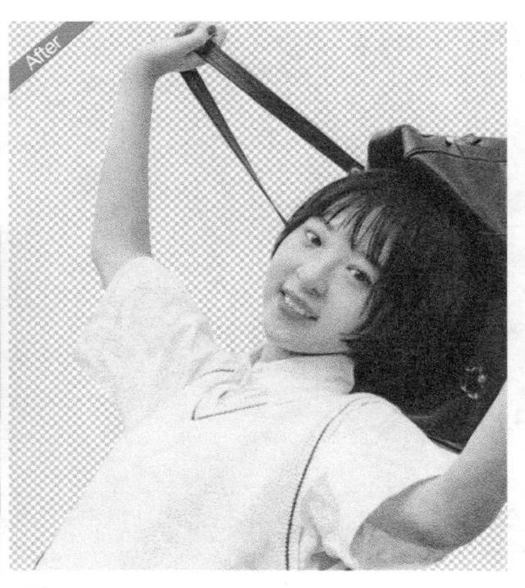

图5-64

图5-65

02 在当前图层与“背景”图层之间新建一个黑色图层，便于观察擦除情况，如图5-66所示。

03 右击“橡皮擦工具”，在弹出的下拉菜单中选择“背景橡皮擦工具”，如图5-67所示。对“背景橡皮擦工具”的参数进行设置，如图5-68所示。

04 隐藏“背景”图层，按住Alt键，鼠标指针会变为吸管图标，单击人物皮肤处，将皮肤颜色设置为前景色，如图5-69所示。对图片背景进行涂抹，效果如图5-70所示。

图5-66

图5-67

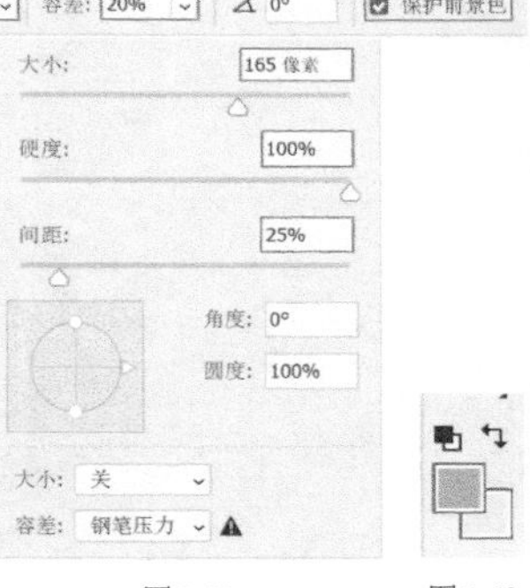

图5-68

图5-69 图5-70

> **技巧提示**
>
> 可以看到，由于“背景橡皮擦工具”自身功能的限制，衣物部分和手部被擦除了，需要对此进行调整。这时，可以考虑使用“历史记录画笔工具”，使用该工具能够还原到图像编辑过程中的某个状态，并且默认还原至最初状态。

05 选择“历史记录画笔工具”，参数设置如图5-71所示。在黑色纯色图层中对被过度擦除的部分进行涂抹，效果如图5-72所示。

06 按住Ctrl键并单击当前图层缩略图，选中人物主体，如图5-73所示。执行“选择>修改>收缩”菜单命令，如图5-74所示。设置“收缩量”为2像素，如图5-75所示。

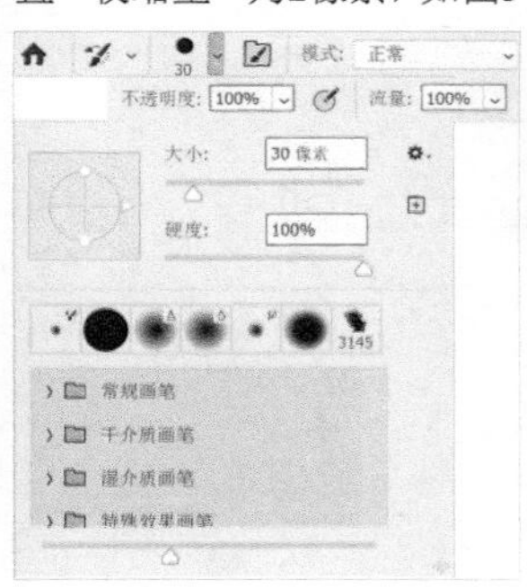

图5-71 图5-72

图5-73

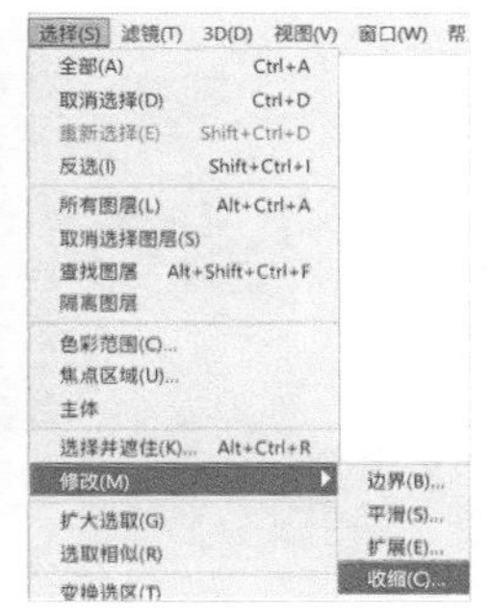

图5-74

图5-75

07 按快捷键Ctrl+Shift+I反选选区，如图5-76所示。执行“选择>修改>平滑”菜单命令，设置取样“半径”为2像素，按Delete键删除选区内容，如图5-77所示，可以看到原来人像周围的白边被成功清除。

08 再次使用“历史记录画笔工具”对人像进行修补，即可完成本次抠图，最终效果如图5-78所示。

图5-76

图5-77

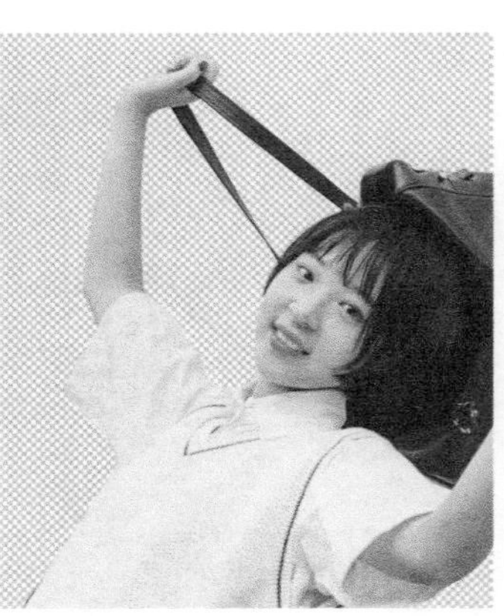
图5-78

> **技巧提示**
>
> 相较于使用选区进行背景删除的多步骤操作，使用“背景橡皮擦工具”可以进行“一步到位”式的破坏性操作，因此需要对背景进行复制，以免对图像造成过度伤害。此外，“背景橡皮擦工具”适用于背景色与前景物体相差较大，且背景色本身颜色相近的情况。

实战：使用“魔术橡皮擦工具”实现快速抠图

素材文件	素材文件>CH05>05
实例文件	实例文件>CH05>实战：使用“魔术橡皮擦工具”实现快速抠图.psd
教学视频	实战：使用“魔术橡皮擦工具”实现快速抠图..mp4
学习目标	掌握使用“魔术橡皮擦工具”快速抠图的方法

扫码观看视频

使用“魔术橡皮擦工具”可以清除同一区域内的相近色彩，色彩范围大小由容差值决定。该工具使用方便、快捷，常用于简易抠图。对比效果如图5-79所示。

图5-79

操作步骤

01 打开“素材文件>CH05>05”文件夹中的“8-1.jpg”文件。复制“背景”图层作为备份，将原图层锁定，并在当前图层与“背景”图层之间新建一个黑色图层，便于观察擦除情况，如图5-80所示。

02 右击“橡皮擦工具”，选择“魔术橡皮擦工具”，如图5-81所示。对“魔术橡皮擦工具”的参数进行设置，如图5-82所示。

图5-80

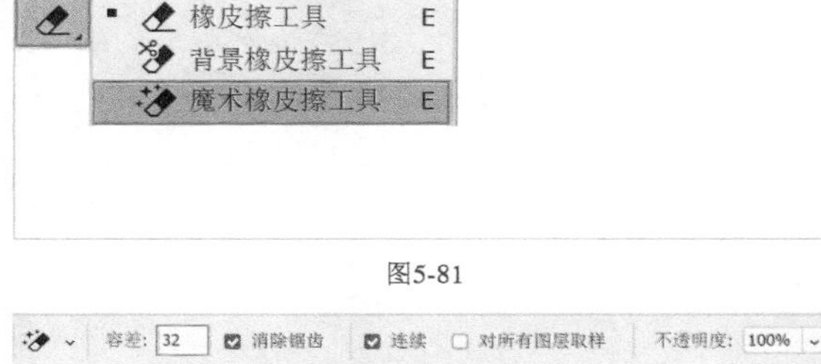

图5-81

图5-82

03 单击图片的背景部分，对背景进行擦除，如图5-83所示。继续单击背景部分，直到完成抠图，最终效果如图5-84所示。

图5-83

图5-84

知识回顾

使用“背景橡皮擦工具”与“魔术橡皮擦工具”都可以对像素进行清除操作，其效果不可调整，只能进行撤销。

教学视频： 回顾“魔术橡皮擦工具”的用法.mp4

工具： 背景橡皮擦工具、魔术橡皮擦工具

位置： 工具箱

用途： 快速抠图、清除图片瑕疵等。

扫码观看视频

操作流程（背景橡皮擦工具）

第1步： 选择“背景橡皮擦工具”。

第2步： 按住Alt键，吸取需要保护的前景色。

第3步： 在背景处涂抹，进行擦除。

操作流程（魔术橡皮擦工具）

第1步： 选择“魔术橡皮擦工具”。

第2步： 设置色彩容差。

第3步： 连续单击需要擦除的色彩区域的任意一处，对该区域内的相似色彩进行擦除。

实战：使用“仿制图章工具”隐去海滩多余阴影

素材文件	素材文件>CH05>06
实例文件	实例文件>CH05>实战：使用“仿制图章工具”隐去海滩多余阴影.psd
教学视频	实战：使用“仿制图章工具”隐去海滩多余阴影.mp4
学习目标	学会使用“仿制图章工具”

扫码观看视频

使用“仿制图章工具”对选择的仿制源进行复制，将其覆盖于目标区域，Photoshop进行智能运算，使其适应周围区域。该工具常用于消除瑕疵、调整局部画面等。对比效果如图5-85所示。

图5-85

01 打开“素材文件>CH05>06”文件夹中的素材图片，然后按C键对画面进行裁剪，使效果更加美观，如图5-86所示。

02 此时会发现右下角有一处多余阴影需要去除，如图5-87所示。复制“背景”图层作为备份，将原图层锁定，如图5-88所示。

图5-86

图5-87

图5-88

03 选择“仿制图章工具”，按住Alt键，选择多余阴影周围的沙滩作为仿制源，并单击阴影处，可以看到阴影处被仿制的沙滩图案覆盖，如图5-89所示。继续单击，对剩余部分进行修饰，效果如图5-90所示。

图5-89

图5-90

实战：使用“图案图章工具”快速制作孟菲斯风格波点

素材文件	素材文件>CH05>07
实例文件	实例文件>CH05>实战：使用“图案图章工具”快速制作孟菲斯风格波点.psd
教学视频	实战：使用“图案图章工具”快速制作孟菲斯风格波点
学习目标	掌握“图案图章工具”的使用方法

扫码观看视频

孟菲斯风格在电商设计中的应用十分广泛，而波点则是为这一风格增强丰富性的重要元素。对圆点进行复制粘贴十分麻烦，耗时较长，而使用“图案图章工具”能够大大缩短时间。对比效果如图5-91所示。

图5-91

01 打开“素材文件>CH05>07”文件夹中的素材图片。新建一个图层，将其命名为“图案”。选择“画笔工具”，参数设置如图5-92所示。

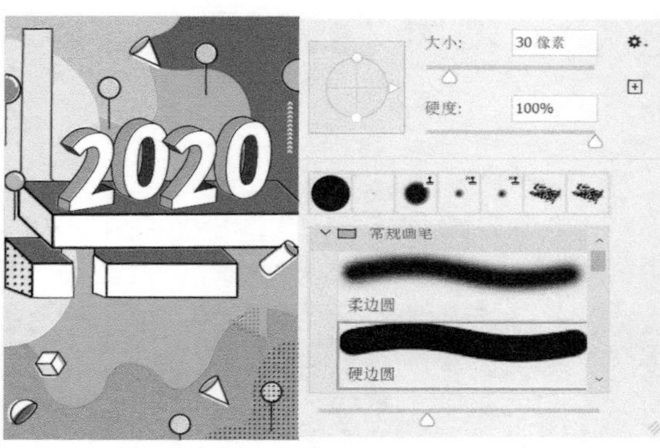

图5-92

02 隐藏“背景”图层，绘制一个小圆点，如图5-93所示。选择“矩形选框工具”，按住Shift键，创建正方形选区，如图5-94所示。

03 执行“编辑>定义图案”菜单命令，如图5-95所示。将图案命名为“波点”，如图5-96所示。按快捷键Ctrl+D取消选区，隐藏“图案”图层，选择“图案图章工具”，参数设置如图5-97所示。

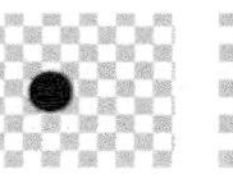

图5-93

图5-94

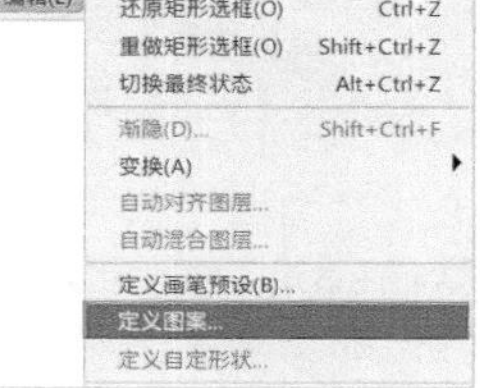

图5-95

图5-96

图5-97

04 选择刚才定义好的图案，如图5-98所示。新建图层，涂抹需要填充波点的区域，如图5-99所示。

05 如有溢出区域的波点，使用“橡皮擦工具” 擦除即可。最终效果如图5-100所示。

> **技巧提示**
>
> 使用“图案图章工具” 创建的图案大小取决于选框大小。如果波点的间隔太大或太小，则应该适当改变选框大小。

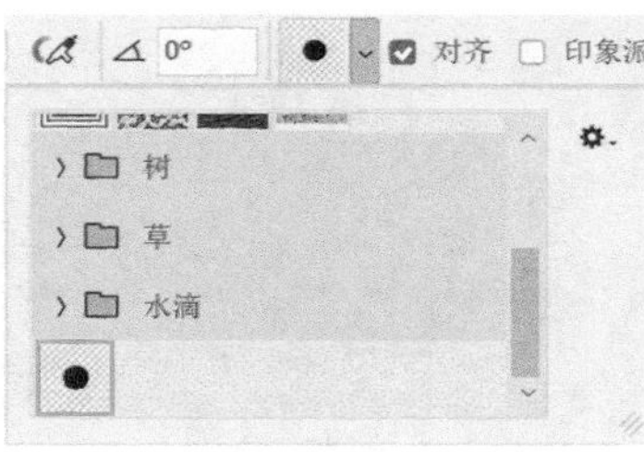

图5-98

图5-99

图5-100

实战：使用“污点修复画笔工具”修饰面部微小斑点

素材文件	素材文件>CH05>08
实例文件	实例文件>CH05>实战：使用“污点修复画笔工具”修饰面部微小斑点.psd
教学视频	实战：使用“污点修复画笔工具”修饰面部微小斑点.mp4
学习目标	掌握“污点修复画笔工具”的使用方法

扫码观看视频

使用“污点修复画笔工具” 进行瑕疵消除，是人像修图中的基础操作。“污点修复画笔工具”依赖Photoshop的智能运算功能，使用方便快捷，能够在短时间内产生较好的瑕疵消除效果。对比效果如图5-101所示。

01 打开“素材文件>CH05>08”文件夹中的素材图片。复制“背景”图层作为备份，原图层保持锁定状态，如图5-102所示。

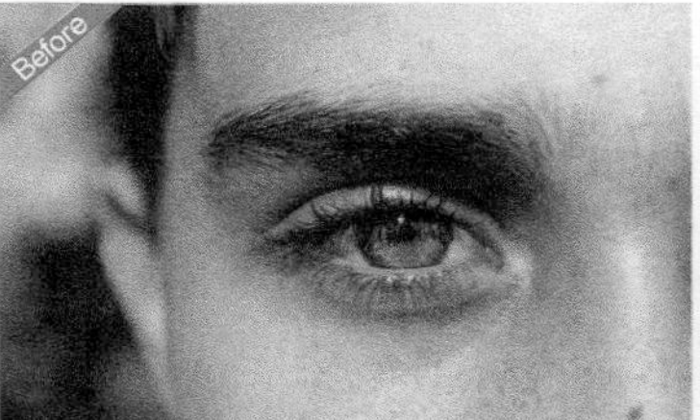

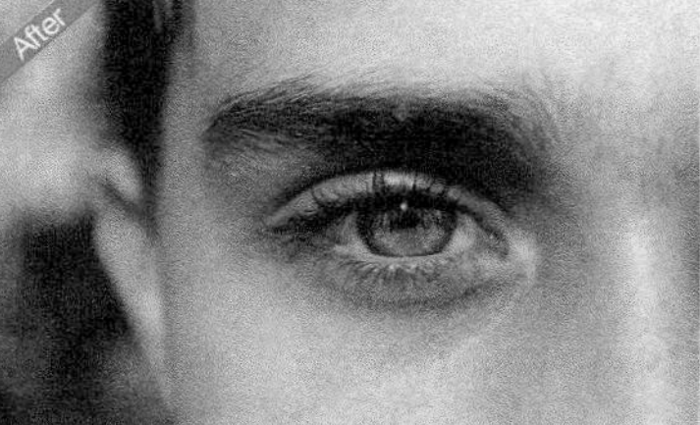

图5-101

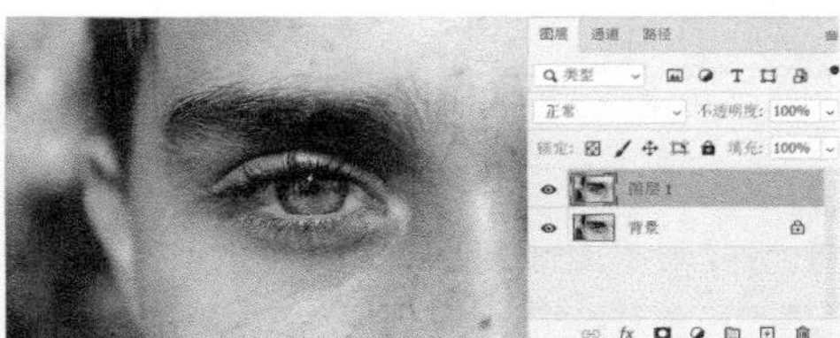

图5-102

02 选择“污点修复画笔工具” ，参数设置如图5-103所示。单击或涂抹人物面部瑕疵处，对斑点进行修饰，如图5-104~图5-106所示。

03 重复上述操作，修饰人物面部其他斑点，最终效果如图5-107所示。

图5-103

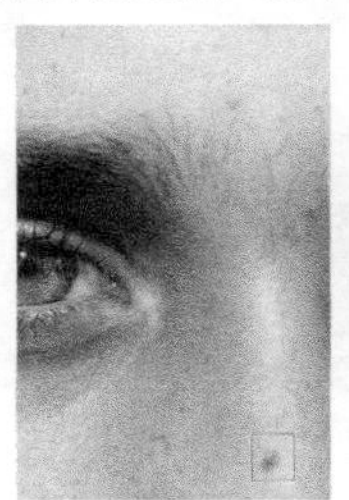

图5-104

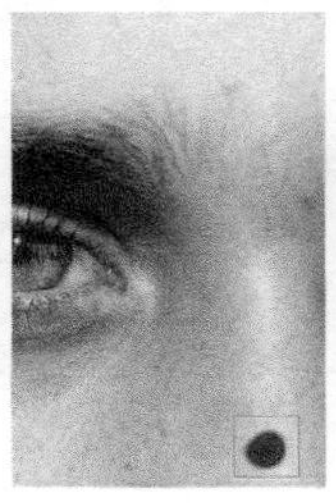

图5-105

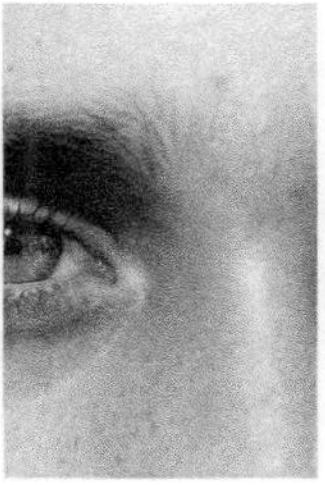

图5-106

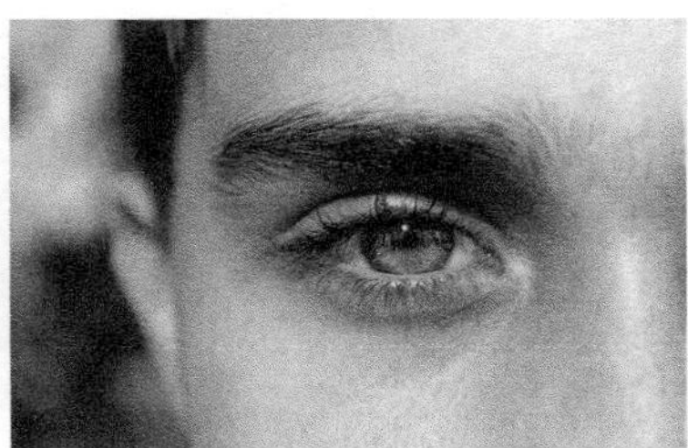

图5-107

实战：使用“修复画笔工具”处理雀斑

素材文件	素材文件>CH05>09
实例文件	实例文件>CH05>实战：使用“修复画笔工具”处理雀斑.psd
教学视频	实战：使用“修复画笔工具”处理雀斑.mp4
学习目标	掌握“修复画笔工具”的使用方法

扫码观看视频

使用“污点修复画笔工具” 可以进行简易操作，而使用“修复画笔工具”则需要不断调整源点，该工具适用于更为精细的操作，功能更强大。对比效果如图5-108所示。

图5-108

01 打开“素材文件>CH05>09”文件夹中的素材文件。复制“背景”图层作为备份，原图层保持锁定状态，如图5-109所示。

02 选择“修复画笔工具”，如图5-110所示。对“修复画笔工具”的参数进行设置，如图5-111所示。

图5-109

图5-110

图5-111

03 按住Alt键，修复画笔图标变为准星图标，单击需要修复的瑕疵附近无雀斑的皮肤区域，将其设置为修复源，然后对雀斑进行涂抹，效果如图5-112和图5-113所示。

04 不断调整修复源，重复上述操作，对剩余皮肤瑕疵进行调整，最终效果如图5-114所示。

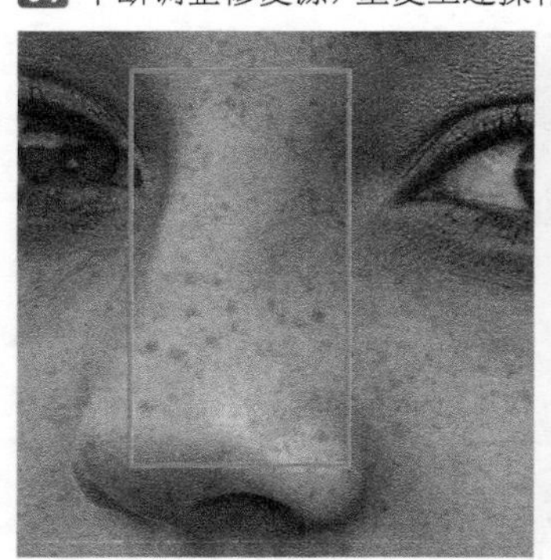

图5-112

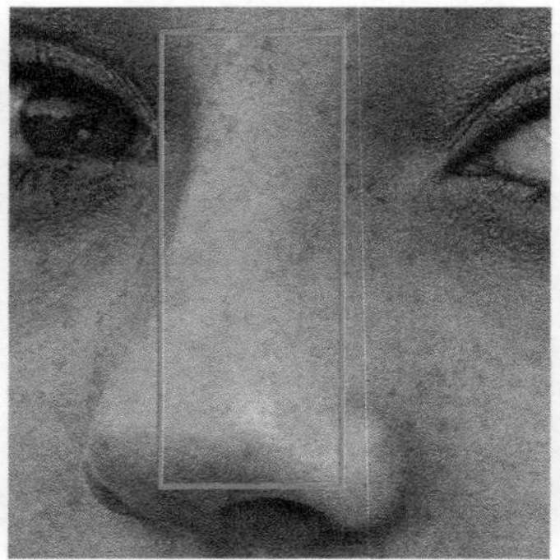

图5-113

图5-114

实战：使用“修补工具”快速去除面部瑕疵

素材文件	素材文件>CH05>10
实例文件	实例文件>CH05>实战：使用“修补工具”快速去除面部瑕疵.psd
教学视频	实战：使用“修补工具”快速去除面部瑕疵.mp4
学习目标	掌握“修补工具”的使用方法

“修补工具”的原理是内容替换，即使用图片中某一区域的图案来替代需要修改的区域。在人像处理中，该工具可以用于快速消除皮肤瑕疵。对比效果如图5-115所示。

图5-115

操作步骤

01 打开“素材文件>CH05>10”文件夹中的素材图片。复制“背景”图层作为备份，原图层保持锁定状态，如图5-116所示。

图5-116

02 用“套索工具”选中人物面部的瑕疵，创建选区，如图5-117所示。选择“修补工具”，拖曳选区，并观察画面效果，直到选区填充与周围较好融合为止，如图5-118所示。

03 同样的，对面部其他瑕疵进行相似处理，最终效果如图5-119所示。

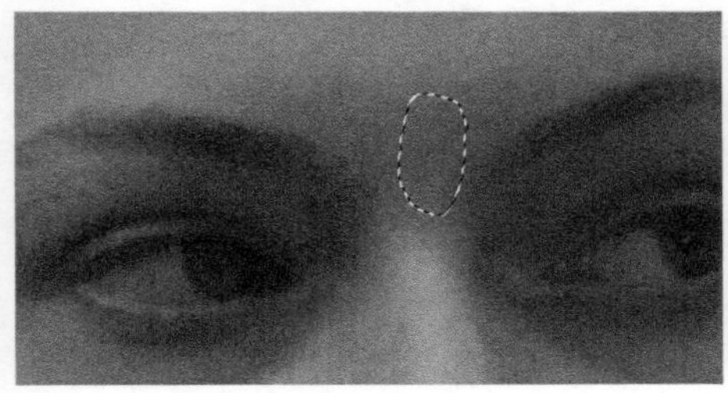

图5-117

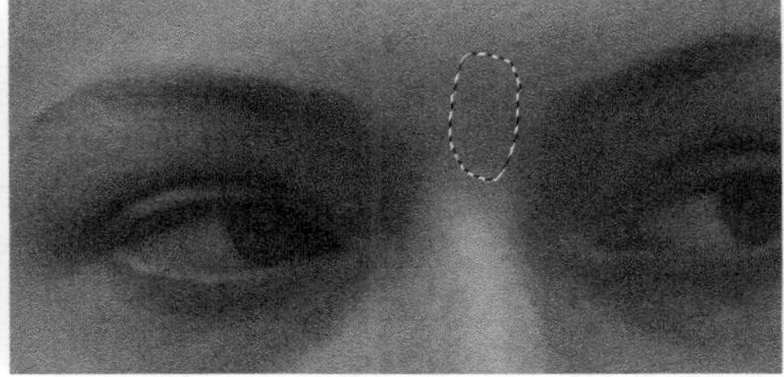

图5-118

图5-119

知识回顾

扫码观看视频

教学视频：回顾修复工具的用法.mp4

“污点修复画笔工具”、“修复画笔工具”、“修补工具”都是用于修补照片瑕疵的工具，其区别如下。

使用“污点修复画笔工具”无须设置仿制源，该工具默认鼠标单击处有需要消除的瑕疵，如图5-120和图5-121所示。

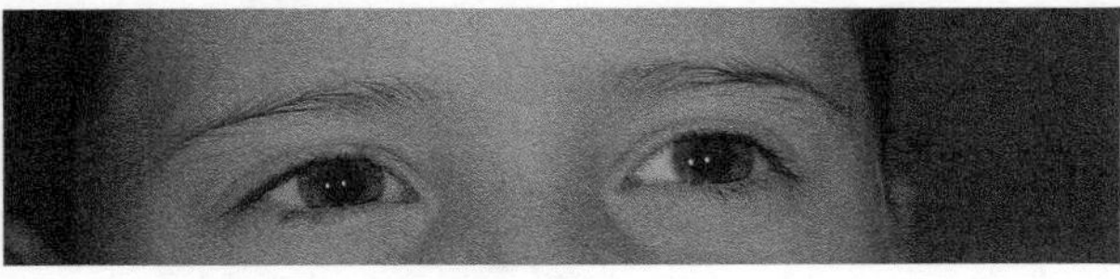

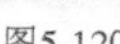

图5-120

图5-121

使用“修复画笔工具”需要按住Alt键手动设置仿制源，如图5-122所示。

使用“修补工具”可以将所选区域内容复制并平移至鼠标指针最终停留的位置，Photoshop会对内容进行智能处理，使其适应目标位置周围的图像，如图5-123所示。

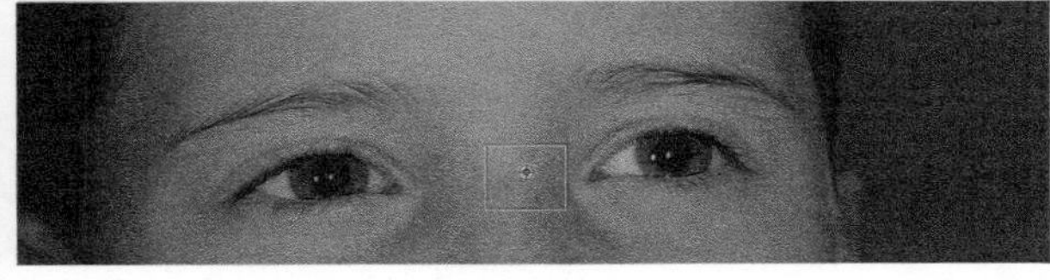

图5-122

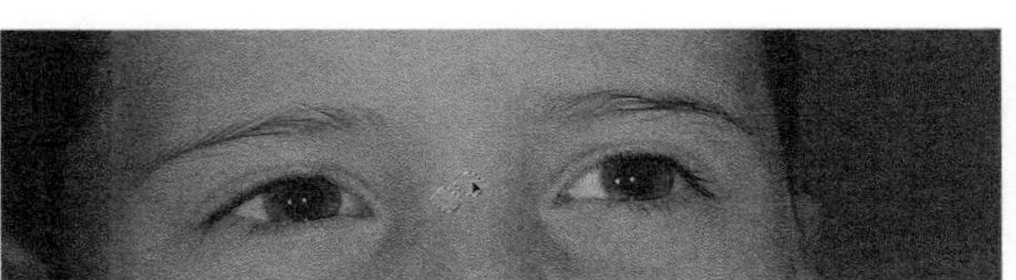

图5-123

实战：使用"内容感知移动工具"快速制作小球散落效果

素材文件	素材文件>CH05>11
实例文件	实例文件>CH05>实战：使用"内容感知移动工具"快速制作小球散落效果.psd
教学视频	实战：使用"内容感知移动工具"快速制作小球散落效果.mp4
学习目标	了解"内容感知移动工具"的原理，灵活运用该工具进行图案复制

扫码观看视频

使用"内容感知移动工具"可以快速将选定区域的图像复制到别的区域，Photoshop进行智能运算，使图像融合周围环境，实现在同一张画布上快速创建相似图案的效果，达到精简创作的目的。对比效果如图5-124所示。

图5-124

01 打开"素材文件>CH05>11"文件夹中的素材文件，复制"背景"图层作为备份，如图5-125所示。

02 使用"对象选择工具"选中金色小球及其阴影，如图5-126所示。选择"内容感知移动工具"，参数设置如图5-127所示。

图5-125

图5-126

图5-127

03 将选中的对象拖曳到右侧，按Enter键确认，可以看见小球已经复制完成，如图5-128所示。重复上述操作，继续拖曳小球。在复制过程中，还可以调整其大小，如图5-129所示。

04 使用"模糊工具"和"涂抹工具"对小球阴影进行修饰，最终效果如图5-130所示。

图5-128

图5-129

图5-130

实战：使用"模糊工具"与"锐化工具"强调人物五官

素材文件	素材文件>CH05>12
实例文件	实例文件>CH05>实战：使用"模糊工具"与"锐化工具"强调人物五官.psd
教学视频	实战：使用"模糊工具"与"锐化工具"强调人物五官.mp4
学习目标	掌握"模糊工具"和"锐化工具"的用法

扫码观看视频

"模糊工具"的原理是降低像素对比度，使图片变得更模糊；而"锐化工具"的原理则是提升像素对比度，使图片变得更清晰。在人像摄影作品中，前期摄影时的疏忽可能会导致人物的面部重点不够突出，可以在后期处理中使用模糊与锐化的技巧尝试解决这一问题。对比效果如图5-131所示。

图5-131

01 打开“素材文件>CH05>12”文件夹中的素材文件，在这张图中，人物面部是需要突出的重点，要让观者的视线更集中于面部。选择“模糊工具”💧，参数设置如图5-132所示。

02 对画面左侧的头发进行模糊处理，效果如图5-133所示。

图5-132

图5-133

03 选择“锐化工具”△，参数设置如图5-134所示。对人物的眼睛、唇部及面部轮廓进行锐化处理，效果如图5-135所示。最终效果如图5-136所示。

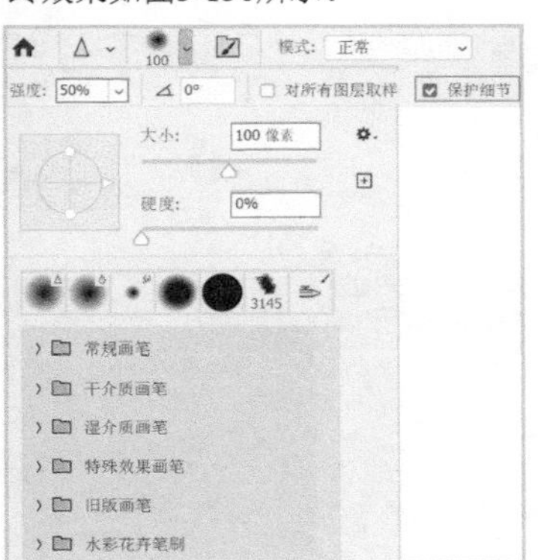

图5-134

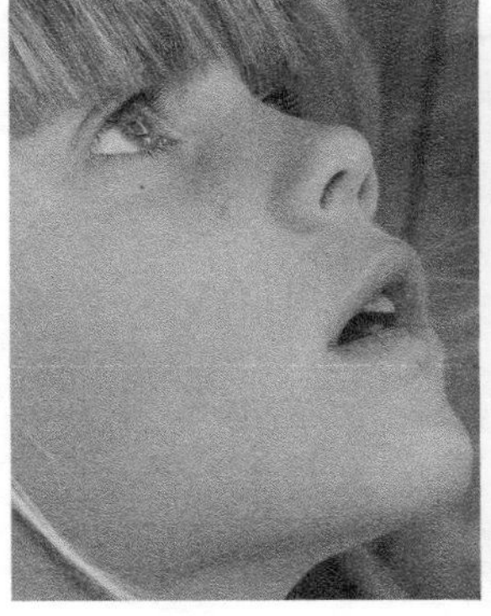

图5-135

图5-136

技巧提示

由于“模糊”滤镜和“锐化”滤镜的存在，“模糊工具”💧和“锐化工具”△的单独操作效果较为不明显，已成为相对冷门的工具，因此更多用于非常精细的细节调整中。大部分情况下，如果想对照片进行模糊或锐化操作，通常使用“模糊”滤镜或“锐化”滤镜。这两个滤镜将在“滤镜”一章中进行讲解。

实战：使用“涂抹工具”放大人物双眼

素材文件	素材文件>CH05>13
实例文件	实例文件>CH05>实战：使用“涂抹工具”放大人物双眼.psd
教学视频	实战：使用“涂抹工具”放大人物双眼.mp4
学习目标	掌握“涂抹工具”的使用方法

扫码观看视频

使用“涂抹工具”可以达到将色彩在纸上推开、抹开的效果。由此，可以使用“涂抹工具”和“锐化工具”放大人物双眼。对比效果如图5-137所示。

图5-137

操作步骤

01 打开“素材文件>CH05>13”文件夹中的素材文件，复制“背景”图层作为备份，如图5-138所示。

02 选择“涂抹工具”，然后设置相关参数。在人物眼部向外涂抹，将眼睛放大到合适的大小。如图5-139所示。

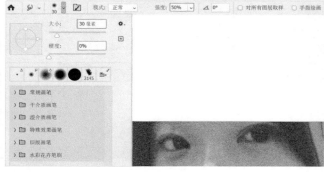

图5-138

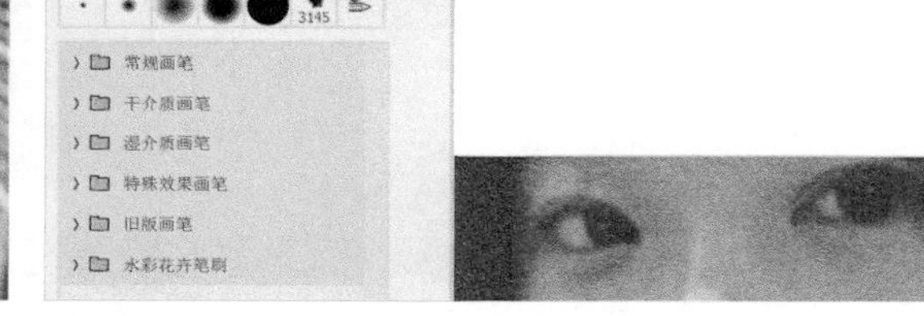

图5-139

03 在涂抹过程中，出现了一定的模糊，这时可以使用“锐化工具”进行复原。选择“锐化工具”，参数设置如图5-140所示。对模糊的部分进行锐化，如图5-141所示。最终效果如图5-142所示。

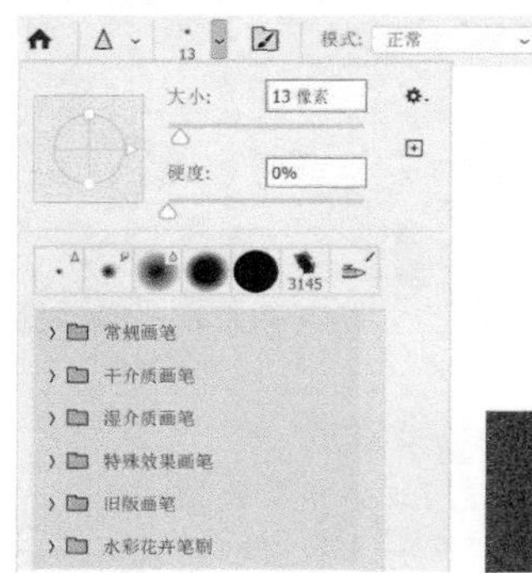

图5-140

图5-141

图5-142

知识回顾

“模糊工具”、“锐化工具”及“涂抹工具”都是笔刷型的处理工具，作用区域根据涂抹区域而定。使用“模糊工具”可以对像素进行模糊处理，使用“锐化工具”可以使像素更为清晰，而“涂抹工具”则类似于“液化”功能，能够将涂抹处及其周围的像素“推开”。

教学视频： 回顾“模糊/锐化/涂抹工具”的用法.mp4

工具： 模糊工具、锐化工具、涂抹工具

位置： 工具箱

用途： 对像素进行变形处理。

实战：使用“减淡工具”打造通透湖面

素材文件	素材文件>CH05>14
实例文件	实例文件>CH05>实战：使用“减淡工具”打造通透湖面.psd
教学视频	实战：使用“减淡工具”打造通透湖面.mp4
学习目标	掌握“减淡工具”的使用方法

使用“减淡工具”能够提高局部色彩的明度，造成“减淡”的效果，同时也可以增添光照感，在摄影后期常用于提亮等。对比效果如图5-143所示。

图5-143

01 打开“素材文件>CH05>14”文件夹中的素材文件，观察素材图片，可以感觉到湖面有一种沉闷感，不够通透，因此需要对湖面进行提亮。复制“背景”图层作为备份，原图层保持锁定状态，如图5-144所示。

图5-144

02 选择“减淡工具”，参数设置如图5-145所示。涂抹湖面，进行提亮，效果如图5-146所示。

> **技巧提示**
>
> 对于“减淡工具”而言，多次操作的效果是叠加的，因此在完成一次单击或涂抹后，下一次单击或涂抹需要根据画面效果注意避开已涂抹过的部分，避免过度减淡。

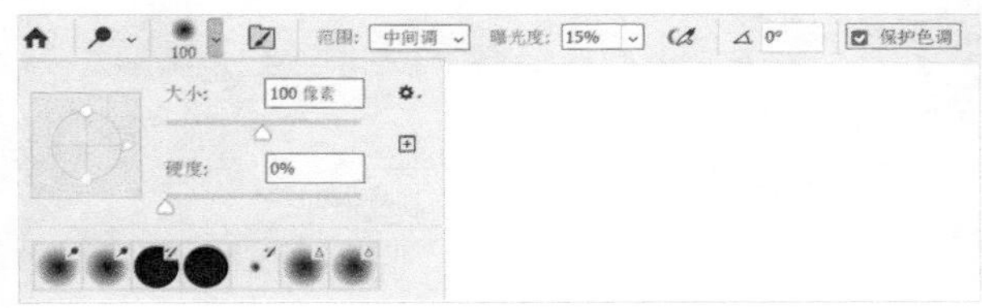

图5-145

图5-146

实战：使用“加深工具”为图标添加阴影

素材文件	素材文件>CH05>15
实例文件	实例文件>CH05>实战：使用“加深工具”为图标添加阴影.psd
教学视频	实战：使用“加深工具”为图标添加阴影.mp4
学习目标	掌握“加深工具”的使用方法

扫码观看视频

使用“加深工具”能够降低局部色彩的明度，呈现出“加深”的效果。可以使用“加深工具”为图标添加一些阴影，以增强其质感。对比效果如图5-147所示。

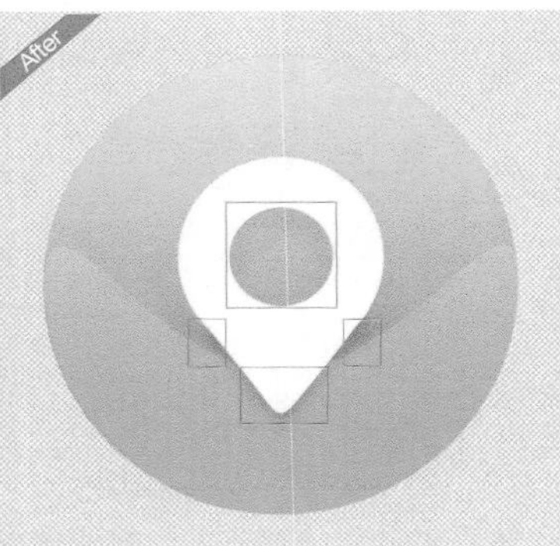

图5-147

01 打开“素材文件>CH05>15”文件夹中的素材文件，将图片放大至300%，复制“圆”图层作为备份，原图层保持锁定状态，如图5-148所示。

图5-148

02 选择“加深工具”，参数设置如图5-149所示。选择“圆 拷贝”图层，单击图标中心及四周区域，为白色图标添加阴影，如图5-150所示。

图5-149

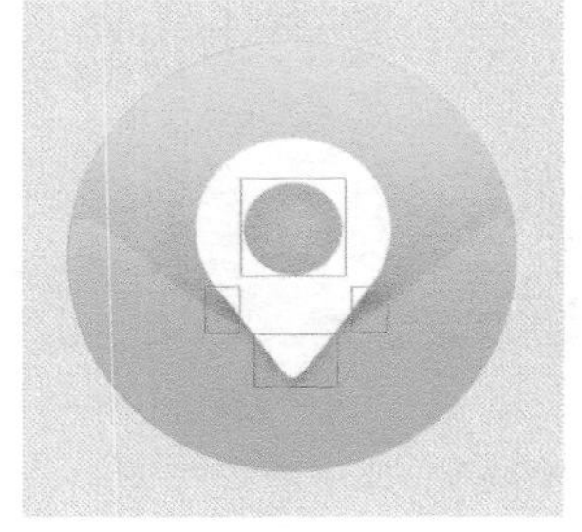

图5-150

> **技巧提示**
>
> 在“减淡工具”和“加深工具”的参数设置中，曝光度越高，效果越明显。如果选择喷枪模式，则按住鼠标左键，在某一处停留时，该处的效果像喷枪一样持续叠加。

实战：使用“海绵工具”彰显人物活力

素材文件	素材文件>CH05>16
实例文件	实例文件>CH05>实战：使用“海绵工具”彰显人物活力.psd
教学视频	实战：使用“海绵工具”彰显人物活力.mp4
学习目标	掌握“海绵工具”的使用方法

扫码观看视频

使用“海绵工具”的“去色”功能可以“吸去”颜色，达到去色效果，其原理是降低局部的色彩饱和度；而“加色”功能则用于增加饱和度。因此，“海绵工具”可以用于调整图片的饱和度分布；而对于某些人像照片，则可以用于彰显人物的个性与气质。对比效果如图5-151所示。

图5-151

操作步骤

01 打开“素材文件>CH05>16”文件夹中的素材文件，复制“背景”图层作为备份，原图层保持锁定状态，如图5-152所示。

02 选择“海绵工具”，参数设置如图5-153所示。小女孩的气质应该是天真烂漫、充满活力的，而图中小女孩的色彩明显偏灰，看起来并不搭配，因此需要为人物增加饱和度。将图层的“不透明度”设置为40%，用“加色”模式下的“海绵工具”涂抹人物，效果如图5-154所示。

图5-152

03 为了使人物主体更突出，将“加色”模式修改为“去色”模式，并涂抹背景，最终效果如图5-155所示。

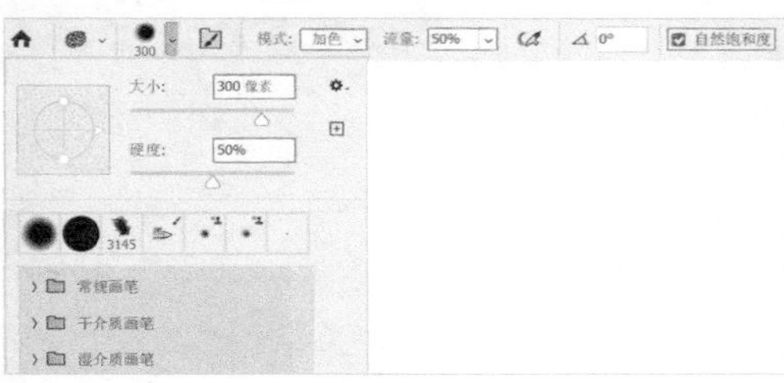

图5-153

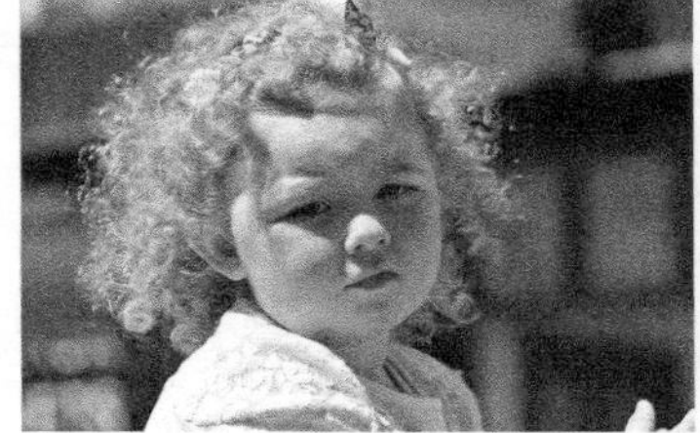

图5-154

图5-155

知识回顾

扫码观看视频

“减淡工具”、“加深工具”、“海绵工具”都是用于对图像局部色彩进行调整的画笔型工具，其操作方式都是直接在画面上单击或涂抹。“减淡工具”用于提高局部明度。“加深工具”用于降低局部明度。“海绵工具”的“加色”功能用于增加局部饱和度，“去色”功能则用于降低局部饱和度。

教学视频： 回顾“减淡/加深/海绵工具”的用法.mp4

工具： 减淡工具组（减淡工具、加深工具、海绵工具）

位置： 工具箱

用途： 局部调整画面色彩。

综合案例：突出古风人像主体

素材文件	素材文件>CH05>17
实例文件	实例文件>CH05>综合案例：突出古风人像主体.psd
教学视频	综合案例：突出古风人像主体.mp4
学习目标	学会综合运用各种工具调节画面的光影、色彩及视觉重点

扫码观看视频

在人像摄影中，环境光线、周围物品的色彩等都可能造成被摄主体不够鲜明突出，可以通过后期调整来突出被摄主体，使观看者的视线落在人物身上。对比效果如图5-156所示。

图5-156

图5-157

01 打开“素材文件>CH05>17”文件夹中的素材文件，如图5-157所示，复制“背景”图层作为备份。

02 分析图片，发现人物主体不突出，且色彩杂乱。下面针对这两个问题分别进行处理。首先，选择“锐化工具”△，对其进行参数设置，对人物面部进行锐化，如图5-158所示。

03 可以发现，锐化过程中出现了杂色，因此使用“污点修复画笔工具”进行弥补，画笔参数设置如图5-159所示。对杂色部分进行涂抹，去除杂色后的效果如图5-160所示。

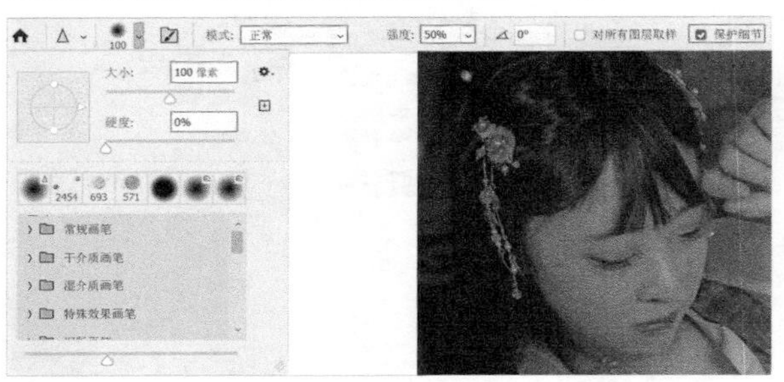

图5-158

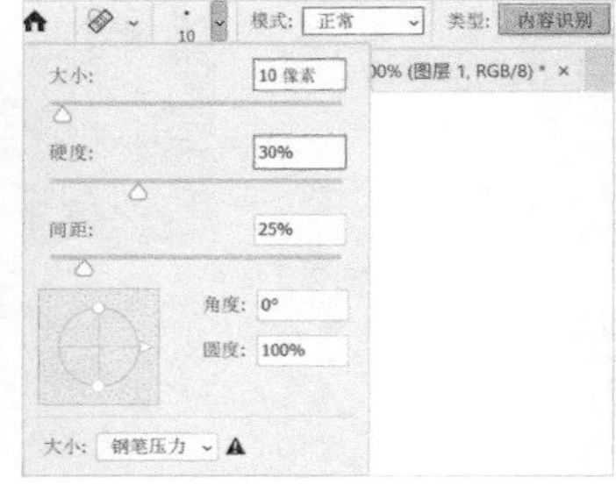

图5-159

图5-160

04 目前人物肤色仍然偏绿，并不好看，可以使用“修复画笔工具”进行修正。画笔参数设置如图5-161所示。以人物左面部的正常肤色为源点，对右面部和下巴进行涂抹，效果如图5-162所示。

05 选择“海绵工具”，选择“去色”模式，具体参数设置如图5-163所示。用“海绵工具”对背景部分色彩进行降低饱和度处理，效果如图5-164所示。

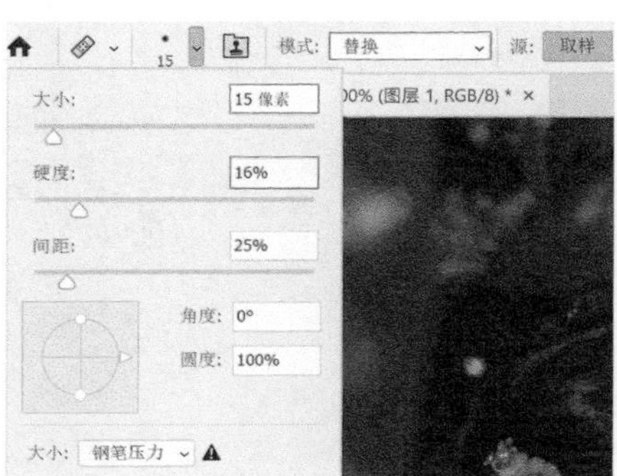

图5-161

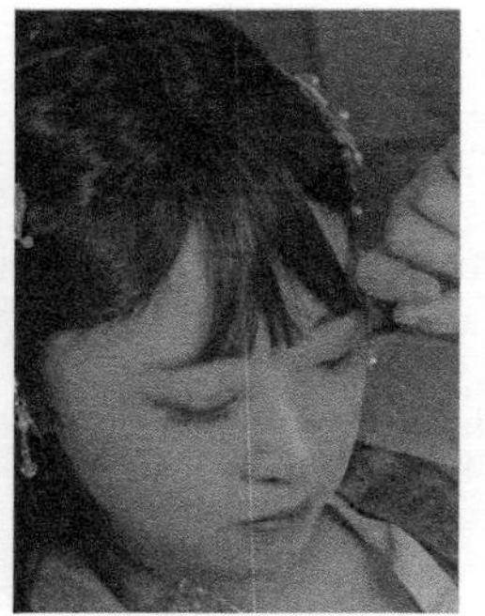

图5-162

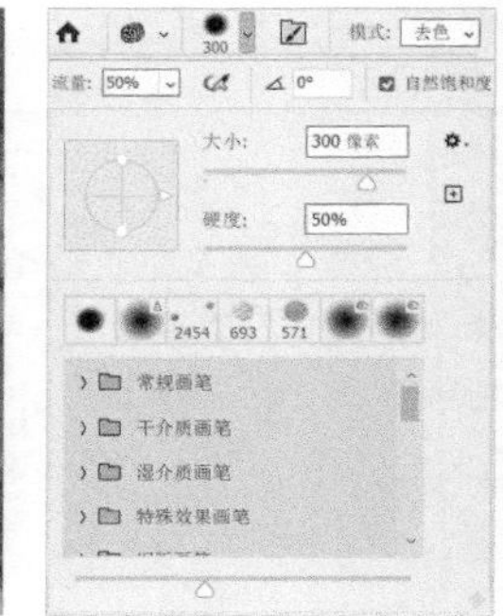

图5-163

图5-164

06 切换至“加色”模式，设置画笔“大小”为50像素，对人物头饰、面颊与唇部进行加色处理，效果如图5-165所示。

07 使用“加深工具”对人物眼部进行加深，以突出五官。参数设置如图5-166所示，最终效果如图5-167所示。

图5-165

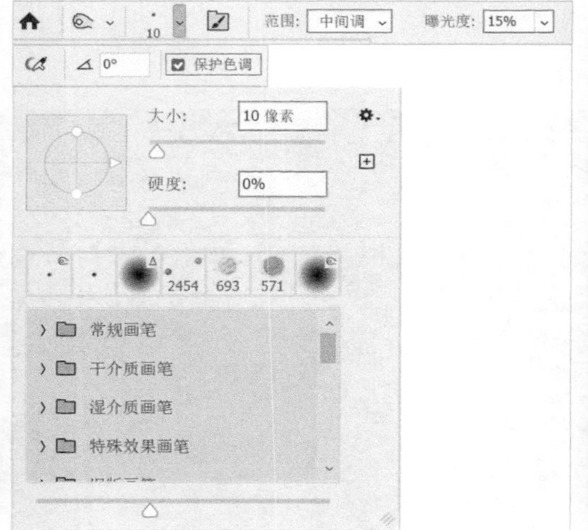

图5-166

图5-167

综合案例：烘托自然风景摄影层次感

素材文件	素材文件>CH05>18
实例文件	实例文件>CH05>综合案例：烘托自然风景摄影层次感.psd
教学视频	综合案例：烘托自然风景摄影层次感.mp4
学习目标	掌握"减淡/加深/海绵工具"的用法

扫码观看视频

对比效果如图5-168所示。

图5-168

01 打开"素材文件>CH05>18"文件夹中的素材文件，如图5-169所示，复制"背景"图层作为备份。

02 选择"减淡工具"，对其进行参数设置。涂抹山丘的亮面和一旁的水面，进行提亮。如图5-170所示。

图5-169

图5-170

03 选择"加深工具"，参数设置如图5-171所示。涂抹山丘的暗面，效果如图5-172所示。

04 调整"加深工具"的"曝光度"为15%，"大小"为200像素，对云层进行涂抹，增强其层次感，效果如图5-173所示。

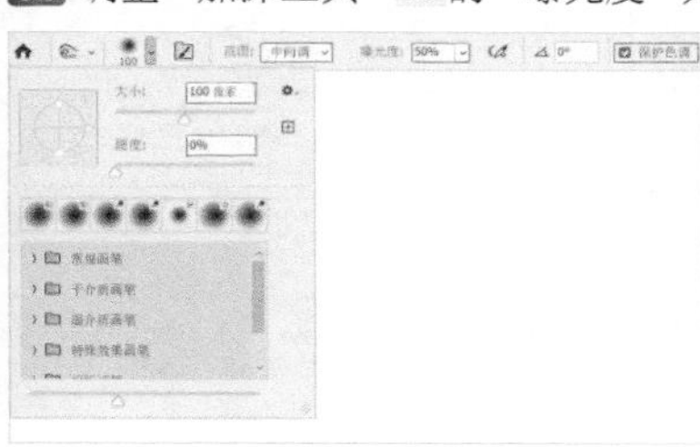

图5-171

图5-172

图5-173

05 选择"海绵工具"，参数设置如图5-174所示。在图5-175所示位置进行涂抹，效果如图5-176所示。

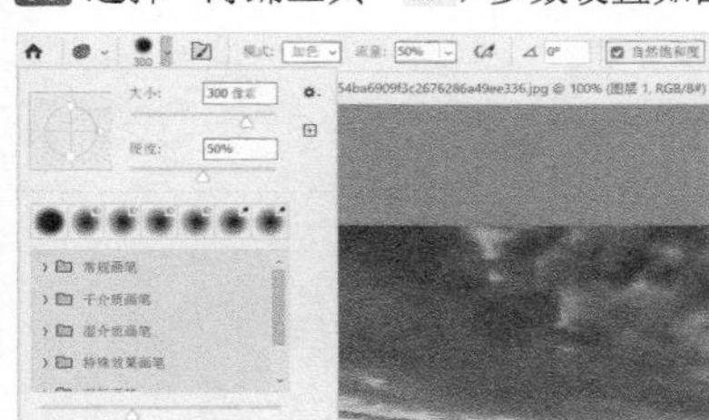

图5-174

图5-175

图5-176

学以致用：人像修饰

素材文件	素材文件>CH05>19
实例文件	实例文件>CH05>学以致用：人像修饰.psd
教学视频	学以致用：人像修饰.mp4
学习目标	能够综合运用各类工具完成基础的人像修饰

人像修饰主要是对双眼、唇纹等进行修饰，然后还需要处理杂发丝，对比效果如图5-177所示。

图5-177

学以致用：制作蒸汽波风格电商Banner

素材文件	素材文件>CH05>20
实例文件	实例文件>CH05>学以致用：制作蒸汽波风格电商Banner.psd
教学视频	学以致用：制作蒸汽波风格电商Banner.mp4
学习目标	能够结合素材和各类工具制作电商Banner

随着青年亚文化的兴起，蒸汽波作为一种设计风格，在电商海报设计中并不少见。效果如图5-178所示。为了方便读者理解制作过程，笔者在这里给出了参考流程效果，如图5-179~图5-181所示。

图5-178

图5-179

图5-180

图5-181

① 技巧提示 + ② 疑难问答 + ◎ 技术专题

第6章

色彩调整

调色是Photoshop的基础功能之一，也是平面设计师必须掌握的技能。本章将重点介绍调色工具和方法，主要包含调整图层、色阶、曲线、曝光度、阴影/高光、饱和度、色彩平衡、黑白等工具或命令。

学习重点

实战：调色命令与调整图层

素材文件	素材文件>CH06>01
实例文件	实例文件>CH06>实战：调色命令与调整图层.psd
教学视频	实战：调色命令与调整图层.mp4
学习目标	掌握调色命令与调整图层的用法

扫码观看视频

Photoshop中的调色主要是指调整图像的明暗及色彩效果，常用的调色命令有“色阶”“曲线”“亮度”“对比度”。在使用调色命令时，通常会改变图像原有的色彩数据，而使用调整图层功能，不但可以为该图层下的所有图层增加一个效果而不改变原图层的状态，而且不会对下方图层造成破坏。

本实战通过使用调色命令与调整图层工具对图像进行修改，从而生成一张炫酷的海报。其原图与效果图如图6-1所示。

图6-1

操作步骤

01 执行“文件>打开”菜单命令，打开“素材文件>CH06>01”文件夹中的素材文件。观察原图，发现图像偏暗且主色调并不突出，为了改善图像，提高图像色彩丰富度和图像亮度，可以执行“图像>调整”菜单命令，在子菜单中找到合适的调色命令，如图6-2所示。

02 上述操作固然可行，但是直接在原图上进行修改会改变原有的图像数据。笔者提倡使用调整图层。在“图层”面板中选中要修改的图层，并单击下方的“创建新的填充或调整图层”按钮，选择具体的修改命令，如图6-3和图6-4所示。

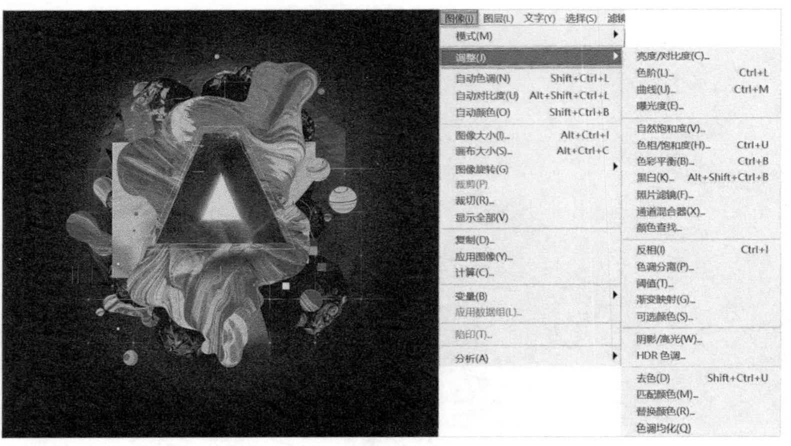

图6-2

图6-3

图6-4

> **技巧提示**
>
> 在添加调整图层之前，建议读者按快捷键Ctrl+J复制一个图层，以保留原图效果。

03 选择“亮度/对比度”命令。由于原图的亮度、对比度都过低，可以适当增大亮度与对比度，将“亮度”设置为30，将“对比度”设置为50，如图6-5所示。

04 由于原图的色彩并不饱满，因此需要优化图像的饱和度。再次单击“创建新的填充或调整图层”按钮，选择“色相/饱和度”命令，适当调整图像的色彩饱和度，这里将“饱和度”设置为+80，如图6-6所示。

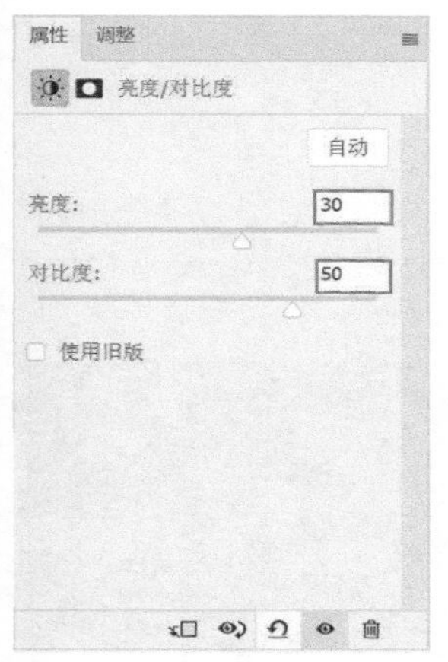

图6-5

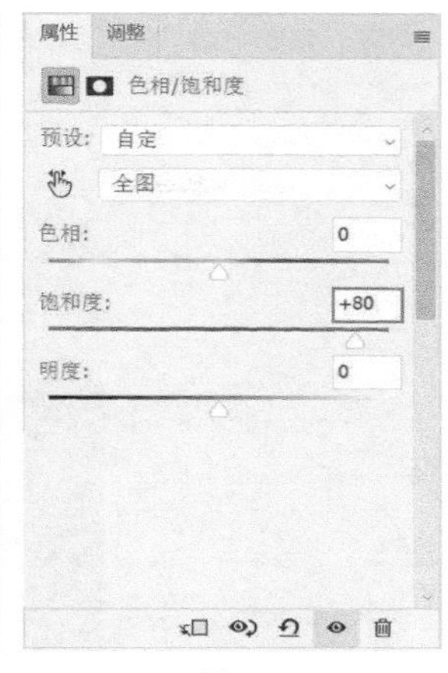

图6-6

05 此时，可以看到图像的色彩已经丰富明亮。如果想进一步调整图像，可以继续调整相关参数。最后，为图像搭配相关文案，即可生成一张炫酷的海报图片，如图6-7所示。

图6-7

知识回顾

色调主要是指照片的明暗效果。常用的色调调整命令有“色阶”“曲线”“亮度/对比度”。这里与大家分享几个命令的快捷键：“色阶”为Ctrl+L，“色彩平衡”为Ctrl+B，“色相/饱和度”为Ctrl+U，“曲线”为Ctrl+M。

扫码观看视频

教学视频： 回顾调色命令与调整图层的用法.mp4

工具/命令： 调色命令与调整图层

位置：“图像>调整”菜单命令，“图层”面板

用途： 画面调色。

操作流程

第1步： 打开Photoshop，导入准备好的图片。

第2步： 执行“图像>调整”菜单命令。

第3步： 使用调色菜单命令对图像进行后期调整。

实战：用色阶功能调整图像

素材文件	素材文件>CH06>02
实例文件	实例文件>CH06>实战：用色阶功能调整图像.psd
教学视频	实战：用色阶功能调整图像.mp4
学习目标	学会用色阶功能调整图像

扫码观看视频

色阶是表示图像亮度强弱的指数标准，也就是色彩指数。在色阶直方图中水平方向从左到右依次为黑场、灰场、白场。垂直方向上的高度代表像素的数量。当黑场数值增大时，画面就会变暗；白场数值增大时，画面就会变亮；调节灰场其实就是调节黑白场比例。

本案例效果对比如图6-8所示。通过原图与效果图的对比，可以发现使用色阶功能调整图像可以使图像中某些颜色更加饱满、突出，这样图像便可以更好地反映出暮色四合的黄昏景色。

图6-8

操作步骤

01 执行“文件>打开”菜单命令，打开“素材文件>CH06>02”文件夹中的素材文件。按快捷键Ctrl+J复制一个图层，单击“创建新的填充或调整图层”按钮，创建“色阶”调整图层，如图6-9所示。

02 接下来调整色阶的参数值。观察原图，发现亮度对比不明显，色彩较为中和。因此需要调整黑、白、灰三个滑块，来增加黑色数值，并增强黑色与白色的对比。将“黑色”设置为10，“灰色”设置为0.90，“白色”设置为240。这样可以增强图像的黑白对比，让图像看起来色彩更加饱和，颜色更加艳丽，如图6-10所示。

图6-9

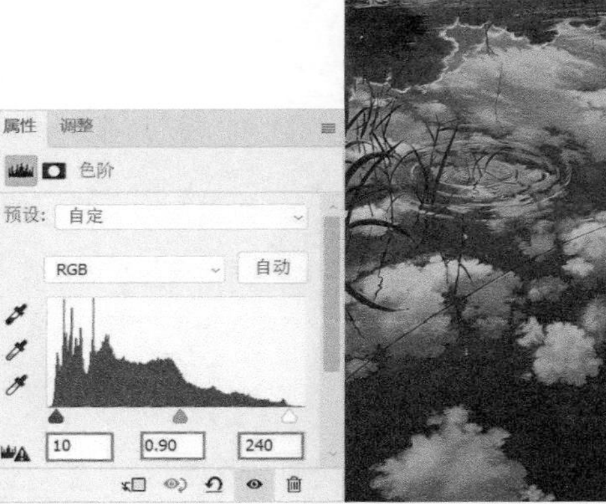

图6-10

技巧提示

调整“色阶”参数时，不仅可以直观地了解图像中的色彩分布，还可以快速地调整图像的明暗及对比度。当然，也可以通过调整其他色彩的参数来完善图像。此外，使用色阶功能时，可在“属性”面板中使用预设的色阶参数，如图6-11所示。

图6-11

知识回顾

扫码观看视频

在Photoshop中，可以通过使用色阶功能调整图像的阴影、中间调和高光的强度级别，从而校正图像的色调范围和色彩平衡。色阶直方图可用作调整图像基本色调的直观参考。在Photoshop中，经常使用色阶功能调整色调范围、颜色，增加图像对比度等。

教学视频： 回顾色阶功能的用法.mp4

工具/命令： 色阶调整图层/调色命令

位置： “图像>调整>色阶”菜单命令，“图层”面板

用途： 用色阶功能调整图像。

操作流程

第1步： 打开Photoshop，导入准备好的图片。

第2步： 执行“图像>调整>色阶”菜单命令。

第3步： 设置对话框中的参数，对图像进行后期调整。

适当调整图像的“色阶”参数，可以快速地优化图像的色彩与明度，如图6-12和图6-13所示。

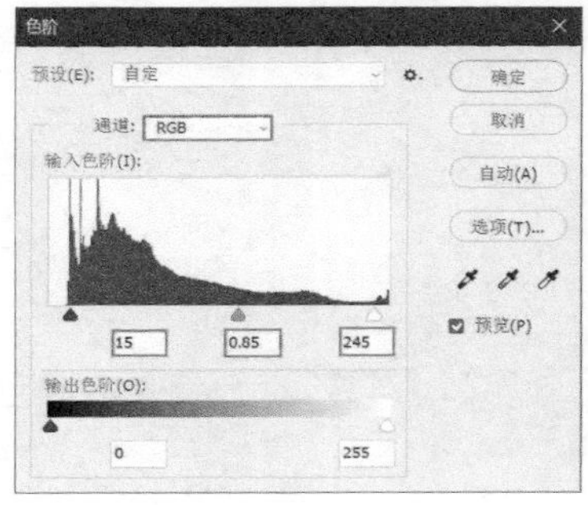

图6-12

图6-13

实战：用曲线功能调整图像

素材文件	素材文件>CH06>03
实例文件	实例文件>CH06>实战：用曲线功能调整图像.psd
教学视频	实战：用曲线功能调整图像.mp4
学习目标	学会用曲线功能调整图像

扫码观看视频

曲线是由红、绿、蓝3个通道的曲线叠加而成的，可以近似地理解成图片的亮度曲线。

曲线调整的原理就是图像亮度的变换。曲线的横轴代表原图的亮度，从左到右依次是0（黑）、1~254的灰色值，以及右侧255的白。曲线的纵轴代表目标图的亮度，从下到上仍然是0~255的亮度值。横轴上还显示着一个直方图，为的是展示出原图各个亮度上分别存在着多少像素。

在曲线上任意取一个点，横轴对应的值即为原图中的亮度，也就是"输入值"。纵轴的数值就是调整后的亮度值，即为"输出值"，所取的这个点被称为锚点。但是上述操作只对一个点进行了修改，如果想对图像中多个点进行修改，就会涉及"线"。选择一个锚点并轻轻拖动，可以发现图像的色彩明暗发生了变化，这就是曲线的效果。

使用曲线调整工具修改图像可以快速、便捷地调整图像中色彩的明亮度，如图6-14所示。

图6-14

操作步骤

01 执行"文件>打开"菜单命令，打开"素材文件>CH06>03"文件夹中的素材文件。观察原图，发现图像整体颜色偏暗，且红色占据颜色主体，其他颜色并不明显，如图6-15所示。下面将重点处理图像的这两个问题。

02 在"图层"面板中单击"创建新的填充或调整图层"按钮，创建"曲线"调整图层。此时会默认为RGB曲线，也就是红、绿、蓝3种颜色的综合曲线。读者可以展开下拉列表并选择"红""绿"或"蓝"选项，从而单独调整某一种颜色，如图6-16所示。

03 展开下拉列表，将曲线设置为"红"，并稍稍将曲线向下拖曳，以降低红色在图像中的亮度，如图6-17所示。

图6-15

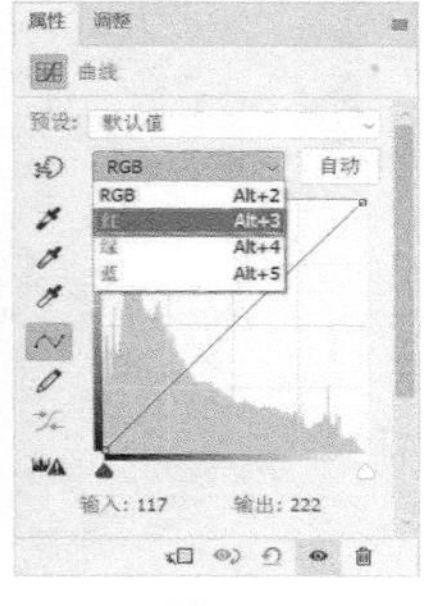

图6-16

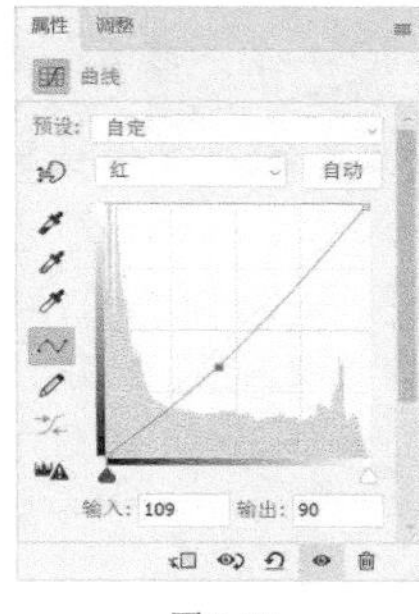

图6-17

04 此时观察图像，可以发现图像中红色的部分不再突出。将曲线调整回RGB模式，处理整体颜色偏暗的问题。选择曲线左下部，也就是直方图中色彩堆积的部分，轻轻向上拖曳曲线，使其微微凸出；选择曲线右上部，将曲线稍稍向下拖曳，从而构造一个S形曲线，以调整图像的色彩和对比度，如图6-18所示。

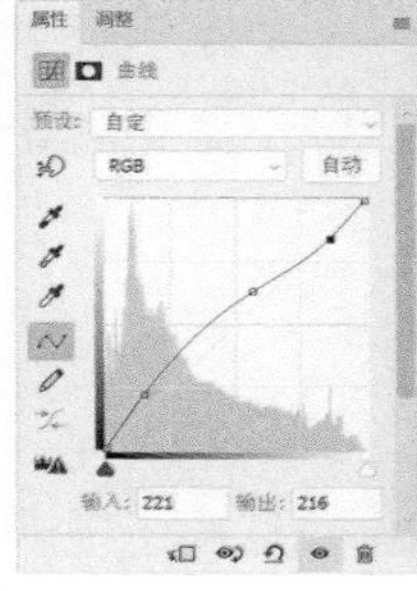

图6-18

技巧提示

通过上述操作，可以明显看出图像得到了改善。此外，也可以直接选择系统的预设曲线，快速对图像进行修改，如图6-19所示。

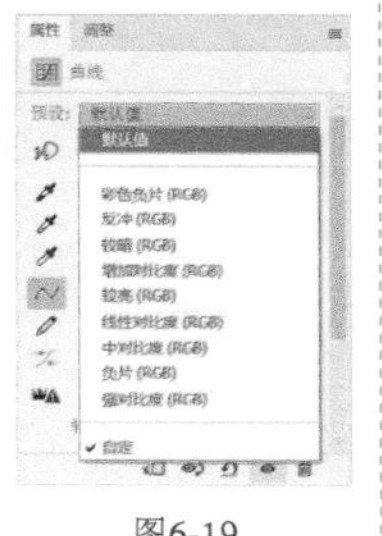

图6-19

知识回顾

扫码观看视频

曲线的横轴代表原图的亮度，从左到右依次是0（黑），1~254的灰色值，以及最右侧255的白。曲线的纵轴代表目标图（调整后）的亮度，从下到上依次是0~255的亮度值。

教学视频： 回顾曲线功能的用法.mp4

工具/命令： 曲线调整图层/调色命令

位置：“图像>调整>曲线”菜单命令，“图层”面板

用途： 用曲线功能调整图像。

操作流程

第1步： 打开Photoshop，导入准备好的图片。

第2步： 执行“图像>调整>曲线”菜单命令。

第3步： 设置对话框中的参数，对图像进行后期调整。

总的来说，曲线调整的原理其实就是原图亮度的变换。为了加深读者的理解，这里以图6-20所示的素材纹理为例，再进行一次演示。

01 当将图片中“白场”部分的曲线调高，“黑场”部分的曲线调低时，图像中白色的亮度将会提升，而黑色部分的亮度将会降低，如图6-21所示。

图6-20

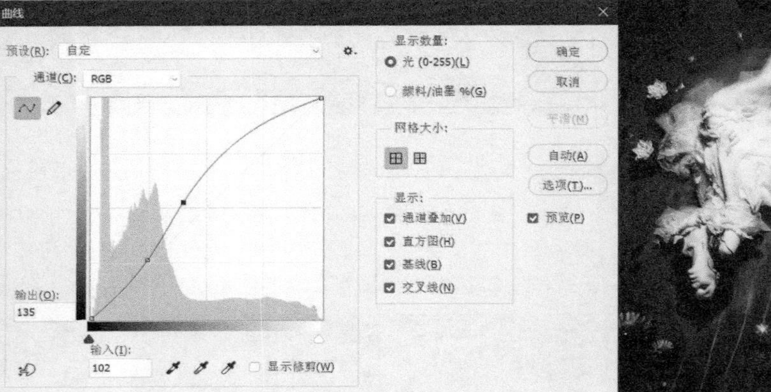

图6-21

02 当将图片中“白场”部分的曲线调低，“黑场”部分的曲线调高时，图像中白色的亮度将会降低，而黑色部分的亮度将会提升，如图6-22和图6-23所示。

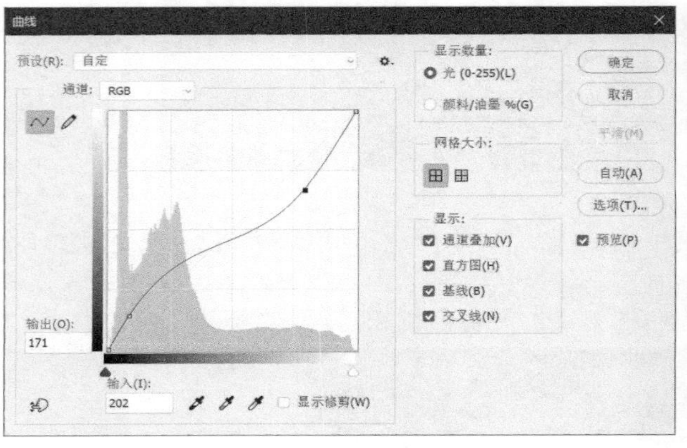

图6-22

图6-23

实战：用曲光度功能调整图像

素材文件	素材文件>CH06>04
实例文件	实例文件>CH06>实战：用曝光度功能调整图像.psd
教学视频	实战：用曝光度功能调整图像.mp4
学习目标	学会用曝光度功能调整图像

扫码观看视频

曝光度是用来控制图片的色调强弱的工具，具体应用在调节图片的光感强弱上，如图6-24所示。通过调整曝光度，可以很好地调整光线与阴影的关系，将原图中模糊的烟雾感转化成光线分明的清晰质感。

图6-24

操作步骤

01 执行“文件>打开”菜单命令，打开“素材文件>CH06>04”文件夹中的素材文件。观察原图，发现由于光线较暗，图片整体偏灰，而且光线与阴影间较为模糊，给人一种朦胧感，如图6-25所示。

02 为了优化图像，使用曝光度调整图像。在“图层”面板中单击“创建新的填充或调整图层”按钮，创建“曝光度”调整图层。在“属性”面板中，通过调整“曝光度”“位移”“灰度系数校正”3个参数来使图像整体亮度提升，尤其是光线部分，要营造出光线照射的氛围。这里将“曝光度”设置为+0.2，将“位移”设置为0，将“灰度系数校正”设置为1.10，如图6-26所示。

03 经过以上调整，图像中的曝光度已经有了明显的优化。如果想继续调整，让颜色区分得更加明显，可以继续调整“曝光图”和“灰度系数校正”，如图6-27所示。

图6-25

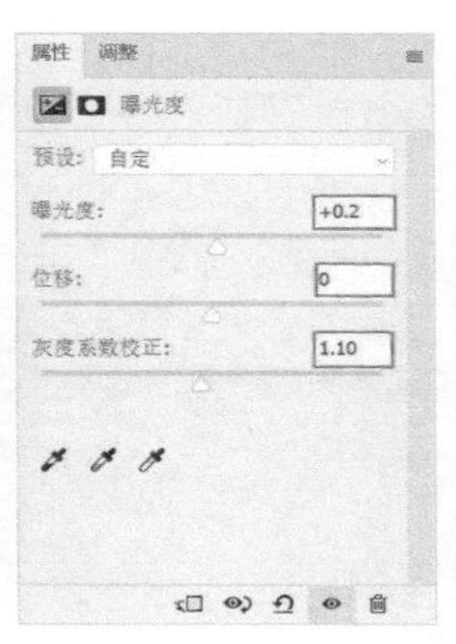

图6-26

图6-27

知识回顾

在Photoshop中，可以简单地将曝光度理解为亮度，通过调节曝光度，可以调节灰度与亮度的关系。如图6-28和图6-29所示，调节曝光度可以表现出夜晚等光线较弱时图像的亮度。

扫码观看视频

教学视频： 回顾曝光度功能的用法.mp4

工具/命令： 曝光度调整图层/调色命令

位置：“图像>调整>曝光度”菜单命令，“图层”面板

用途： 用曝光度功能调整图像。

操作流程

第1步： 打开Photoshop，导入准备好的图片。

第2步： 执行“图像>调整>曝光度”菜单命令。

第3步： 设置对话框中的参数，对图像进行后期调整。

图6-28

图6-29

实战：用阴影/高光功能调整图像

素材文件	素材文件>CH06>05
实例文件	实例文件>CH06>实战：用阴影/高光功能调整图像.psd
教学视频	实战：用阴影/高光功能调整图像.mp4
学习目标	学会用阴影/高光功能调整图像

扫码观看视频

通过调整“阴影/高光”可以修正曝光不足或者曝光过度的图像，还可以丰富图像中的细节，如图6-30所示，可以直观地感受到修改后的图像色彩与细节更加突出了。

图6-30

操作步骤

01 执行“文件>打开”菜单命令，打开“素材文件>CH06>05”文件夹中的素材文件。为了实现效果图中色彩分明的效果，首先需要将图像五等分。在工具箱中选择“切片工具”，然后将图像全部框选，单击鼠标右键，选择“划分切片”命令，将图像垂直划分为5个部分，如图6-31所示。

图6-31

> **技巧提示**
>
> 在工具箱中选择“矩形选框工具”，在图像中选择最左侧的切片，即可对这个切片单独进行处理，且不会影响到其他4个切片。

02 执行“图像>调整>阴影/高光”菜单命令，在弹出的对话框中调整“阴影”“高光”参数。将“阴影数量”调整为100%；将“高光数量”调整为0，如图6-32所示。

03 接下来从左到右依次选择切片，执行“图像>调整>阴影/高光”菜单命令，在弹出的对话框中调整“阴影”“高光”参数。将第2个切片的“阴影数量”调整为75%，“高光数量”调整为25%。以此类推，“阴影数量”递减25%，“高光数量”递增25%，直至最后一个切片的“阴影数量”为0，“高光数量”为100%，如图6-33和图6-34所示。

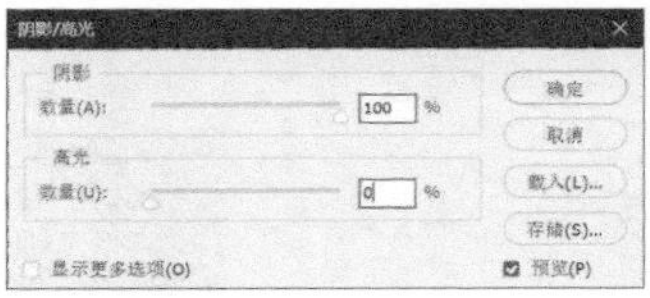

图6-32

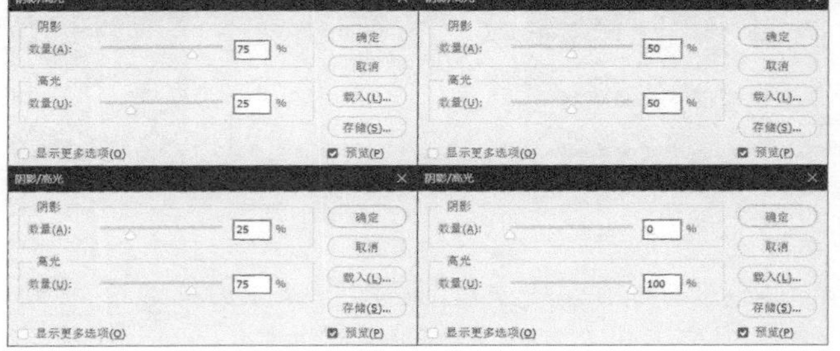

图6-33

图6-34

04 为了营造出不同色调的背景，除了调整阴影/高光，还可以通过调整色彩平衡来呈现不同的色调。选中左侧第2个切片，执行“图像>修改>色彩平衡”菜单命令，将“色阶”设置为（-75，-30，0），即可实现颜色的转变，如图6-35和图6-36所示。

> **技巧提示**
>
> 依次对5个切片进行色彩平衡处理，将色彩设置为自己喜欢的颜色即可。

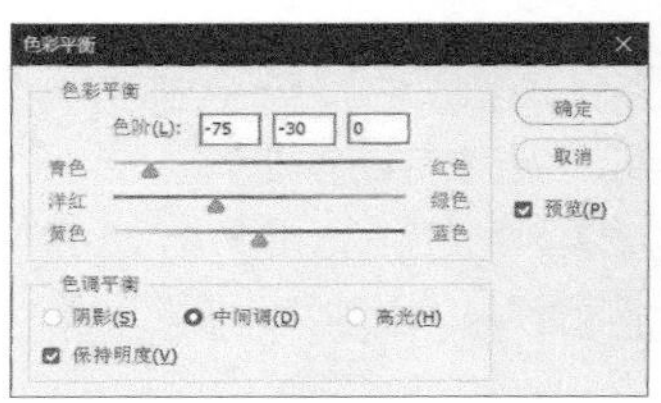

图6-35

图6-36

知识回顾

扫码观看视频

使用“阴影/高光”功能能对曝光不足或曝光过度的照片进行修正。简单来说，阴影数量越多，暗的地方越亮；高光数量越多，亮的地方越暗。此外，“阴影/高光”功能还可以用来优化人物面部，尤其是那些逆光或者光照条件较差的图像。

教学视频： 回顾阴影/高光功能的用法.mp4

命令： 阴影/高光

位置： 图像>调整>阴影/高光

用途： 用阴影/高光功能调整图像。

操作流程

第1步： 打开Photoshop，导入准备好的图片。

第2步： 执行“图像>调整>阴影/高光”菜单命令。

第3步： 设置对话框中的参数，对图像进行后期调整。

实战：用饱和度功能调整图像

素材文件	素材文件>CH06>06
实例文件	实例文件>CH06>实战：用饱和度功能调整图像.psd
教学视频	实战：用饱和度功能调整图像.mp4
学习目标	学会用饱和度功能调整图像

扫码观看视频

在Photoshop中，“自然饱和度”与“色相/饱和度”功能通常一起使用，它们的效果比较相似。

提升饱和度会提升所有颜色的鲜艳程度，这可能导致图像过于饱和，局部细节消失。针对这种情况，可以使用“自然饱和度”工具提升画面中比较柔和的颜色的鲜艳程度，而使原本饱和度适当的颜色保持原状。类似于给照片补光，如图6-37所示。对比原图与效果图，不难看出，通过调整饱和度，图像色彩有了很好的优化，色泽更加鲜艳。

操作步骤

01 执行“文件>打开”菜单命令，打开“素材文件>CH06>06”文件夹中的素材文件。观察原图，发现图像整体偏暗，且色彩饱和度过低（不鲜艳），如图6-38所示。

图6-37

图6-38

02 调整“色相/饱和度”。在“图层”面板中单击“创建新的填充或调整图层”按钮，创建“色相/饱和度”调整图层。将“色相”设置为+12，将“饱和度”设置为+30，将“明度”设置为+10，如图6-39所示。效果如图6-40所示。

03 读者可以把自然饱和度简单地理解为智能饱和度，使用此功能可以有针对性地调整饱和度，从而避免出现“过饱和”的现象。创建“自然饱和度”调整图层，设置“自然饱和度”为+15，“饱和度”为+10，如图6-41所示。此时可以发现，图像中主要色彩的饱和度有明显提升，相较于原图，可以很好地体现出赛博朋克风的城市景色，如图6-42所示。

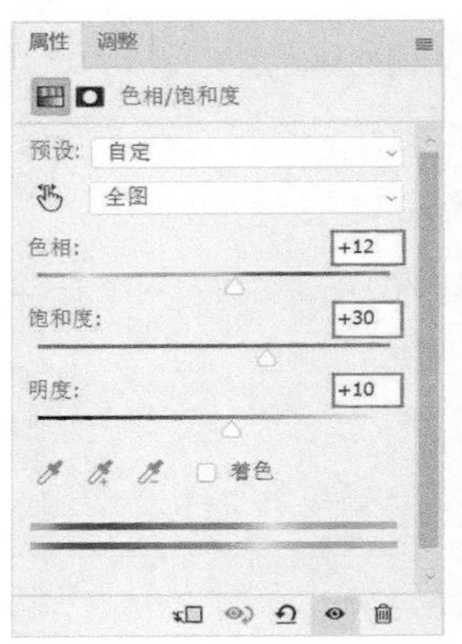

图6-39

图6-40

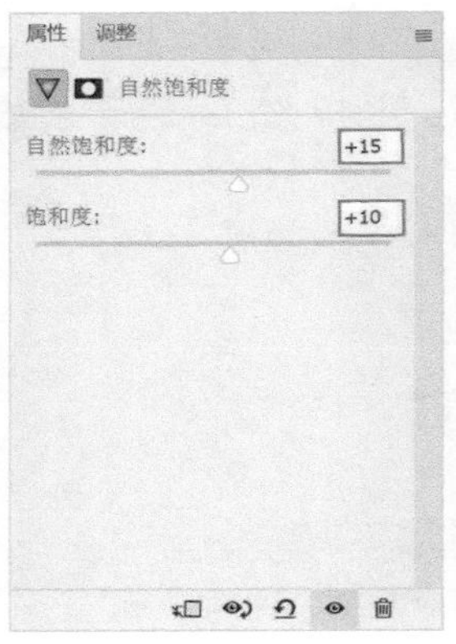

图6-41

图6-42

☞ 知识回顾

饱和度是指色彩的鲜艳程度。调整饱和度实际上就是给图片增加灰色或者减少灰色。此外，改变饱和度不会改变色彩的亮度，只是调整红、绿、蓝3种颜色的比例。

扫码观看视频

教学视频： 回顾饱和度功能的用法.mp4

工具/命令： 饱和度调整图层/调色命令

位置： “图像>调整”菜单命令，“图层”面板

用途： 用饱和度功能调整图像。

操作流程

第1步： 打开Photoshop，导入准备好的图片。

第2步： 执行“图像>调整>色相/饱和度”菜单命令。

第3步： 设置对话框中的参数，对图像进行后期调整。

图6-43~图6-45分别展示了原图，“饱和度”为-50，以及“饱和度”为50的图像。可以直观地看出颜色的鲜艳程度差异。

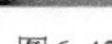

图6-43

图6-44

图6-45

实战：用色彩平衡功能调整图像

素材文件	素材文件>CH06>07
实例文件	实例文件>CH06>实战：用色彩平衡功能调整图像.psd
教学视频	实战：用色彩平衡功能调整图像.mp4
学习目标	学会用色彩平衡功能调整图像

扫码观看视频

“色彩平衡”工具有3项色彩参数，即光学三原色：红、绿、蓝。其他3种颜色“洋红、黄、青”是三原色的补色。除此之外，在“色调平衡”选项组中，可以选择“阴影”、“中间调”和“高光”单选项，根据需要调整照片不同区域光影的色彩。使用“色彩平衡”工具可以对图像中的光效进行替换，将以青色、橙色为主题的原图修改为以蓝色、红色为主题的效果图，让图像更好地展示出来，如图6-46所示。

图6-46

操作步骤

01 执行"文件>打开"菜单命令，打开"素材文件>CH06>07"文件夹中的素材文件，如图6-47所示。观察原图，图像的主要色调为青色与橙色，为达到夜晚霓虹灯的效果，尝试将主要色调设置为红色与蓝色。

02 在"图层"面板中单击"创建新的填充或调整图层"按钮，创建"色彩平衡"调整图层。在"属性"面板中，"色调"默认为"中间调"，适当地调整"青色""洋红""黄色"这3个参数，设置"青色"为+60，"洋红"为-20，"黄色"为+30，直至图像呈现出红色、蓝色的主色调，如图6-48和图6-49所示。

图6-47

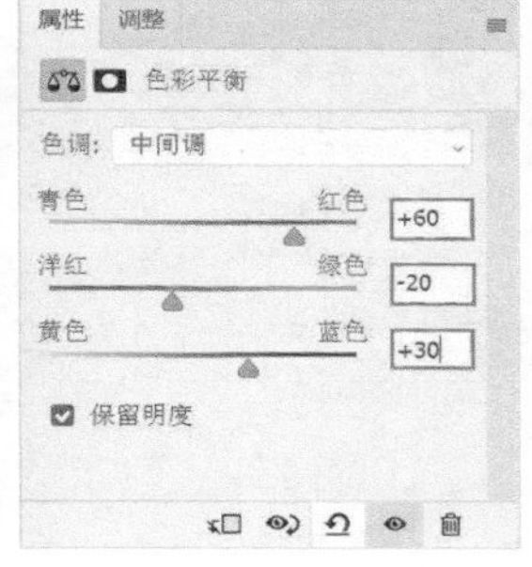

图6-48

图6-49

03 此时图像中的颜色已经有所调整，但是可以发现，图像左上角与右上角两处高光部分并不突出。为了优化图像的光影质感，可以将"色调"设置为"高光"，以调整图像中高光部分的色调。设置"青色"为+14，"洋红"为+23，"黄色"为-13，如图6-50所示。此时图像基本修改完毕。当然，读者可以根据自己的喜好调整图像的色调，如图6-51和图6-52所示。

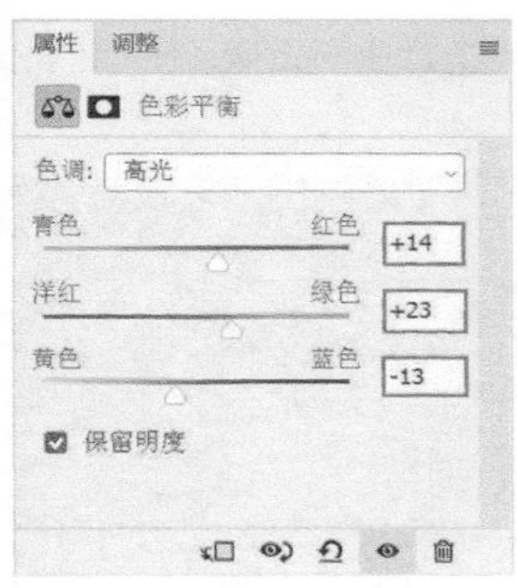

图6-50

图6-51

图6-52

技巧提示

在Photoshop中，许多效果的实现并非依靠单一的方法或者功能。使用“通道混合器”工具也可以实现相同的效果，如图6-53所示。

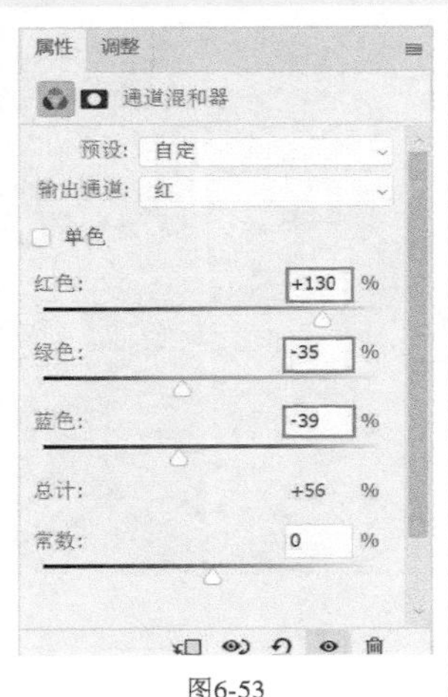

图6-53

知识回顾

扫码观看视频

“色彩平衡”工具有3项色彩参数，即光学三原色：红、绿和蓝，剩余3种颜色为洋红、黄、青，它们是三原色的补色，通过调整这3项参数可以完成对图像色彩的调整。

教学视频： 回顾色彩平衡功能的用法.mp4

工具/命令： 色彩平衡调整图层/调色命令

位置：“图像>调整>色彩平衡”菜单命令，“图层”面板

用途： 用色彩平衡功能调整图像。

操作流程

第1步： 打开Photoshop，导入准备好的图片。

第2步： 执行“图像>调整>色彩平衡”菜单命令。

第3步： 设置对话框中的参数，对图像进行后期调整。

图6-54~图6-56所示为用“色彩平衡”工具调整后的图像。

图6-54

图6-55

图6-56

实战：用黑白功能调整图像

素材文件	素材文件>CH06>08
实例文件	实例文件>CH06>实战：用黑白功能调整图像.psd
教学视频	实战：用黑白功能调整图像.mp4
学习目标	学会用黑白功能调整图像

扫码观看视频

将图像设置为黑白模式可以省去图像中的色彩信息，并将其转化为黑白明暗的表现形式，从而突出图像的特点与风格，如图6-57所示。

操作步骤

01 执行“文件>打开”菜单命令，打开“素材文件>CH06>08”文件夹中的素材文件，如图6-58所示。在“图层”面板中单击“创建新的填充或调整图层”按钮，创建“黑白”调整图层。在“属性”面板中，可以使用默认的黑白调整参数。例如，选择“预设”中的“较亮”，系统会自动将图像转换为黑白模式，如图6-59所示。

图6-57

图6-58

图6-59

02 除此之外，读者也可以根据自己的需要调整下方的参数，如图6-60所示。设置“预设”为“默认值”，并设置“红色”为70，“黄色”为54，“绿色”为-89，同样可以达到上述的效果。

图6-60

知识回顾

扫码观看视频

教学视频： 回顾黑白功能的用法.mp4

工具/命令： 黑白调整图层/调色命令

位置：“图像>调整>黑白”菜单命令，“图层”面板

用途： 用黑白功能调整图像。

操作流程

第1步： 打开Photoshop，导入准备好的图片。

第2步： 执行“图像>调整>黑白”菜单命令。

第3步： 设置对话框中的参数，对图像进行后期调整。

除了转换为黑白图像，还可以创建单一色调的图像。在“属性”面板中勾选“色调”复选框，并选择一个色调，图像将会以这种色调为基础呈现颜色。任意选择一个色调，设置“红色”为70，“黄色”为54，“绿色”为-89，如图6-61所示，即可让图像表现出老照片的质感，如图6-62所示。

图6-61

图6-62

实战：用颜色查找功能调整图像

素材文件	素材文件>CH06>09
实例文件	实例文件>CH06>实战：用颜色查找功能调整图像.psd
教学视频	实战：用颜色查找功能调整图像.mp4
学习目标	学会用颜色查找功能调整图像

扫码观看视频

什么是“颜色查找”功能？简单来讲，就是系统中有许多预设的颜色滤镜，通过查找并使用这些滤镜，可以快速地编辑优化图像，甚至转换为一个全新的风格，图6-63所示为使用“颜色查找”功能将一艘帆船修改为大航海时代的海盗船。

图6-63

操作步骤

01 执行“文件>打开”菜单命令，打开“素材文件>CH06>09”文件夹中的09.png素材文件。在“图层”面板中单击“创建新的填充或调整图层”按钮，创建“颜色查找”调整图层。在“属性”面板的“3DLUT文件”下拉菜单中选择需要的预设滤镜，当然，读者也可以选择载入已有的配置文件，如图6-64所示。

这里选择“FallColors.look”文件，如图6-65所示。此时可以发现，图像的颜色质感有了明显的变化，如图6-66所示。

图6-64

图6-65

图6-66

02 在图像的空白处添加文字，如图6-67所示。接下来导入“11.jpg”文件并调整位置，使其位于文字图像的正上方，如图6-68所示。

03 此时在“图层”面板中选中“11.jpg”对应的图层，并执行“图层>创建剪贴蒙版”菜单命令，即可自动完成剪贴蒙版，为文字上色，如图6-69和图6-70所示。

04 将海盗Logo添加至图像中，如图6-71所示。此外，还可以用“查找颜色”功能中的颜色滤镜为图像上色，如图6-72所示。

AGE OF WIND

图6-67

图6-68

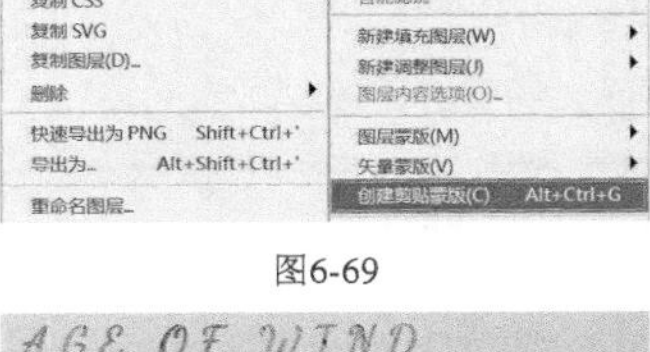

图6-69

AGE OF WIND
TO THE NEW WORLD

图6-70

图6-71

图6-72

☞ 知识回顾

“颜色查找”功能较为简单，只需找到合适的预设文件即可。这里建议大家多尝试，对比之后再决定使用哪一个预设文件。

扫码观看视频

教学视频： 回顾颜色查找功能的用法.mp4

工具/命令： 颜色查找调整图层/调色命令

位置：“图像>调整>颜色查找”菜单命令，“图层”面板

用途： 用颜色查找功能调整图像。

操作流程

第1步： 打开Photoshop，导入准备好的图片。

第2步： 执行“图像>调整>颜色查找”菜单命令。

第3步： 设置对话框中的参数，对图像进行后期调整。

实战：用反相功能调整图像

素材文件	素材文件>CH06>10
实例文件	实例文件>CH06>实战：用反相功能调整图像.psd
教学视频	实战：用反相功能调整图像.mp4
学习目标	学会用反相功能调整图像

扫码观看视频

“反相”可以简单理解为一个像素或整张图像的反相颜色，也就是用225减去原图的RGB数值。用“反相”工具可以快速转换图像颜色，如图6-73所示。

操作步骤

01 执行“文件>打开”菜单命令，打开“素材文件>CH06>10”文件夹中的素材文件。图像中的蛋糕除鲜花外再无其他装饰，可以为其添加一些花纹，如图6-74所示。

图6-73

图6-74

02 将装饰素材导入Photoshop中，执行“图像>调整>反相”菜单命令，即可将图像反相处理，如图6-75所示。可以发现，使用“反相”功能后，图像中原本较暗的颜色（如黑色）转换成了较亮的颜色（如白色）。

03 将反色后的纹理图像置于蛋糕图层之上，将混合模式设置为“柔光”，并在“图层”面板中将反色后的图层调整到顶层即可，如图6-76所示。

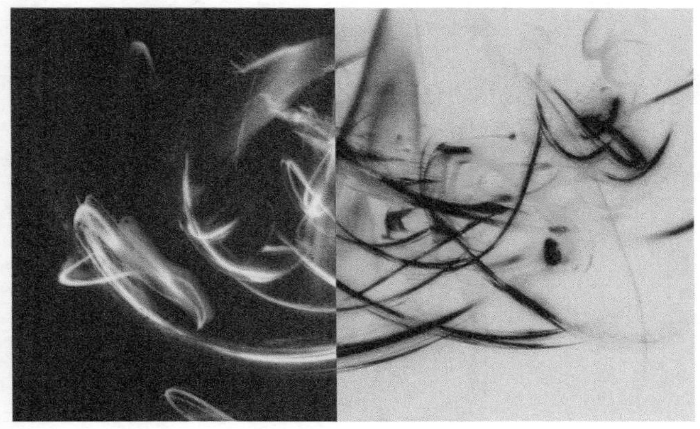

图6-75

图6-76

知识回顾

反相就是将图片的颜色变成相反颜色的一种处理方式，如图6-77所示。

教学视频： 回顾反相功能的用法.mp4

工具/命令： 反相调整图层/调色命令

位置：“图像>调整>反相”菜单命令，“图层”面板

用途： 用反相功能调整图像。

扫码观看视频

操作流程

第1步： 打开Photoshop，导入准备好的图片。

第2步： 执行“图像>调整>反相”菜单命令。

第3步： 设置对话框中的参数，对图像进行后期调整。

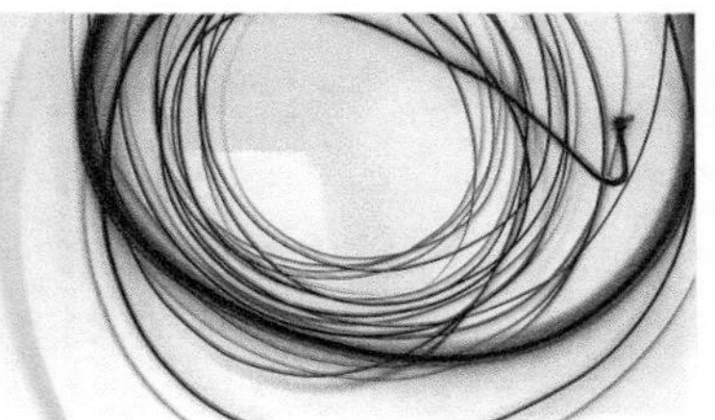

图6-77

实战：用色调分离功能调整图像

素材文件	素材文件>CH06>11
实例文件	实例文件>CH06>实战：用色调分离功能调整图像.psd
教学视频	实战：用色调分离功能调整图像.mp4
学习目标	学会用色调分离功能调整图像

扫码观看视频

使用“色调分离”功能可以制作分色效果，使图像呈现出油画、水彩画等不同风格。使用“色调分离”功能快速让图片表现出油画质感，如图6-78所示。

操作步骤

01 执行“文件>打开”菜单命令，打开“素材文件>CH06>11”文件夹中的素材文件，如图6-79所示。

02 执行“图像>调整>色调分离”菜单命令，在弹出的对话框中设置“色阶”为5。接下来可以发现，图像的清晰度发生了变化，尤其是高光的地方变得模糊，从而增强了油画质感，如图6-80所示。

图6-78

图6-79

图6-80

技巧提示

读者可以为海报搭配文案，使用文字工具在图像中合适的位置添加文字即可。

知识回顾

扫码观看视频

教学视频： 回顾色调分离功能的用法.mp4

工具/命令： 色调分离调整图层/调色命令

位置：“图像>调整>色调分离”菜单命令，“图层”面板

用途： 用色调分离功能调整图像。

操作流程

第1步： 打开Photoshop，导入准备好的图片。

第2步： 执行“图像>调整>色调分离”菜单命令。

第3步： 设置对话框中的参数，对图像进行后期调整。

一幅图像原本是由相邻的渐变色阶构成的。“色调分离”指的是图像中的像素被其他突然的颜色转变所代替。也可以理解为每个像素都变成了周围像素的颜色，从而造成了颜色种类的急剧减少，最终只剩下集中的主要色彩。下面分别展示“色调分离”中“色阶”为5、10时与原图的对比效果，如图6-81~图6-83所示。

图6-81

图6-82

图6-83

实战：用可选颜色功能调整图像

素材文件	素材文件>CH06>12
实例文件	实例文件>CH06>实战：用可选颜色功能调整图像.psd
教学视频	实战：用可选颜色功能调整图像.mp4
学习目标	学会用可选颜色功能调整图像

扫码观看视频

“可选颜色”可以简单地理解为针对某一种颜色单独进行修改，如图6-84所示。

操作步骤

01 执行“文件>打开”菜单命令，打开“素材文件>CH06>12”文件夹中的素材文件，如图6-85所示。

图6-84

图6-85

> **技巧提示**
>
> 观察原图，可发现图像中色彩的饱和度较低，且只有蓝色、橘色两种主要颜色。下面对图像进行修改。

02 单击“创建新的填充或调整图层”按钮，创建“可选颜色”调整图层，首先对红色进行调整。设置“颜色”为“红色”，设置“青色”为-20%，“洋红”为+50%，“黄色”为-30%，“黑色”为-20%，如图6-86所示。

03 将“颜色”切换至“青色”，设置“青色”为+50%，“洋红”为+30%，“黄色”为-30%，“黑色”为-10%，如图6-87所示。

图6-86

图6-87

> **技巧提示**
>
> 图像中青色和橙色的亮度与饱和度均有明显的提升，整幅图充满了科幻的感觉。一般来说，对2~3个主要颜色进行调整后图像即可呈现出理想效果，最后再搭配一些文案即可。

知识回顾

使用“可选颜色”工具能够实现精准的效果调整，甚至能对RGB值进行像素级修改。将红墙灰瓦的宫廷建筑更改为其他色彩，如图6-88所示。

扫码观看视频

教学视频： 回顾可选颜色功能的用法.mp4

工具/命令： 可选颜色调整图层/调色命令

位置：“图像>调整>可选颜色”菜单命令，“图层”面板

用途：用可选颜色功能调整图像。

操作步骤

第1步：打开Photoshop，导入准备好的图片。

第2步：执行“图像>调整>可选颜色”菜单命令。

第3步：设置对话框中的参数，对图像进行后期调整。

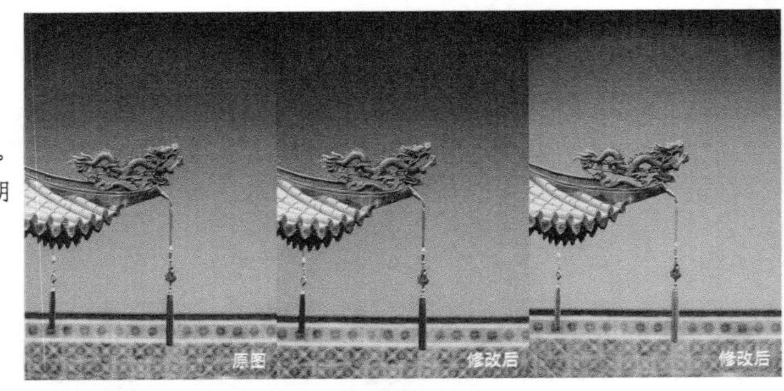

图6-88

实战：用渐变映射功能调整图像

素材文件	素材文件>CH06>13
实例文件	实例文件>CH06>实战：用渐变映射功能调整图像.psd
教学视频	实战：用渐变映射功能调整图像.mp4
学习目标	学会用渐变映射功能调整图像

扫码观看视频

使用“渐变映射”功能可以为图层添加一个渐变的蒙版，将图像的主体色更换为渐变色，从而实现图像的整体颜色修改，如图6-89所示。

操作步骤

01 执行“文件>打开”菜单命令，打开“素材文件>CH06>13”文件夹中的素材文件，如图6-90所示。原图是以深蓝色和金色为主的商务风格，笔者想将其修改为粉色的青春风格。

02 单击“创建新的填充或调整图层”按钮，创建“渐变映射”调整图层。在粉色渐变模板中挑选一个合适的渐变映射，即可完成渐变映射效果的添加，如图6-91所示。

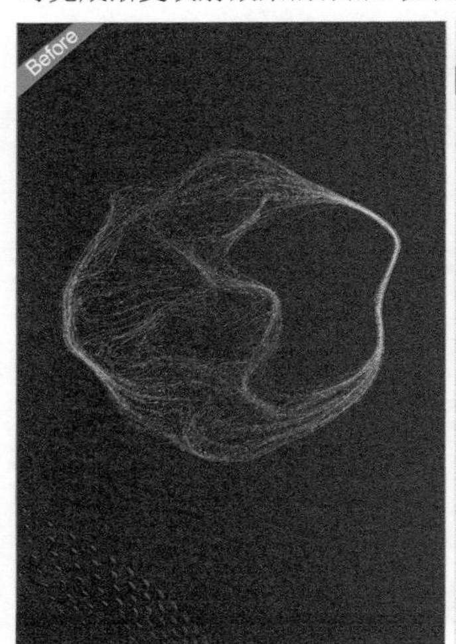

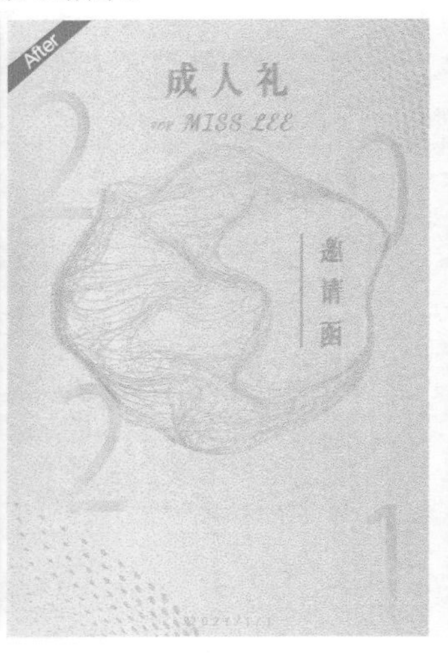

图6-89

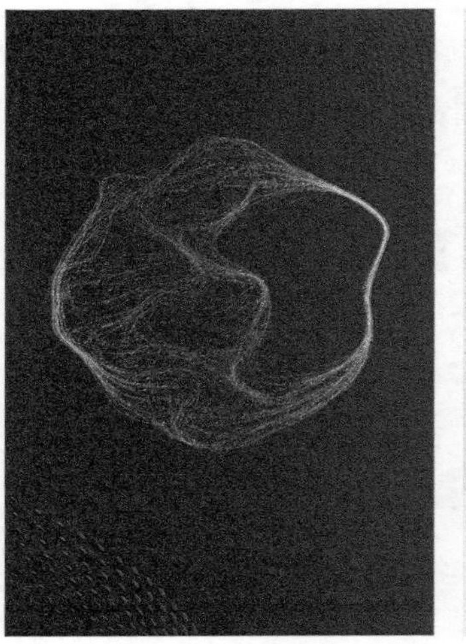

图6-90

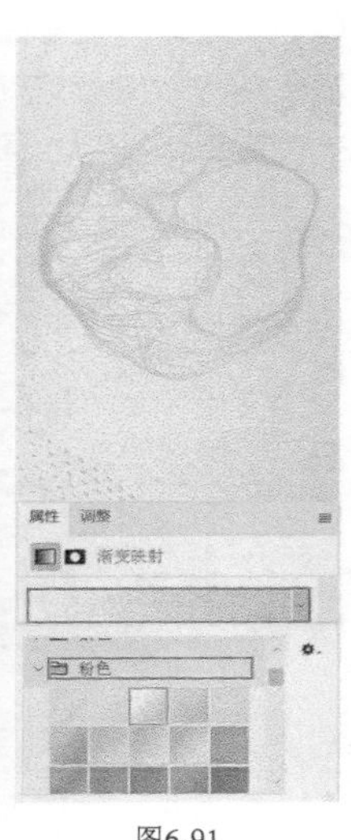

图6-91

> **技巧提示**
>
> 在添加完渐变映射效果之后，还可以为海报添加一些文字元素。

知识回顾

扫码观看视频

“渐变映射”的原理很简单，首先将照片变成黑白模式。“渐变映射”中有一个渐变颜色条，这个渐变颜色条从左到右依次对应的是照片的暗部、中间调和高光区域，可为图像“二次上色”。如果在渐变颜色条上填充两种颜色，那么靠近左边的颜色是照片暗部的颜色，靠近右边的颜色是照片高光的颜色，而中间过渡区域则是中间调的颜色。

教学视频： 回顾渐变映射功能的用法.mp4

工具/命令： 渐变映射调整图层/调色命令

位置： “图像>调整>渐变映射”菜单命令，“图层”面板

用途： 用渐变映射功能调整图像。

操作流程

第1步： 打开Photoshop，导入准备好的图片。

第2步： 执行“图像>调整>渐变映射”菜单命令。

第3步： 设置对话框中的参数，对图像进行后期调整。

实战：用HDR色调功能调整图像

素材文件	素材文件>CH06>14
实例文件	实例文件>CH06>实战：用HDR色调功能调整图像.psd
教学视频	实战：用HDR色调功能调整图像.mp4
学习目标	学会用HDR色调功能调整图像

扫码观看视频

HDR的全称是High Dynamic Range，即高动态范围。利用“HDR色调”功能可以渲染出更加真实的3D场景。简单来说，HDR效果主要有3个特点：亮的部分非常亮；暗的部分非常暗；亮暗部的细节都很明显，如图6-92所示。使用“HDR色调”功能调整后的图像可以表现出明暗分明的科技感。

操作步骤

01 执行“文件>打开”菜单命令，打开“素材文件>CH06>14”文件夹中的素材文件，如图6-93所示。

图6-92

图6-93

02 执行“图像>调整>HDR色调”菜单命令。这里适当修改“HDR色调”对话框中的参数，设置“半径”为217像素，“强度”为0.50，“曝光度”为+0.20，“细节”为+30%，“阴影”为-45%，“高光”为-5%，“自然饱和度”为+30%，“饱和度”为+20%，以此来凸显图像中白色、红色的亮度，并营造出边缘的阴暗气氛，如图6-94所示。

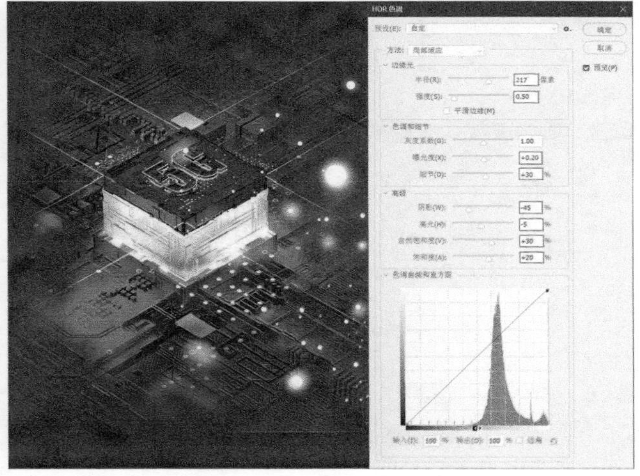

图6-94

技巧提示

如果认为效果不合适，可以尝试在“HDR色调”对话框的“预设”下拉菜单中选择系统预设的HDR色调类型。如图6-95所示。

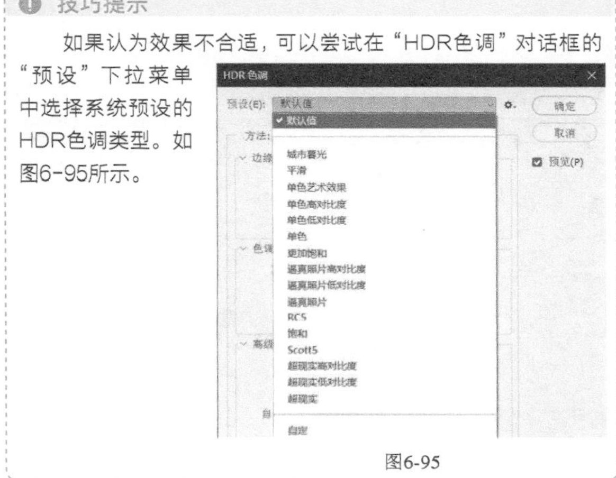

图6-95

知识回顾

使用"HDR色调"功能可以渲染出更加真实的3D场景，如图6-96所示，图像中的细节更加丰富，色彩更加饱满。

教学视频： 回顾HDR色调功能的用法.mp4

命令： HDR色调

位置： 图像>调整>HDR色调

用途： 用HDR色调功能调整图像。

操作流程

第1步： 打开Photoshop，导入准备好的图片。

第2步： 执行"图像>调整>HDR色调"菜单命令。

第3步： 设置对话框中的参数，对图像进行后期调整。

扫码观看视频

图6-96

实战：用匹配颜色功能调整图像

素材文件	素材文件>CH06>15
实例文件	实例文件>CH06>实战：用匹配颜色功能调整图像.psd
教学视频	实战：用匹配颜色功能调整图像.mp4
学习目标	学会用匹配颜色功能调整图像

扫码观看视频

使用"匹配颜色"功能可以快速地将两张图像的颜色融合，或者将一张图像的色彩应用到另一张图像中，如图6-97所示。

操作步骤

01 执行"文件>打开"菜单命令，打开"素材文件>CH06>15"文件夹中的素材文件，如图6-98所示。

图6-97

图6-98

02 为了更好地与背景图像相匹配，可以先将图像模糊化处理。执行"滤镜>模糊>表面模糊"菜单命令，设置"半径"为55像素，"阈值"为40色阶，将原图模糊处理，如图6-99所示。

03 执行"图像>调整>匹配颜色"菜单命令，设置"源"为"匹配颜色.psd"，然后勾选"中和"复选框，设置"明亮度"为120，"颜色强度"为120，"渐隐"为30，如图6-100所示。对比效果如图6-101所示。

图6-99

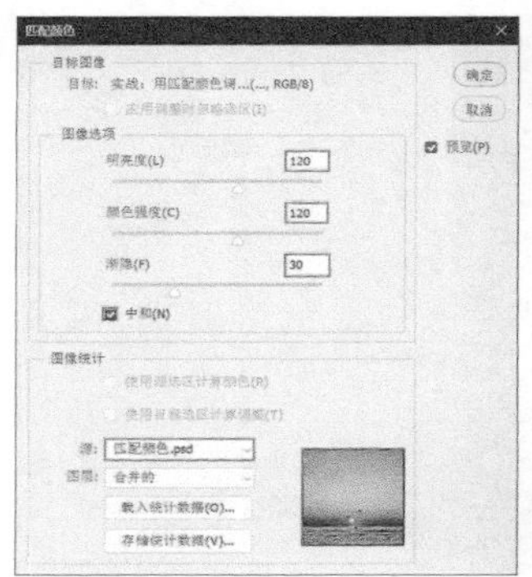

图6-100

图6-101

04 目前原图与效果图有明显的差异，图像的亮度和整体色彩有了很大的优化。此时，如果觉得图像的色调与亮度偏低，可以适当调整"曲线"，来优化图像的亮度与色调，如图6-102所示。

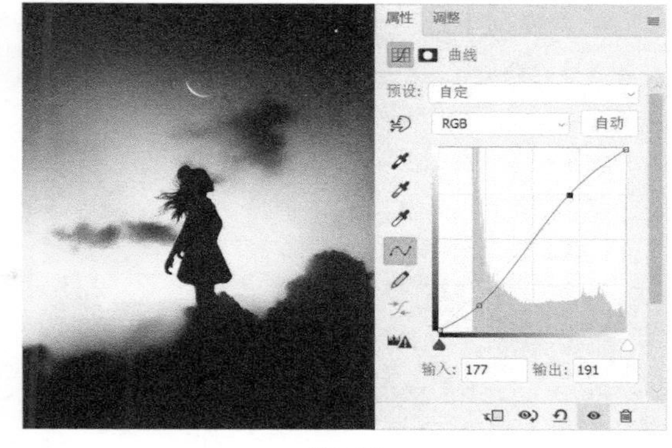

图6-102

知识回顾

"匹配颜色"命令用于匹配多个图像之间、多个图层之间或者多个选区之间的颜色。可以通过更改亮度、色彩范围及中和色痕来调整图像中的颜色。注意，"匹配颜色"命令仅适用于RGB模式。

使用"匹配颜色"命令可以将一个图像（原图像）中的颜色与另一个图像（目标图像）中的颜色相匹配。想使不同图像中的颜色保持一致，或者一个图像中的某些颜色（如肤色）必须与另一个图像中的颜色匹配时，"匹配颜色"功能就发挥出了它的作用。除了用于匹配两个图像之间的颜色，"匹配颜色"功能还可以用来匹配同一个图像中不同图层之间的颜色。

教学视频： 回顾匹配颜色功能的用法.mp4

命令： 匹配颜色

位置： 图像>调整>匹配颜色

用途： 用匹配颜色功能调整图像。

操作流程

第1步： 打开Photoshop，导入准备好的图片。

第2步： 执行"图像>调整>匹配颜色"菜单命令。

第3步： 设置对话框中的参数，对图像进行后期调整。

实战：用色调均化功能调整图像

素材文件	素材文件>CH06>16
实例文件	实例文件>CH06>实战：用色调均化功能调整图像.psd
教学视频	实战：用色调均化功能调整图像.mp4
学习目标	学会用色调均化功能调整图像

"色调均化"功能用于重新分布图像中的亮度值，以便均匀地呈现出所有范围的亮度，如图6-103所示。由于原图整体色调偏暗，而且没有突出的主题色彩，因此接下来尝试使用"色调均化"功能进行图像的调整。

操作步骤

执行"文件>打开"菜单命令，打开"素材文件>CH06>16"文件夹中的素材文件。执行"图像>调整>色调均化"菜单命令，Photoshop会自动进行色调均化处理，如图6-104所示。

> **技巧提示**
>
> 读者观察"直方图"面板，可以明显看出处理前后色调的分布是不同的，如图6-105和图6-106所示。

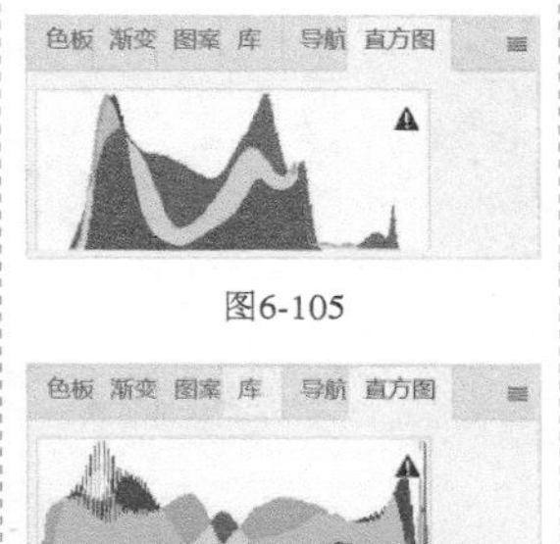

图6-105

色板 渐变 图案 库 导航 直方图

图6-106

图6-103

图6-104

☞ 知识回顾

需要注意的是，“色调均化”功能会直接应用于图像图层，均化完成后图像信息会被删除。如果想进行非破坏性的调整，可以使用调整图层或Camera Raw进行编辑。

扫码观看视频

教学视频： 回顾色调均化功能的用法.mp4

命令： 色调均化

位置： 图像>调整>色调均化

用途： 用色调均化功能调整图像。

操作流程

第1步： 打开Photoshop，导入准备好的图片。

第2步： 执行“图像>调整>色调均化”菜单命令。

综合案例：完美婚礼

素材文件	素材文件>CH06>17
实例文件	实例文件>CH06>综合案例：完美婚礼.psd
教学视频	综合案例：完美婚礼.mp4
学习目标	掌握图层混合模式的应用方法

扫码观看视频

通过对图像进行调光调色，可以使其呈现出更精美的质感，如图6-107所示。

图6-107

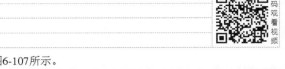

01 执行“文件>打开”菜单命令，打开“素材文件>CH06>17”文件夹中的素材文件，如图6-108所示。首先观察原图，图像的饱和度偏低，整体颜色有些中和，并没有很好地突出高光与重点部分。下面针对这几个问题对图像进行修改。

02 为图像添加一个光束效果，以突出图像的重心。在“图层”面板中新建一个空白图层，并将其填充为黑色。使用“椭圆工具” ◯ 任意绘制一些白色椭圆，如图6-109所示。

03 按快捷键Ctrl+Shift+Alt+E盖印图层，执行“滤镜>模糊>动感模糊”菜单命令，设置“角度”为-90度，“距离”为500像素，如图6-110所示。

图6-108

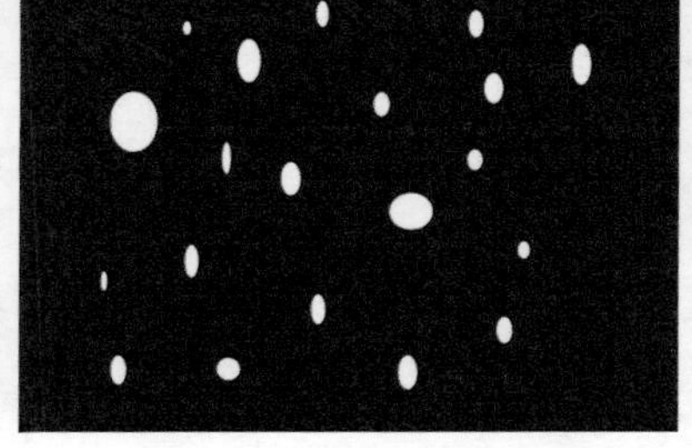

图6-109

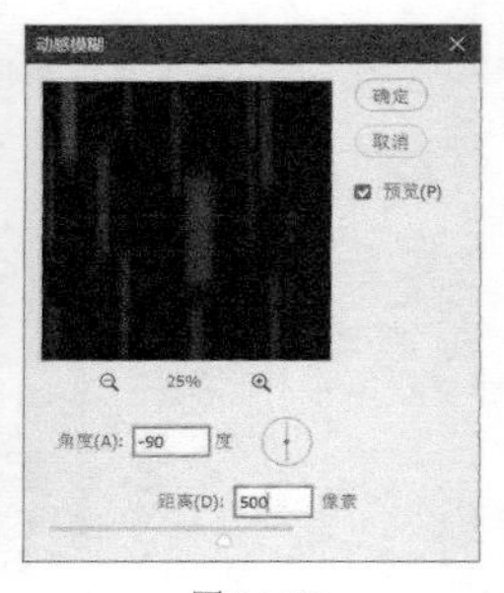

图6-110

04 在“图层”面板中将混合模式更改为“滤色”，即可完成光束效果，如图6-111所示。

05 此时发现整张图饱和度较低，色彩搭配有所欠缺，接下来优化图像的色彩。在“图层”面板中单击“创建新的填充或调整图层”按钮 ◐，创建“自然饱和度”调整图层，设置“自然饱和度”为+60，如图6-112所示。

06 加强光束与阴影的对比。创建“曲线”调整图层，将曲线调整为微S形。如果觉得效果依然不明显，可以创建“颜色查找”调整图层，选择一个合适的预设，如图6-113所示。

当然也可以针对光束图层调整色阶、曲线等，使光束更加明亮。最终效果图如图6-114所示。

图6-111

图6-112

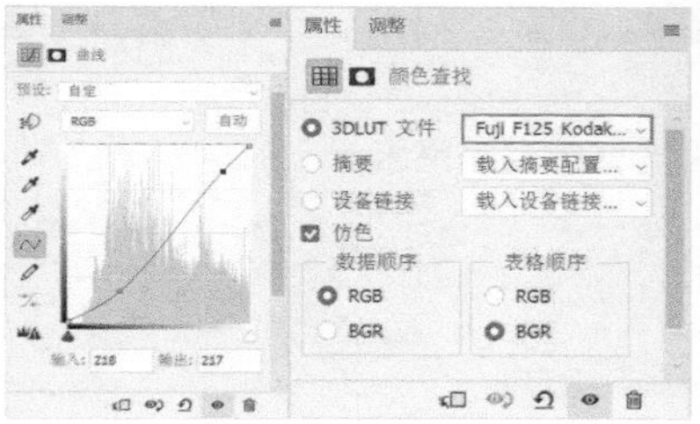

图6-113

图6-114

综合案例：阳光色彩调整

素材文件	素材文件>CH06>18
实例文件	实例文件>CH06>综合案例：阳光色彩调整.psd
教学视频	综合案例：阳光色彩调整.mp4
学习目标	掌握自动混合图层工具的应用方法

扫码观看视频

使用Camera Raw滤镜调整图像，使其呈现出不同质感，如图6-115所示。

01 执行“文件>打开”菜单命令，打开“素材文件>CH06>18”文件夹中的素材文件，如图6-116所示。观察原图，即可发现图像的高光过于强烈，而阴影部分的光线较弱。尝试将图像的光线调整平衡，并优化图像的色彩分布。

02 创建“曝光度”调整图层，设置“曝光度”为-0.30，“位移”为+0.0020，“灰度系数校正”为0.90，如图6-117所示。

图6-115

图6-116

图6-117

03 由于图像中的阳光为橙红色，因此可以使用“可选颜色”功能将其设置为金黄色。创建可选颜色调整图层，设置“颜色”为“红色”，“洋红”为-20%，“黄色”为+40%，如图6-118和图6-119所示。

04 接下来调整图像的自然饱和度。创建自然饱和度调整图层，设置“自然饱和度”为+20，使图像的色彩更加饱和，如图6-120和图6-121所示。

图6-118

图6-119

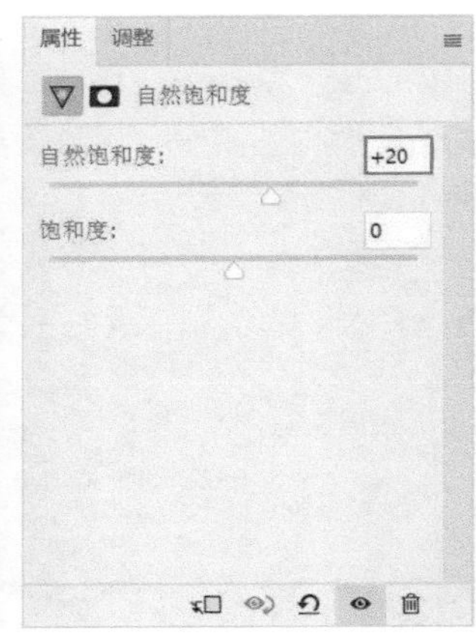

图6-120

图6-121

05 执行“图像>调整>阴影/高光”菜单命令，设置“数量”为30%，调整图像的阴影色彩，如图6-122和图6-123所示。

> **技巧提示**
>
> 如果觉得图像仍然需要调整，可以使用“色阶”“曲线”等功能进行微调。

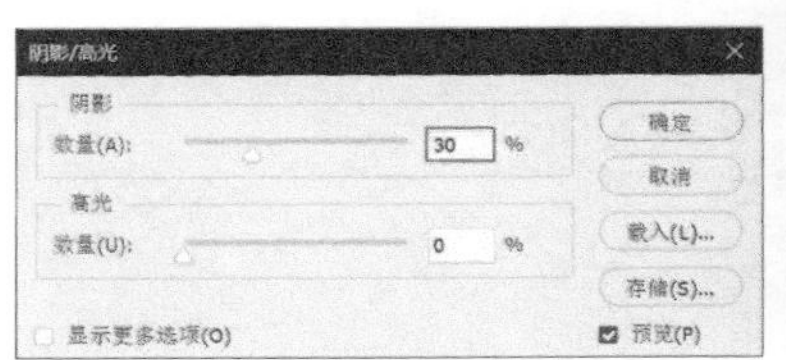

图6-122

图6-123

综合案例：国潮天坛

素材文件	素材文件>CH06>19
实例文件	实例文件>CH06>综合案例：国潮天坛.psd
教学视频	综合案例：国潮天坛.mp4
学习目标	了解特效合成的方法

扫码观看视频

使用Photoshop中的色彩调整工具，可以实现图片的拼接，如图6-124所示。

01 执行“文件>打开”菜单命令，打开“素材文件>CH06>19”文件夹中的素材文件。在工具箱中选择“快速选择工具”，框选天坛的主体部分，按快捷键Ctrl+J复制图层，如图6-125所示。

02 原图中天坛的饱和度过低，整体色彩不够饱满，而且由于拍摄时阳光强烈，色彩并没有很好地突显出来。执行“图像>调整>色彩平衡”菜单命令，设置“青色”为+25，“洋红”为-10，“黄色”为-15，如图6-126所示。

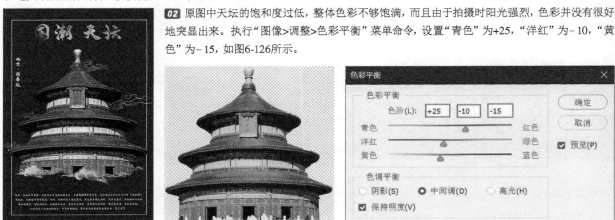

图6-124

图6-125

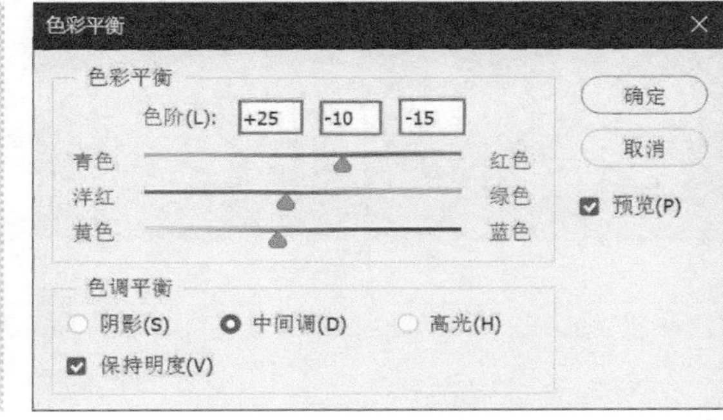

图6-126

03 继续调整图像的明暗对比。执行“图像>调整>色阶”菜单命令，适当地拖动白色滑块，设置“黑”“灰”“白”3个系数分别为0、1.00、210，如图6-127所示。

04 执行“图像>调整>阴影/高光”菜单命令，调整“阴影”和“高光”的参数，将图像中的阴影部分适当地突显出来。设置“阴影数量”为30%，“高光数量”为50%，如图6-128所示。

05 在“图层”面板中为天坛图层添加蒙版，选择“画笔工具”，在属性栏中将画笔设置为“柔边圆”画笔，轻轻涂抹天坛底部，使其呈现出渐隐效果，如图6-129所示。

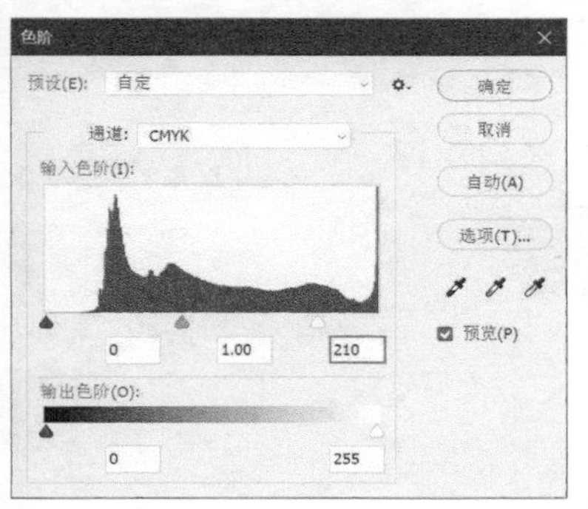

图6-127

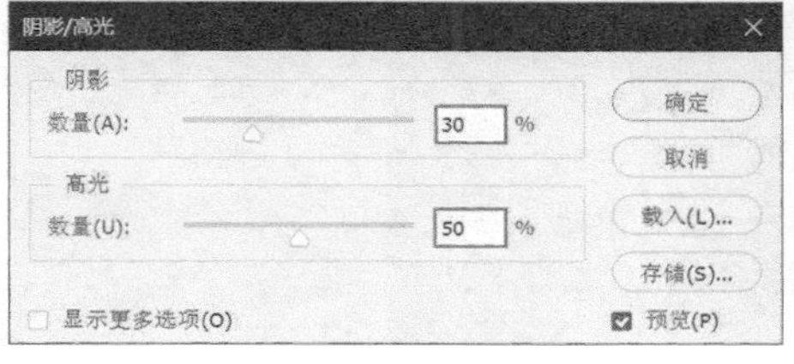

图6-128

图6-129

06 为天坛搭配祥云图层。首先将两张祥云素材图导入画布，然后拖曳其中一个祥云至天坛的底部，可以在“图层”面板中将一个祥云图层放置于天坛图层之上，另一个放置于天坛图层之下，实现云雾缭绕的效果，如图6-130所示。

07 选择文字工具，任意选择一种毛笔艺术字体，如图6-131所示。将“08.jpg”文件导入画布并拖曳至文字图层之上，按住Alt键单击文字图层，对文字部分进行颜色填充，如图6-132所示。

08 为图像添加一些文字，并将其调整至合适的位置，最终效果如图6-133所示。

图6-130

图6-131

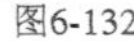

图6-132

图6-133

学以致用：金黄麦田

素材文件	素材文件>CH06>20
实例文件	实例文件>CH06>学以致用：金黄麦田.psd
教学视频	学以致用：金黄麦田.mp4
学习目标	掌握自动混合图层工具的应用方法

扫码观看视频

Photoshop中的“自动混合图层”功能可以用来调整图像的色彩，如图6-134所示。

图6-134

学以致用：灯光夜色

素材文件	素材文件>CH06>21
实例文件	实例文件>CH06>学以致用：灯光夜色.psd
教学视频	学以致用：灯光夜色.mp4
学习目标	掌握调色工具的使用方法

扫码观看视频

Photoshop中的一系列调色工具可以用来调整夜间拍摄的图像色彩，如图6-135所示。

图6-135

第 7 章

① 技巧提示 + ② 疑难问答 + ◎ 技术专题

用Camera Raw滤镜处理照片

Camera Raw滤镜是Adobe公司研发的Raw文件处理器，目前Photoshop自带Camera Raw滤镜。Raw文件又被称为数字底片，简单来说就是由数码相机生成的原始格式文件，Camera Raw滤镜则用于照片调色。

学习重点

实战：认识Camera Raw滤镜

素材文件	素材文件>CH07>01
实例文件	实例文件>CH07>实战：认识Camera Raw滤镜.psd
教学视频	实战：认识Camera Raw滤镜.mp4
学习目标	认识Camera Raw滤镜

扫码观看视频

对于初学者来说，Camera Raw滤镜主要有以下3种用途。一是调色，即对图像的“色彩平衡”和“亮度”等参数进行调整。二是表现质感，即调整图像的“饱和度”“清晰度”“锐化”等参数。三是后期处理，主要是针对摄影工具、环境等因素对图像造成的影响进行修补，包括“镜头校准”“相机校准”“预设”等。使用Camera Raw滤镜修改后的效果如图7-1所示。

图7-1

操作步骤

01 执行“文件>打开”菜单命令，打开“素材文件>CH07>01”文件夹中的素材文件。首先在“图层”面板中复制“背景”图层，然后执行“滤镜>Camera Raw滤镜”菜单命令，如图7-2所示，打开Camera Raw 对话框，如图7-3所示。

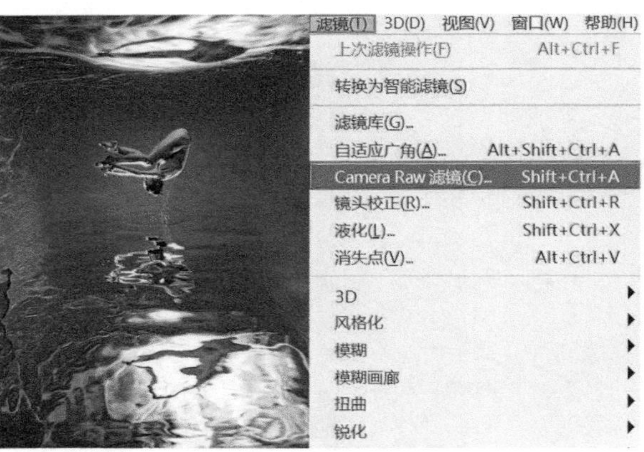

图7-2

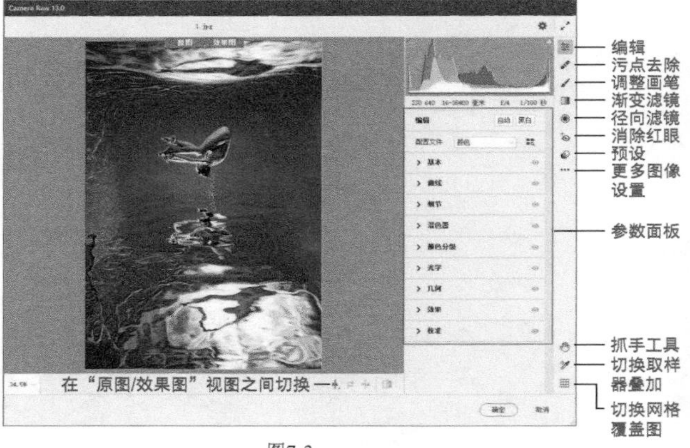

图7-3

> **技巧提示**
>
> Camera Raw滤镜提供的工具和参数在原理上与Photoshop中的类似，读者可以先行了解，后面会详解介绍。

02 在Camera Raw对话框中，直接单击预览图像可以放大或缩小，也可以按快捷键Ctrl++或Ctrl+-来放大或缩小。另外，可以单击“在‘原图/效果图’视图之间切换”按钮，观察原图和效果图的对比画面，如图7-4所示。

03 对图像进行锐化并提高对比度，以凸显颜色对比和水的波纹。展开“基本”选项，设置“色温”为-5，“色调”为+10，“对比度”为+3，“高光”为-10，“纹理”为+20，“清晰度”为+3，“去除薄雾”为+3，“自然饱和度”为+10，如图7-5所示。确认无误后，单击“确定”按钮即可完成调整，如图7-6所示。

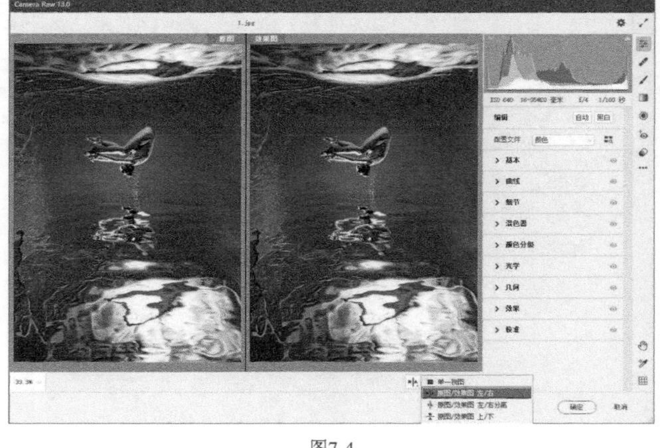

图7-4

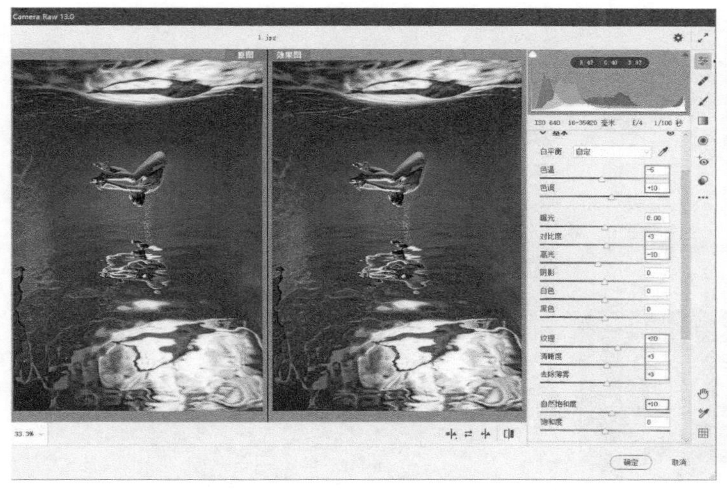

图7-5

图7-6

> **技巧提示**
>
> 作为初学者，可以大胆尝试Camera Raw滤镜的各种功能，并观察图像的变化。

知识回顾

扫码观看视频

总的来说，Camera Raw滤镜是用来处理照片的。Camera Raw滤镜除了可以调整“色温”“色调”“饱和度”“对比度”这些常用参数，还可以使用“曲线”“细节”“光学”等功能对图像进行处理。

教学视频：回顾Camera Raw滤镜的用法.mp4

命令：Camera Raw滤镜

位置：滤镜>Camera Raw滤镜

用途：认识Camera Raw滤镜。

操作流程

第1步：打开Photoshop，导入准备好的图片。

第2步：执行“滤镜>Camera Raw滤镜”菜单命令，打开Camera Raw对话框。

第3步：设置对话框中的参数，对图像进行调整。

实战：用“目标调整工具”处理图像局部

素材文件	素材文件>CH07>02
实例文件	实例文件>CH07>实战：用“目标调整工具”处理图像局部.psd
教学视频	实战：用“目标调整工具”处理图像局部.mp4
学习目标	学会用“目标调整工具”处理图像局部

扫码观看视频

“目标调整工具”用于快速调整图像局部色彩及明暗程度，对图像细节进行精准修改，如图7-7所示。

图7-7

操作步骤

01 执行“文件>打开”菜单命令，打开“素材文件>CH07>02”文件夹中的素材文件，在“图层”面板中复制“背景”图层。执行“滤镜>Camera Raw滤镜”菜单命令，打开Camera Raw对话框，观察图像，可以发现整体亮度偏暗，夕阳的橙红色没有凸显出来，如图7-8所示。因此，先针对夕阳及天空、车厢底部和人物面部这3个地方进行处理。

02 展开“混色器”选项，然后单击“目标调整工具”按钮，在图像中的太阳上按住鼠标左键，向上拖曳鼠标，可以发现“混色器”选项中相关的参数值有所提高，如图7-9所示。

图7-8

图7-9

> **技巧提示**
>
> 单击“目标调整工具”按钮后，将鼠标指针移动至图像中，鼠标指针会变成，此时单击图像任意位置，鼠标指针会变成，如果左右拖曳鼠标，鼠标指针会变成的形状；如果上下拖曳鼠标，鼠标指针则会变成的形状。观察右侧的色调曲线与“HSL调整”区域，当在不同位置向不同方向拖曳时，对应的参数会发生不同的变化。

03 切换到“明亮度”选项，分别对太阳及其周围的光线颜色进行调整，增加它们的亮度。为了方便读者理解，这里举一个例子，设置“红色”为+35，“橙色”为+11，“黄色”为+7，“绿色”为+3，如图7-10所示。

图7-10

> **技巧提示**
>
> 建议读者在学习的时候不要直接设置参数，要通过操控鼠标来感受调整过程。这里的参数仅供读者参考，在实际工作中，不可能通过直接设置参数的方式来处理图片。

04 目前，可以看到图像中太阳周围的亮度明显提升了，但是饱和度下降了。切换到“饱和度”选项，用同样的方法提高夕阳红色和橙黄色部分的饱和度，即在夕阳上按住鼠标左键，轻微地向上或向右拖曳鼠标，如图7-11所示。接下来用同样的方法对天空部分及车厢部分进行修改，最终效果如图7-12所示。

图7-11

图7-12

> **技巧提示**
>
> 使用Camera Raw滤镜的“调整画笔”工具可以对图像局部进行精准的修改，通常与“目标调整工具”搭配使用。后面会为读者介绍“调整画笔”工具。

知识回顾

扫码观看视频

Camera Raw滤镜的“目标调整工具”提供了针对图像中特定局部的处理功能。使用“目标调整工具”可以实现对图像中细节部位的调整，如图7-13所示。

教学视频：回顾“目标调整工具”的用法.mp4

工具：目标调整工具

位置：“滤镜>Camera Raw滤镜”菜单命令

用途：用“目标调整工具”处理图像局部。

图7-13

实战：用“污点去除”工具去除瑕疵

素材文件	素材文件>CH07>03
实例文件	实例文件>CH07>实战：用“污点去除”工具去除瑕疵.psd
教学视频	实战：用“污点去除”工具去除瑕疵.mp4
学习目标	学会用“污点去除”工具去除瑕疵

扫码观看视频

“污点去除”工具主要用于去除图像中影响主体效果的杂物。在图像中单击污点，Camera Raw滤镜会自动识别污点周围的像素进行填充。如图7-14所示，人物脸颊上的污点被擦除了。

操作步骤

01 执行“文件>打开”菜单命令，打开“素材文件>CH07>03”文件夹中的素材文件。在“图层”面板中复制“背景”图层。执行“滤镜>Camera Raw滤镜”菜单命令，打开Camera Raw对话框，选择“污点去除”工具，在右侧可以调整笔触的“大小”“羽化”“不透明度”等参数。这里设置“大小”为10，如图7-15所示。

图7-14

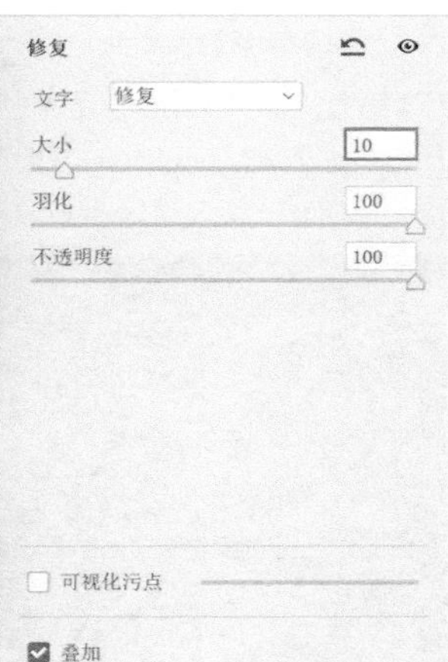

图7-15

02 使用“污点去除”工具单击人物面部的斑点时，Camera Raw滤镜会自动在污点周围采样并填充图像，如图7-16所示。

实际上“污点去除”工具还有很多用途。例如，可以在人物面部复制心形贴纸。使用“污点去除”工具单击某个部分之后，可以拖曳绿色圆形选框，自主选择需要填充的内容，如图7-17所示。

图7-16

图7-17

知识回顾

扫码观看视频

“污点去除”工具的原理是将取样区域的纹理、光线、阴影匹配到选定区域，红色的选框区域是选定的区域，绿色的选框区域是取样区域，如图7-18所示。注意，“污点去除”工具除了可以用来去除污点，还可以用于调整图像细节。通过选择取样区域，即拖曳绿色的选框，即可完成任意位置的调换。

教学视频： 回顾用“污点去除”工具去除瑕疵.mp4

工具： 污点去除工具

位置： 滤镜>Camera Raw滤镜

用途： 用“污点去除”工具去除瑕疵。

操作流程

第1步： 打开Photoshop，导入准备好的图片。

第2步： 执行“滤镜>Camera Raw滤镜”菜单命令。

第3步： 使用“污点去除”工具将图像中的污点去除。

图7-18

实战：用“渐变滤镜”工具调整图像效果

素材文件	素材文件>CH07>04
实例文件	实例文件>CH07>实战：用“渐变滤镜”工具调整图像效果.psd
教学视频	实战：用“渐变滤镜”工具调整图像效果.mp4
学习目标	学会用“渐变滤镜”工具调整图像效果

扫码观看视频

使用“渐变滤镜”工具可以建立选区，并在选区范围内制作从起点到终点的渐变。“渐变滤镜”的起点为绿色虚线，终点为红色虚线，红色虚线与绿色虚线之间的区域即为渐变的选区范围，效果图如图7-19所示。

操作步骤

01 执行“文件>打开”菜单命令，打开“素材文件>CH07>04”文件夹中的素材文件，在“图层”面板中复制“背景”图层。执行“滤镜>Camera Raw滤镜”菜单命令，打开Camera Raw对话框，选择“渐变滤镜”工具，在图像中任意拖曳鼠标创建滤镜，此时可以发现红绿两条虚线之间的图像已经呈现渐变效果，如图7-20所示。

图7-19

图7-20

> **技巧提示**
>
> 此时我们要做的是确定图像中哪些部分呈现渐变效果，以及呈现怎样的渐变效果。

02 大致了解了“渐变滤镜”工具的操作方法后，按Delete键删除渐变效果，接下来重新添加渐变效果。在图像的水平方向上建立渐变滤镜，使红绿两条虚线在竖直方向上平行，并使代表起始点的绿色圆点位于图像最左侧，如图7-21所示。

03 此时渐变滤镜的位置已经确定，在右侧的属性面板中对渐变滤镜色彩等参数进行调整。设置“色温”为+100，“色调”为+100，“曝光”为+0.10，“对比度”为+50，“阴影”为-100，“白色”为+30，“黑色”为+20，“纹理”为+100，“饱和度”为+50，“锐化程度”为+50，“减少杂色”为+50，如图7-22所示。

图7-21

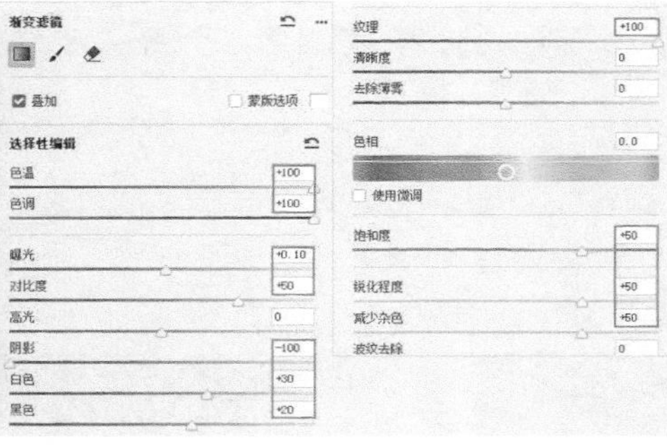

图7-22

04 因为渐变效果以暖色调为主，所以需要对图像整体进行修改。主要将“色温”“色调”参数值提高，以凸显暖色；将“纹理”参数值提高，以凸显雪花飘落的质感。设置“色温”为+15，“色调”为+20，“曝光”为+0.20，“对比度”为+9，“高光”为-10，“阴影”为-5，“纹理”为+100，“清晰度”为-10，如图7-23所示。

05 为图像搭配一些文字。如果想进一步优化，可以使用“饱和度”“曲线”等功能进行优化。效果图如图7-24所示。

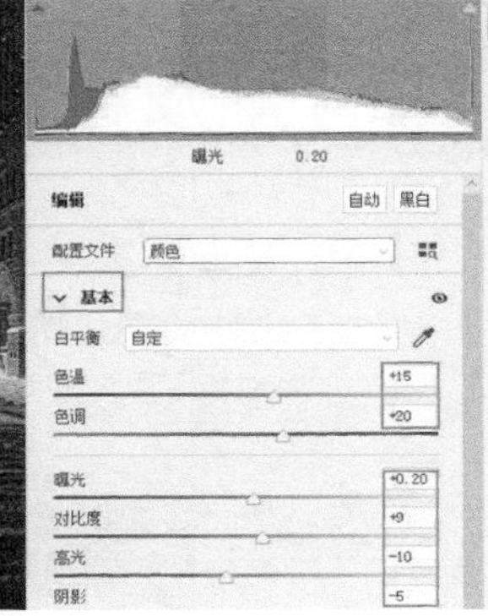

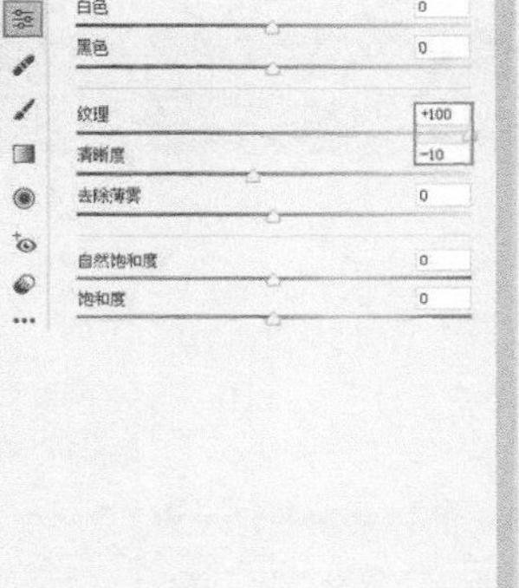

图7-23

图7-24

知识回顾

“渐变滤镜”工具可以简单地理解为在图像中创建一个渐变图层，通过调整渐变滤镜中各参数（明暗、颜色、对比度等）来调整渐变效果。“渐变滤镜”工具适用于调整大范围的区域。图7-25所示为使用“渐变滤镜”工具制作的魔法篝火特效。

扫码观看视频

教学视频： 回顾用“渐变滤镜”工具调整图像效果.mp4

工具：“渐变滤镜”工具

位置： 滤镜>Camera Raw滤镜

用途： 用“渐变滤镜”工具制作特效。

操作流程

第1步： 打开Photoshop，导入准备好的图片。

第2步： 执行“滤镜>Camera Raw滤镜”菜单命令。

第3步： 在图像中新建渐变滤镜，并对其参数进行修改。

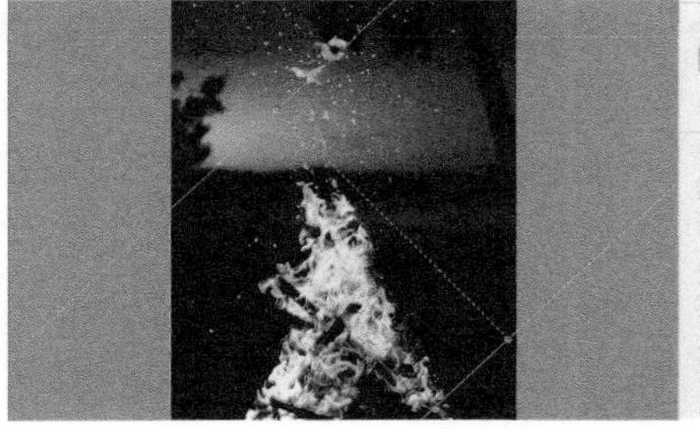

图7-25

实战：用“径向滤镜”工具制作闪亮烟花

素材文件	素材文件>CH07>05
实例文件	实例文件>CH07>实战：用“径向滤镜”工具制作闪亮烟花.psd
教学视频	实战：用“径向滤镜”工具制作闪亮烟花.mp4
学习目标	掌握“径向滤镜”工具的用法

扫码观看视频

“径向滤镜”工具的操作方式与“渐变滤镜”工具比较类似，区别在于使用“径向滤镜”工具可以在椭圆形选区内建立滤镜，也可以在选区外建立滤镜。使用“径向滤镜”工具增加烟花的光芒，效果如图7-26所示。

图7-26

操作步骤

01 执行“文件>打开”菜单命令，打开“素材文件>CH07>05”文件夹中的素材文件。在“图层”面板中复制“背景”图层。执行“滤镜>Camera Raw滤镜”菜单命令，打开Camera Raw对话框，选择“径向滤镜”工具，在图像中的烟花部分建立一个椭圆形选区，如图7-27所示。

02 在右侧的属性栏中修改“径向滤镜”的相关参数。设置“色温”为+100，“色调”为+70，“曝光”为+1.50，“高光”为-40，“阴影”为-100，“白色”为+20，“黑色”为+100，“纹理”为+100，“清晰度”为+50，“去除薄雾”为+50，“饱和度”为+100，“锐化程度”为+100；“减少杂色”为+50，以凸显其发光质感，如图7-28所示。

03 调整之后可以发现以烟火为中心增加了一圈橘色的光芒。如果需要继续突出烟火色，可以在Camera Raw对话框中继续调整图像的色调及亮度，最终效果如图7-29所示。

图7-27

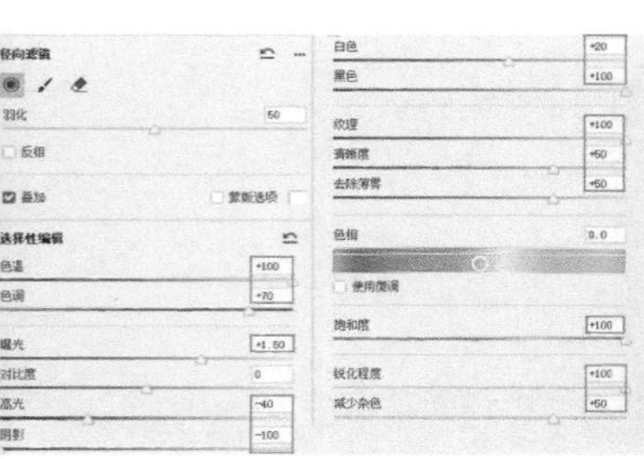

图7-28

图7-29

> **技巧提示**
>
> 如果发现径向滤镜建立在了椭圆形选区之外，可以在右侧的属性栏中勾选“反相”复选框。

知识回顾

读者可以使用“径向滤镜”工具增加主体区域的曝光度和清晰度，从而突出主体。这里准备了一幅人像照片供读者练习，首先将整幅图像的色彩、亮度调低，再使用“径向滤镜”工具对人物进行突出和优化，增强人物在图像中的主体效果，对比效果如图7-30所示。

扫码观看视频

教学视频：回顾用“径向滤镜”工具制作闪亮烟花.mp4

工具：径向滤镜工具

位置：滤镜>Camera Raw滤镜

用途：用“径向滤镜”工具增强主体效果。

操作流程

第1步：打开Photoshop，导入准备好的图片。

第2步：执行“滤镜>Camera Raw滤镜”菜单命令。

第3步：在图像中新建径向滤镜，并修改相关的参数。

图7-30

实战：用色调曲线调整图像色调

素材文件	素材文件>CH07>06
实例文件	实例文件>CH07>实战：用色调曲线调整图像色调.psd
教学视频	实战：用色调曲线调整图像色调.mp4
学习目标	掌握色调曲线的用法

色调曲线用于对图像的色调进行修改。其中水平轴表示图像的原始色调值，左侧为黑色，向右逐渐变亮。垂直轴表示更改后的色调值，底部为黑色，向上逐渐变为白色。“高光”“亮调”“暗调”“阴影”可用于调整图像中特定色调范围的值。“暗调”和“亮调”主要用于设置曲线的中间区域，“高光”和“阴影”主要影响色调范围的两端。本例对比效果如图7-31所示，可以发现效果图的色彩和亮度有了明显的优化。

图7-31

操作步骤

01 执行“文件>打开”菜单命令，打开“素材文件>CH07>06”文件夹中的素材文件。在“图层”面板中复制“背景”图层。执行“滤镜>Camera Raw滤镜”菜单命令，打开Camera Raw对话框。展开“曲线”选项，如图7-32所示。

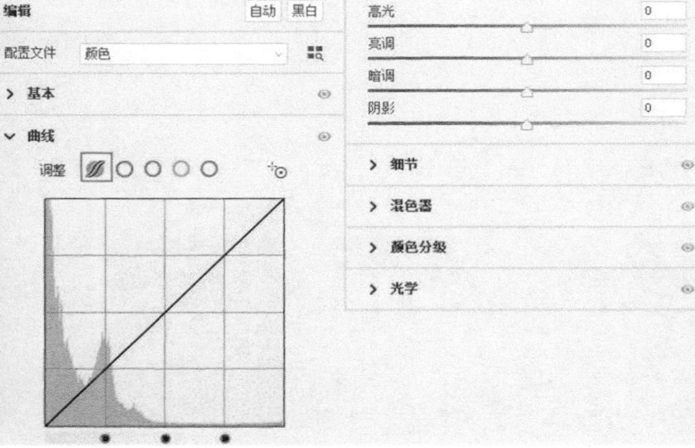

图7-32

02 通过调整“高光”“亮调”“暗调”“阴影”这4项参数调整色调曲线，改变图像的色彩及亮度。设置“高光”为-20，“亮调”为+70，“暗调”为+70，“阴影”为+20，如图7-33所示。

03 继续调整图像的细节部分，最终效果如图7-34所示。

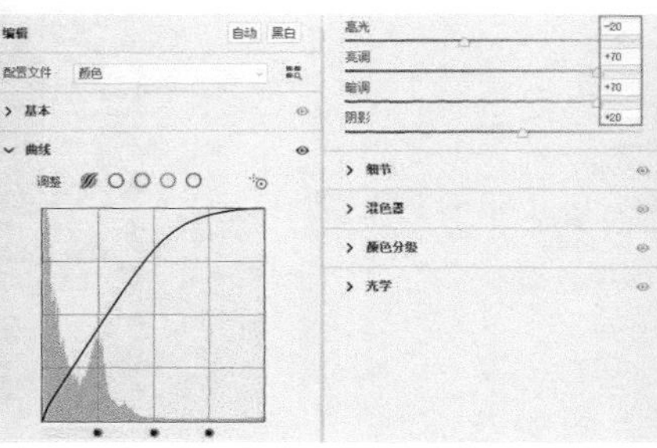

图7-33

图7-34

> **技巧提示**
>
> 读者可以根据自己的需求来处理，如果有不熟练的情况，可以观看教学视频学习。

知识回顾

扫码观看视频

调整“曲线”选项中的参数可以对图像进行微调。如果将曲线上的点上移，可以输出更亮的色调；如果将曲线上的点下移，可以输出更暗的色调。45°斜线表示没有对色调曲线进行更改，即原始输入值与输出值完全相同。图7-35所示为对比效果。

教学视频： 回顾用色调曲线调整图像色调.mp4

工具： 色调曲线

位置： 滤镜>Camera Raw滤镜

用途： 调整色调。

操作流程

第1步： 打开Photoshop，导入准备好的图片。

第2步： 执行“滤镜>Camera Raw滤镜”菜单命令。

第3步： 通过调整“曲线”选项中的各个参数，改变图像的色彩及亮度。

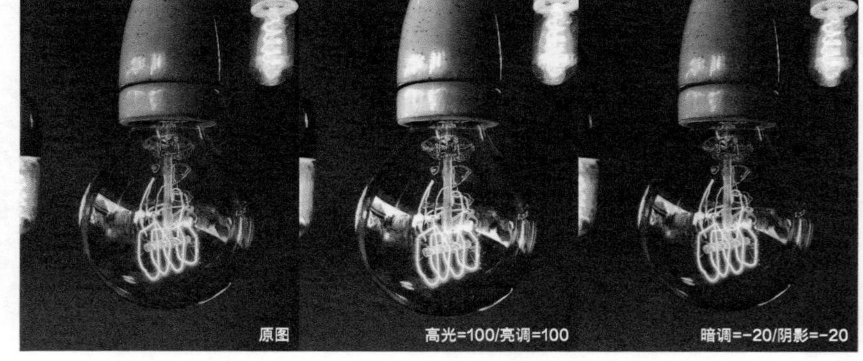

图7-35

实战：使用“细节”功能让图像呈现油画质感

素材文件	素材文件>CH07>07
实例文件	实例文件>CH07>实战：使用“细节”功能让图像呈现油画质感.psd
教学视频	实战：使用“细节”功能让图像呈现油画质感.mp4
学习目标	掌握“细节”功能的用法

扫码观看视频

在Camera Raw滤镜中可以使用“细节”功能配合“基本”选项中的“纹理”“清晰度”等参数调整图像的细节，使图像产生不同的效果。本例对比效果如图7-36所示。

图7-36

操作步骤

01 执行“文件>打开”菜单命令，打开“素材文件>CH07>07”文件夹中的素材文件。在“图层”面板中复制“背景”图层，如图7-37所示。

02 执行“滤镜>Camera Raw滤镜”菜单命令，打开Camera Raw对话框，在“基本”选项中调整图像的“纹理”“清晰度”“去除薄雾”等参数，使图像呈现纹理质感。设置“纹理”为+100，“清晰度”为+80，“去除薄雾”为+15，如图7-38所示。

图7-37

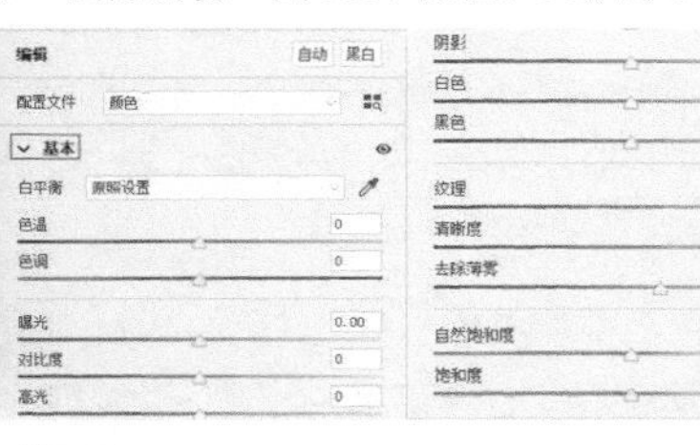

图7-38

03 切换到“细节”选项，调整参数，使图像呈现油画质感。设置“锐化”为100，“半径”为1.5，“细节”为0，然后设置“减少杂色”为50，“细节”为50，如图7-39所示。

04 通过调整“色彩平衡”参数来优化图像的色彩和饱和度。在“图层”面板中单击“创建新的填充或调整图层”按钮，创建一个“色彩平衡”调整图层。设置“色调”为“中间调”，这里可以适当调整“青色”“洋红”“黄色”这3项参数，设置“青色”为-30，“洋红”为-40，此时图像的主色调为红色、蓝色，如图7-40所示。

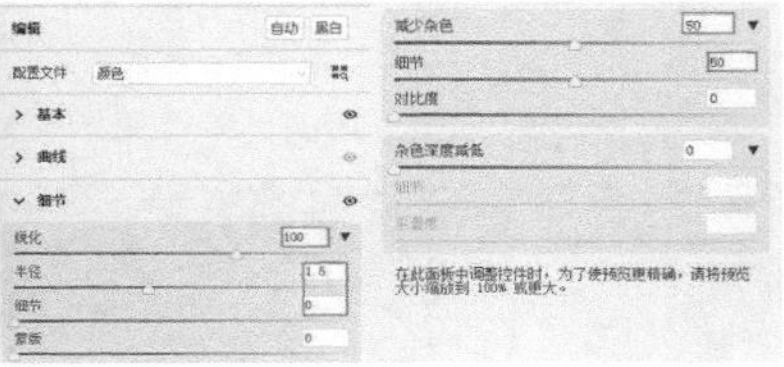

图7-39

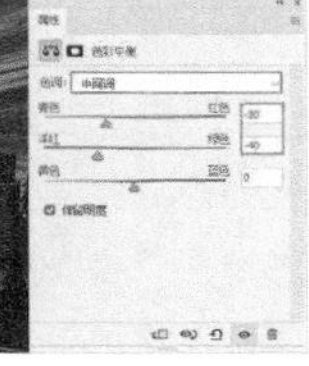

图7-40

> **技巧提示**
>
> 此时图像的油画感已经出来了，单击“确定”按钮完成设置。

05 此时图像的颜色比较暗淡，如果读者想继续修改和优化，可以按快捷键Ctrl+Shift+Alt盖印当前图层，然后尝试调整“色温”“色调”等参数，使图像色彩更加鲜艳，如图7-41所示。

图7-41

知识回顾

教学视频： 回顾使用“细节”功能让图像呈现油画质感.mp4

扫码观看视频

工具：“细节”功能

位置： 滤镜>Camera Raw滤镜

用途： 调整细节。

操作流程

第1步： 打开Photoshop，导入准备好的图片。

第2步： 执行“滤镜>Camera Raw滤镜”菜单命令。

第3步： 通过调整“细节”选项中的各项参数，调整图像的细节，以呈现出不同质感。

> **技巧提示**
>
> 使用Camera Raw滤镜的“细节”功能时，按住Alt键并拖曳滑块，图像会去除色彩，仅展示细节和锐化程度，如图7-42所示。

图7-42

实战：使用HSL功能修改图像的亮度和色彩

素材文件	素材文件>CH07>08
实例文件	实例文件>CH07>实战：使用HSL功能修改图像的亮度和色彩.psd
教学视频	实战：使用HSL功能修改图像的亮度和色彩.mp4
学习目标	掌握HSL功能的用法

HSL代表的是色相（Hue）、饱和度（Saturation）和亮度（Lightness），它们是色彩的3个基本属性。通俗来讲，色相决定图像是什么颜色，饱和度决定颜色的深与浅，亮度决定颜色的明暗程度。在Camera Raw滤镜中常常使用HSL功能对图像色彩及亮度进行修改。对比效果如图7-43所示。

操作步骤

01 执行“文件>打开”菜单命令，打开“素材文件>CH07>08”文件夹中的素材文件，在“图层”面板中复制“背景”图层，如图7-44所示。

图7-43

图7-44

02 执行“滤镜>Camera Raw滤镜”菜单命令，打开Camera Raw对话框，展开“混色器”选项，设置“调整”为“HSL”，修改图像的“饱和度”，提升“黄色”和“橙色”的色调。设置“红色”为+15，“橙色”为+20，“黄色”为+30，如图7-45所示。

03 切换到“色相”选项，这里需要调整“黄色”和“紫色”等颜色，使图像颜色更加鲜艳。设置“红色”为-20，“橙色”为+30，“黄色”为-20，“紫色”为+20，如图7-46所示。

04 切换到“明亮度”选项，设置“红色”为-20，“橙色”为+40，如图7-47所示。

图7-45

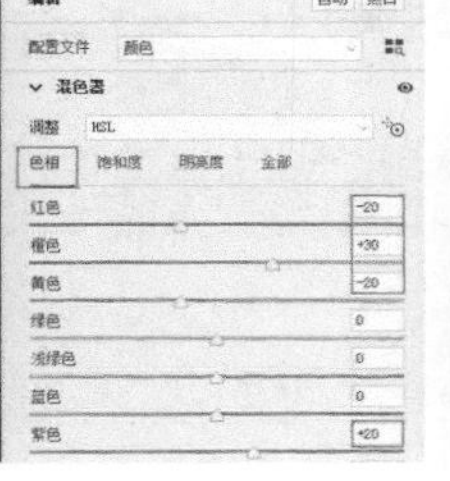

图7-46

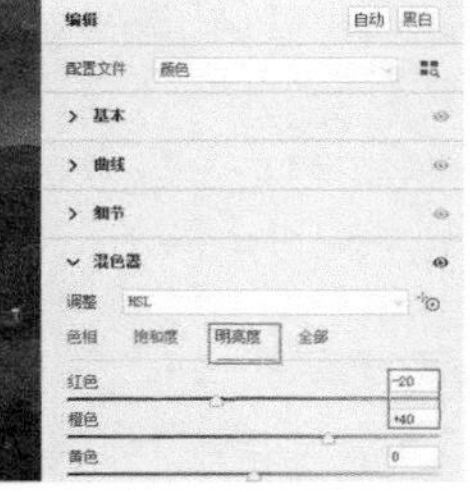

图7-47

05 在工具栏中选择“调整画笔”工具，在阳光照射到的海面上进行涂抹，并在右侧的属性面板中调整其亮度，使水面呈现出阳光照射的效果，如图7-48和图7-49所示。

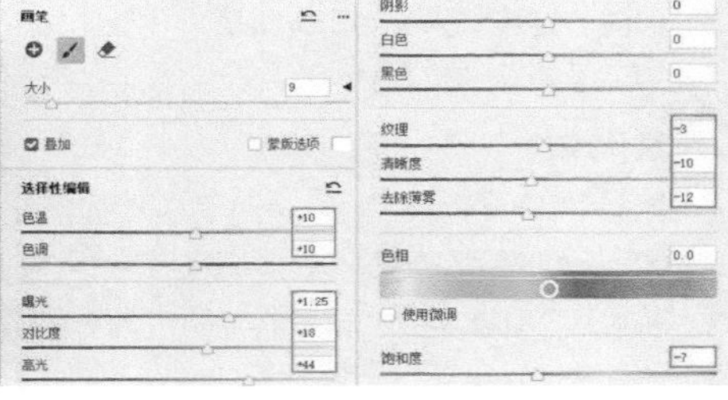

图7-48

图7-49

技巧提示

“调整画笔”工具 是Camera Raw滤镜的一个基本工具。它可以在图像中的任意地方以类似于添加蒙版的方式对细节进行修改，包括修改图像的色调、亮度、饱和度等多种属性。读者可以调整画笔的“大小”“浓度”等参数，如图7-50所示。

图7-50

知识回顾

在HSL中主要可以通过“色相”“饱和度”“明亮度”3个选项来调整和优化图像，其中“色相”是比较常用的选项。另外，在“色相”中允许对指定的色彩进行调整。图7-51所示为调整红色的色相和饱和度后形成的效果。

扫码观看视频

教学视频： 回顾HSL功能的用法.mp4

工具： HSL功能

位置： 滤镜>Camera Raw滤镜

用途： 调整HSL。

操作流程

第1步： 打开Photoshop，导入准备好的图片。

第2步： 执行“滤镜>Camera Raw滤镜”菜单命令。

第3步： 设置“混色器”选项中的相关参数，使图像呈现不同的色彩效果。

图7-51

实战：使用“光学”与“校准”功能制作明信片

素材文件	素材文件>CH07>09
实例文件	实例文件>CH07>实战：使用“光学”与“校准”功能制作明信片.psd
教学视频	实战：使用“光学”与“校准”功能制作明信片.mp4
学习目标	掌握镜头校正与相机校准的方法

扫码观看视频

使用相机拍摄时，不同的相机镜头配置会使图像产生不同程度的变形，这时就需要后期对图像进行修改。镜头校正功能主要用于消除图像的形变及四角失光等现象。相机校准功能则用于调整图像的颜色。本案例将用“光学”与“校准”功能制作明信片，效果如图7-52所示。

操作步骤

01 执行“文件>打开”菜单命令，打开“素材文件>CH07>09”文件夹中的素材文件。在“图层”面板中复制“背景”图层，如图7-53所示。

图7-52

图7-53

02 执行“滤镜>Camera Raw滤镜”菜单命令，打开“Camera Raw 13.0”对话框，展开“光学”选项，将“扭曲度”设置为+10，改善图像扭曲的现象，并适当将图像的主体埃菲尔铁塔置于图像的中央，以突出其美感，如图7-54所示。

03 展开“校准”选项，调整图像的“色调”“色相”“饱和度”等参数，使图像颜色更加鲜艳。设置“色调”为+30，然后在“红原色”区域中设置“色相”为-20，“饱和度”为+20，如图7-55所示。

04 修改完毕后，单击“确定”按钮，退出Camera Raw对话框。按C键激活“裁剪工具”，将图像四周裁剪整齐，如图7-56所示。读者可以为图像添加一些邮戳和文字，将10.jpg导入Photoshop中，并放置在合适的位置，最后添加文字即可，如图7-57所示。

图7-54

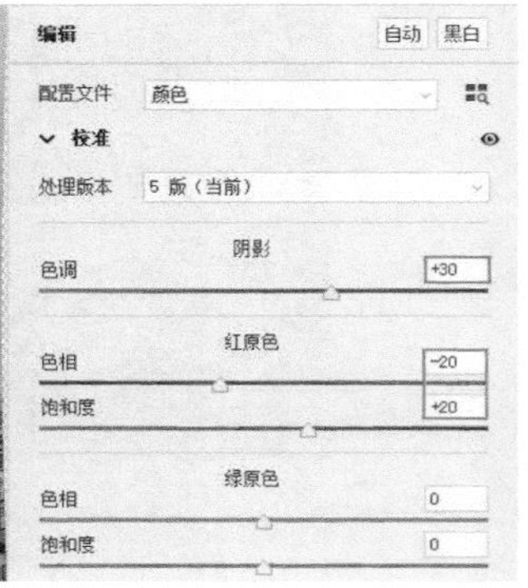

图7-55

图7-56

图7-57

知识回顾

Camera Raw滤镜的“光学”功能利用光学设备的成像原理来优化图像，主要用于调整图像扭曲度和晕影。调整图像扭曲度可以突出或修正图像中的主体部分（通常为建筑物），晕影则可以修正图像四角的光晕，如图7-58所示。

扫码观看视频

教学视频： 回顾镜头校正与相机校准的方法.mp4

工具：“光学”“校准”功能

位置： 滤镜>Camera Raw滤镜

用途： 校正镜头与校准相机。

操作流程

第1步： 打开Photoshop，导入准备好的图片。

第2步： 执行“滤镜>Camera Raw滤镜”菜单命令。

第3步： 在“光学”与“校准”选项中修改相关参数，改善图像。

图7-58

实战：使用“效果”功能制作老照片效果

素材文件	素材文件>CH07>10
实例文件	实例文件>CH07>实战：使用“效果”功能制作老照片效果.psd
教学视频	实战：使用“效果”功能制作老照片效果.mp4
学习目标	掌握“效果”功能的用法

扫码观看视频

使用“效果”功能可以增加或减少图像的颗粒度，使图像呈现不同的效果，如图7-59所示。

操作步骤

01 执行“文件>打开”菜单命令，打开“素材文件>CH07>10”文件夹中的素材文件，在“图层”面板中复制“背景”图层，如图7-60所示。

图7-59

图7-60

02 执行“滤镜>Camera Raw滤镜”菜单命令，打开Camera Raw对话框，展开“效果”选项，在这里需要调整“颗粒”“大小”“粗糙度”等参数，使图像呈现出颗粒感的老旧效果。设置“颗粒”为100，“大小”为0，“粗糙度”为80，“晕影”为+10，如图7-61所示。

图7-61

03 切换到“基本”选项，调节“色温”等参数，将图像中的黄色凸显出来，表现出年代感。设置“色温”为+30，“色调”为+5，“曝光”为-0.05，“对比度”为+3，“高光”为-10，如图7-62所示。

04 单击“确定”按钮即可完成调整，读者可以为图像搭配一些文案，以凸显年代感，如图7-63所示。

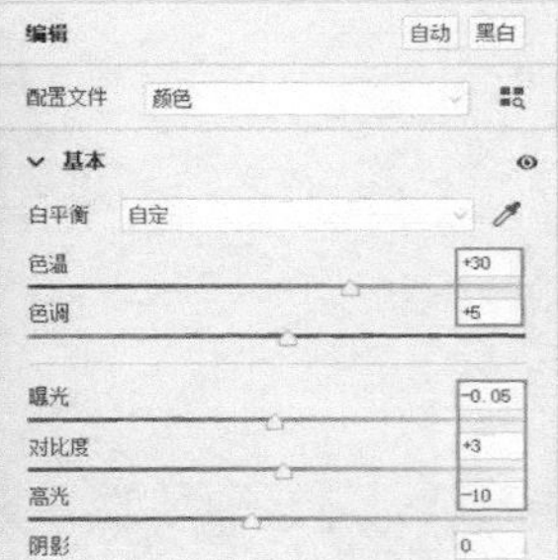

图7-62

图7-63

> **技巧提示**
>
> 本例的文字颜色为黑色，背景偏暗，为了凸显文字，可以为文字部分添加光晕效果。在“图层”面板中新建空白图层，将混合模式设置为“叠加”，并使用“画笔工具” 在文字部分涂抹即可。

知识回顾

Camera Raw滤镜的“效果”功能主要用于增加图像的颗粒度和四周晕影，进而体现出图像的年代感和特效，如图7-64所示。

扫码观看视频

教学视频： 回顾“效果”功能的用法.mp4

工具：“效果”功能

位置： 滤镜>Camera Raw滤镜

用途： 增加图像的颗粒度和四周晕影。

操作流程

第1步： 打开Photoshop，导入准备好的图片。

第2步： 执行“滤镜>Camera Raw滤镜”菜单命令。

第3步： 在“效果”选项中调整相关参数，使图像呈现颗粒感的效果即可。

图7-64

综合案例：制作月亮热气球

素材文件	素材文件>CH07>11
实例文件	实例文件>CH07>综合案例：制作月亮热气球.psd
教学视频	综合案例：制作月亮热气球.mp4
学习目标	掌握Camera Raw滤镜的应用方法

扫码观看视频

Camera Raw滤镜可以帮助我们将拼接图像的色彩色调修改得更加和谐，本例主要使用Camera Raw滤镜来制作热气球的合成效果，如图7-65所示。

01 执行"文件>打开"菜单命令，打开"素材文件>CH07>11"文件夹中的素材文件，将"月球.jpg"放在"热气球.jpg"之上，如图7-66所示。

02 使用"快速选择工具"或"钢笔工具"选择月球部分，建立选区，然后按快捷键Ctrl+J复制选区，并通过移动、旋转、缩放等操作将其置于热气球图层的恰当位置，如图7-67所示。注意，完成上述操作后，隐藏最初的月球图层。

图7-65

图7-66

图7-67

> **技巧提示**
>
> 使用"钢笔工具"对月球描边后，按Enter键可以直接将其转化为选区。注意，关于"钢笔工具"的详细操作方法，后续会详细介绍。不清楚的读者可以观看教学视频学习。

03 使用"快速选择工具"将热气球下方的杂乱部分选中，并执行"编辑>填充"菜单命令，将杂乱部分去除，如图7-68所示。此时图像的整体部分构建完毕，只需调整图像色彩即可，如图7-69所示。

图7-68

图7-69

04 对“热气球”图层进行颜色调整。执行“滤镜>Camera Raw滤镜”菜单命令，打开Camera Raw对话框，使用“调整画笔”工具 涂抹图像底部的光晕部分，并调整右侧的“色温”“色调”等参数，将光晕设置为明亮的金黄色。设置“色温”为+100，“色调”为-100，“曝光”为+1.00，“对比度”为+100，“高光”为+100，“白色”为+100，“黑色”为+50，“锐化程度”为+75，如图7-70所示。

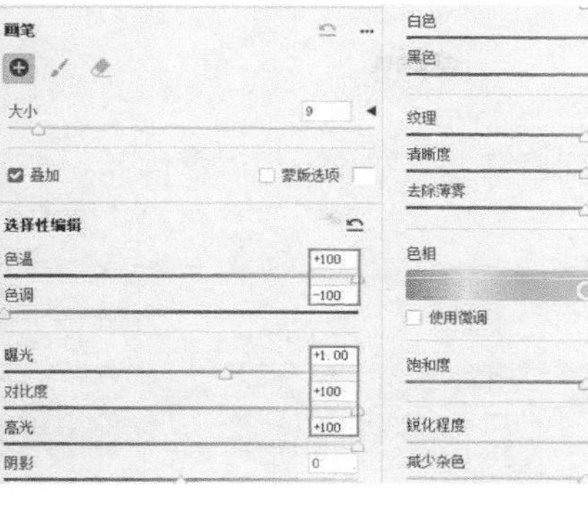

图7-70

> **技巧提示**
>
> 读者如果觉得黄色不足，可以切换到“混色器”选项，在HSL中调整“饱和度”和“明亮度”中的“黄色”为10。

05 在“图层”面板中将其余图层隐藏，仅可见月球所在的“图层 1”，然后复制该图层，选中新增的“图层 1拷贝 2”图层，并单击“锁定透明像素”按钮，如图7-71所示。

06 选择“画笔工具”，在拾色器中将颜色设置为金黄色（R:251，G:235，B:186），如图7-72所示，接着将整个月球涂抹为金黄色，最后在“图层”面板中将金黄色的图层置于月球图层之上，并设置混合模式为“颜色”，如图7-73所示。

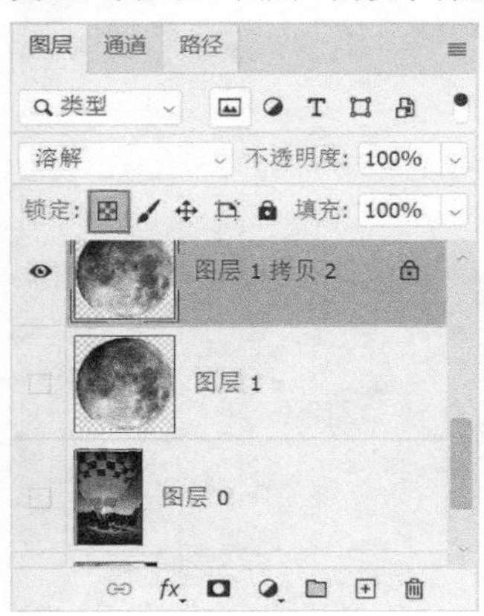

图7-71

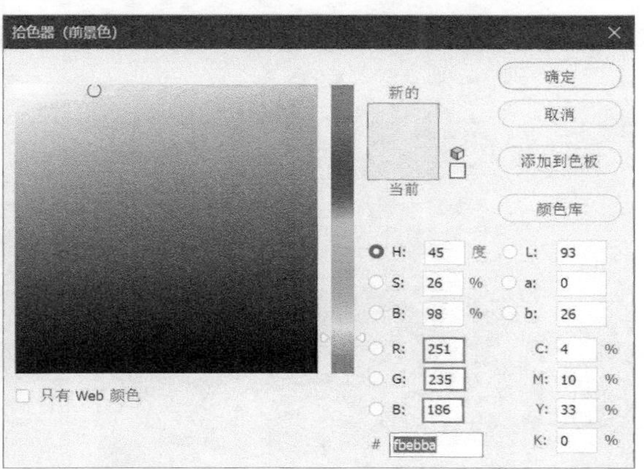

图7-72

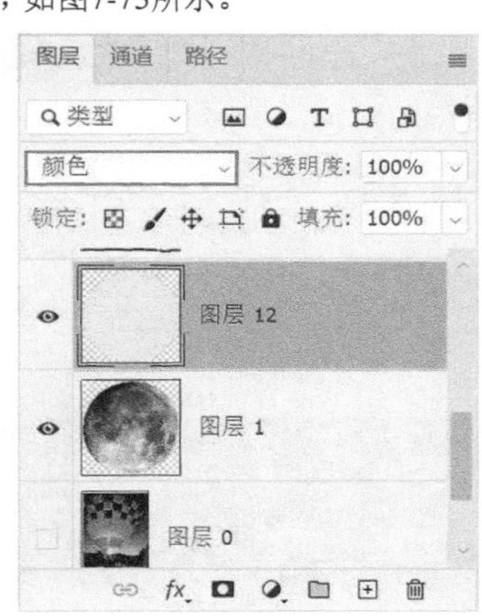

图7-73

> **技巧提示**
>
> 此时整个月球将被渲染成了金色，按快捷键Ctrl+Alt+Shift+E合并图层。另外，读者可以根据颜色选区的深浅明暗效果，选择“正片叠底”等不同的混合模式。

07 此时图像已接近完成，接下来进行最后的细节处理。选择盖印后的图层，执行“滤镜>Camera Raw滤镜”菜单命令，打开Camera Raw对话框，在“基本”选项中设置“色温”“高光”“自然饱和度”等参数，具体参数设置如图7-74所示。最后，可以为图像搭配文字，如图7-75所示。

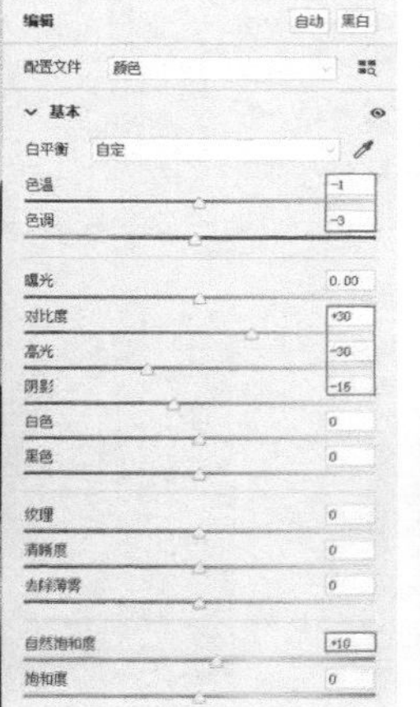

图7-74

图7-75

综合案例：制作星夜烛火

素材文件	素材文件>CH07>12
实例文件	实例文件>CH07>综合案例：制作星夜烛火.psd
教学视频	综合案例：制作星夜烛火.mp4
学习目标	掌握Camera Raw滤镜的应用方法

扫码观看视频

使用Camera Raw滤镜调整图像，可以使其呈现出不同质感，本例效果如图7-76所示。

01 执行“文件>打开”菜单命令，打开“素材文件>CH07>12”文件夹中的素材文件，如图7-77所示。

02 原图像中的天空部分无法放置火焰，所以需要扩展图像中的天空。按C键激活“裁剪工具”，然后将图片顶部向上拖曳，增加天空区域，如图7-78所示。

图7-76

图7-77

图7-78

03 选择“矩形选框工具”，框选图像上方的深紫色天空，如图7-79所示，然后按快捷键Ctrl+J复制图层，接着将其移动至空白区域，如图7-80所示。以此类推，补全天空部分，如图7-81所示。

图7-79

图7-80

图7-81

技巧提示

在使用“矩形选框工具”选择原图天空时，一定要保证选定了原图所在的图层。

04 此时的天空部分有很明显的拼接效果，按快捷键Ctrl+Shift+Alt+E盖印图层，执行“滤镜>模糊>表面模糊”菜单命令，设置“半径”为40像素，“阈值”为5色阶，如图7-82所示。

05 导入“星空.jpg”，并适当调整大小和位置，如图7-83所示。按Enter键确认，在“图层”面板中设置混合模式为“颜色减淡”，即可呈现出星空效果，如图7-84所示。

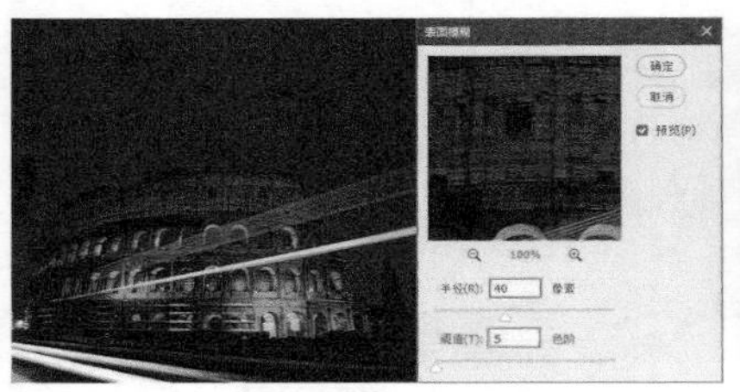
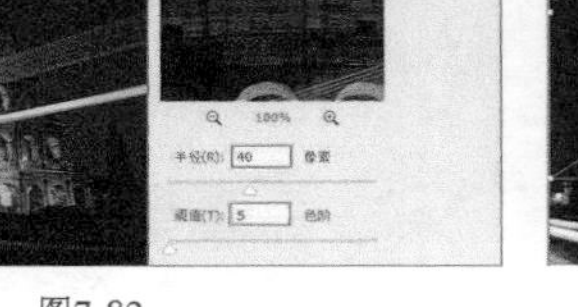
图7-82

图7-83

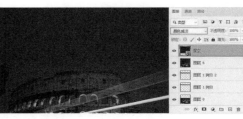

图7-84

06 导入“火焰.jpg”，如图7-85所示。使用“套索工具”将火焰部分框选出来，按快捷键Ctrl+J复制图层，如图7-86所示，然后隐藏所有的图层，如图7-87所示。

07 此时需要将火焰抠取出来，因为目前背景是黑色的，所以可以考虑用“色彩范围”命令来抠取。选择当前图层，执行“选择>色彩范围”菜单命令，如图7-88所示。打开“色彩范围”对话框，设置“颜色容差”为148，然后单击“吸管工具”按钮，单击视图中的白色区域，如图7-89所示。

图7-85

图7-86

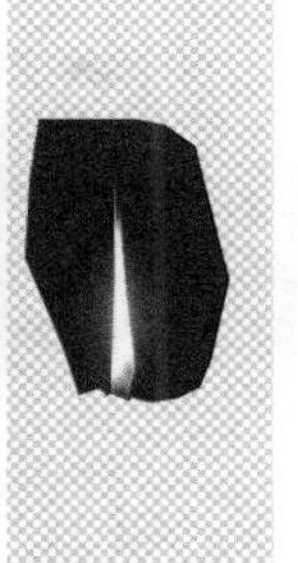
图7-87

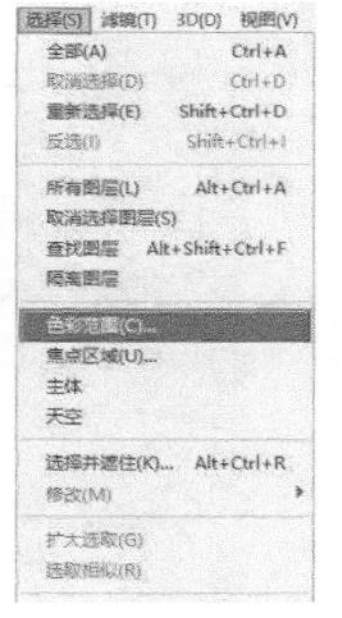

图7-88

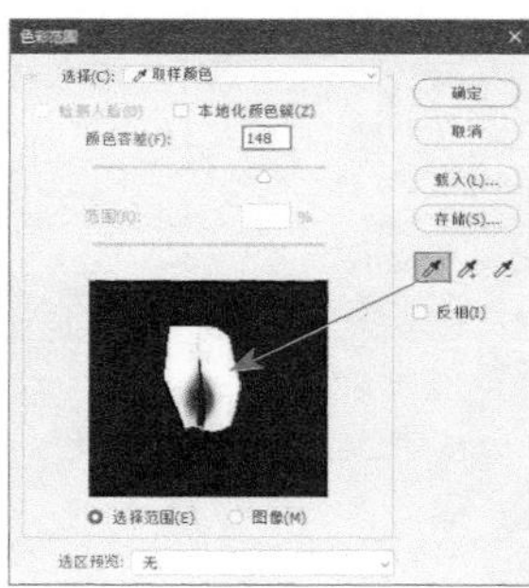

图7-89

08 单击“确定”按钮，画布中会出现黑色背景的选区，如图7-90所示。按Delete键删除背景，得到火焰素材图片，如图7-91所示。

09 取消隐藏背景建筑、星空图层，然后将火焰拖曳至背景建筑上方，如图7-92所示。

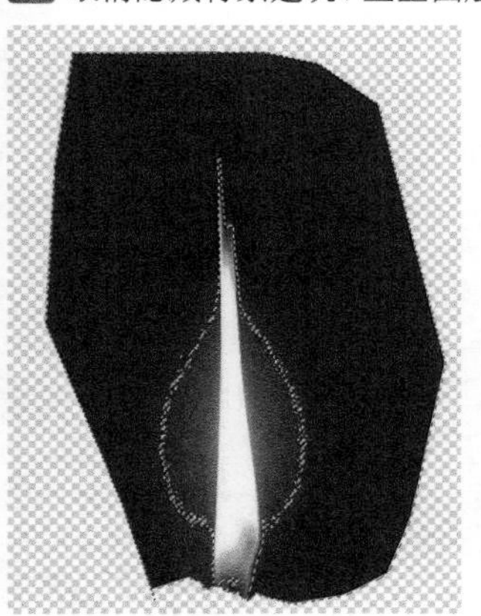
图7-90

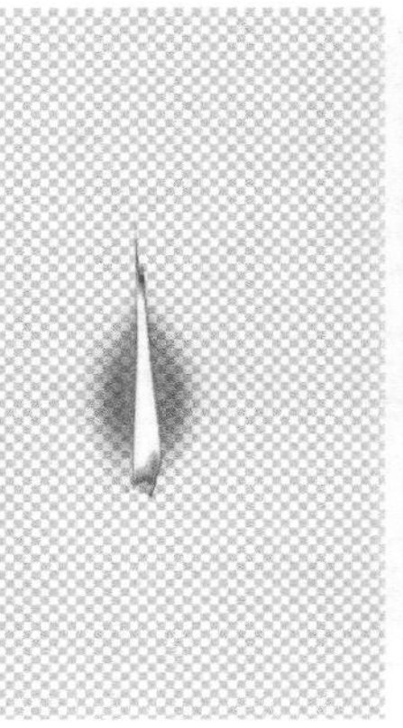
图7-91

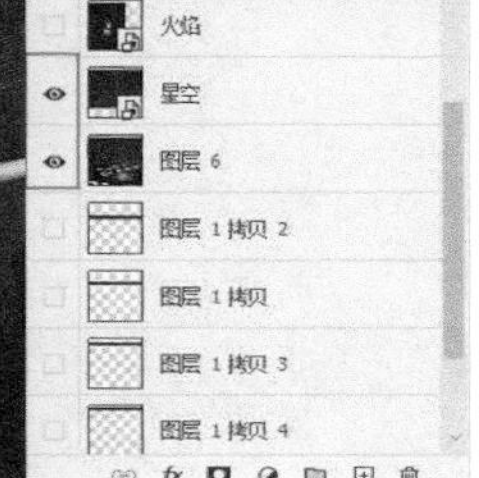

图7-92

> **技巧提示**
>
> 删除背景后，不要忘记按快捷键Ctrl+D取消选区。

10 按快捷键Ctrl+Shift+Alt+E盖印图层，执行“滤镜>Camera Raw滤镜”菜单命令，打开Camera Raw对话框，在“基本”选项中设置“色温”为-20，“色调”为+20，“对比度”为+10，“高光”为+10，“阴影”为+30，“白色”为+20，“纹理”为+50，“清晰度”为+30，“去除薄雾”为+30，“自然饱和度”为+10，如图7-93所示。

11 此时已完成调光调色的基本部分，读者可以使用HSL、“细节”等功能继续优化，参考效果如图7-94所示。

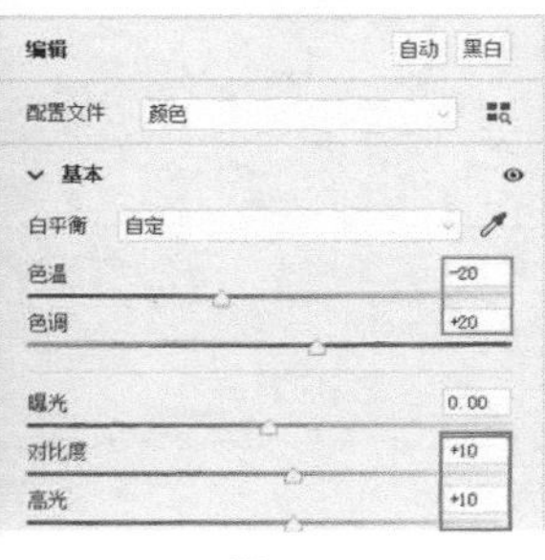

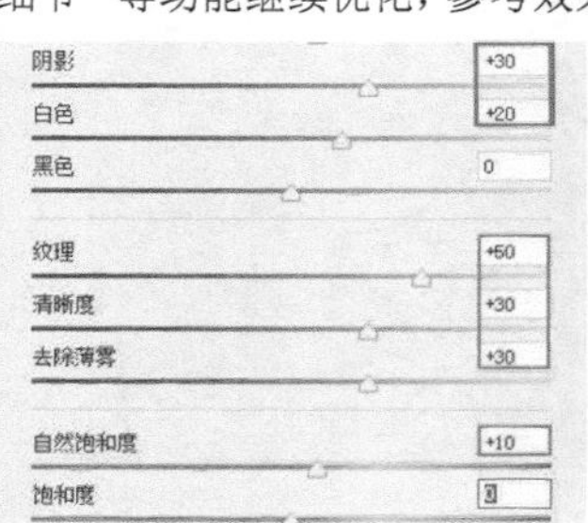

图7-93

图7-94

学以致用：魔法月球

素材文件	素材文件>CH07>13
实例文件	实例文件>CH07>学以致用：魔法月球.psd
教学视频	学以致用：魔法月球.mp4
学习目标	熟练掌握Camera Raw滤镜的用法

扫码观看视频

使用Camera Raw滤镜中的“径向滤镜”“调整画笔”等工具，可以任意调整图像细节部分的明暗程度与色彩，如图7-95所示。

图7-95

学以致用：光影油画

素材文件	素材文件>CH07>14
实例文件	实例文件>CH07>学以致用：光影油画.psd
教学视频	学以致用：光影油画.mp4
学习目标	熟练掌握Camera Raw滤镜的用法

扫码观看视频

对于图7-96所示的这种色彩较为鲜艳的图像，我们不仅可以使用Camera Raw滤镜对其进行色彩调整，还可以为图像换一种风格。

图7-96

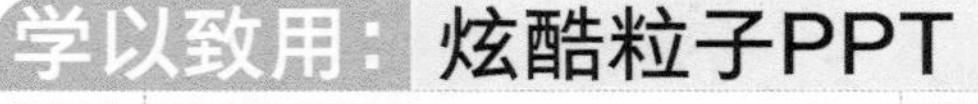

学以致用：炫酷粒子PPT

素材文件	素材文件>CH07>15
实例文件	实例文件>CH07>学以致用：炫酷粒子PPT.psd
教学视频	学以致用：炫酷粒子PPT.mp4
学习目标	熟练掌握Camera Raw滤镜的用法

扫码观看视频

使用Camera Raw滤镜制作并优化特效，效果如图7-97所示。

图7-97

第 8 章

① 技巧提示 + ② 疑难问答 + ◎ 技术专题

图层混合模式与图层样式

Photoshop中图层的混合模式用于在图像叠加时对上方图层和下方图层的像素进行混合，从而得到另外一种图像效果。Photoshop中共有27种图层混合模式，大致分为6类，分别是组合模式、加深模式、减淡模式、对比模式、比较模式和色彩模式。图层样式用于设置图层的各种样式。例如，设置图片的外阴影或内阴影。

学习重点

实战：使用“溶解”模式与不透明度功能制作颗粒阴影

素材文件	素材文件>CH08>01
实例文件	实例文件>CH08>实战：使用“溶解”模式与不透明度功能制作颗粒阴影.psd
教学视频	实战：使用“溶解”模式与不透明度功能制作颗粒阴影.mp4
学习目标	学会用“溶解”模式与不透明度功能调整图像

扫码观看视频

组合模式组中除了“正常”混合模式，还有“溶解”混合模式。“溶解”混合模式用于将图层以多个像素点的方式混合，常常搭配“不透明度”功能一起使用。更改图像的不透明度可以制作“消散”效果，如图8-1所示。

操作步骤

01 执行“文件>打开”菜单命令，打开“素材文件>CH08>01”文件夹中的素材文件，如图8-2所示。

图8-1

图8-2

02 选择“快速选择工具”，将图像中的鹰选中，按快捷键Ctrl+J复制图层，如图8-3所示。

03 隐藏新复制的图层，选中背景图层，按快捷键Ctrl+J复制图层，使用“矩形选框工具”将背景图中的鹰选中，如图8-4所示。执行“编辑>填充”菜单命令，在“内容”下拉列表中选择“内容识别”选项，将原图中的鹰抹去，此时图像中的鹰已经与天空剥离开，如图8-5所示。

04 取消隐藏鹰所在的图层，按3次快捷键Ctrl+J，复制3个图层，然后依次选择每一个新复制的图层，按快捷键Ctrl+T激活“自由变换”功能，分别调整它们的大小和位置，如图8-6所示。

图8-3

图8-4

图8-5

图8-6

技巧提示

注意在“图层”面板中调整这4个鹰图层的顺序，较小的鹰排在前面，较大的鹰排在后面，使后者能覆盖前者的图层。

05 选择第2大的鹰所在的图层，执行“滤镜>模糊>高斯模糊”菜单命令，设置“半径”为20.0像素，如图8-7所示。在“图层”面板中设置混合模式为“溶解”，并将“不透明度”设置为50%，如图8-8所示。

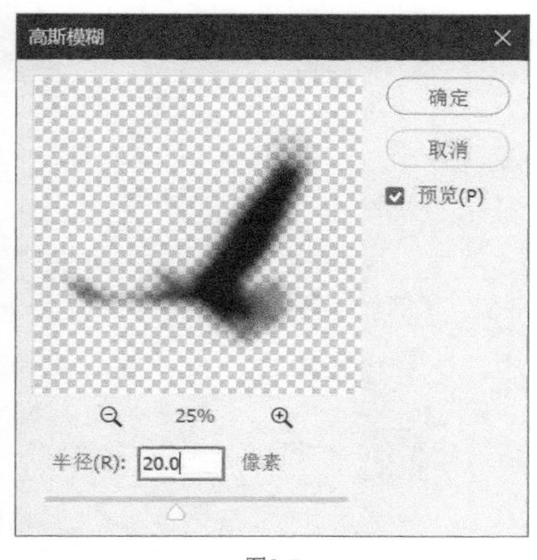

图8-7

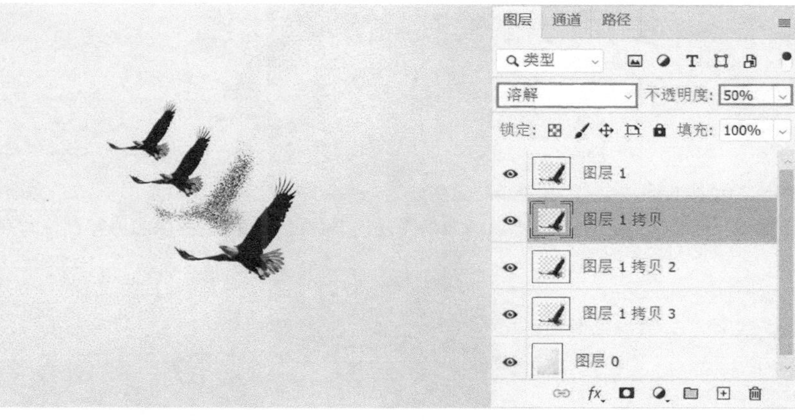

图8-8

06 用同样的方法依次调整每一个图层。注意，在调整后续图层时将“高斯模糊”对话框中的“半径”参数值依次调高，将“不透明度”参数值依次调低，这样可以得到不同程度的溶解效果，如图8-9所示。继续调整各个图层的大小及位置，将其覆盖在原图上，效果如图8-10所示。

07 选中最初的鹰图层，在“图层”面板中为其增加图层蒙版 ，接着选择“画笔工具” ，调整画笔的“不透明度”和“流量”，单击鹰的尾部，使其呈现出渐隐的效果，如图8-11所示。

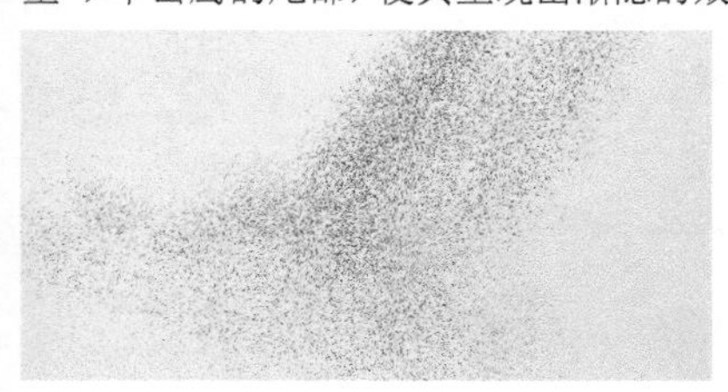

图8-9

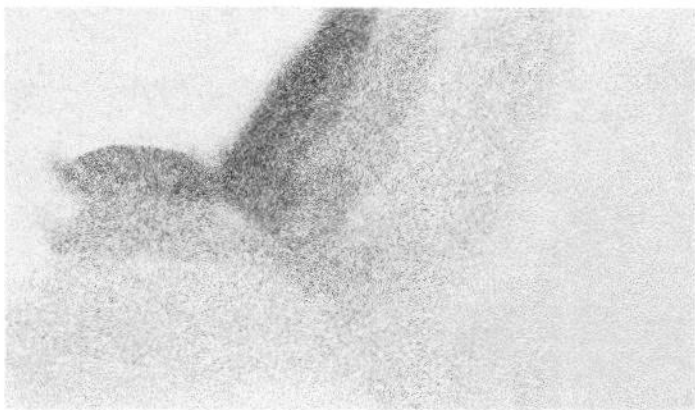

图8-10

图8-11

技巧提示

读者可以根据自己的需要添加文案。另外，如果读者不太了解图层的混合模式，请观看教学视频。

知识回顾

扫码观看视频

图层的“溶解”模式和“不透明度”功能的原理相似，都是用来调整图像展示的效果的。对于“不透明度”功能，读者已经较为熟悉，即调整图像的不透明程度。“溶解”混合模式下的不透明度是指混合色的像素配比。按此比例把混合色放于基色上，可以生成由“面”消散为“点”的效果。图8-12所示分别为正常图像、在“溶解”混合模式下“不透明度”为90%的图像、在“正常”混合模式下“不透明度”为90%的图像。

教学视频： 回顾“溶解”模式与不透明度功能.mp4

命令： 混合选项

位置： 图层>图层样式>混合选项

用途： 混合图层。

操作流程

第1步： 打开Photoshop，导入准备好的图片。

第2步： 执行“图层>图层样式>混合选项”菜单命令。

第3步： 设置对话框中的参数，对图像进行后期调整。

图8-12

实战：使用对比模式增加对比度

素材文件	素材文件>CH08>02
实例文件	实例文件>CH08>实战：使用对比模式增加对比度.psd
教学视频	实战：使用对比模式增加对比度.mp4
学习目标	学会用对比模式调整图像

扫码观看视频

对比模式组中共有7种混合模式，分别是“叠加”“柔光”“强光”“亮光”“线性光”“点光”“实色混合”。之所以被称为对比模式，是因为这些混合模式都增加了图像的对比度，突出了图像的色差及饱和度。本例效果如图8-13所示。

操作步骤

01 执行“文件>打开”菜单命令，打开“素材文件>CH08>02”文件夹中的素材文件，如图8-14所示。

02 单击“图层”面板中的“创建新图层”按钮，新建一个空白图层，如图8-15所示。

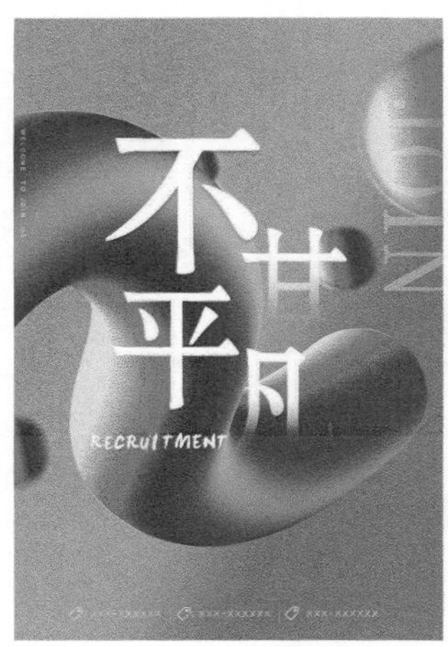

图8-13

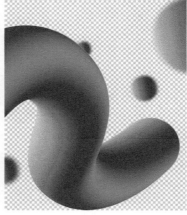

图8-14

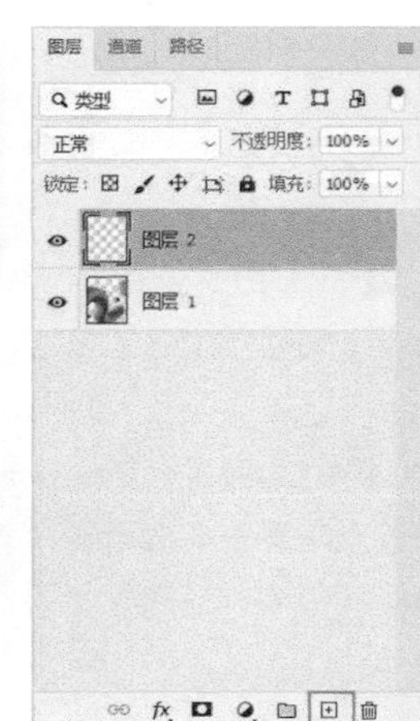

图8-15

03 在工具箱中选择“渐变工具”，然后选择一种合适的渐变颜色，从左上角向右下角拖曳，填充图层，如图8-16所示，效果如图8-17所示。

图8-16

图8-17

04 将素材所在的图层拖曳至渐变图层之上，在“图层”面板中将图层的混合模式设置为“线性光”，可以明显地发现“线性光”模式下图像的对比度和饱和度得到了加强，如图8-18所示。

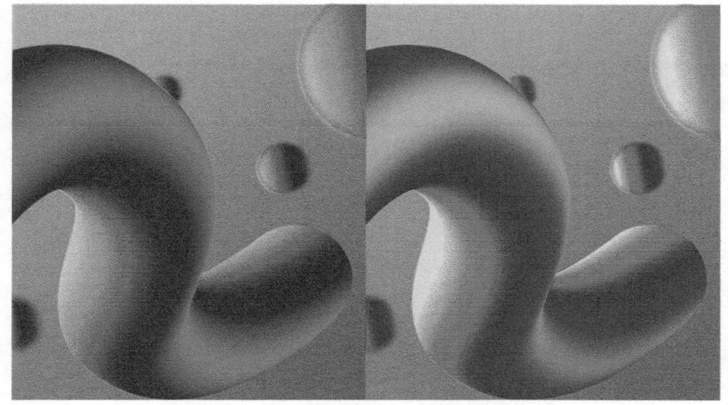
图8-18

05 自由发挥，为图像搭配文案，如图8-19所示。关于文字的设计技巧，可以参考第9章。

图8-19

☞ 知识回顾

扫码观看视频

教学视频： 回顾对比模式.mp4

命令： 混合选项

位置： 图层>图层样式>混合选项

用途： 混合图层。

操作流程

第1步： 打开Photoshop，导入准备好的图片。

第2步： 执行“图层>图层样式>混合选项”菜单命令。

第3步： 设置对话框中的参数，对图像进行后期调整。

对比模式包含7种混合模式，如图8-20所示。它们的主要作用是将颜色相同的区域显示为黑色，将颜色不同的区域显示为灰色或者彩色。简单来说，使用对比模式会使图像中亮的部分变得更亮，暗的部分变得更暗，从而形成对比。图8-21所示分别为原图与“点光”“叠加”“亮光”3种混合模式下图像的对比效果。

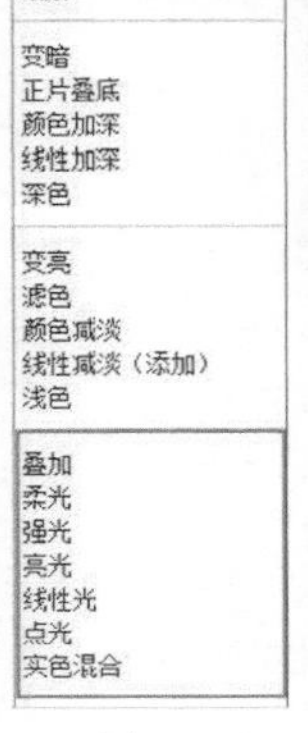

图8-20

图8-21

实战：使用色彩模式处理色相和饱和度

素材文件	素材文件>CH08>03
实例文件	实例文件>CH08>实战：使用色彩模式处理色相和饱和度.psd
教学视频	实战：使用色彩模式处理色相和饱和度.mp4
学习目标	学会用色彩模式调整图像

扫码观看视频

色彩模式包含“色相”“饱和度”“颜色”“明度”4种混合模式。它们的最大特点是基于图层的颜色进行混合。其中“颜色”混合模式可以同时通过饱和度及色相对图层进行混合，如图8-22所示。

☞ 操作步骤

01 执行“文件>打开”菜单命令，打开“素材文件>CH08>03”文件夹中的“背景.png”文件，如图8-23所示。

图8-22

图8-23

02 将“大桥.jpg”图片拖曳至画布中，并调整其位置和大小，如图8-24所示。

03 单击“创建新图层”按钮 ⊞，新建一个空白图层。选择“渐变工具” ▣，在属性栏中单击渐变颜色条，打开“渐变编辑器”对话框，分别单击左右两侧的色标，然后单击“颜色”色块，吸取画面中较亮与较暗的两种金黄色作为渐变颜色的起点和终点，如图8-25所示。

图8-24

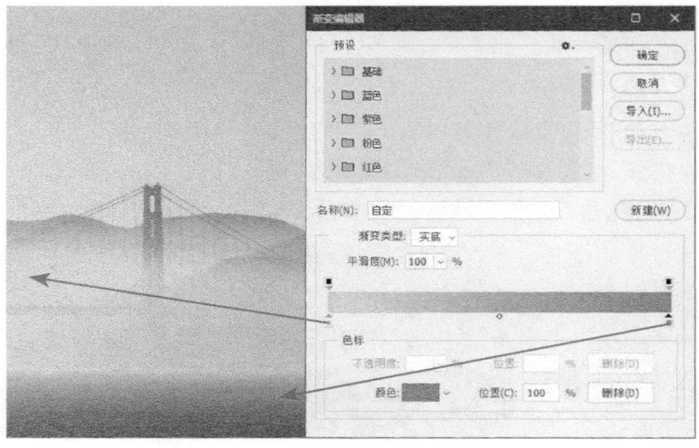

图8-25

04 选择新建的空白图层，拖曳以填充图层，如图8-26所示，效果如图8-27所示。

05 隐藏“大桥”图层，选中渐变颜色所在的图层，将混合模式设置为“颜色”，并调整“不透明度”为70%，可以明显发现渐变颜色与背景图层恰当地融合在了一起，如图8-28所示。

图8-26

图8-27

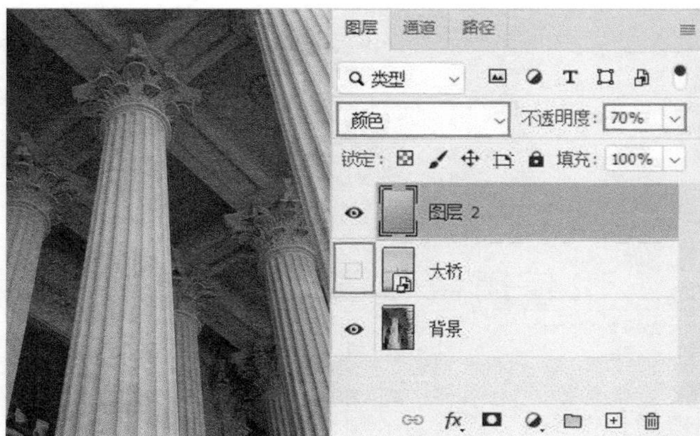

图8-28

06 不难发现，混合后图像的色彩明暗对比有些生硬，阴影和高光不够突出。按快捷键Ctrl+Shift+Alt+E盖印图层，选择盖印后的图层，执行“图像>调整>阴影/高光”菜单命令，打开“阴影/高光”对话框，设置“阴影数量”为30%，“高光数量”为20%，如图8-29所示。

图8-29

07 读者可以根据需求进行其他细节处理，添加文案，参考效果如图8-30所示。

图8-30

知识回顾

扫码观看视频

色彩模式包含“色相”“饱和度”“颜色”“明度”4种混合模式，如图8-31所示。它们的共同点是保留当前图层的色彩属性，并与下方图层的相应属性进行混合，从而实现色彩属性的叠加。

正常
溶解

变暗
正片叠底
颜色加深
线性加深
深色

变亮
滤色
颜色减淡
线性减淡（添加）
浅色

叠加
柔光
强光
亮光
线性光
点光
实色混合

差值
排除
减去
划分

色相
饱和度
颜色
明度

图8-31

重要参数介绍

色相：保留当前图层中图像色彩的色相，然后与下方图层中图像色彩的饱和度、亮度进行混合。

饱和度：保留当前图层中图像色彩的饱和度，然后与下方图层中图像色彩的色相、亮度进行混合。

颜色：保留当前图层中图像色彩的色相及饱和度，然后与下方图层中图像色彩的亮度进行混合。

明度：保留当前图层中图像色彩的亮度，然后与下方图层中图像的色相、饱和度进行混合。

教学视频：回顾色彩模式.mp4

命令：混合选项

位置：图层>图层样式>混合选项

用途：混合图层。

操作流程

第1步：打开Photoshop，导入准备好的图片。

第2步：执行“图层>图层样式>混合选项”菜单命令。

第3步：设置对话框中的参数，对图像进行后期调整。

色彩模式用于对图像的色彩属性进行计算和混合。

> **技巧提示**
>
> Photoshop中的其他图层混合模式介绍如下。
>
> 比较模式包含“差值”“排除”“减去”“划分”4种混合模式。“差值”“排除”“减去”混合模式的原理是用较亮颜色的像素值减去较暗颜色的像素值，所得差值就是最后效果的像素值。“划分”混合模式通过图像通道混合颜色，因此对比感更强。因为不常使用，所以这里简要说明一下。
>
> 加深模式的作用效果与减淡模式相反，即去除浅色，保留深色。

实战：使用图层样式制作Logo

素材文件	无
实例文件	实例文件>CH08>实战：使用图层样式制作Logo.psd
教学视频	实战：使用图层样式制作Logo.mp4
学习目标	学会用图层样式制作效果图像

扫码观看视频

Photoshop中的图层样式有“斜面和浮雕”“描边”“内阴影”“内发光”“光泽”“颜色叠加”“渐变叠加”“图案叠加”“外发光”“投影”10种，常用于搭配设计Logo或文字。这些效果能以非破坏性的方式更改图层内容的外观。图层效果与图层内容相链接。当移动或编辑图层的内容时，修改的内容会应用相同的效果，如图8-32所示。

操作步骤

01 执行“文件>新建”菜单命令或按快捷键Ctrl+N，打开“新建”对话框，新建一个“宽度”为800像素，“高度”为800像素的空白文档，如图8-33和图8-34所示。

图8-32

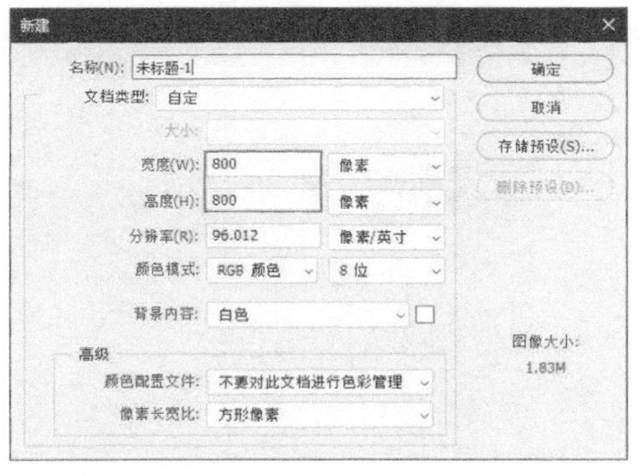

图8-33

图8-34

02 单击“图层”面板中的“指示图层部分锁定”图标，解锁“背景”图层，如图8-35所示。然后单击“添加图层样式”按钮fx，选择“渐变叠加”选项，如图8-36所示。

03 打开的“图层样式”对话框中此时默认勾选的是“渐变叠加”复选框，设置“不透明度”为50%，“样式”为“径向”，如图8-37所示。

图8-35

图8-36

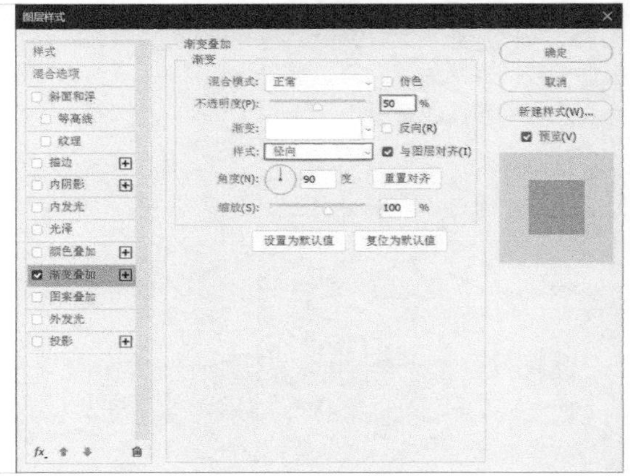

图8-37

04 选择“椭圆工具”，按住Shift键，在画布中绘制一个圆，为了便于后面进行区分，可以为其填充一种颜色，如图8-38所示。继续用同样的方法绘制两个圆，如图8-39和图8-40所示。

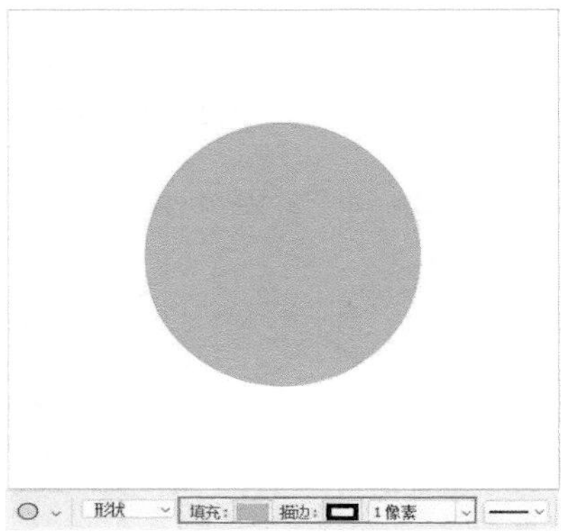

图8-38

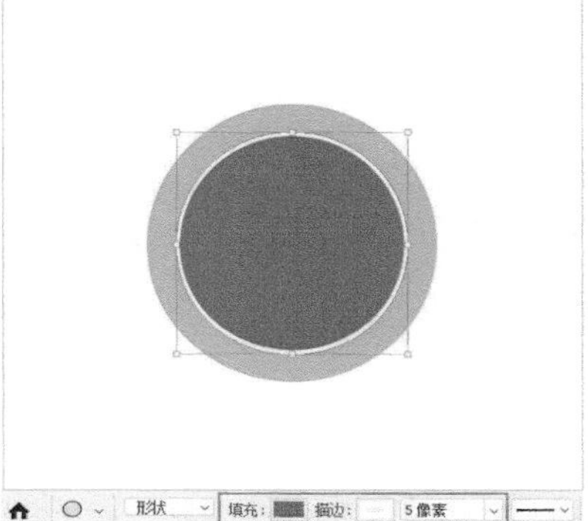

图8-39

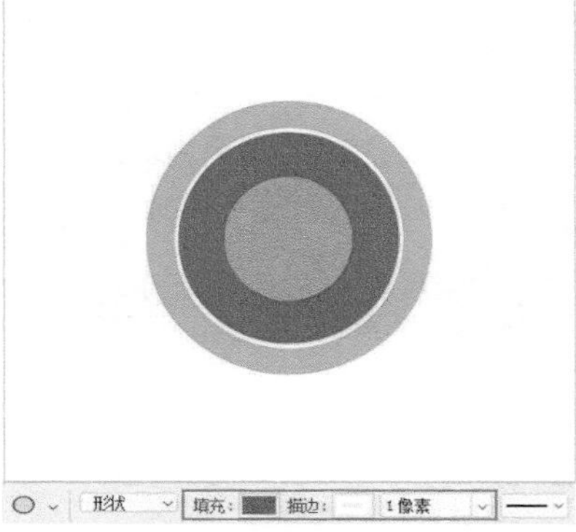

图8-40

05 选中任意一个圆，单击“添加图层样式”按钮，选择“斜面和浮雕”选项，然后设置“高度”为0度，“不透明度”为50%，如图8-41所示。勾选“内阴影”复选框，设置“不透明度”为50%，“距离”为5像素，“大小”为15像素，“杂色”为5%，如图8-42所示。勾选“颜色叠加”复选框，设置“混合模式”中的颜色为背景颜色（白色），如图8-43所示。效果如图8-44所示。

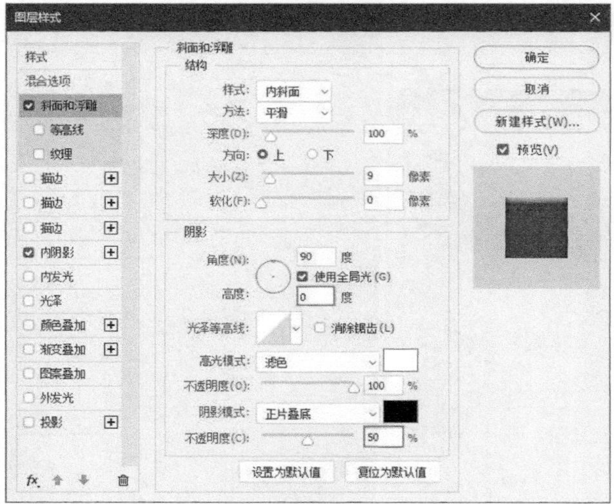

图8-41

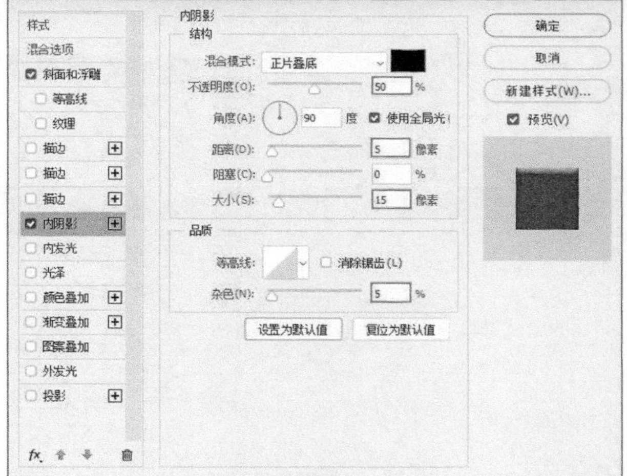

图8-42

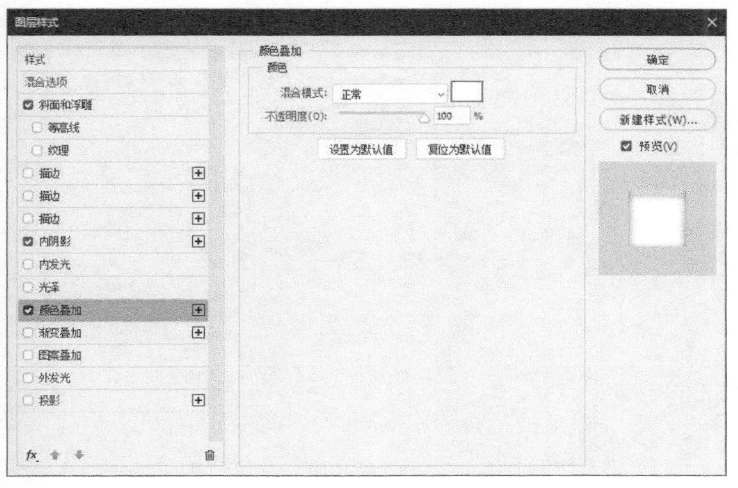

图8-43

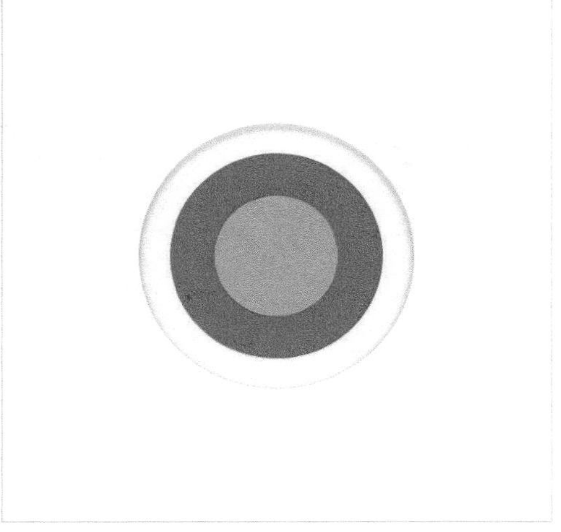

图8-44

06 选择刚才处理的图形图层，右击fx图标，然后选择“拷贝图层样式”命令，如图8-45所示。选择另一个圆形图层，单击鼠标右键，选择“粘贴图层样式”命令，如图8-46所示。此时，图层样式背景会应用到当前图层中，效果如图8-47所示。用同样的方法处理最后一个图形，如图8-48所示。

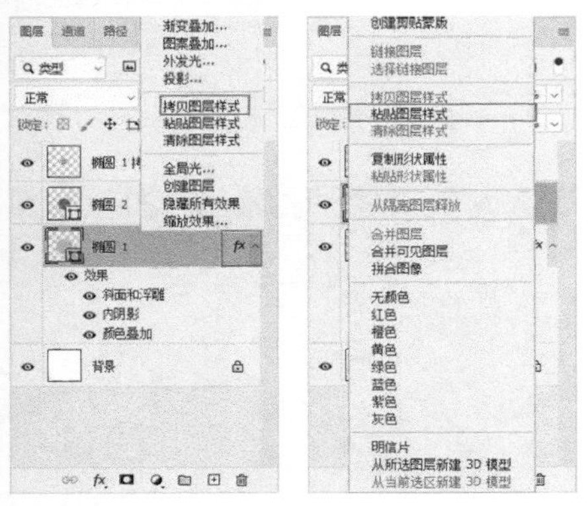

图8-45

图8-46

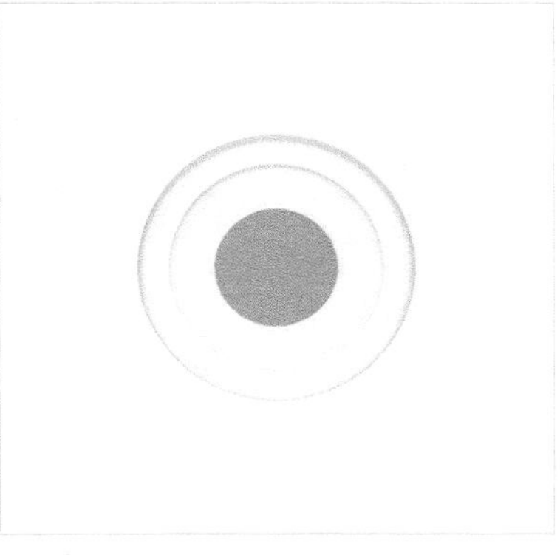

图8-47

图8-48

07 导入“途安.png”素材，并调整其位置和大小，如图8-49所示。同样，复制图层样式给新导入的图层，然后设置“斜面和浮雕”中的“角度”为-90度，“不透明度”为100%，如图8-50所示。效果如图8-51所示。

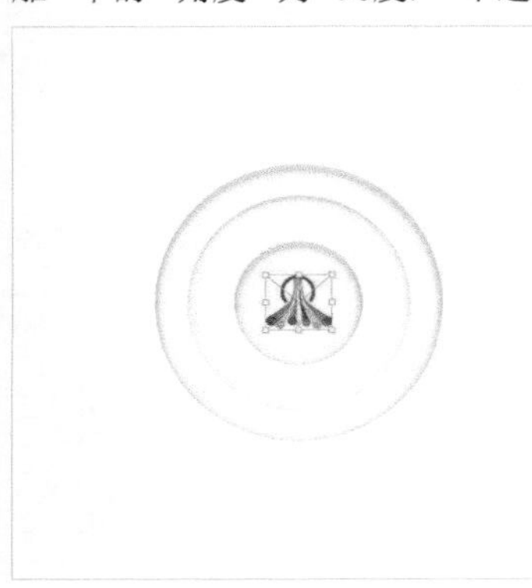

图8-49

图8-50

图8-51

08 单击“创建新图层”按钮，创建一个空白图层，在原形状内用画笔涂上喜欢的颜色，如图8-52所示。将图层的混合模式设置为“柔光”，如图8-53所示。最终效果如图8-54所示。

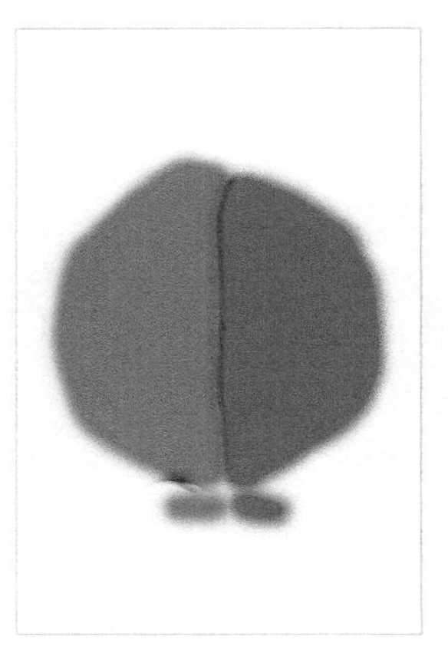

图8-52

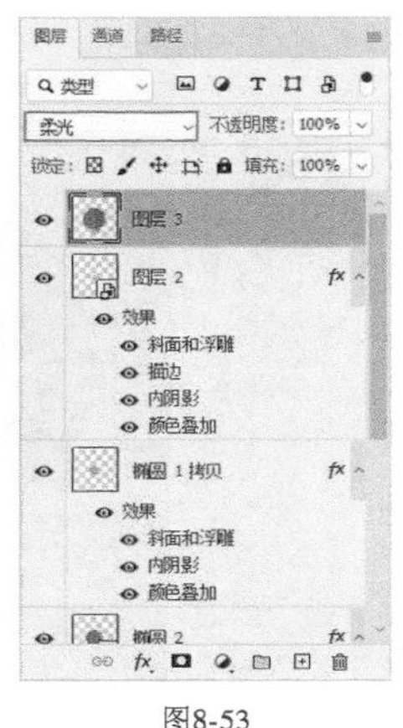

图8-53

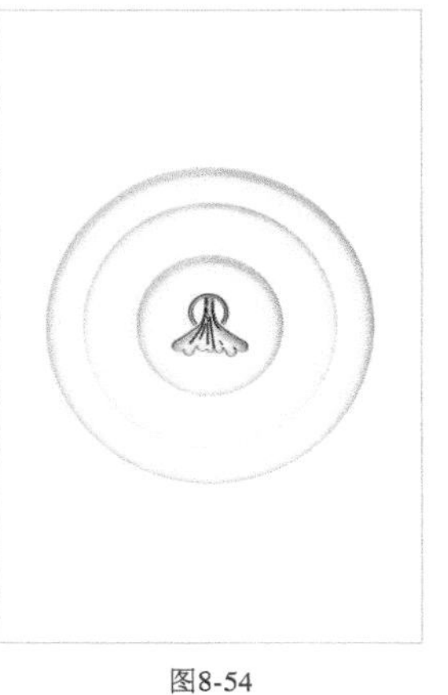

图8-54

09 读者可以根据需要进行细节调整并添加文字，参考效果如图8-55所示。

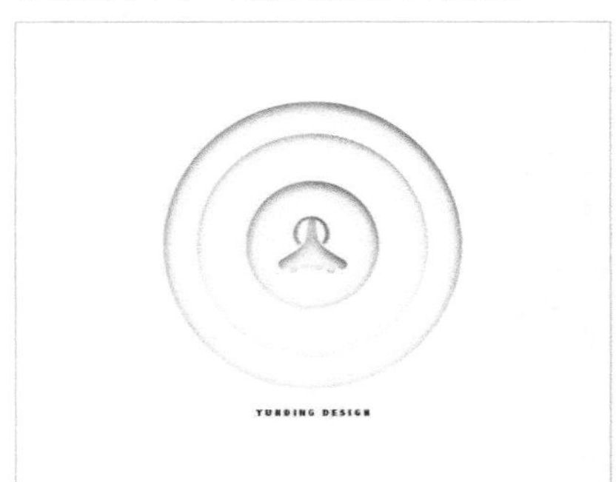

图8-55

知识回顾

图层样式主要用于对文字和图标进行美化。其中，“投影”是一种常用的功能，如图8-56和图8-57所示。

扫码观看视频

教学视频： 回顾图层样式.mp4

命令： 混合选项

位置： 图层>图层样式>混合选项

用途： 更改图层内容的外观。

操作流程

第1步： 打开Photoshop，导入准备好的图片。

第2步： 执行“图层>图层样式>混合选项”菜单命令。

第3步： 设置对话框中的参数，对图像进行调整。

图8-56

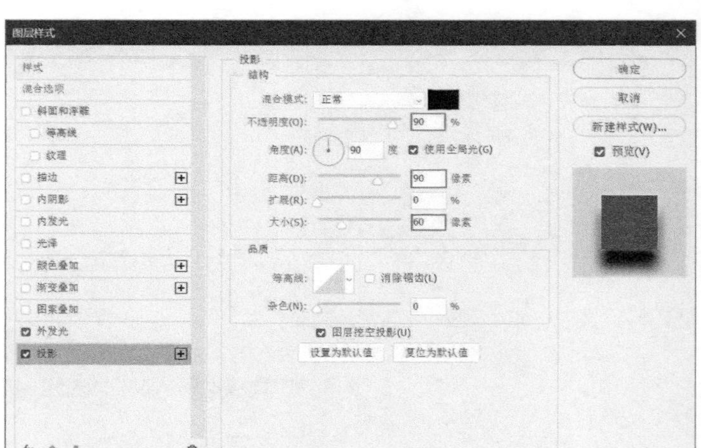

图8-57

综合案例：制作色彩渐变海报

素材文件	素材文件>CH08>04
实例文件	实例文件>CH08>综合案例：制作色彩渐变海报.psd
教学视频	综合案例：制作色彩渐变海报.mp4
学习目标	掌握图层混合模式、不透明度的综合应用方法

扫码观看视频

使用图层混合模式，调整“不透明度”，即可制作精美海报，如图8-58所示。

01 执行“文件>打开”菜单命令，打开“素材文件>CH08>04”文件夹中的素材文件，如图8-59所示。

02 单击“创建新图层”按钮，在背景图层的上方新建一个空白图层，选择“渐变工具”，然后选择自己喜欢的颜色作为渐变底色，用前面的方法填充图层，参考效果如图8-60所示。在“图层”面板中选中渐变图层，将图层的混合模式设置为“差值”，如图8-61所示。

图8-58

图8-59

图8-60

图8-61

03 选中渐变图层，单击“创建新的填充或调整图层”按钮，选择“自然饱和度”选项，设置“自然饱和度”为+62，“饱和度”为+42，如图8-62所示。创建“色相/饱和度”调整图层，设置“色相”为-2，“饱和度”为+33，如图8-63所示。创建“亮度/对比度”调整图层，设置“亮度”为8，“对比度”为-11，如图8-64所示。

04 至此，渐变色效果就制作完成了，读者可以根据自己的需要新建文字图层。将文字图层的混合模式更改为“颜色减淡”，设置“不透明度”为70%，如图8-65所示。效果如图8-66所示。

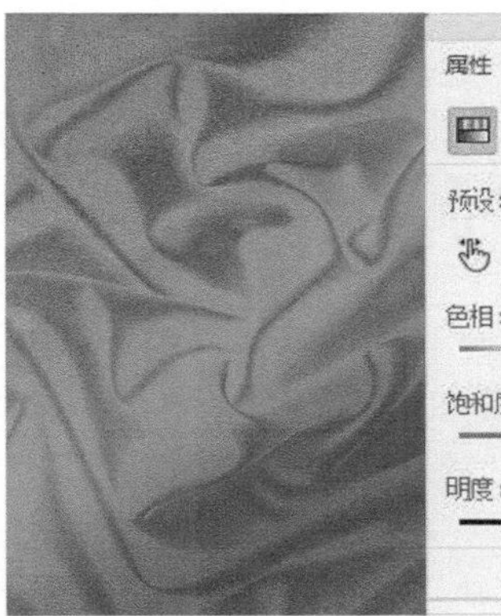

图8-62

图8-63

图8-64

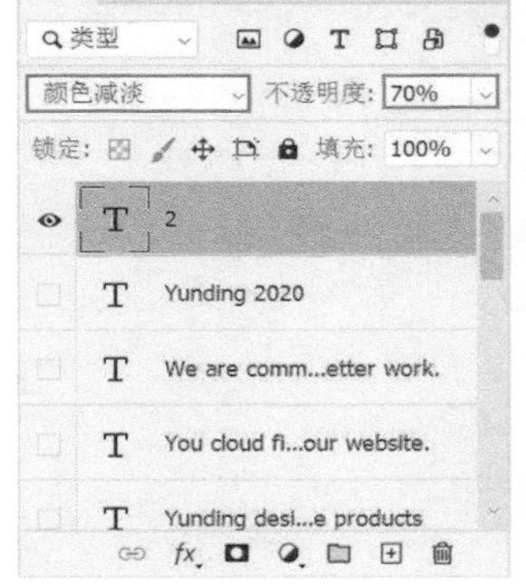

图8-65

图8-66

综合案例：制作电商水晶玻璃按钮

素材文件	无
实例文件	实例文件>CH08>综合案例：制作电商水晶玻璃按钮.psd
教学视频	综合案例：制作电商水晶玻璃按钮.mp4
学习目标	掌握图层样式的综合应用方法

扫码观看视频

使用图层样式可以制作精美的电商设计案例，如图8-67所示。

图8-67

01 执行“文件>新建”菜单命令或按快捷键Ctrl+N，打开“新建”对话框，新建一个“宽度”为1890像素，“高度”为1417像素的空白文档，如图8-68和图8-69所示。

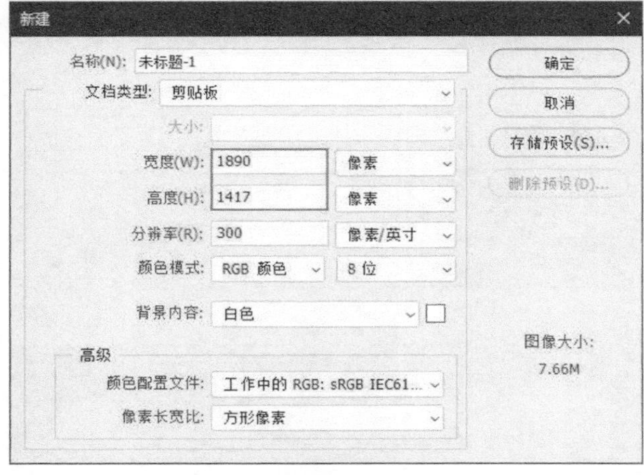

图8-68

图8-69

02 选择“椭圆工具”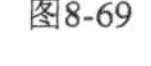，绘制一个椭圆，不用任何颜色填充图形，为了便于查看，设置“描边”为5像素，可以为其设置一种颜色，如图8-70所示。

> **技巧提示**
>
> 为了便于读者学习，下面在截图时将画布放大。

图8-70

03 单击“图层”面板中的“添加图层样式”按钮 fx，选择“混合选项”命令，为了营造出玻璃质感，可以将“填充不透明度”设置为0%，如图8-71所示。

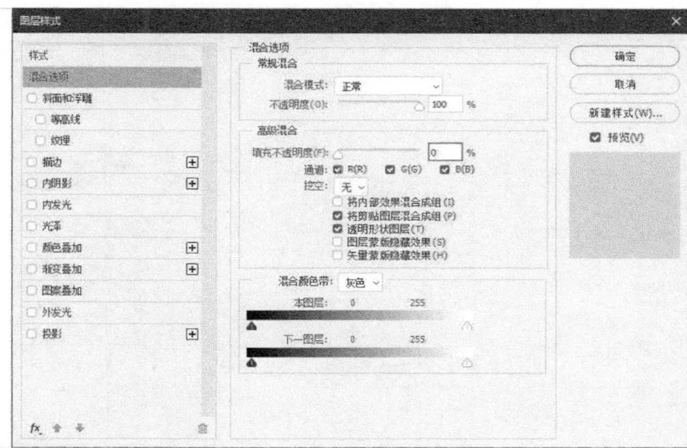

图8-71

04 勾选“斜面和浮雕”复选框，设置“深度”“大小”“软化”等参数。设置“高光模式”和“阴影模式”的颜色均为红色，并调整“不透明度”，以此设置图案的光源方向和整体的环境色彩。设置“深度”为53%，“大小”为9像素，“软化”为2像素，“角度”为87度，“高度”为50度，“高光模式”为红色（R:255，G:0，B:0），“不透明度”为14%，“阴影模式”为红色（R:255，G:0，B:0），“不透明度”为28%，如图8-72所示。

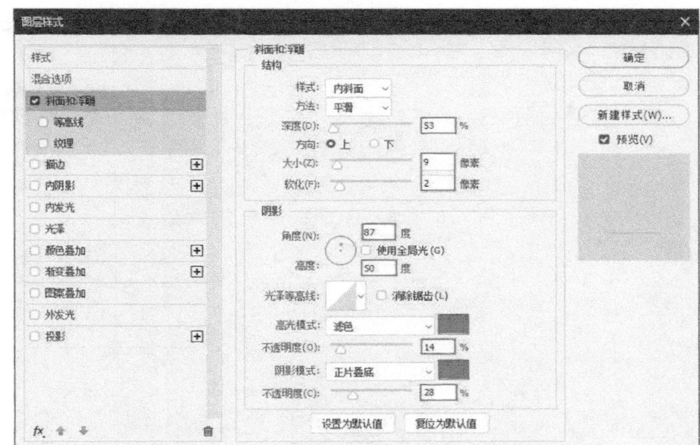

图8-72

05 勾选“等高线”复选框，设置“范围”为58%，如图8-73所示。

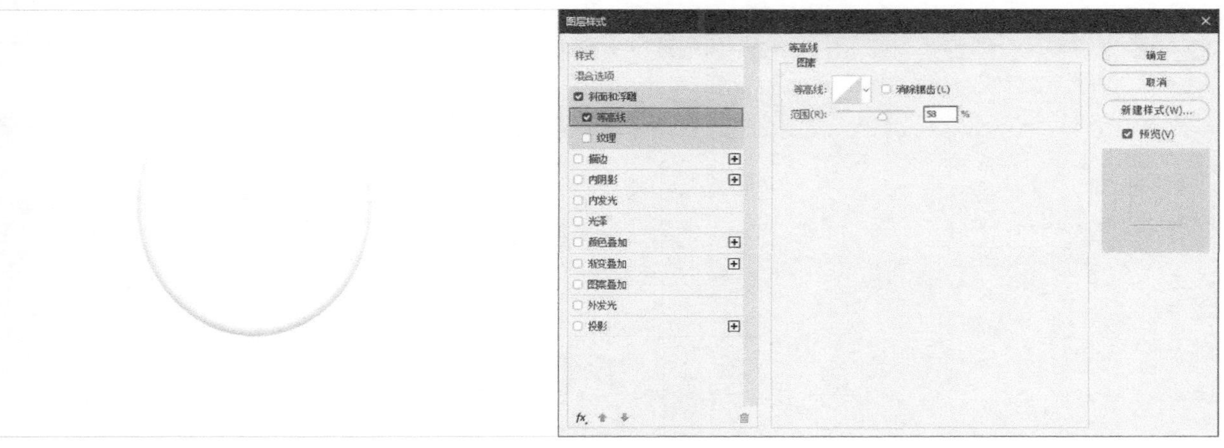

图8-73

06 勾选"内阴影"复选框，设置"混合模式"的颜色为粉白色（R:255，G:239，B:239），模式为"正常"，"不透明度"为100%，"角度"为90度，"距离"为18像素，"大小"为35像素，如图8-74所示。

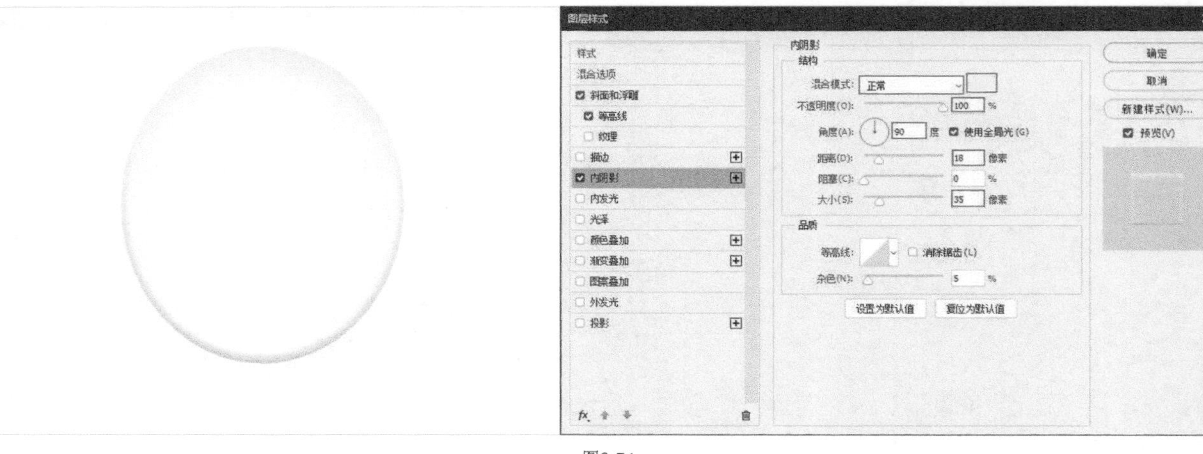

图8-74

07 勾选"内发光"复选框，调整"不透明度"和光颜色等参数，这样光照面到阴暗面的过渡会更加柔和。设置"混合模式"为"正常"，"不透明度"为15%，光颜色为粉色（R:236，G:95，B:95），"方法"为"柔和"，如图8-75所示。

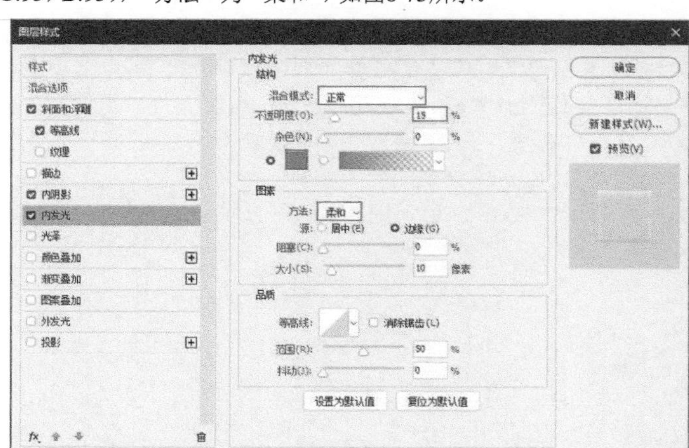

图8-75

08 勾选"渐变叠加"复选框，调整"不透明度"和渐变颜色等参数，这样可以使原图与阴影很好地过渡。设置"不透明度"为100%，"样式"为"线性"，"缩放"为150%，如图8-76所示。

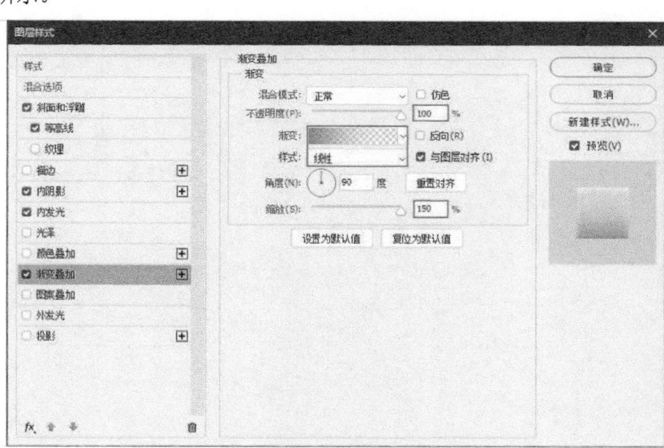

图8-76

09 勾选“投影”复选框，设置“混合模式”为“正片叠底”，颜色为暗红色（R:187，G:86，B:86），“距离”为16像素，“大小”为13像素，如图8-77所示。

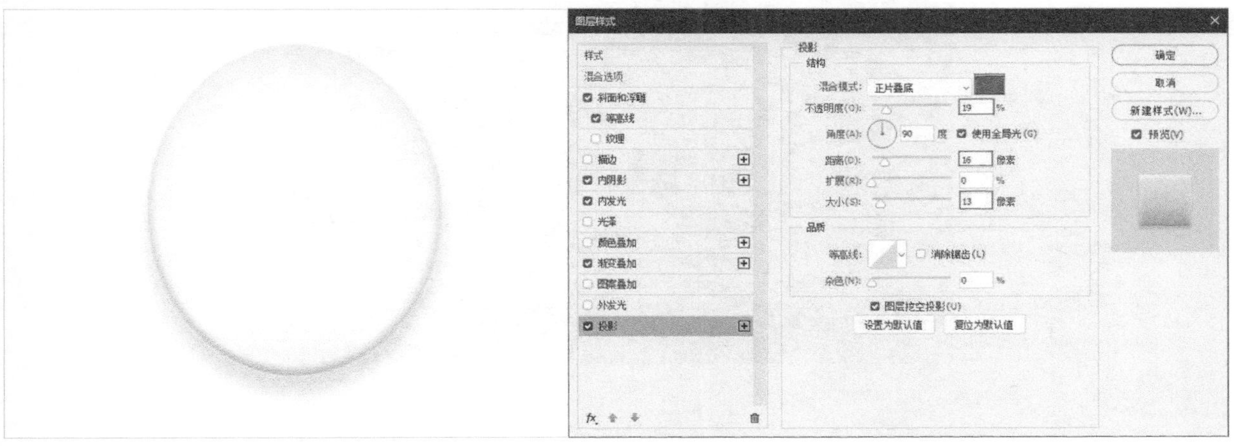

图8-77

10 此时椭圆玻璃效果基本创建完成。将椭圆玻璃图层复制多份并整齐排列，如图8-78所示。

图8-78

11 读者可以根据需要在椭圆玻璃中加入电商产品和文字。在“图层样式面板”中，诸如“投影”等样式的右侧有一个加号，表示这种样式可以叠加使用，单击加号即可创建第2个样式。

学以致用：制作麋鹿森林效果

素材文件	素材文件>CH08>05
实例文件	实例文件>CH08>学以致用：制作麋鹿森林效果.psd
教学视频	学以致用：制作麋鹿森林效果.mp4
学习目标	熟练掌握图层混合模式和调色工具的应用方法

扫码观看视频

Photoshop中的调色工具可以用来改善夜间拍摄的图像效果，如图8-79所示。

图8-79

学以致用：制作星际漫步效果

素材文件	素材文件>CH08>06
实例文件	实例文件>CH08>学以致用：制作星际漫步效果.psd
教学视频	学以致用：制作星际漫步效果.mp4
学习目标	掌握图层混合模式的应用方法

扫码观看视频

使用Photoshop中的图层混合模式可以实现图层的叠加融合，该模式尤其适用于黑色背景的图像，如图8-80所示。

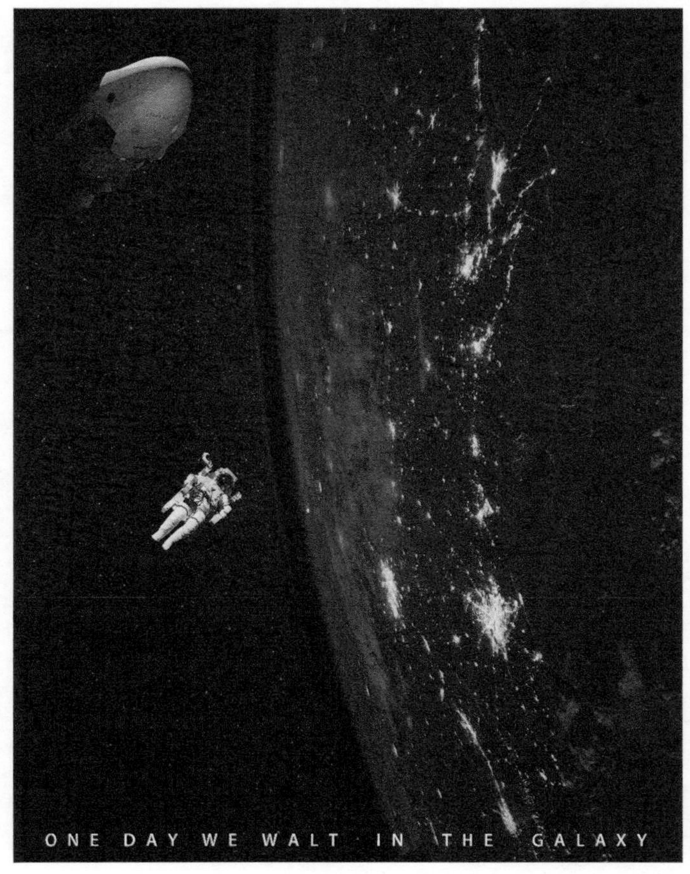
ONE DAY WE WALT IN THE GALAXY

图8-80

第 9 章

① 技巧提示 + ② 疑难问答 + ◎ 技术专题

文字

文字是传递信息的主要媒介，在Photoshop中文字的使用与搭配是一门大学问，一张好的图片搭配对应风格的文字才是好的设计。如果文字使用得不恰当，反而会导致一张好的图片做不出好的效果。本章将会举几个文字搭配图片的案例，并以此介绍文字的基本属性和文字使用的基本方法。

学习重点

实战：使用“横排文字工具”制作海报

素材文件	素材文件>CH09>01
实例文件	实例文件>CH09>实战：使用“横排文字工具”制作海报.psd
教学视频	实战：使用“横排文字工具”制作海报.mp4
学习目标	掌握文字工具的使用方法

扫码观看视频

本案例效果如图9-1所示。

操作步骤

01 打开Photoshop，执行“文件>打开”菜单命令，或按快捷键Ctrl+O，打开“素材文件>CH09>01”文件夹中的素材文件，如图9-2所示。

图9-1

图9-2

02 选择“横排文字工具”T，如图9-3所示，在画布中拖曳出一个文本框，在属性栏中设置文字属性，设置字体大小为288点，字体为“王汉宗中行书繁”，如图9-4所示，接着输入文案“立秋”。执行“窗口>字符”菜单命令，打开“字符”面板，设置行距为400点（读者可根据实际需要自由发挥），如图9-5所示。

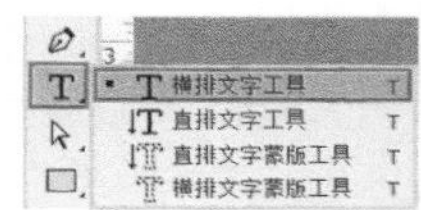

图9-3

图9-4

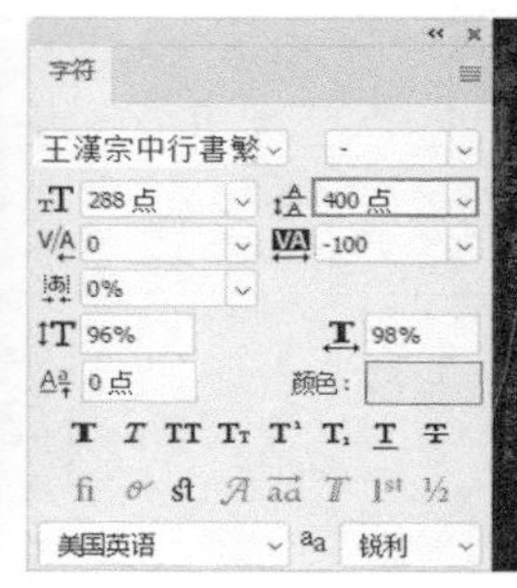

图9-5

03 在“图层”面板中双击该文字图层右侧的空白区域（或执行“图层>图层样式>混合选项”菜单命令），为此文字添加图层样式。勾选“描边”复选框，设置“大小”为8像素，“不透明度”为100%，如图9-6所示。

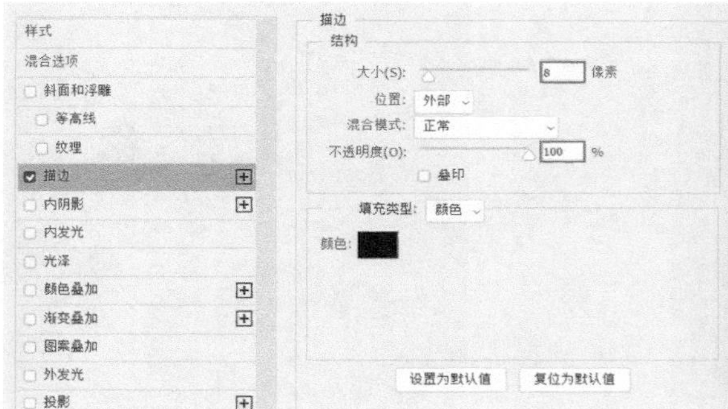

图9-6

04 选择“矩形工具”□，按住Shift键在画布中绘制一个正方形，如图9-7所示。在“属性”面板中设置“填充”为黄色渐变，渐变类型为“线性”，“旋转渐变”为48(48代表的是渐变旋转的角度)，如图9-8所示。

图9-7

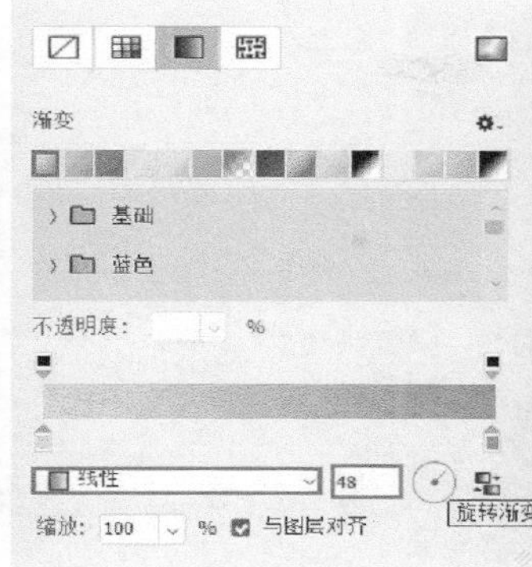

图9-8

05 选择“横排文字工具”T，输入文字2020.8。然后输入autumn begins，并设置字体大小为288点，字体为Playlist，接着双击该文字图层右侧的空白区域（或执行“图层>图层样式>混合选项”菜单命令），为其添加图层样式。勾选“描边”复选框，设置“大小”为5像素，“颜色”为黑色，如图9-9所示。最后，读者还可以加入一些图形元素，完成效果的制作，如图9-10所示。

图9-9

图9-10

知识回顾

创建段落文字图层就是以段落文本框的形式创建文字图层。选择“横排文字工具”T，在画布中拖曳出一个段落文本框，这样即可在文本框内输入文字。

扫码观看视频

教学视频： 回顾文字工具的用法1.mp4

工具： 文字工具

用途： 为图片添加文字。

操作流程

第1步： 导入背景。

第2步： 输入文字。

第3步： 加入装饰元素，完成效果的制作。

实战：通过编辑文字制作艺术海报

素材文件	素材文件>CH09>02
实例文件	实例文件>CH09>实战：通过编辑文字制作艺术海报.psd
教学视频	实战：通过编辑文字制作艺术海报.mp4
学习目标	掌握文字工具的使用方法

扫码观看视频

本案例效果如图9-11所示。

操作步骤

01 打开Photoshop，执行“文件>打开”菜单命令，或按快捷键Ctrl+O，打开“素材文件>CH09>02”文件夹中的素材文件，如图9-12所示。选择“钢笔工具” （关于钢笔工具的详细内容，参见第10章），绘制出图9-13所示的路径。

图9-11

图9-12

图9-13

02 选择“横排文字工具” ，在路径内部单击，路径即转换为文本框，如图9-14所示，设置字体为Dax，字体大小为114点，在文本框内输入文字。以同样的方式在圆形右侧输入文字，如图9-15所示。

03 在画布中使用“横排文字工具” 继续输入文字，设置字体为Lot，字体样式为Regular，字体大小为288点，如图9-16所示。

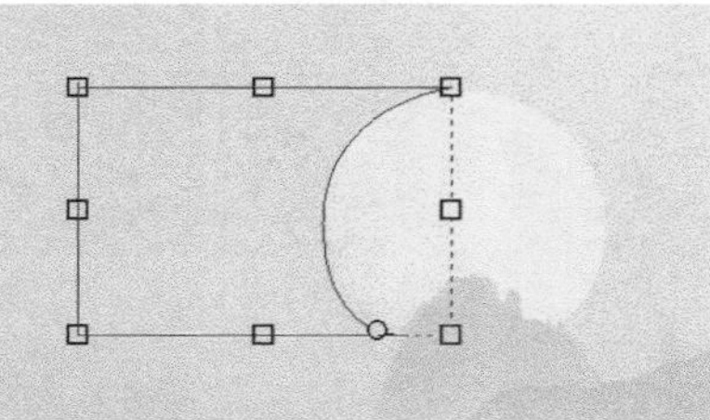
图9-14

图9-15

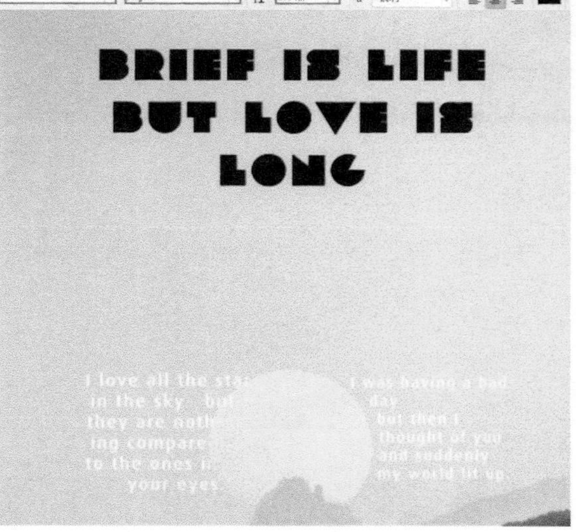

图9-16

04 分别选择“直线工具”和“椭圆工具”，在图像中画出相应的直线和圆形，设置直线和圆形的“描边”为10像素、黑色，如图9-17所示（注意，此处调整图层的顺序，可以获得更好的效果）。

05 置入04.png并调整其位置，如图9-18所示，然后双击04.png图形所在的图层，为其添加“外发光”样式，设置“不透明度”为32%，“杂色”为45%，“扩展”为11%，“大小”为75像素，如图9-19所示。最后使用“矩形工具”和“横排文字工具”添加装饰并完善细节，如图9-20所示。

图9-17

图9-18

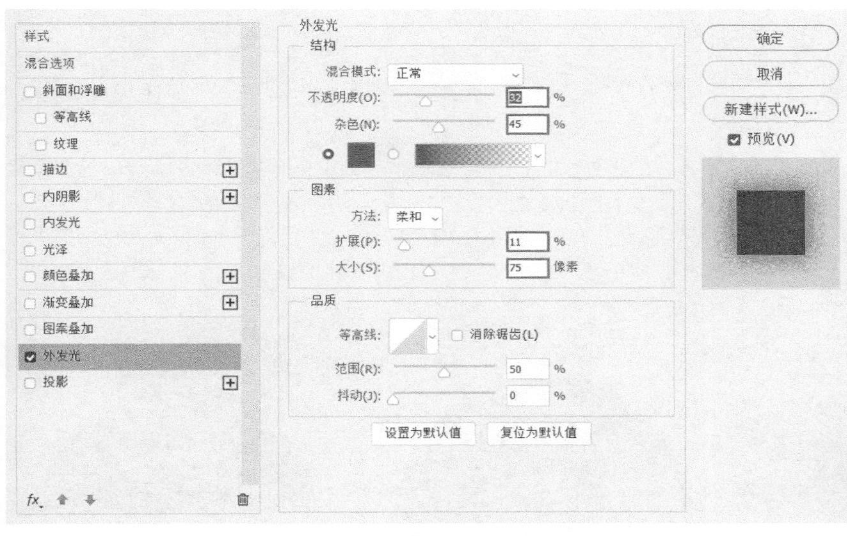

图9-19

图9-20

知识回顾

扫码观看视频

教学视频： 回顾文字工具的用法2.mp4

工具： 文字工具

用途： 为图片添加文字。

操作流程

第1步： 导入背景。

第2步： 输入文字。

第3步： 加入装饰元素，完成效果的制作。

综合案例：“天道酬勤”字体设计

素材文件	无
实例文件	实例文件>CH09>综合案例：“天道酬勤”字体设计.psd
教学视频	综合案例：“天道酬勤”字体设计.mp4
学习目标	掌握文字工具的综合应用方法

扫码观看视频

本案例效果如图9-21所示。

01 打开Photoshop，执行“文件>新建”菜单命令，或按快捷键Ctrl+N，打开“新建文档”对话框，新建iPhone X大小的画布，设置“背景内容”为灰色（R:235，G:235，B:235），如图9-22所示。

02 选择“横排文字工具”T，输入相关文案“天道酬勤”，设置字体为“字魂160号-檀宋”，字体大小为288点，如图9-23所示，然后单击“添加图层蒙版”按钮，为文字图层添加蒙版，如图9-24所示。

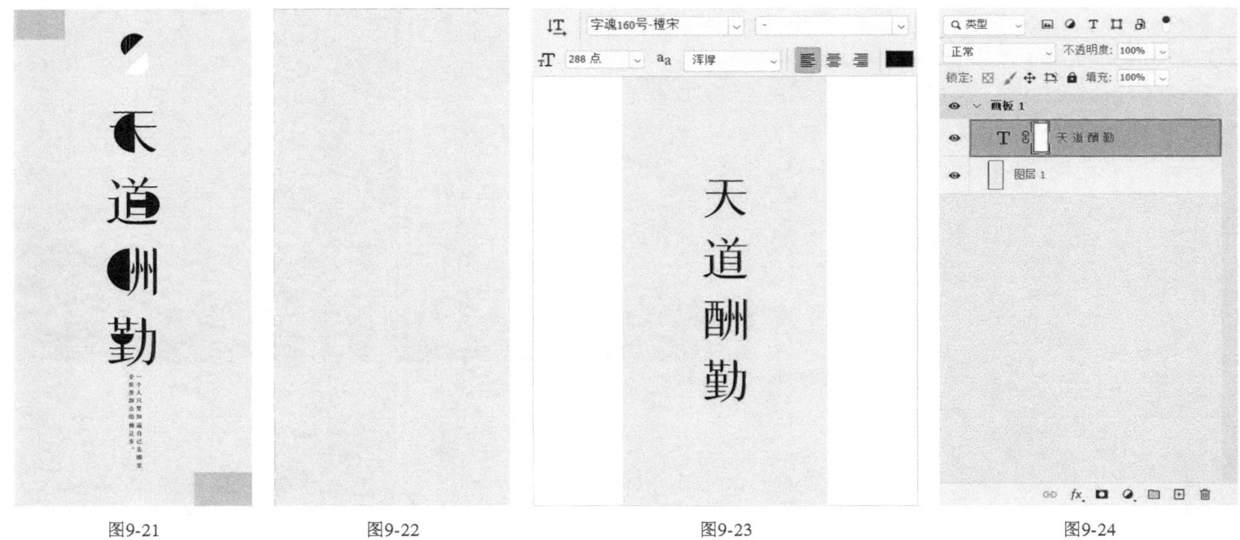

图9-21 图9-22 图9-23 图9-24

03 选择“椭圆工具”，然后按住Shift键绘制一个圆形，并设置“填充”为黑色（R:0，G:0，B:0），如图9-25所示。选择“直接选择工具”，如图9-26所示，使用“直接选择工具”选择圆形底部的锚点，如图9-27所示，按Delete键删除锚点，如图9-28所示。

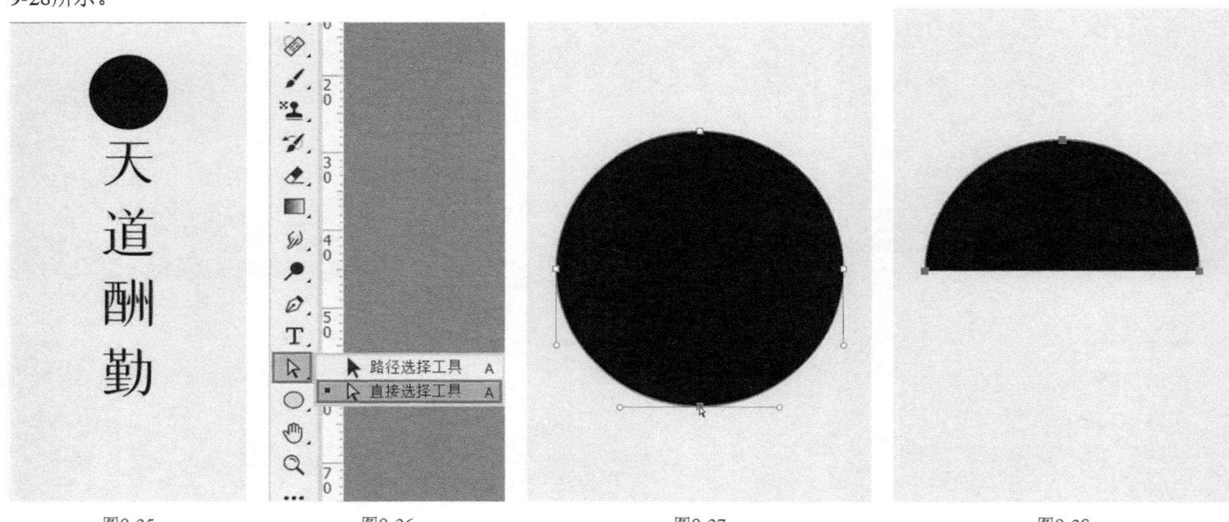

图9-25 图9-26 图9-27 图9-28

04 按快捷键Ctrl+T，修改半圆形的大小和位置，使用半圆形充当字体的笔画（在适当时候调整其大小），如图9-29所示。同理，完成其余文字的笔画替换，如图9-30所示。

05 选中“天道酬勤”文字的蒙版，选择“画笔工具”，设置“前景色”为黑色，然后使用“画笔工具”擦除多余部分，如图9-31所示（图示为“勤”字的修改，其他文字可以参照此方法进行修改）。选中半圆形，按快捷键Ctrl+T，调整半圆位置，并使用选区或黑色矩形将一些空隙填充为黑色，如图9-32所示。

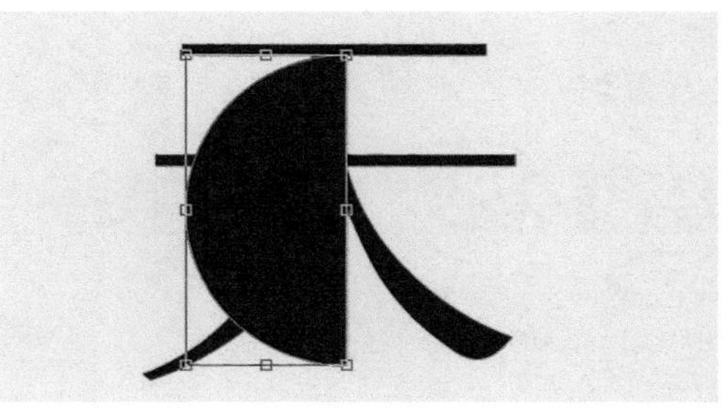

图9-29

图9-30

图9-31

图9-32

06 选择“直线工具”，按住Shift键，在相关文字的笔画处绘制图9-33所示的白色直线。然后以此方法完成其他笔画的绘制，如图9-34所示。

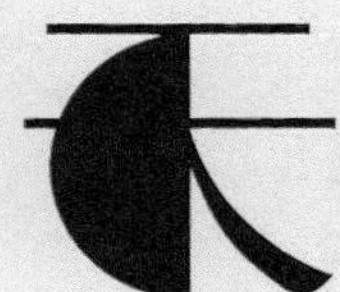

图9-33

图9-34

07 选择“直排文字工具”，设置字体大小为30点，字体为“字魂160号-檀宋”，输入文字，如图9-35所示。最后使用“矩形工具”和“直排文字工具”添加装饰完善细节，完成最终效果的制作，如图9-36所示。

图9-35

图9-36

综合案例：TIMES版面设计

素材文件	素材文件>CH09>03
实例文件	实例文件>CH09>综合案例：TIMES版面设计.psd
教学视频	综合案例：TIMES版面设计.mp4
学习目标	掌握文字工具的综合应用方法

扫码观看视频

本案例效果如图9-37所示。

01 打开Photoshop，执行"文件>新建"菜单命令，或按快捷键Ctrl+N，新建一个A4大小的画布。然后选择"横排文字工具" T，输入文字TIMES（一个文本框对应一个字母），设置字体为Times New Roman，字体大小为288点，如图9-38所示。

图9-37

图9-38

02 右击文字图层，执行"栅格化文字"命令，如图9-39所示。然后单击下方的"添加图层蒙版"按钮，给每个栅格化的文字添加蒙版，如图9-40所示。

03 选择"快速选择工具"和"矩形选框工具"，然后利用布尔运算，先选择文字整体选区，再减去下半部分，得到E的上半部分选区，如图9-41所示，接着选中刚刚选择的选区（单击E图层），然后按快捷键Ctrl+J复制一个新的图层，如图9-42所示。

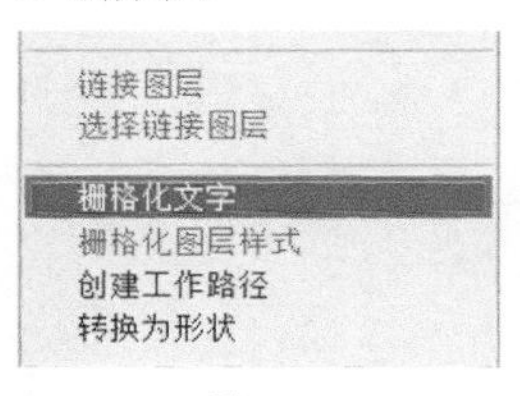

图9-39

图9-40

图9-41

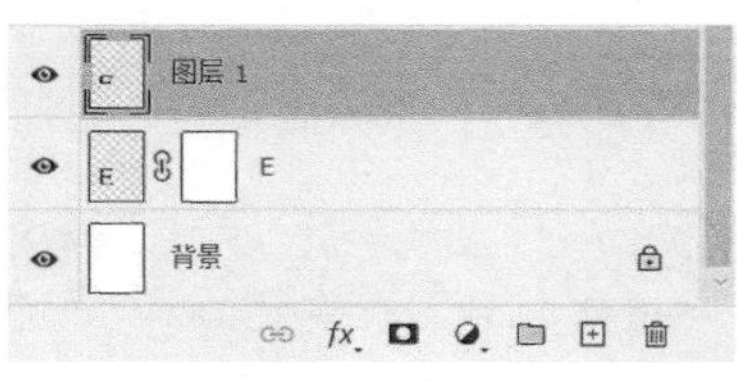

图9-42

04 用同样的方法复制E的下层，然后关闭原来E图层的预览，如图9-43所示，接着在画布中调整E上下两部分的相对位置，如图9-44所示。

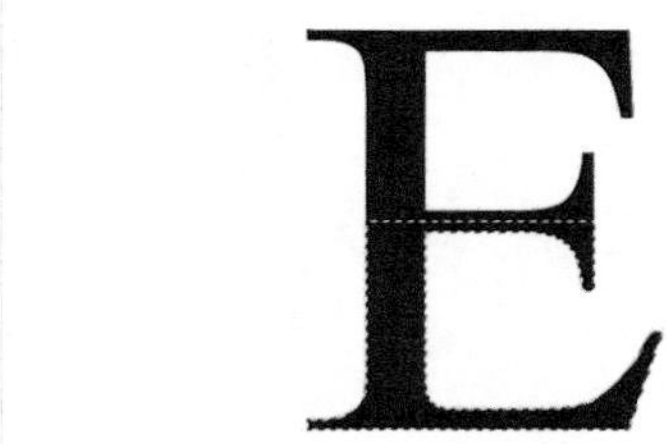

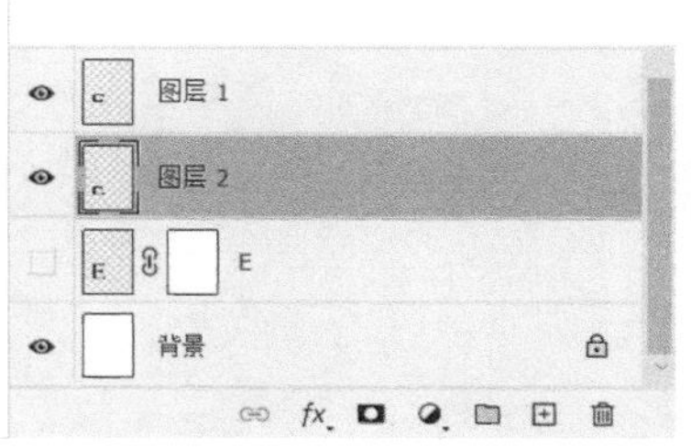

图9-43

图9-44

05 选择“画笔工具”，选中字母蒙版，使用黑色画笔擦除文字填充的区域，如图9-45所示。用同样的方法擦除其他字母图层中文字填充的区域，如图9-46所示。

图9-45

图9-46

06 选择“横排文字工具”，输入相关文字，设置字体为Times New Roman，如图9-47所示。然后选择“直线工具”，画出相关辅助线条，如图9-48所示。

图9-47

图9-48

07 使用“直线工具”和“横排文字工具”继续添加相关装饰线条和文字，如图9-49所示。设置NEW的字体为Times New Roman，字体大小为100点。设置底部文字的字体为Bickham Script Pro，字体大小为12点，字体样式为Bold。最后导入05.png并调整图片大小、位置和图层顺序，如图9-50所示。

图9-49

图9-50

学以致用：制作海报文案

素材文件	素材文件>CH09>04
实例文件	实例文件>CH09>学以致用：制作海报文案.psd
教学视频	学以致用：制作海报文案.mp4
学习目标	熟练掌握文字工具的使用方法

扫码观看视频

本案例效果如图9-51所示。

图9-51

学以致用：制作字体海报

素材文件	素材文件>CH09>05
实例文件	实例文件>CH09>学以致用：制作字体海报.psd
教学视频	学以致用：制作字体海报.mp4
学习目标	熟练掌握文字工具的使用方法

扫码观看视频

本案例效果如图9-52所示。

图9-52

第10章

① 技巧提示 + ② 疑难问答 + ◎ 技术专题

矢量绘图

“钢笔工具” 主要用于创建路径，创建好路径后，读者还可以根据设计需求进行编辑。“钢笔工具” 属于矢量绘图工具，使用该工具可以绘制出平滑的曲线，矢量图形在缩放或变形之后仍能保持平滑的效果。

学习重点

实战：使用“钢笔工具”绘制Logo

素材文件	素材文件>CH10>01
实例文件	实例文件>CH10>实战：使用“钢笔工具”绘制Logo.psd
教学视频	实战：使用“钢笔工具”绘制Logo.mp4
学习目标	掌握“钢笔工具”的用法

扫码观看视频

01 打开Photoshop，执行“文件>新建”菜单命令，或按快捷键Ctrl+N，新建A4大小的画布。然后选择“钢笔工具”，设置“描边”的颜色为黑色（R:0，G:0，B:0），大小为10像素，如图10-1所示。

图10-1

技巧提示

“钢笔工具”是比较常用的工具之一，其功能非常强大，可以用于抠图、绘画，也可以用于绘制封闭或不封闭的矢量图形，这个图形被称为路径。使用“钢笔工具”可以绘制出直线，也可以绘制出平滑的曲线，这些曲线上有一些锚点，可以通过调整锚点来调整曲线的形状，如图10-2所示。

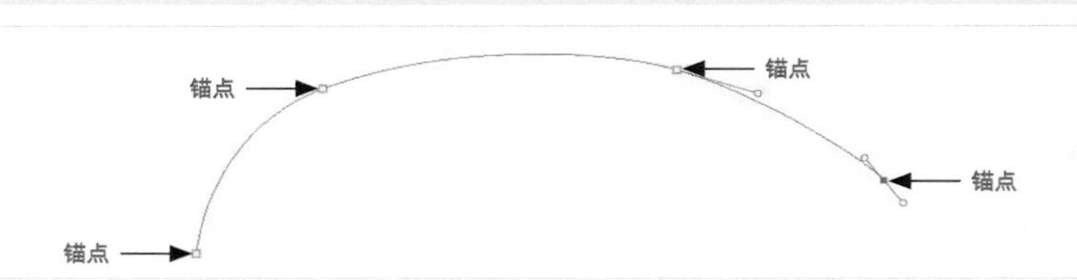

图10-2

绘制直线： 单击以创建一个初始锚点作为路径的起点，将鼠标指针移动到下一处，再次单击创建一个锚点，两个锚点会自动连接为一条直线路径。

绘制曲线： 单击以创建一个初始锚点作为路径的起点，将鼠标指针移动到下一处，按住鼠标左键的同时拖曳鼠标，会出现控制柄，同时会产生一条曲线路径。

技术专题：贝塞尔曲线的用法

贝塞尔曲线是调整矢量图形的关键，可以利用贝塞尔曲线来调整矢量元素中相关锚点的属性，从而实现对矢量图形的调整。

（1）调出贝塞尔曲线。使用“直接选择工具”（在使用“钢笔工具”的情况下，按住Alt键，也可暂时切换为此工具）选中矢量元素中的锚点后，锚点会以实心状态显示，并且会显示选中锚点对应的贝塞尔曲线，如图10-3所示。

（2）贝塞尔曲线的组成元素分别为锚点、控制柄端点和控制柄，如图10-4所示。

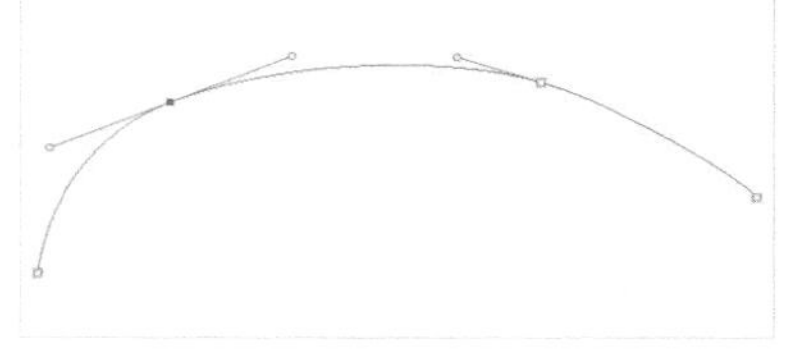

图10-3

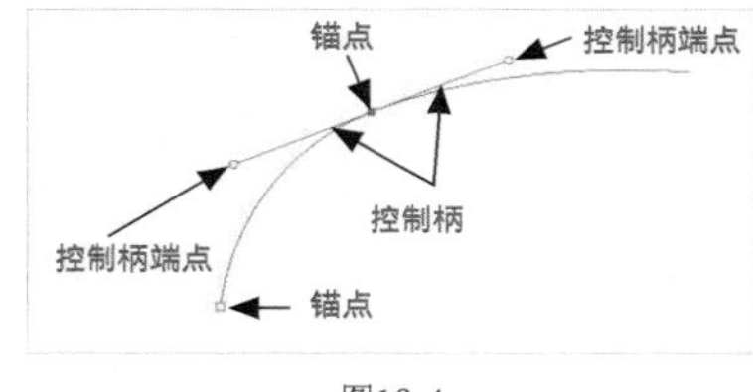

图10-4

（3）锚点主要用来控制路径曲线的形状，选中锚点并拖曳可改变其位置，此时路径曲线的形状会发生改变，如图10-5所示。删除锚点，可以使锚点消失，如图10-6所示。在使用“钢笔工具”的情况下按住Ctrl键，切换到“直接选择工具”，然后拖曳锚点，可以调整锚点的位置。直接使用“钢笔工具”右击锚点，可以快速删除锚点。

（4）控制柄端点和控制柄用于控制锚点间路径的走势变化。控制柄端点与此锚点的距离称为控制柄长度，控制柄与水平面的夹角称为控制柄角度，如图10-7所示。下面进行详细说明。

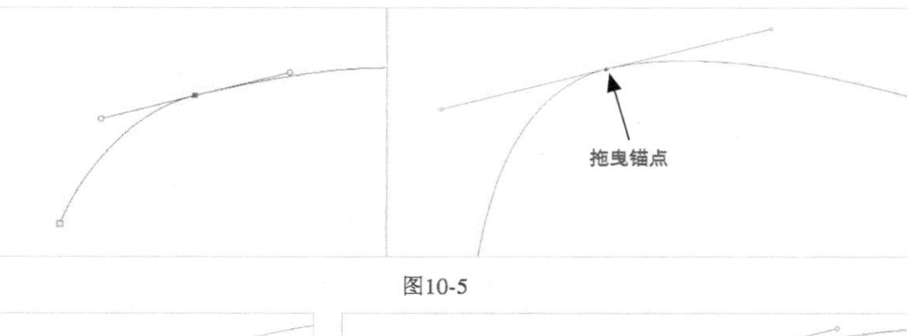

图10-5

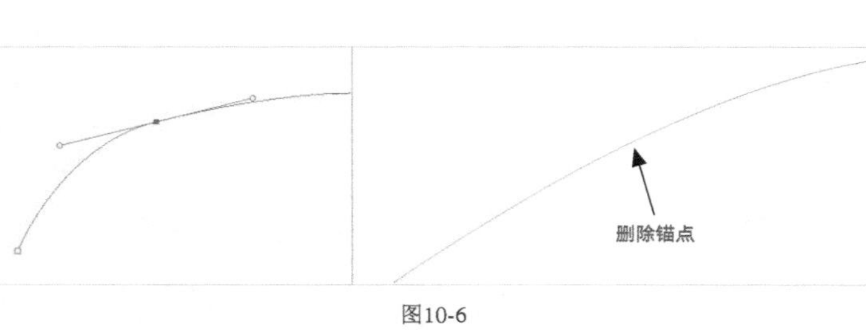

图10-6

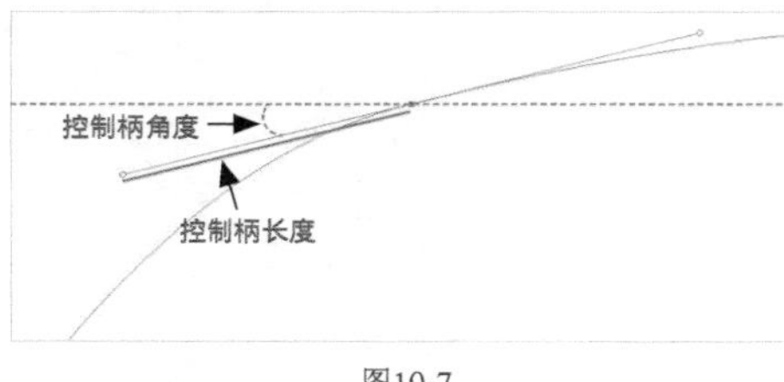

图10-7

（5）控制柄角度控制锚点间路径的走势变化。可以同时调整锚点两侧的控制柄角度，使锚点两侧的走势相关；也可只调整一侧的控制柄角度，对单侧的走势进行调整。使用“钢笔工具”时可以按住Ctrl键，切换到“直接选择工具”，然后顺时针或逆时针拖曳控制柄端点，同时修改锚点两侧的控制柄角度，从而调整这一段路径的走势变化，如图10-8所示；也可以按住Alt键，然后顺时针或逆时针拖曳单侧的控制柄端点，对单侧的走势进行调整，如图10-9所示。

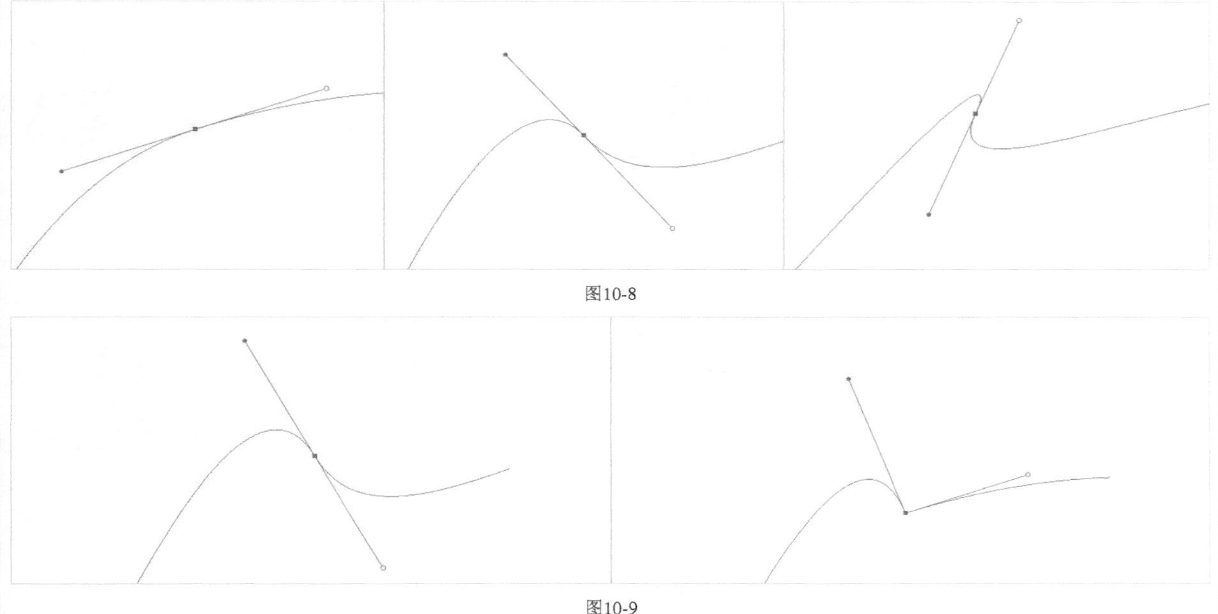

图10-8

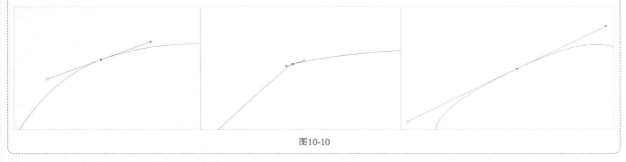

图10-9

（6）控制柄长度控制该锚点对于路径走势变化的影响范围。控制柄的长度越长，这段路径受此控制柄角度的影响越大；控制柄的长度越短，这段路线受此控制柄角度的影响越小，如图10-10所示。注意一侧的控制柄长度只会影响一侧的路径。因此，在调整完一侧的控制柄长度后，通常会观察路径变化是否自然，对另一侧的控制柄进行相应调整。使用“钢笔工具”时可以按住Ctrl键，切换到“直接选择工具”，然后沿两侧拖曳控制柄端点，修改控制柄长度，从而改变路径走势。

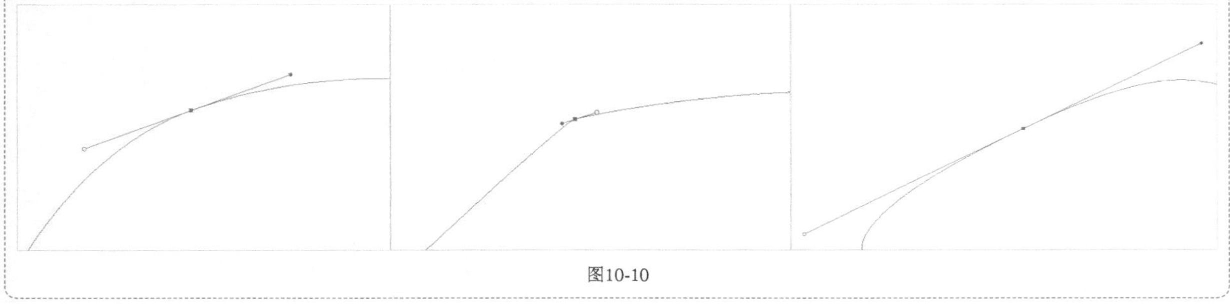

图10-10

02 在“形状”模式下，使用“钢笔工具”勾勒出Logo的轮廓（绘制时可以使用Alt键和Ctrl键调整其位置和锚点位置），如图10-11所示。然后设置“填充”为蓝色（R:103，G:162，B:232），描边颜色为“无颜色”，如图10-12所示。

03 使用“钢笔工具”绘制楼梯外观，在绘制的过程中可使用Alt键和Ctrl键调整位置，如图10-13所示。

图10-11

图10-12

图10-13

04 使用“钢笔工具” 绘制楼梯相关阴影（若绘制时不太方便观察图形，可调整“填充”为“无颜色”），如图10-14所示。然后在“图层”面板中调整图层的相对位置，如图10-15所示。

05 使用“钢笔工具” 绘制楼梯细节，设置“填充”为白色，“描边”为10像素、黑色，如图10-16所示。

图10-14

图10-15

图10-16

06 选中图层并按快捷键Ctrl+Enter将路径转变为选区，如图10-17所示。在“图层”面板中右击图层并选择“栅格化图层”命令，接着按Delete键删除选区内容，使梯子呈现为镂空状态，如图10-18和图10-19所示。

图10-17

图10-18

图10-19

> **技巧提示**
>
> 转换为智能对象和栅格化图层的区别。
>
> 智能对象将保留图像的原内容及其所有原始特性，后续操作属于非破坏性编辑。将图层转换为智能对象后，图形转变为矢量图，该图层的像素数据被严格保护，无法直接对像素数据进行编辑。
>
> 栅格化是将矢量图转换为位图，栅格化完成后即可执行改变像素数据的操作。

07 继续使用“钢笔工具” 在阴影区域绘制需要镂空的路径，如图10-20所示。重复上述操作，效果如图10-21所示（需要栅格化后面的黑色图层）。

图10-20

图10-21

08 在“图层”面板中选中所有刚刚绘制的图形所在的形状图层，然后按快捷键Ctrl+G将所画的图形编组（或者单击鼠标右键，执行相应的命令），如图10-22所示。选中编好的组，接着单击鼠标右键，选择“快速导出为PNG”命令，将“组1”导出，如图10-23所示。

09 打开Photoshop，执行“文件>打开”菜单命令，或按快捷键Ctrl+O，打开“素材文件>CH10>01”文件夹中的01.jpg文件，然后置入刚刚保存的组1.png文件，并调整其大小和位置，完成效果的制作，如图10-24所示。

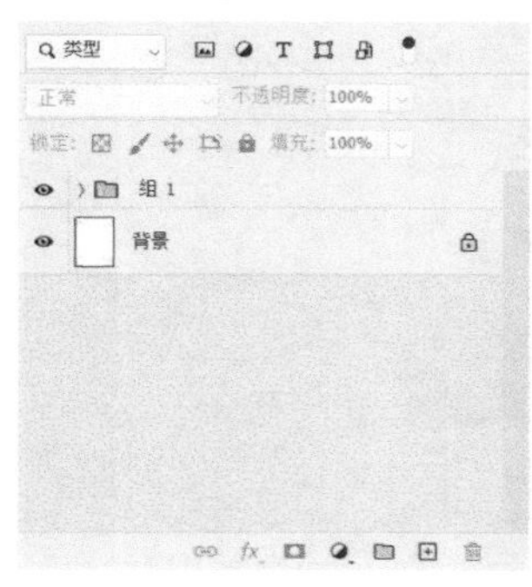

图10-22

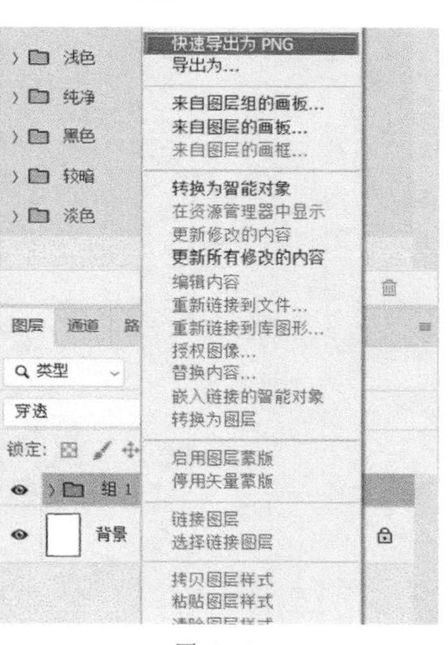

图10-23

图10-24

知识回顾

扫码观看视频

教学视频：回顾矢量工具的用法1.mp4

工具：钢笔工具

用途：绘制矢量图形。

操作流程

第1步：创建背景。

第2步：使用“钢笔工具”绘制图形。

第3步：加入装饰元素，完成效果的制作。

技巧提示

Photoshop中提供的多种笔型工具可用于制作多种效果和风格，如图10-25所示。

使用“钢笔工具”可以直接绘制曲线和直线。

使用“自由钢笔工具”可以以较高的精准度绘制直线和曲线。

“弯度钢笔工具”的原理类似于在纸张上使用铅笔绘制路径。

使用形状或笔型工具时，能在3种不同模式下绘制。

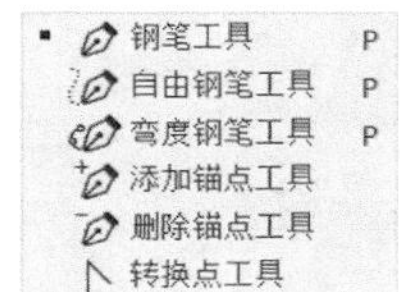

图10-25

实战：使用“钢笔工具”制作波涛效果

素材文件	素材文件>CH10>02
实例文件	实例文件>CH10>实战：使用“钢笔工具”制作波涛效果.psd
教学视频	实战：使用“钢笔工具”制作波涛效果.mp4
学习目标	掌握“钢笔工具”的用法

扫码观看视频

本案例效果如图10-26所示。

操作步骤

01 打开Photoshop，执行“文件>新建”菜单命令，或按快捷键Ctrl+N，新建一张A4纸大小的画布，然后设置“前景色”为（R:230，G:237，B:252）。选择“钢笔工具”，然后绘制波浪形状的图形，如图10-27所示。

图10-26

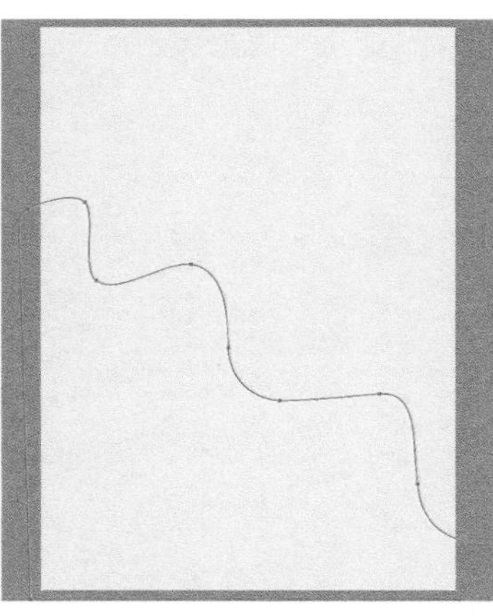

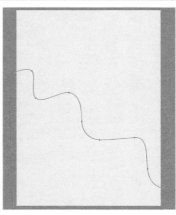

图10-27

02 在属性栏中设置该形状的“填充”为相关渐变，“描边”为“无颜色”。其中颜色渐变为白色（R:255，G:255，B:255）到绿色（R:89，G:242，B:204）再到蓝色（R:74，G:178，B:236），渐变类型为“线性”，“旋转渐变”为55，如图10-28所示。然后选择“形状2”图层，设置“不透明度”为60%，如图10-29所示。

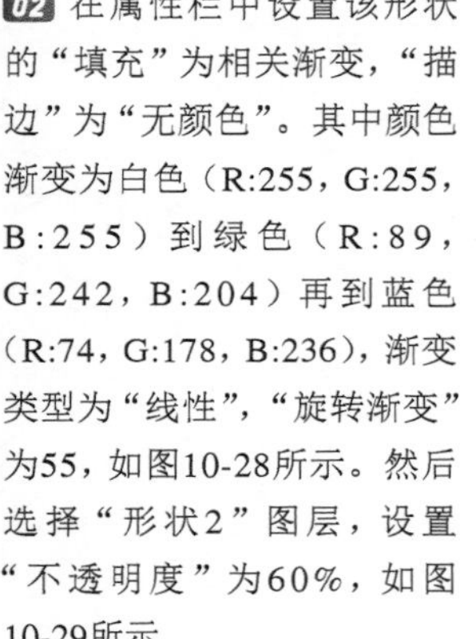

图10-28

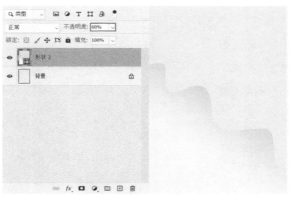

图10-29

03 重复上述绘制操作，并调整波浪的大小和位置，如图10-30所示。注意，绘制时可根据实际效果调整各图层的“不透明度”。

04 选择“椭圆工具” ○，按住Shift键绘制一个圆并设置其“填充”为渐变色，即由橙色（R:250，G:204，B:34）到红色（R:248，G:54，B:0），渐变类型为“线性”，“旋转渐变”为－38。然后在“图层”面板中调整圆形的相对位置，使其在波浪之下，如图10-31所示。

05 在“图层”面板中双击圆图层右侧的空白区域，勾选“外发光”选项，设置“不透明度”为24%，“杂色”为29%，“扩展”为11%，“大小”为114像素，颜色为橙色（R:248，G:107，B:12），如图10-32所示。

图10-30

图10-31

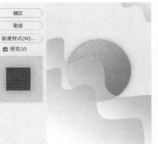

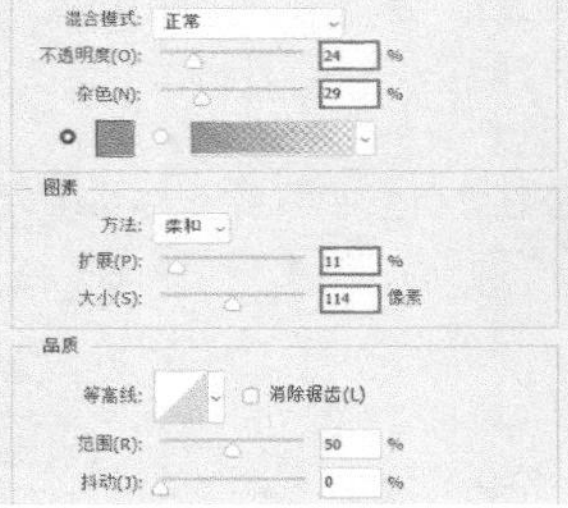

图10-32

06 选择“横排文字工具” T 和“直排文字工具” IT，添加文字，如图10-33所示。然后选择“矩形工具” □，添加相关装饰元素并调整其位置和大小，最终效果如图10-34所示。

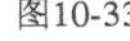

图10-33

图10-34

知识回顾

教学视频： 回顾矢量工具的用法2.mp4

工具： 钢笔工具

用途： 绘制矢量图形。

扫码观看视频

操作流程

第1步： 创建背景。

第2步： 使用“钢笔工具” 绘制图形。

第3步： 加入装饰元素，完成效果的制作。

综合案例：制作夏日限定海报

素材文件	素材文件>CH10>03
实例文件	实例文件>CH10>综合案例：制作夏日限定海报.psd
教学视频	综合案例：制作夏日限定海报.mp4
学习目标	熟练掌握"钢笔工具"的用法

扫码观看视频

本案例效果如图10-35所示。

01 执行"文件>打开"菜单命令，打开"素材文件>CH10>03"文件夹中的02.jpg，如图10-36所示。

图10-35

图10-36

02 选择"钢笔工具"，设置"填充"为"无颜色"，"描边"颜色为黑色（R:0，G:0，B:0），大小为10像素。使用Alt和Ctrl键配合"钢笔工具"描绘出鞋子的基本形状（可参照实物模拟），如图10-37~图10-41所示。

03 在"图层"面板中选中背景图层，执行"滤镜>模糊>高斯模糊"菜单命令，设置"半径"为15.0像素，如图10-42所示。

04 使用"横排文字工具"T.添加相关文字，如图10-43所示，然后使用"矩形工具"绘制一个矩形。设置文字的字体为Staatliches，字体样式为Regular，字号大小依据鞋子的大小确定。

图10-37

图10-38

图10-39

图10-40

图10-41

图10-42

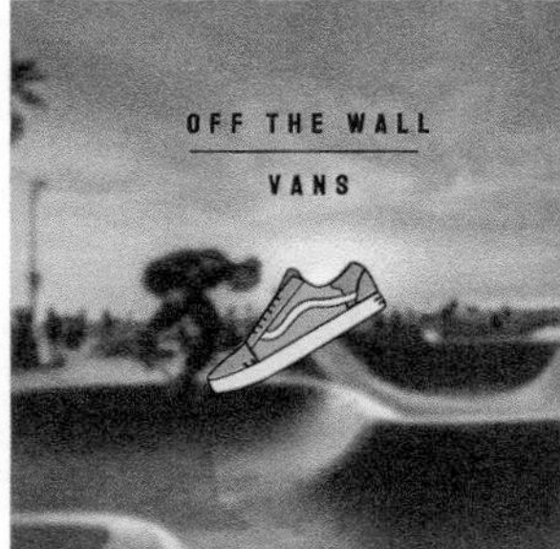

图10-43

05 将“实战：使用‘钢笔工具’绘制Logo”中的Logo置入画布并调整其至适当的位置，如图10-44所示。

06 选择“椭圆工具”，然后在画布中按住Shift键绘制圆，并设置“填充”为“无颜色”，“描边”颜色为黑色，大小为10像素，如图10-45所示。

07 单击“添加图层蒙版”按钮，为圆形添加蒙版，并用白色画笔在蒙版中擦除遮挡住图标的部分。最终效果如图10-46所示。

图10-44

图10-45

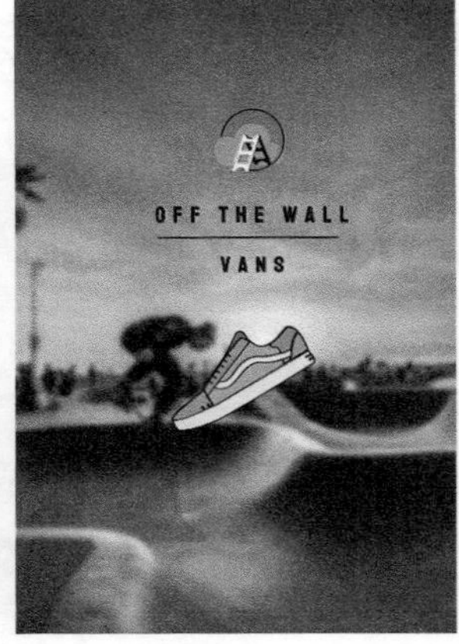

图10-46

综合案例：制作海边主题海报

素材文件	素材文件>CH10>04
实例文件	实例文件>CH10>综合案例：制作海边主题海报.psd
教学视频	综合案例：制作海边主题海报.mp4
学习目标	熟练掌握“钢笔工具”的用法

扫码观看视频

本案例的效果如图10-47所示。

01 打开Photoshop，执行“文件>新建”菜单命令，或按快捷键Ctrl+N，新建一张A4纸大小的画布，设置“背景内容”为米黄色（R:236，G:218，B:174），如图10-48所示。

02 使用“钢笔工具”勾勒出波涛形状，然后设置“填充”为淡蓝色（R:47，G:241，B:243），“描边”颜色为“无颜色”，如图10-49所示。

图10-47

图10-48

图10-49

03 按照上述方法勾勒出另外两个形状，并分别设置“填充”为蓝色（R:3，G:147，B:237）和深蓝色（R:2，G:54，B:239），“描边”颜色为“无颜色”，如图10-50所示。

04 为波浪添加投影，以增强层次感。双击波浪图层右侧的空白区域（或执行“图层>图层样式>混合选项”菜单命令），勾选“投影”复选框，设置“不透明度”为71%，“距离”为0像素，“扩展”为20%，“大小”为117像素，如图10-51所示。

图10-50

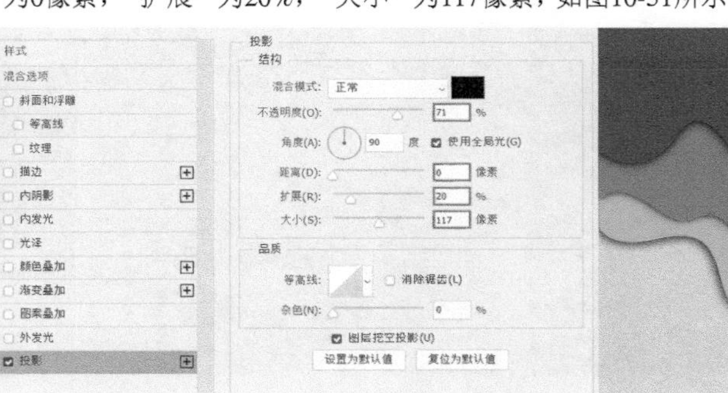

图10-51

05 置入4-7.png，然后复制图层并调整其大小和位置，如图10-52所示，接着按快捷键Ctrl+G将复制的图层编组，并为组添加图层蒙版，如图10-53所示。

06 使用画笔在蒙版中擦除多余部分，如图10-54所示，然后设置“组1”的“不透明度”为65%，如图10-55所示。

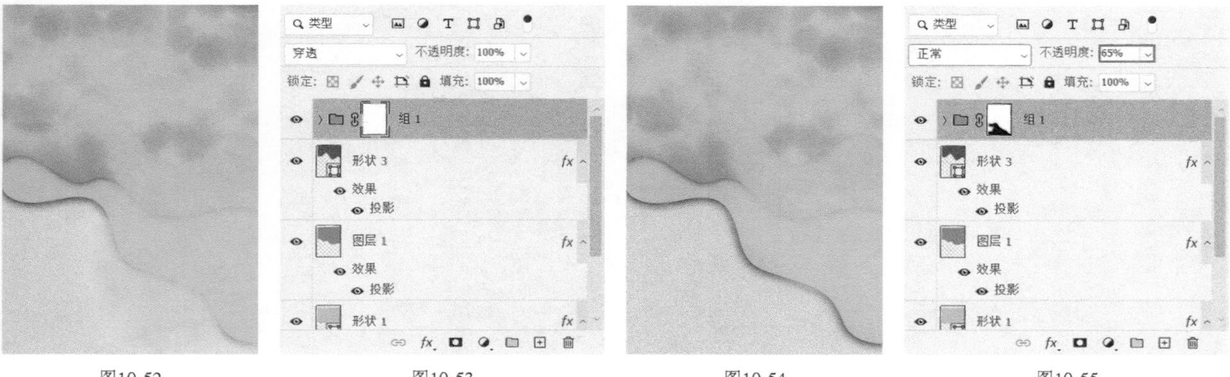

图10-52 图10-53 图10-54 图10-55

07 置入4-1.png、4-2.png、4-3.png、4-4.png、4-5.png和4-6.png，并调整其位置和大小，如图10-56所示。

08 双击4-3.png所在图层右侧的空白区域（或者执行“图层>图层样式>混合选项”菜单命令），给4-3.png图层添加图层样式。勾选“投影”复选框，设置“不透明度”为41%，“角度”为66度，“距离”为29像素，“扩展”为3%，“大小”为35像素，增强真实感，如图10-57所示。

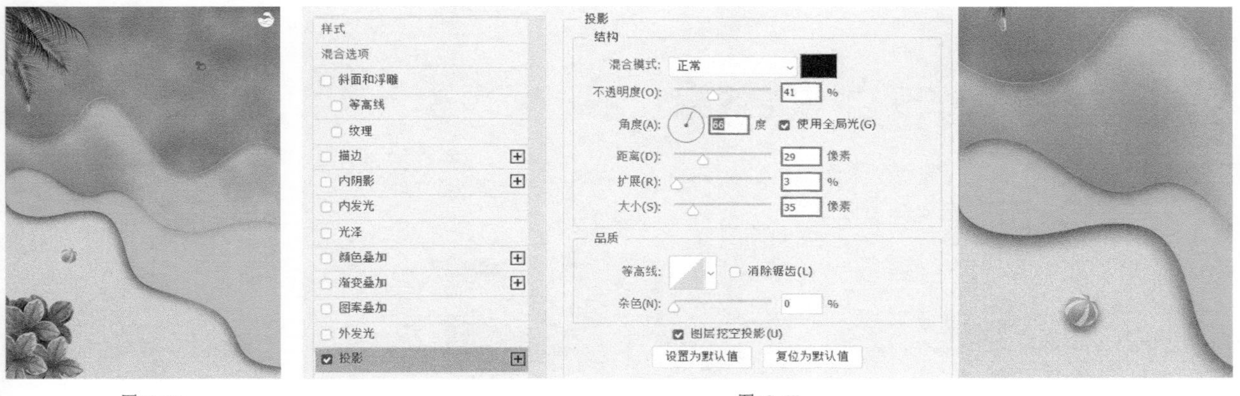

图10-56 图10-57

09 选择“矩形工具”，设置“填充”为“无颜色”，“描边”颜色为黑色（R:0，G:0，B:0），大小为10像素，如图10-58所示。

10 使用“横排文字工具”T添加文字，如图10-59所示。设置装饰文字的字体为Staatliches，字体样式为Regular，字体大小为30点；设置Sea的字体为Playlist，字体大小为72点。调整相关细节，完成效果的制作。

图10-58 图10-59

学以致用：制作Faith字体海报

素材文件	素材文件>CH10>05
实例文件	实例文件>CH10>学以致用：制作Faith字体海报.psd
教学视频	学以致用：制作Faith字体海报.mp4
学习目标	熟练掌握“钢笔工具”的用法

扫码观看视频

本案例的效果如图10-60所示。

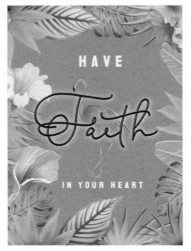

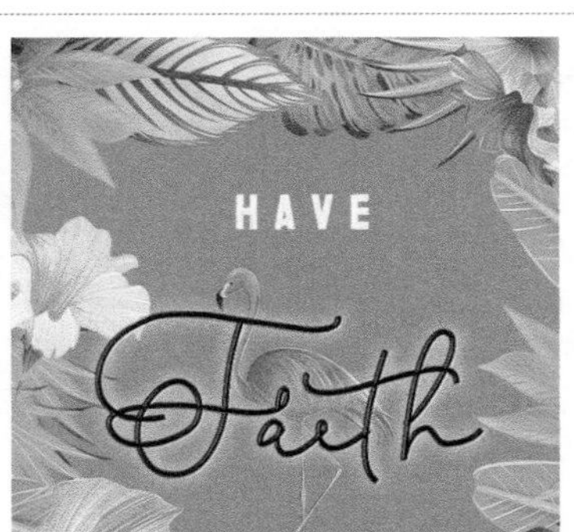

图10-60

学以致用：制作双重曝光效果

素材文件	素材文件>CH10>06
实例文件	实例文件>CH10>学以致用：制作双重曝光效果.psd
教学视频	学以致用：制作双重曝光效果.psd
学习目标	熟练掌握“钢笔工具”的用法

扫码观看视频

本案例的效果如图10-61所示。

图10-61

技巧提示

如何将路径转换为选区？

使用钢笔或形状工具绘制出路径以后，可以通过以下3种方法将路径转换为选区。

第1种：直接按快捷键Ctrl+Enter载入路径的选区。

第2种：在路径上单击鼠标右键，选择“建立选区”命令。

第3种：按住Ctrl键在“路径”面板中单击路径的缩略图。

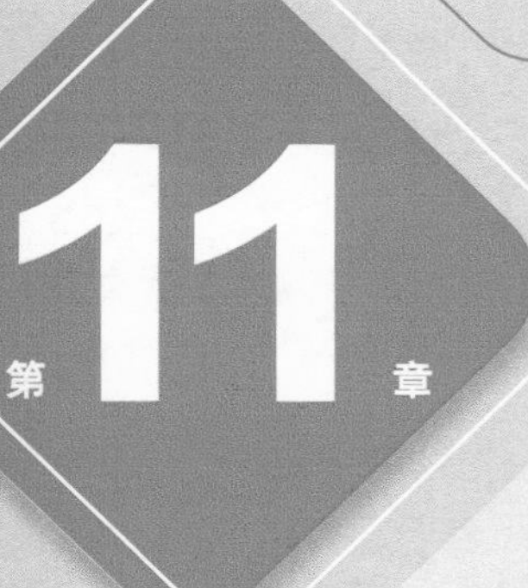

① 技巧提示 + ② 疑难问答 + ◎ 技术专题

第 11 章

蒙版与合成

本章将介绍图层蒙版的相关知识，包括编辑图层蒙版、创建剪贴蒙版、创建与编辑矢量蒙版、使用快速蒙版等。请读者注意，图层蒙版是设计中比较常用的一个功能，只要涉及合成相关的工作内容，都离不开图层蒙版。

学习重点

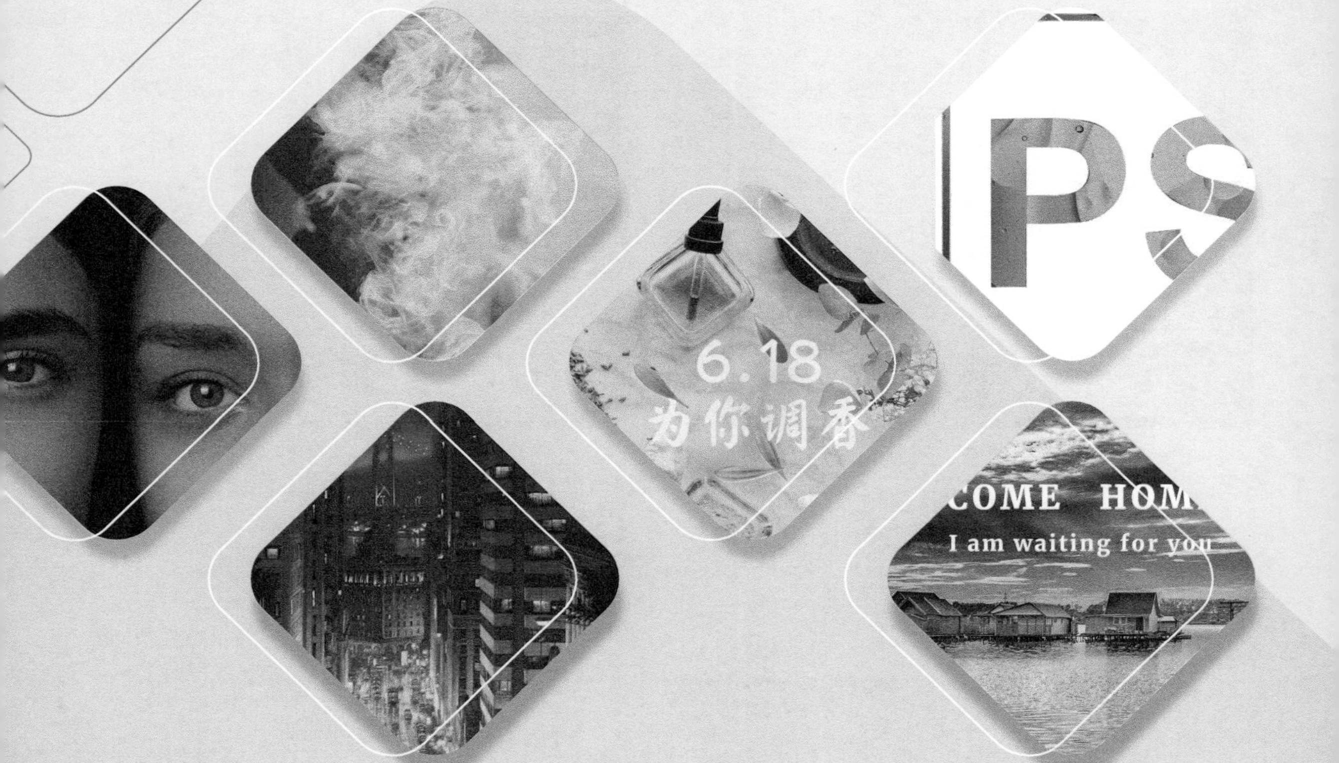

实战：认识蒙版

素材文件	素材文件>CH11>01
实例文件	实例文件>CH11>实战：认识蒙版.psd
教学视频	实战：认识蒙版.mp4
学习目标	认识蒙版

扫码观看视频

蒙版是蒙住图层的“板子”。图层是用来承载信息的，而蒙版是用来遮盖信息的。蒙版相当于在图层上加了一层可修改的遮罩，为的是遮住不想要的图片信息，且不会修改原有的图层信息。本案例效果如图11-1所示。

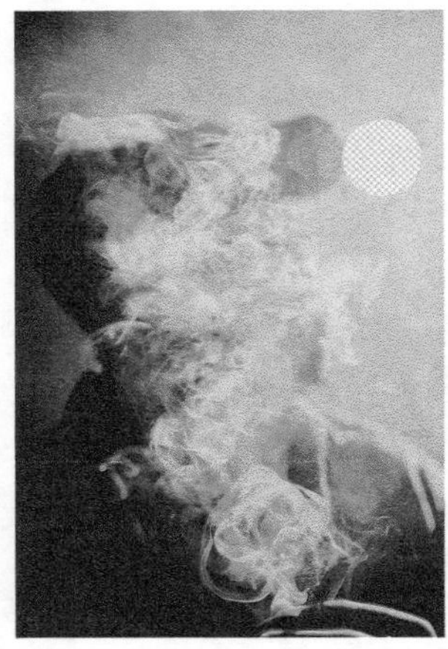
图11-1

操作步骤

01 执行“文件>打开”菜单命令，打开“素材文件>CH11>01”文件夹中的素材文件。复制“背景”图层，然后选中要添加蒙版的图层，单击下方的“添加图层蒙版”按钮，即可完成图层蒙版的添加，如图11-2所示。

图11-2

> **技巧提示**
>
> 蒙版像烟雾一样遮罩在图层上，可以通过改变“烟雾”的浓度来遮罩或显示特定的部分。
>
> 在蒙版中，前景色默认为黑色，背景色默认为白色，黑色代表隐藏、遮罩，白色代表显示、透明，灰色介于黑色与白色之间，体现蒙版的透明度。

02 关闭“背景”图层的预览，然后选择“画笔工具”（“硬边圆”画笔），选择“背景 拷贝”图层的蒙版，接着在图像中单击任意位置，此时图像中出现了空白的圆形。而“图层”面板的蒙版缩略图中则有一个黑色圆形，如图11-3所示。

03 选择“画笔工具”，同时调整前景色与背景色（即调整画笔的颜色）。当用白色画笔涂抹蒙版时，可以发现黑色的部分被涂抹成了白色，并且原图层中相应的部分显露了出来，如图11-4和图11-5所示。这其实是改变了蒙版的颜色，将原本黑色表示的“遮罩”涂改成了白色所表示的“透明”。

> **技巧提示**
>
> 按住Alt键单击“图层”面板中的“图层蒙版缩览图”，即可单独查看蒙版，再次按住Alt键并单击即可退出。

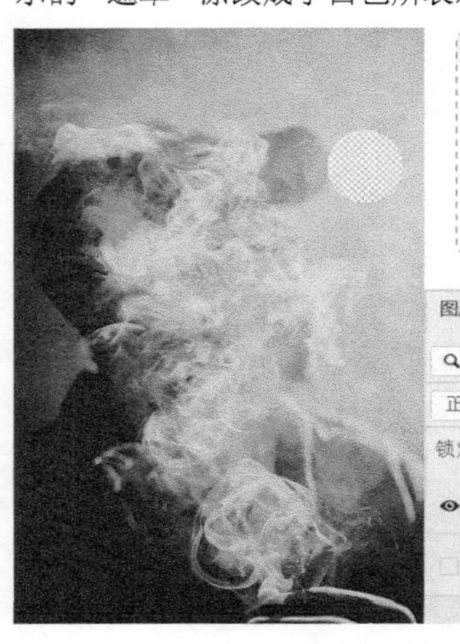

图11-3

图11-4

图11-5

知识回顾

教学视频： 回顾蒙版.mp4

位置：“图层”面板

用途： 认识蒙版。

扫码观看视频

操作流程

第1步： 选中目标图层。　**第2步：** 添加图层蒙版。　**第3步：** 编辑图层蒙版。

在“图层”面板中选中蒙版的缩略图之后，再对图层进行涂抹修改，其实是对图层上方的蒙版进行修改。

蒙版的前景色为黑色时即遮罩，用黑色画笔涂抹后，即在蒙版中创建了一块黑色区域，这片黑色区域就遮住了下方的图层，从而呈现出圆形空白效果。

蒙版的背景色为白色时即透明，缩略图中白色的区域对应的是图像中可以显示的区域。如果用白色画笔涂抹缩略图中的黑色部分，则图像会重新显示出来。

灰色介于黑白之间表示半透明，灰色的程度越浅，越接近白色，透明度越高，直至完全透明；灰色的程度越深，越接近黑色，透明度越低，直至完全遮盖，如图11-6所示。

图11-6

实战：编辑图层蒙版

素材文件	素材文件>CH11>02
实例文件	实例文件>CH11>实战：编辑图层蒙版.psd
教学视频	实战：编辑图层蒙版.mp4
学习目标	掌握编辑图层蒙版的方法

扫码观看视频

通过编辑图层蒙版可以创造出不同形状的蒙版，便于后期处理和美化。本案例效果如图11-7所示。

图11-7

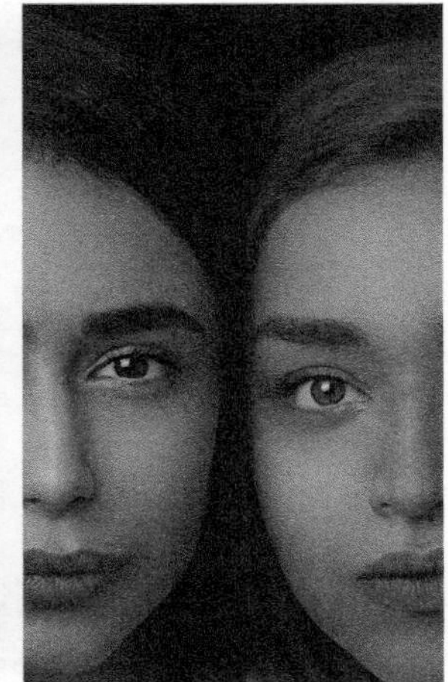

图11-8

操作步骤

01 执行“文件>打开”菜单命令，打开“素材文件>CH11>02”文件夹中的素材文件。在“图层”面板中复制“背景”图层，并执行“图像>调整>黑白”菜单命令，将图像转化为黑白图像，如图11-8所示。

02 选择“快速选择工具”，将黑眼珠部分框选出来，如图11-9所示。选择“椭圆工具”，以黑眼珠的大小为基准画椭圆覆盖黑眼珠，在“椭圆工具”的属性栏中单击“填充”按钮，选择“渐变”选项，并选择一个合适的填充图案，如图11-10和图11-11所示。

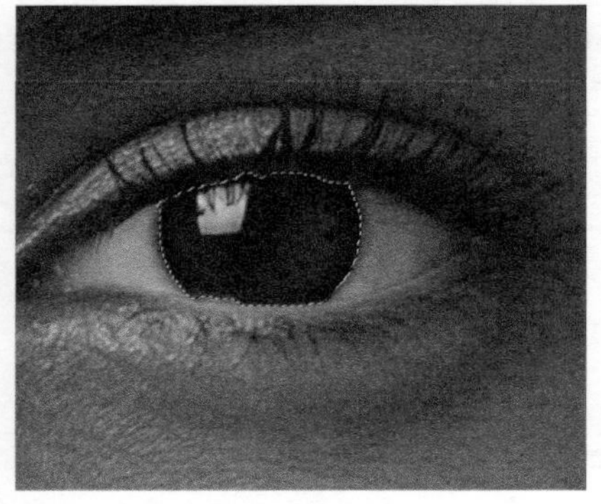

图11-9

图11-10

图11-11

03 在“图层”面板中选择刚刚创建的“椭圆1”图层，设置混合模式为“颜色”，如图11-12和图11-13所示。然后单击“添加图层蒙版”按钮，创建图层蒙版，如图11-14和图11-15所示。

04 按照同样的方式修改另一个黑眼珠的颜色，并添加海报标题，完成本案例的效果制作，如图11-16所示。

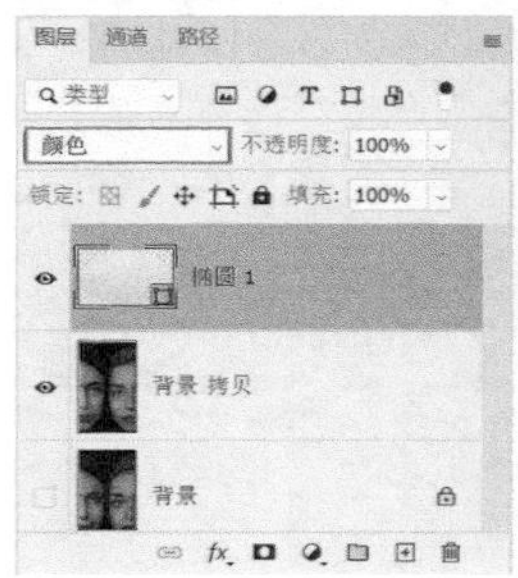

图11-12

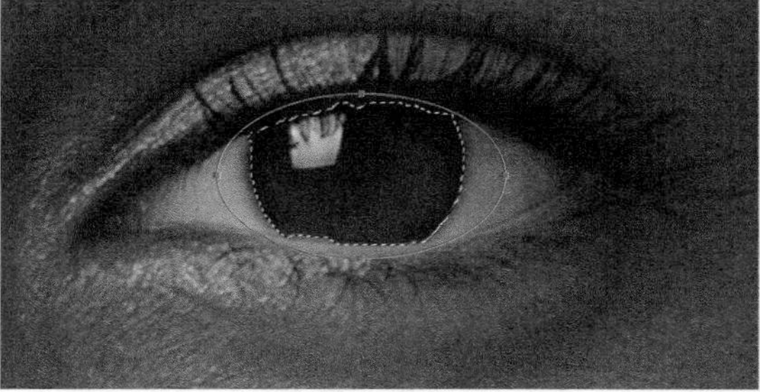

图11-13

图11-14

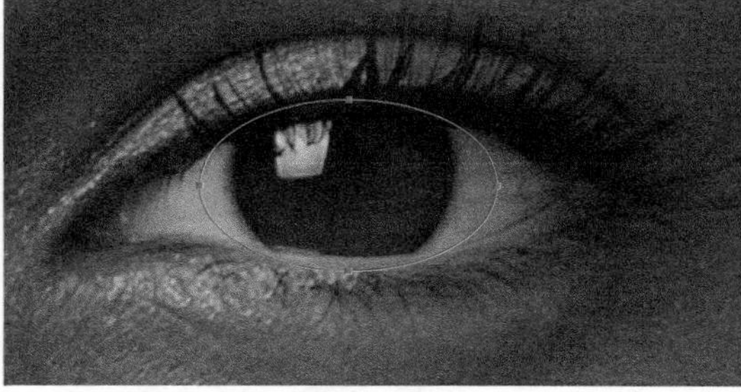

图11-15

图11-16

知识回顾

教学视频： 回顾编辑图层蒙版.mp4

位置：“图层”面板

用途： 编辑图层蒙版。

扫码观看视频

操作流程

第1步： 选中目标图层。

第2步： 添加图层蒙版。

第3步： 编辑图层蒙版。

图层蒙版是Photoshop中常用的蒙版功能，使用这个功能可以控制图层显示内容的大小。可以通过控制蒙版的颜色来控制图层透明度，白色的蒙版可完全显示出来，黑色的蒙版代表完全不显示。在蒙版中用灰色涂满蒙版的下半部分，图像中对应部分的透明度会发生变化。白色部分对应的图案是透明的，灰色部分是半透明的，黑色部分是不透明的，如图11-17所示。

图11-17

实战：创建剪贴蒙版

素材文件	素材文件>CH11>03
实例文件	实例文件>CH11>实战：创建剪贴蒙版.psd
教学视频	实战：创建剪贴蒙版.mp4
学习目标	学会创建剪贴蒙版

扫码观看视频

剪贴蒙版由两个或者两个以上的图层组成，最下面的图层叫作基底图层，最上面的图层叫作顶层。基底图层只能有一个，顶层可以有若干个。可以简单地将顶层理解为图像，基底图层是外形。剪贴蒙版的好处在于不会破坏原图像的完整性，并且可以随意在基底图层中进行处理。本案例效果如图11-18所示。

操作步骤

01 执行“文件>打开”菜单命令，打开“素材文件>CH11>03”文件夹中的素材文件。选择“横排文字工具”T，输入ICE，如图11-19所示。

02 单击“切换字符和段落面板”按钮，打开“字符”面板，然后调整字体大小、字间距等，如图11-20所示。在“图层”面板中将背景图层调整至文字图层之上，如图11-21所示。

图11-19

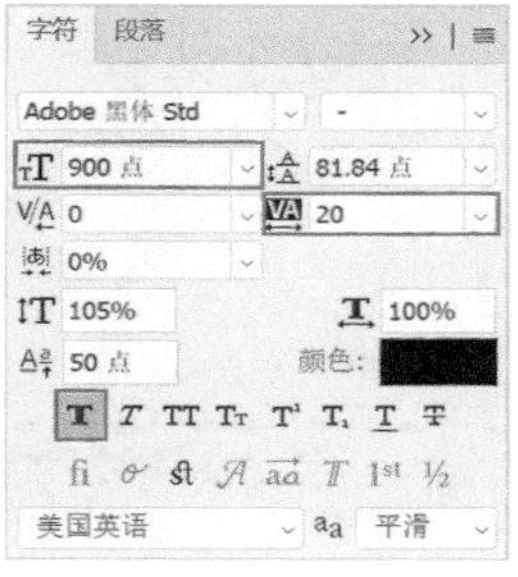

图11-20

图11-21

图11-18

03 在“图层”面板中选中背景图层，并执行“图层>创建剪贴蒙版”菜单命令，即可创建剪贴蒙版，如图11-22所示。

04 按照同样的方式设计其他单词并将其粘贴至海报中即可，如图11-23所示。

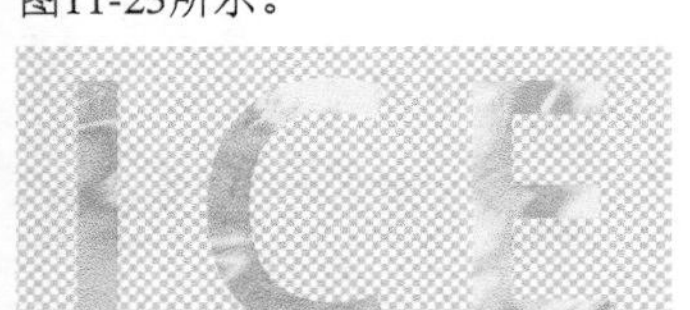

图11-22

图11-23

> **技巧提示**
>
> 也可以在“图层”面板中使用快捷键创建剪贴蒙版。选中背景图层，并将鼠标指针移动至两图层之间，接着按住Alt键，当鼠标指针变成时单击即可，如图11-24所示。

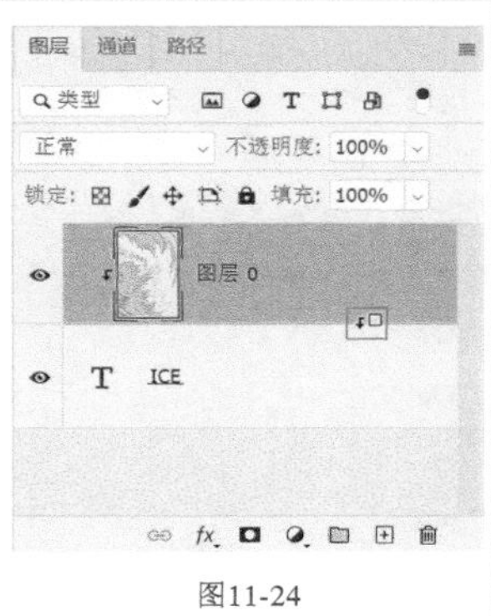

图11-24

知识回顾

教学视频： 回顾创建剪贴蒙版.mp4

命令： 创建剪贴蒙版

位置：“图层>创建剪贴蒙版”菜单命令或“图层”面板

用途： 创建剪贴蒙版。

扫码观看视频

操作流程

第1步： 选中目标图层。

第2步： 执行“图层>创建剪贴蒙版”菜单命令。

第3步： 编辑图层蒙版。

剪贴蒙版的原理是使用下方图层的形状来限制上方图层的显示状态。使用剪贴蒙版可以快速完成图形、文字颜色的填充，如图11-25所示。

图11-25

实战：创建与编辑矢量蒙版

素材文件	素材文件>CH11>04
实例文件	实例文件>CH11>实战：创建与编辑矢量蒙版.psd
教学视频	实战：创建与编辑矢量蒙版.mp4
学习目标	学会创建与编辑矢量蒙版

扫码观看视频

矢量蒙版也叫作路径蒙版，对矢量蒙版进行放大或缩小操作不会影响其清晰度。可以使用此功能设计个性化Logo。本案例效果如图11-26所示。

图11-26

操作步骤

01 执行“文件>打开”菜单命令，打开“素材文件>CH11>04”文件夹中的04.png文件。选择“快速选择工具”，将Logo的轮廓点选出来，如图11-27所示。

02 选中图层后，切换到“路径”面板，并单击“从选区生成工作路径”按钮，即可生成路径，如图11-28和图11-29所示。

图11-27

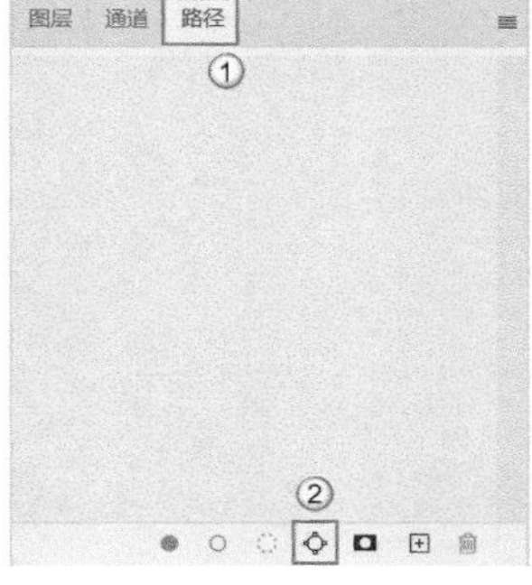

图11-28

图11-29

03 将需要的背景图片拖曳至Photoshop中，并适当调整其大小，如图11-30所示。执行“图层>矢量蒙版>当前路径”菜单命令，即可创建矢量蒙版，如图11-31所示。也可以根据不同的背景图片设计不同的Logo，如图11-32所示。

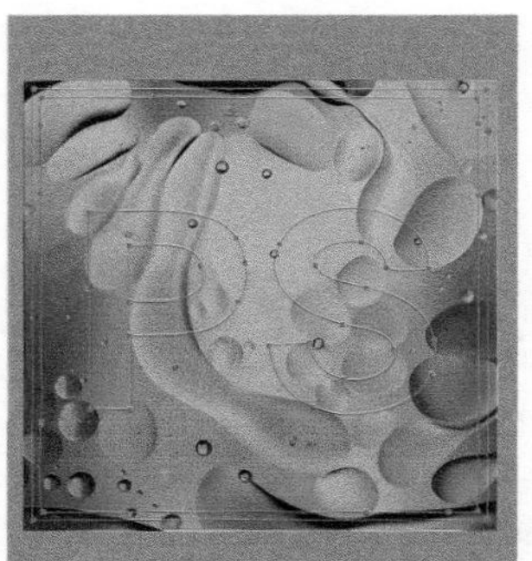

图11-30

图11-31

图11-32

知识回顾

扫码观看视频

教学视频：回顾创建与编辑矢量蒙版.mp4

命令：当前路径

位置：图层>矢量蒙版>当前路径

用途：创建与编辑矢量蒙版。

操作流程

第1步： 打开Photoshop，导入准备好的图片，绘制路径。

第2步： 执行“图层>矢量蒙版>当前路径”菜单命令。

第3步： 编辑矢量蒙版。

矢量蒙版的核心原理与剪贴蒙版相似，区别在于矢量蒙版是通过矢量路径来确定蒙版中遮盖或显示的部分的。利用矢量蒙版可以快速创建图形并进行填充。

实战：使用快速蒙版创建选区

素材文件	素材文件>CH11>05
实例文件	实例文件>CH11>实战：使用快速蒙版创建选区.psd
教学视频	实战：使用快速蒙版创建选区.mp4
学习目标	学会使用快速蒙版创建选区

扫码观看视频

快速蒙版是一种临时蒙版，用于创建和编辑选区。它可以在临时蒙版和选区之间快速转换。使用快速蒙版将选区转换为临时蒙版后，可以使用任何绘画工具或滤镜进行编辑和修改。退出快速蒙版模式时，蒙版将自动转化为选区。本案例效果如图11-33所示。

图11-33

操作步骤

01 执行“文件>打开”菜单命令，打开“素材文件>CH11>05”文件夹中的素材文件，如图11-34~图11-36所示。

图11-34

图11-35

图11-36

02 选择“快速选择工具”，将花瓣的轮廓点选出来，并按快捷键Ctrl+J复制图层。依次在两个花瓣图层中重复此操作，将各种形态的花瓣抠取出来，如图11-37和图11-38所示。

03 抠取花瓶。这个图案很不规则，且与周围颜色差别不大，因此可以借助快速蒙版实现快速精准抠图。首先使用“套索工具”将花瓶的大致轮廓框选出来，如图11-39所示。框选完毕后，单击工具箱中的“以快速蒙版模式编辑”按钮，即可创建快速蒙版，如图11-40所示。

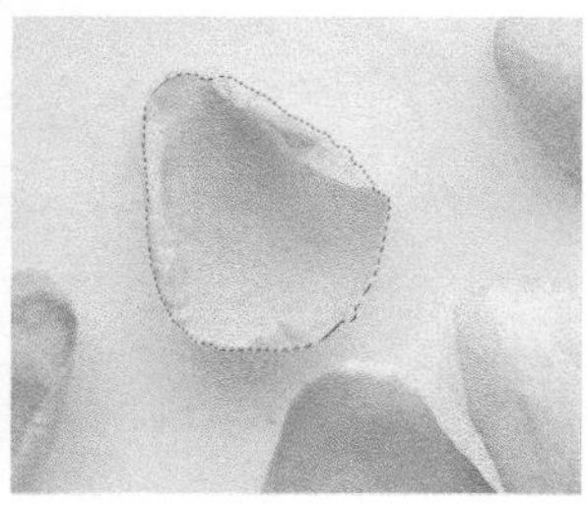
图11-37

图11-38

图11-39

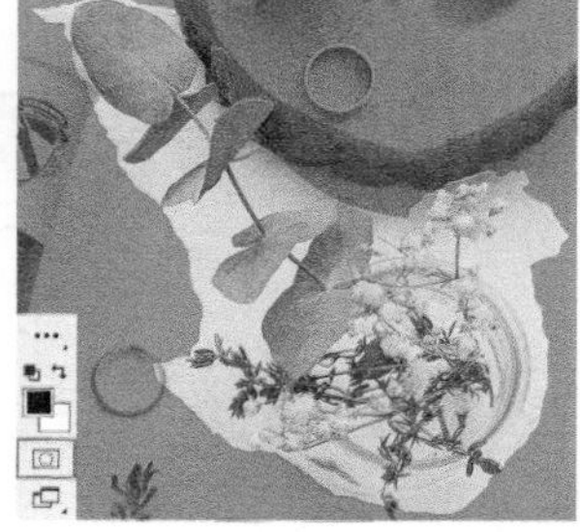
图11-40

技巧提示

完成选区框选后，也可直接按Q键，创建快速蒙版。

04 选择"画笔工具"，使用画笔涂抹多余的部分，其中红色部分即表示"不包含"，如图11-41所示。多次涂抹修改完毕后，再单击"以快速蒙版模式编辑"按钮，即可转换为正常图层，得到修改后的选区。最后通过复制将需要的部分抠取出来，如图11-42所示。

05 将上述图层均添加至背景图层中，并调整到适当的位置，如图11-44所示。最后添加相关文案，即可完成海报的制作，如图11-45所示。

图11-41

图11-42

技巧提示

使用画笔时单击工具箱下部的"切换前景色和背景色"图标，如图11-43所示，或按X键，即可快速切换前景色和背景色，从而切换画笔颜色，达到快速在蒙版上进行涂抹和修改的目的。

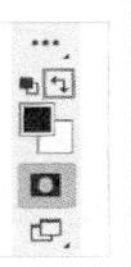
图11-43

图11-44

图11-45

知识回顾

扫码观看视频

教学视频： 回顾创建快速蒙版.mp4

工具："以快速蒙版模式编辑"按钮

位置： 工具箱

用途： 快速进行选区修改。

操作流程

第1步： 使用"快速选择工具"或其他选区工具建立选区。

第2步： 单击"以快速蒙版模式编辑"按钮。

第3步： 编辑快速蒙版。

快速蒙版主要用于确定选区，使用快速蒙版不是为了控制画面的显示与隐藏，而是为了根据不同风格的画笔确定选区。该功能常用于抠图。在使用快速蒙版功能时，主要使用"画笔工具"调整蒙版边界，从而确定选区，如图11-46所示。

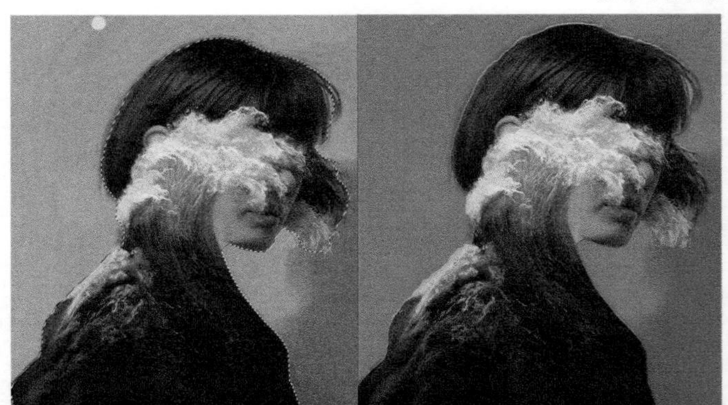
图11-46

综合案例：使用图层蒙版精修图片

素材文件	素材文件>CH11>06
实例文件	实例文件 > CH11>综合案例：使用图层蒙版精修图片.psd
教学视频	综合案例：使用图层蒙版精修图片.mp4
学习目标	学会使用图层蒙版精修图片

扫码观看视频

使用图层蒙版功能可以通过遮盖图层，单独调整某个部分的色彩参数或其他属性，达到精修图像的目的。本案例效果如图11-47所示，通过编辑图层蒙版，可将图片中的街道部分调整为暖色调，将其余部分调整为冷色调。

01 执行"文件>打开"菜单命令，打开"素材文件>CH11>06"文件夹中的素材文件。在"图层"面板中复制目标图层，并为复制后的图层添加图层蒙版，如图11-48所示。选择"多边形套索工具"，将图中的光亮部分框选出来。接着单击鼠标右键，在弹出的快捷菜单中选择"选择反向"命令，如图11-49所示。在"图层"面板中选择添加了蒙版的图层，并使用黑色画笔将选区之外的部分涂抹掉。此时可发现，“画笔工具”仅对选区内部起作用，而不能涂抹遮盖选区外部的内容，如图11-50所示。最终此图层中只保留了需要加强暖色调的部分。

图11-47

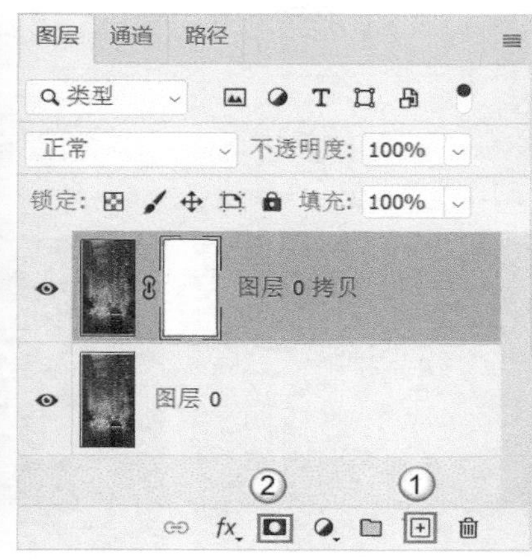

图11-48

图11-49

图11-50

02 增强暖色调。在“图层”面板中选中图层，并执行“图像>调整>曲线”菜单命令（快捷键为Ctrl+M），打开“曲线”对话框，将曲线大致调整为S形，如图11-51所示，以增强画面对比度。执行“图像>调整>色彩平衡”菜单命令，在“色彩平衡”对话框中设置“青色”为+5，“洋红”为-5，“黄色”为-5，如图11-52所示，效果如图11-53所示。这样，暖色调的街道部分即调整完毕。

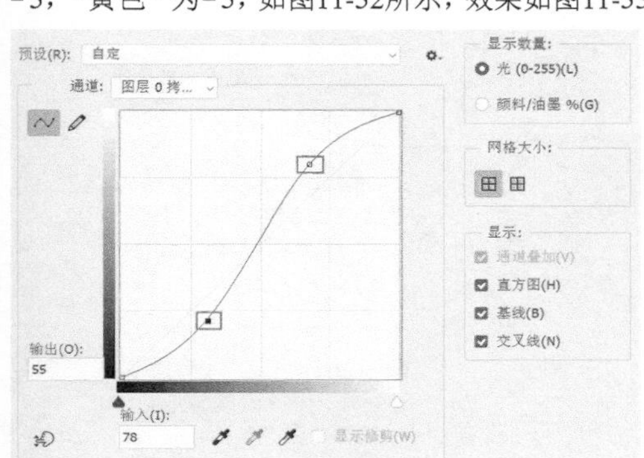

图11-51

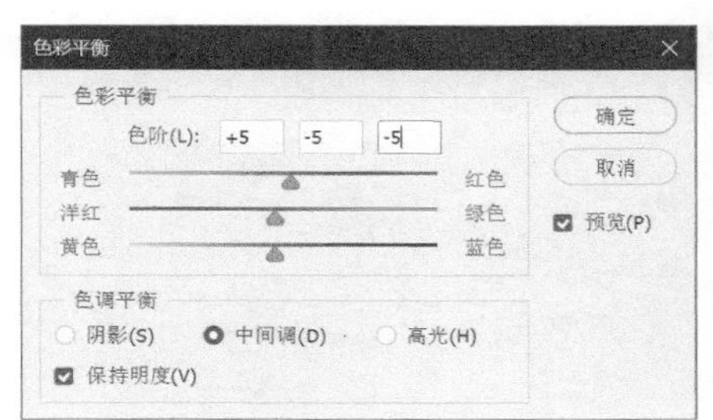

图11-52

图11-53

03 复制背景图层（这是为了保持原始图层的相关属性，以免误操作破坏原始图层的像素，导致无法再次返回到原始效果进行相关修改），然后将暖色调图层调整至所有图层的上方，接着复制背景图层，并执行“图像>调整>亮度/对比度”菜单命令，设置“亮度”为-15，“对比度”为5，如图11-54所示。执行“图像>调整>色彩平衡”菜单命令或“图像>调整>曲线”菜单命令，将图层色彩调整为冷色调并降低亮度，即可完成目标效果的制作。最终修饰完成后，效果如图11-55所示。

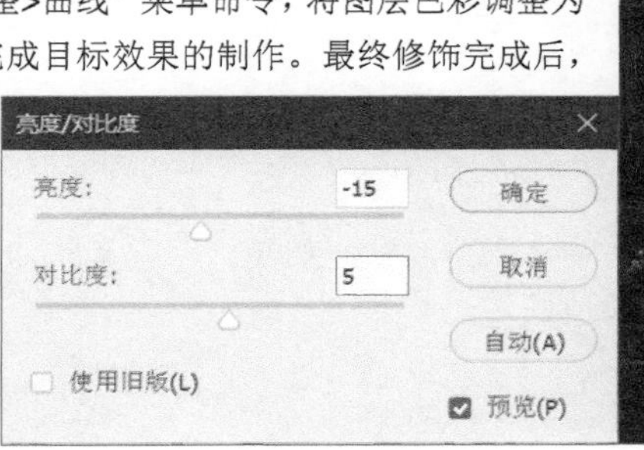

图11-54

图11-55

综合案例：使用蒙版制作有电影质感的海报

素材文件	素材文件>CH11>07
实例文件	实例文件 > CH11>综合案例：使用蒙版制作有电影质感的海报.psd
教学视频	综合案例：使用蒙版制作有电影质感的海报.mp4
学习目标	学会使用蒙版制作有电影质感的海报

扫码观看视频

本案例的效果如图11-56所示。

01 执行"文件>打开"菜单命令，打开"素材文件>CH11>07"文件夹中的素材文件。观察图片，可以发现整体颜色偏暗，蓝绿色调偏深，后续可以针对这方面进行修改，如图11-57所示。

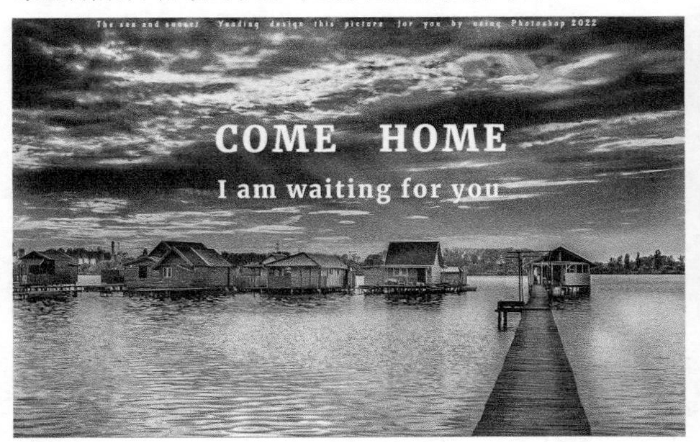

图11-56

图11-57

02 在"图层"面板中复制目标图层，并执行"滤镜>Camera Raw滤镜"菜单命令，在弹出的对话框中修改相关参数。展开"基本"选项，设置"色温"为+20，"色调"为+8，"曝光"为+0.20，"对比度"为+10，"高光"为+30，"阴影"为-5，"清晰度"为+50，"自然饱和度"为+15，如图11-58所示。

图11-58

03 在"调整"面板中单击"亮度/对比度"按钮，在"亮度/对比度"面板中设置"亮度"为10，"对比度"为-5，接着单击"蒙版"按钮，在"属性"面板中单击"颜色范围"按钮，如图11-59所示。

04 单击后，系统会打开"色彩范围"对话框。此时系统会根据选择的色彩范围添加蒙版，以展示不同的亮度/对比度的修改条件。在对话框中可以通过调整"颜色容差"并使用"吸管工具"修改颜色范围来调整蒙版。在本案例中，如果想改变云层和水面的亮度，可以设置"颜色容差"为200，勾选"本地化颜色簇"复选框，然后单击"添加到取样"按钮，接着单击图11-60中云层和水面的部分，将颜色更改为白色偏灰色的效果，如图11-61所示。

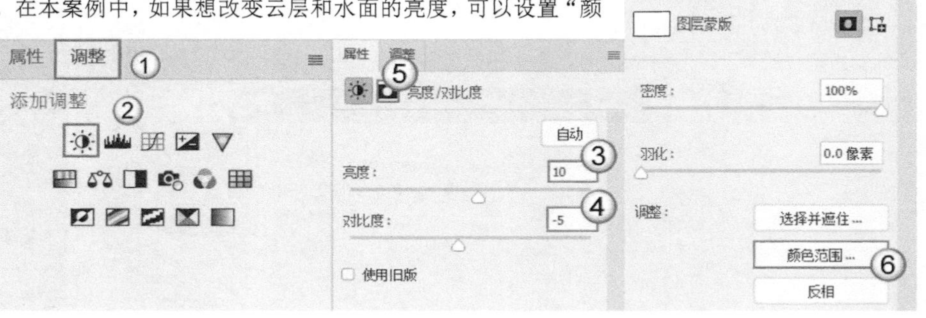

图11-59

05 在“调整”面板中单击“照片滤镜”按钮，在“属性”面板中系统会自动设置“滤镜”“颜色”等参数，如图11-62所示。接着单击“蒙版”按钮，在“属性”面板中单击“颜色范围”按钮，然后重复步骤04中的操作。本案例需要强化画面的对比度，因此需要选择合适的选区增强暖色调，即将天空中的光线和部分房屋设置为白色（有效区域），其余设置为黑灰色，如图11-63所示，效果如图11-64所示。

图11-60

图11-61

图11-62

图11-63

图11-64

06 此时在“图层”面板中看到的蒙版具体状态如图11-65所示。观察图片，可以发现右侧有部分树木颜色过暗，如图11-66所示。这可能是因为图片是使用相机拍摄出来的，可以为其添加蒙版并单独修改亮度。

07 在“图层”面板中选中“图层1拷贝”图层，并单击“添加图层蒙版按钮”，接着选择“画笔工具”，在新建的蒙版中将要修改的树木之外的部分涂黑，如图11-67所示。执行“图像>调整>亮度/对比度”菜单命令，在弹出的对话框中设置“亮度”为50，如图11-68所示。

08 对比原图与修改之后的图像，针对细节部分再进行修改，并为图片添加文字，即可完成有电影质感海报的制作，如图11-69所示。

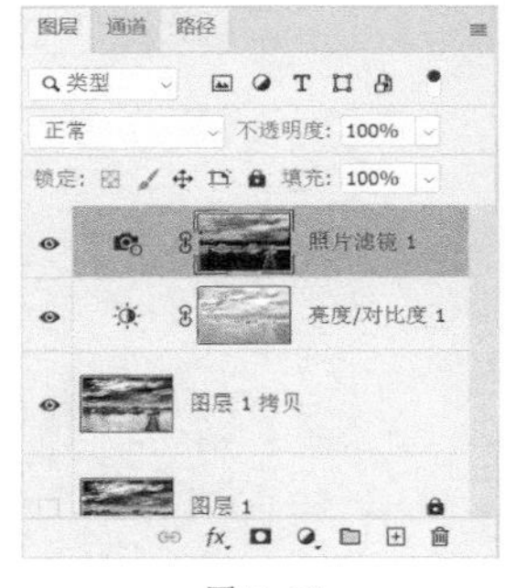

图11-65

图11-66

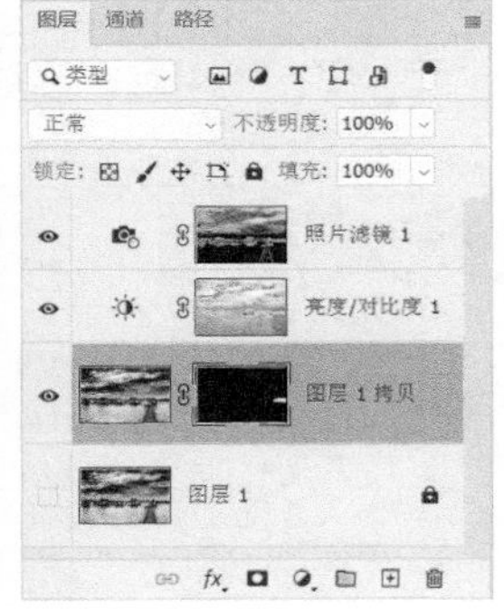

图11-67

图11-68

图11-69

学以致用：使用矢量蒙版制作个性头像

素材文件	素材文件>CH11>08
实例文件	实例文件>CH11>学以致用：使用矢量蒙版制作个性头像.psd
教学视频	学以致用：使用矢量蒙版制作个性头像.mp4
学习目标	学会用矢量蒙版制作个性头像

扫码观看视频

本案例效果如图11-70所示。

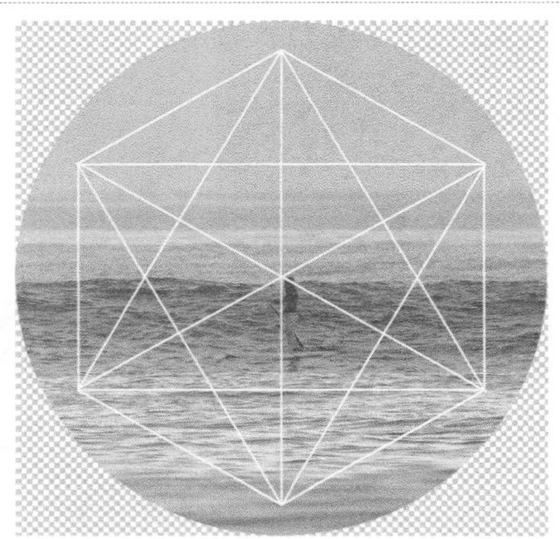

图11-70

学以致用：用快速蒙版制作海报

素材文件	素材文件>CH11>09
实例文件	实例文件>CH11>学以致用：用快速蒙版制作海报.psd
教学视频	学以致用：用快速蒙版制作海报.mp4
学习目标	掌握用快速蒙版制作海报的方法

扫码观看视频

本案例效果如图11-71所示。

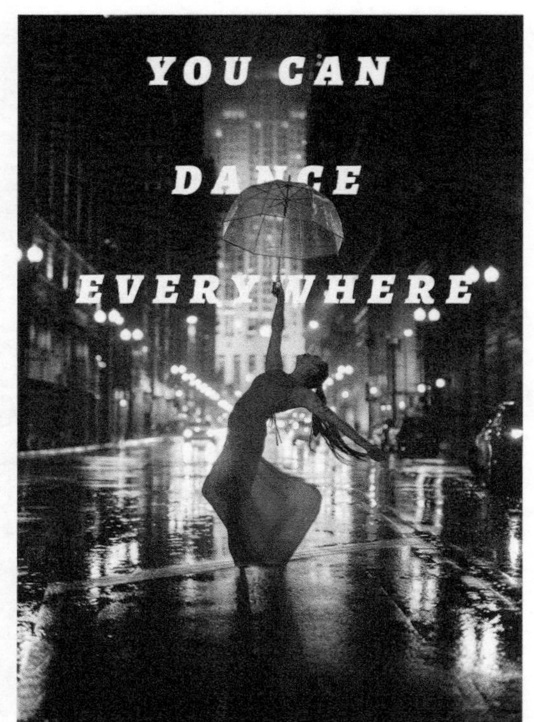

图11-71

学以致用：墨影画像

素材文件	素材文件>CH11>10
实例文件	实例文件>CH11>学以致用：墨影画像.psd
教学视频	学以致用：墨影画像.mp4
学习目标	熟练掌握特效合成的方法

扫码观看视频

使用蒙版工具可以制作水墨风格的人物画像，如图11-72所示。

图11-72

第 12 章

① 技巧提示 ＋ ② 疑难问答 ＋ ◎ 技术专题

滤镜

滤镜主要用于制作图像的各种特殊效果，该功能需要与通道、图层等搭配使用，才能取得比较好的艺术效果。为图像添加合适的滤镜，除了需要一定的美术功底，还需要能够比较熟练地操控滤镜，甚至需要丰富的想象力。这样才能得心应手地运用滤镜，制作出精美的设计作品。

学习重点

实战：使用液化和杂色功能制作海报

素材文件	素材文件>CH12>01
实例文件	实例文件>CH12>实战：使用液化和杂色功能制作海报.psd
教学视频	实战：使用液化和杂色功能制作海报.mp4
学习目标	掌握液化、杂色、滤镜库功能的用法

扫码观看视频

海报效果如图12-1所示。

图12-1

操作步骤

01 执行"文件>新建"菜单命令或按快捷键Ctrl+N，打开"新建"对话框，设置"文档类型"为"国际标准纸张"，即A4大小，如图12-2所示。

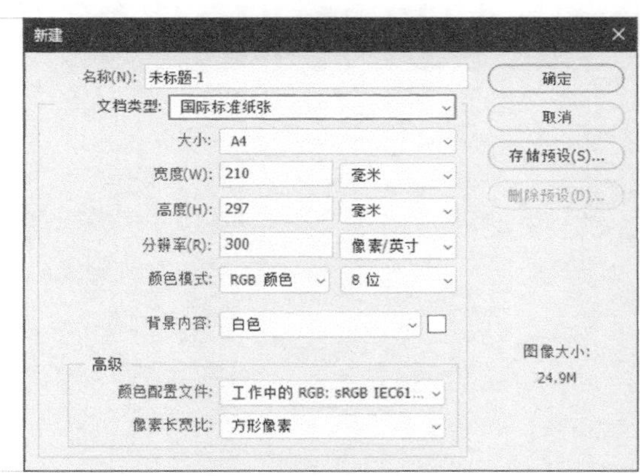

图12-2

02 按快捷键Ctrl+A全选整个画布作为选区，如图12-3所示。设置"前景色"为黑色（R:0，G:0，B:0），然后按快捷键Alt+Delete填充选区，如图12-4所示。

03 执行"滤镜>杂色>添加杂色"菜单命令，如图12-5所示。打开"添加杂色"对话框，设置"数量"为15%，表现出画面的颗粒感，如图12-6所示。

> **技巧提示**
>
> 完成画布填充后，记得按快捷键Ctrl+D取消选区。

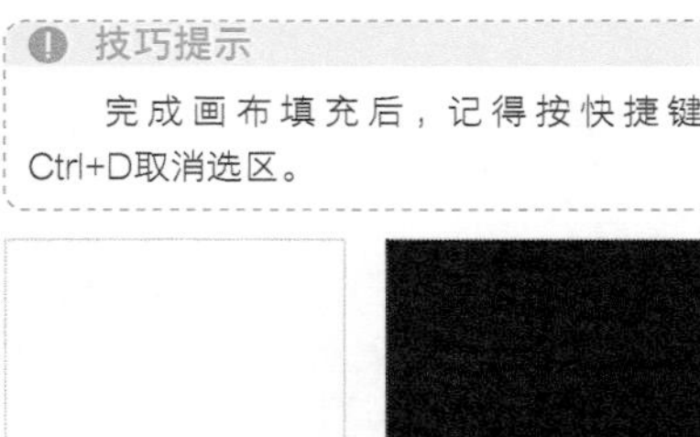

图12-3　　图12-4

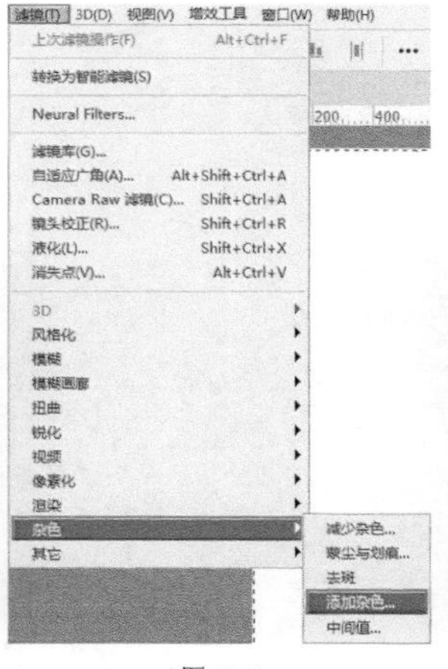

图12-5

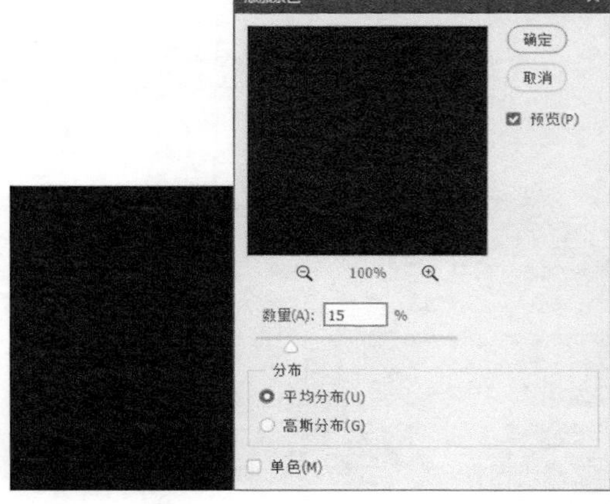

图12-6

04 将"素材文件>CH12>01"文件夹中的"图案.jpg"素材图片拖曳到画布中，如图12-7所示。在自由变换模式下调整图片的大小、位置和方向，如图12-8所示。按Enter键确认，完成变换，如图12-9所示。

05 执行"滤镜>滤镜库"菜单命令，打开"滤镜库"对话框，如图12-10所示，选择"艺术效果"中的"绘画涂抹"选项，设置"画笔大小"为6，"锐化程度"为27，"画笔类型"为"简单"，此时图片的颜色变得更加鲜艳了，如图12-11所示。

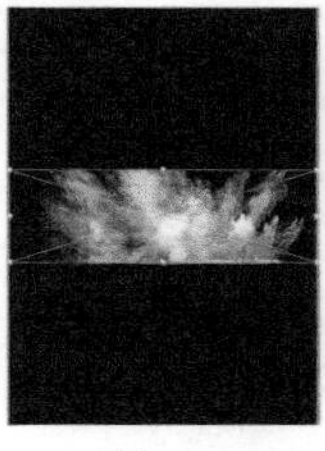

图12-7

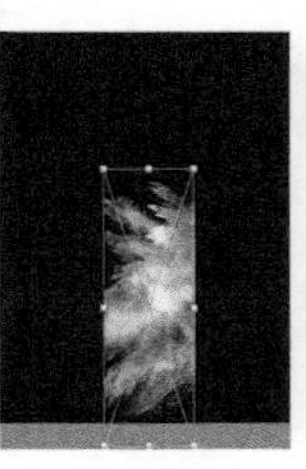

图12-8

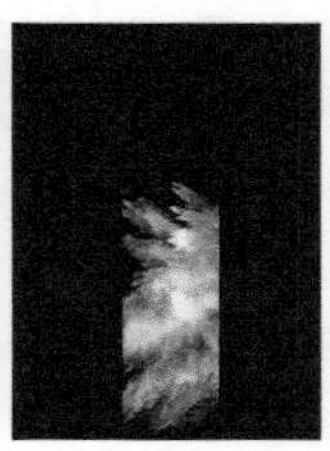

图12-9

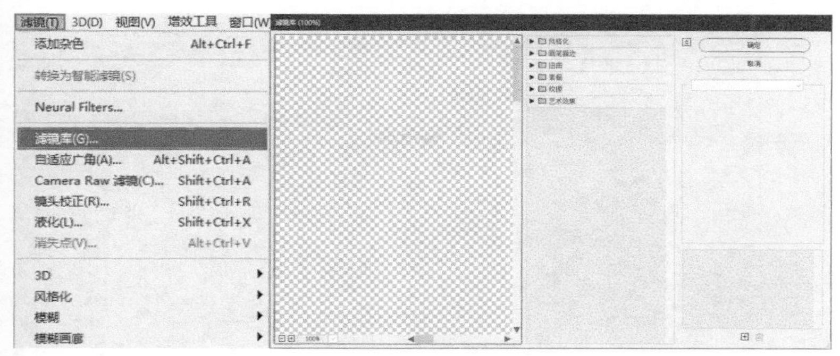

图12-10

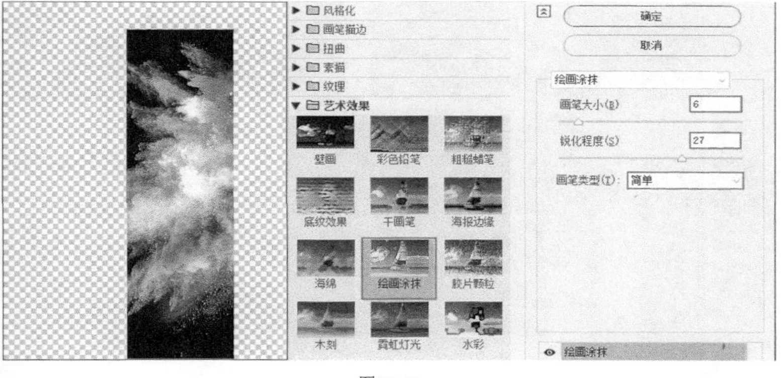

图12-11

技巧提示

在选择“绘画涂抹”选项后，在预览窗口中如果看不到图片信息，可能是因为窗口区域太小。这时候读者可以设置显示比例为“符合视图大小”，即可显示出预览效果，如图12-12所示。

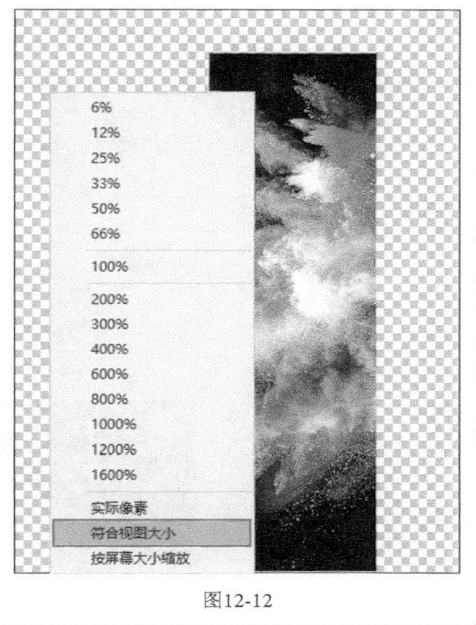

图12-12

06 添加完“绘画涂抹”效果后，执行“滤镜>液化”菜单命令，打开“液化”对话框，如图12-13所示。设置“画笔工具选项”中的“大小”为623，“压力”为100，然后在预览窗口中涂抹图像，即可制作出扭曲液化的效果，如图12-14所示。参考效果如图12-15所示。

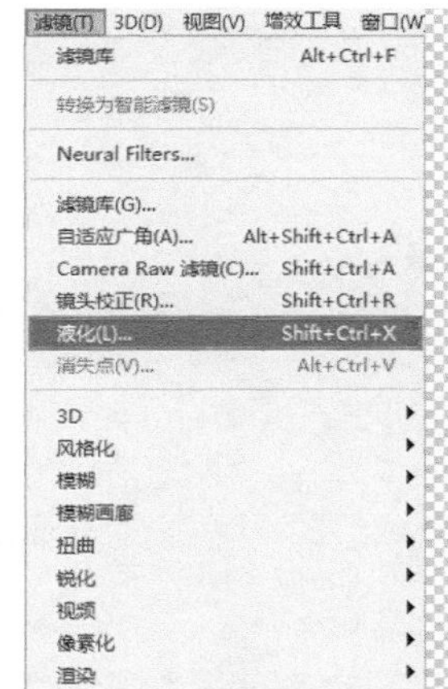

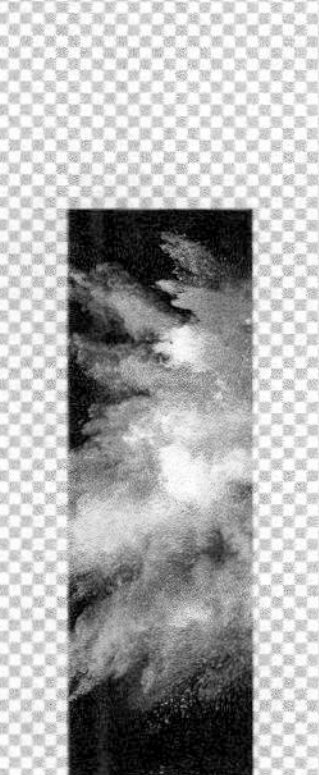

图12-13

图12-14

图12-15

技巧提示

使用“液化”功能进行造型处理时是需要一定经验的。当然，有的造型可能源于不经意间的操作，读者可以观看教学视频来了解涂抹细节。

07 完成液化的操作后，右击刚刚操作的图层，选择“转换为智能对象”命令，如图12-16所示。选择转化后的智能对象图层，按快捷键Ctrl+T激活自由变换模式，调整其大小，如图12-17所示。

08 选择“矩形工具”，设置“填充”为白色（R:255，G:255，B:255），绘制一个矩形并设置“描边”颜色为“无颜色”，如图12-18所示。

图12-16

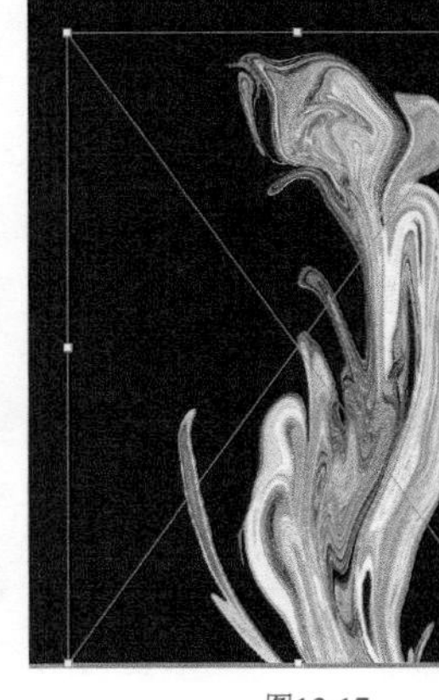

图12-17

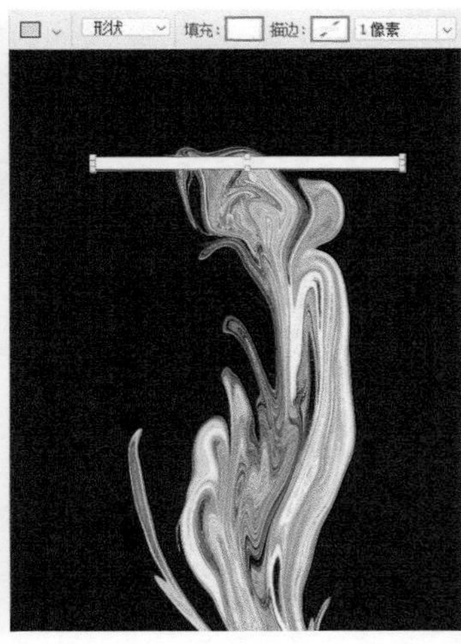

图12-18

09 选择新创建的矩形图层，按3次快捷键Ctrl+J，复制出3个新图层，然后分别调整它们的位置、旋转角度、长度，将它们组合成一个矩形框，如图12-19所示。

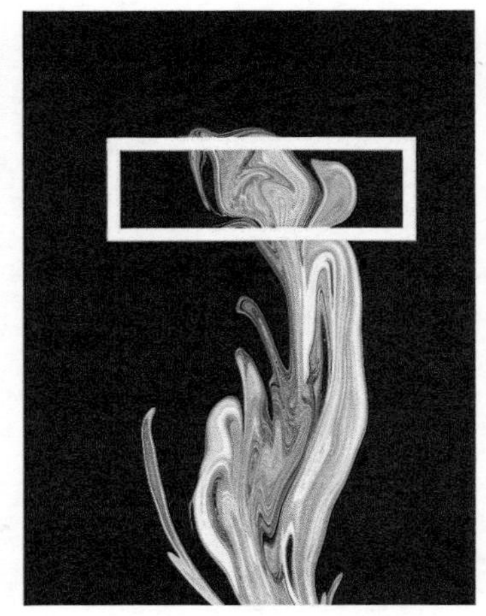

图12-19

> **技巧提示**
>
> 组合矩形框时读者可以同时选中4个矩形图层，单击“创建新组”按钮，为它们创建一个组，便于整体移动位置，如图12-20所示。
>
> 图12-20

10 这里需要让矩形框的底边在液化效果的下方。在“图层”面板中选择矩形底边框的图层，单击“添加图层蒙版”按钮，为底边白色矩形添加图层蒙版，如图12-21所示。

11 设置“前景色”为白色（R:255，G:255，B:255），然后选择“橡皮擦工具”，放大画布显示比例，涂抹被白色矩形底边框遮住的部分，如图12-22和图12-23所示。

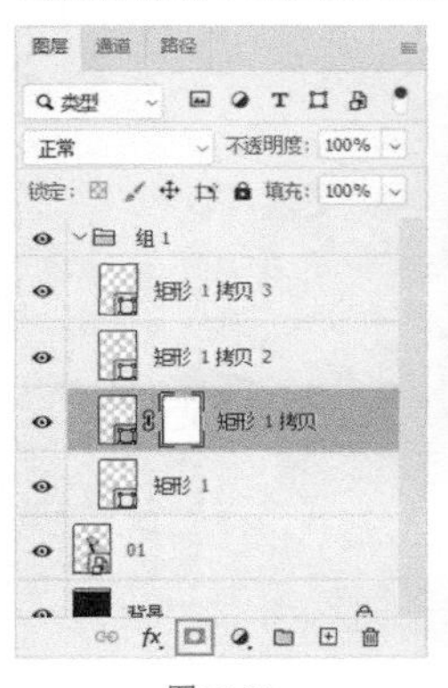

图12-21

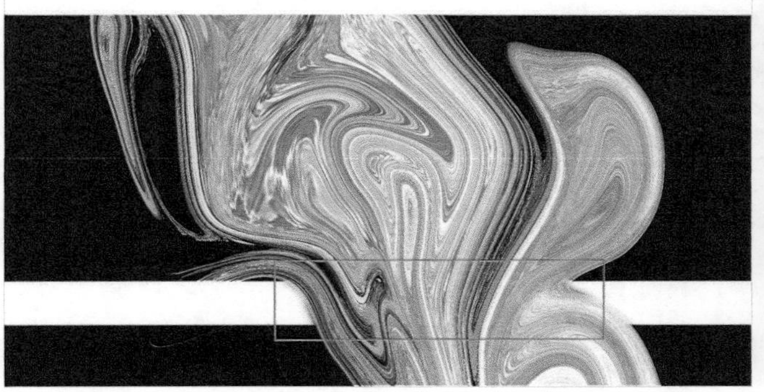

图12-22

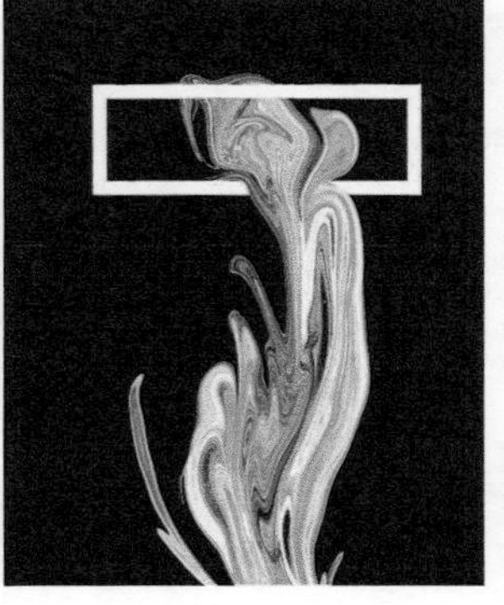

图12-23

> **技巧提示**
>
> 读者在拼接矩形框的时候使用的图层可能与笔者使用的不一样，请以实际图层为准。

12 为矩形框添加发光效果。选择“组1”，单击“添加图层样式”按钮fx，选择“外发光”选项，如图12-24所示，打开“图层样式”对话框，在“外发光”选项中设置“混合模式”为“滤色”，“不透明度”为66%，“杂色”为13%，然后设置一个白色到白色的透明度渐变，接着设置“方法”为“柔和”，“大小”为43像素，如图12-25所示。

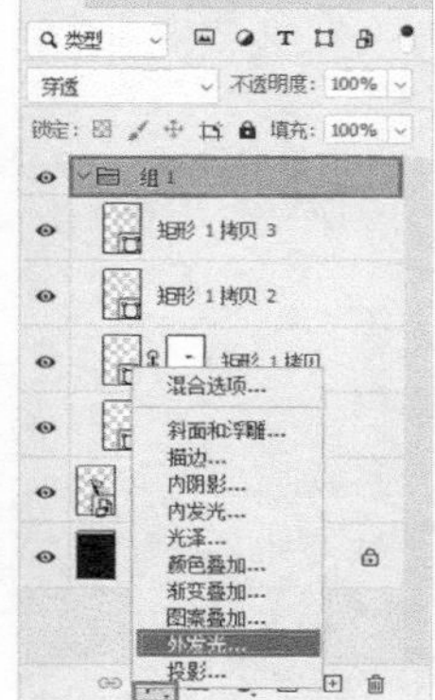

图12-24

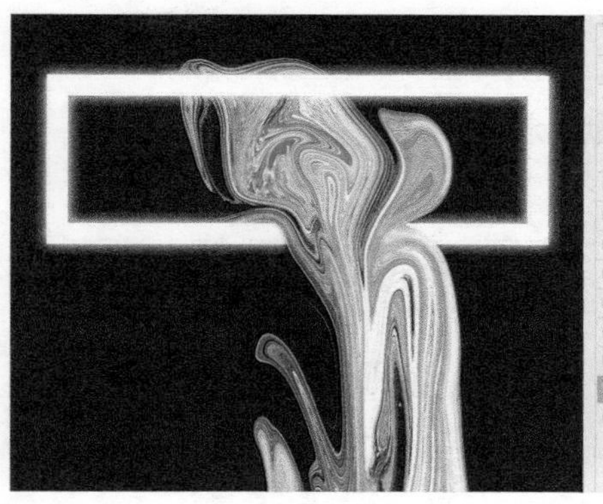

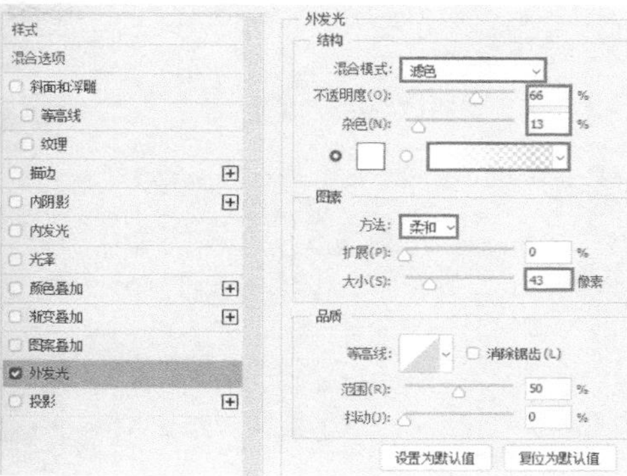

图12-25

> **技巧提示**
>
> 关于此处的渐变色，前后颜色都是白色（R:255，G:255，B:255），区别在于两端的“不透明度”有所变化，左侧为100%，右侧为20%，如图12-26所示。当然，读者可以根据自己的需要设置相关参数，以达到不同的效果。
>
> 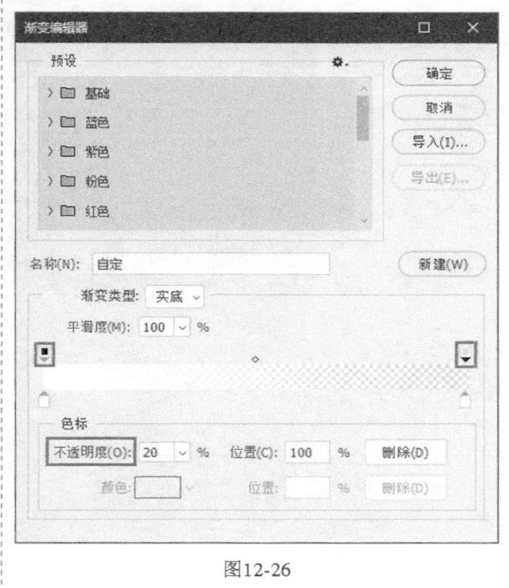
>
> 图12-26

13 接下来进行文案处理，读者可以根据需要来添加文案，笔者这里使用的字体为Staatliches，字体样式为Regular，参考效果如图12-27所示。

14 使用“矩形工具”和“椭圆工具”绘制相关装饰元素，修饰海报细节，最终效果如图12-28所示。

图12-27　　图12-28

> **技巧提示**
>
> 希望读者能够灵活地发挥自己的能动性，设计出属于自己的海报。如果想还原书中的案例效果，可以观看教学视频。

知识回顾

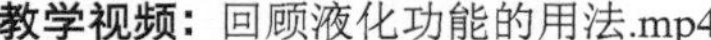

使用“液化”功能时，可以使用推拉、旋转、反射和起皱等方法让图像的任意区域膨胀。“液化”功能在修饰图像和创建艺术效果上有着强大的作用。注意，“液化”功能可以应用于每通道8位或16位的图像。

扫码观看视频

教学视频： 回顾液化功能的用法.mp4

命令： 液化

用途： 处理图片效果。

操作流程

第1步： 创建黑色背景，并插入图片。

第2步： 选择滤镜库，绘画涂抹，并进行液化处理。

第3步： 加入装饰元素，完成效果的制作。

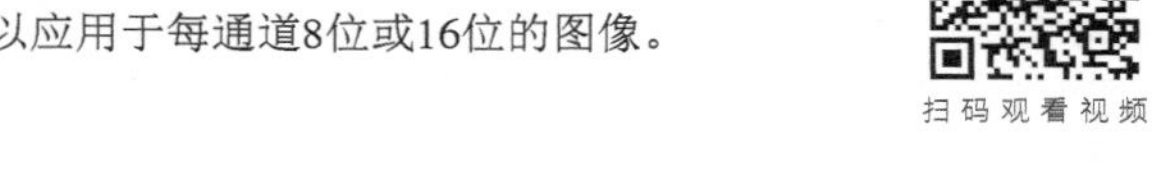

> **技巧提示**
>
> “液化”功能具有脸部感知能力，可自动辨识眼睛、鼻子、嘴巴及其他脸部特征，让用户可以轻松完成相关调整。“人脸识别液化”功能适用于装饰人像相片、创作趣味人像漫画及制作更多效果等。

实战：使用扭曲和锐化功能制作风暴雷云效果

素材文件	素材文件>CH12>02
实例文件	实例文件>CH12>实战：使用扭曲和锐化功能制作风暴雷云效果.psd
教学视频	实战：使用扭曲和锐化功能制作风暴雷云效果.mp4
学习目标	掌握扭曲和锐化功能的用法

扫码观看视频

风暴雷云效果如图12-29所示。

操作步骤

01 打开Photoshop，执行“文件>打开”菜单命令或按快捷键Ctrl+O，打开“素材文件>CH12>02”文件夹中的“云.jpg”素材文件，如图12-30所示。

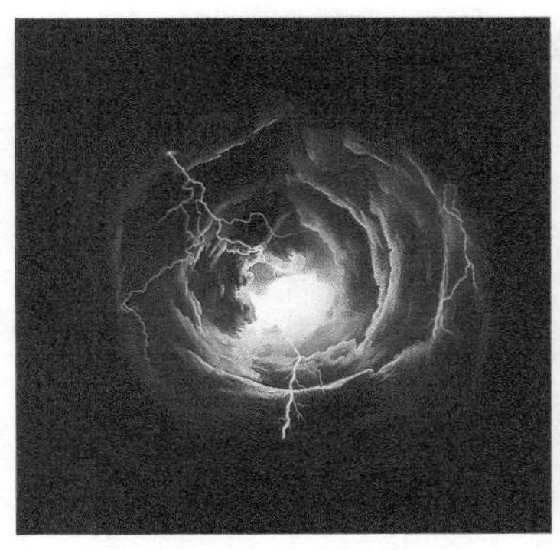

图12-29

图12-30

02 执行“滤镜>扭曲>极坐标”菜单命令，如图12-31所示，打开“极坐标”对话框，单击“确定”按钮，将云层扭曲，如图12-32所示。

03 选择“污点修复画笔工具”，在接缝处不协调的地方进行涂抹，使其变得更加自然，如图12-33所示。

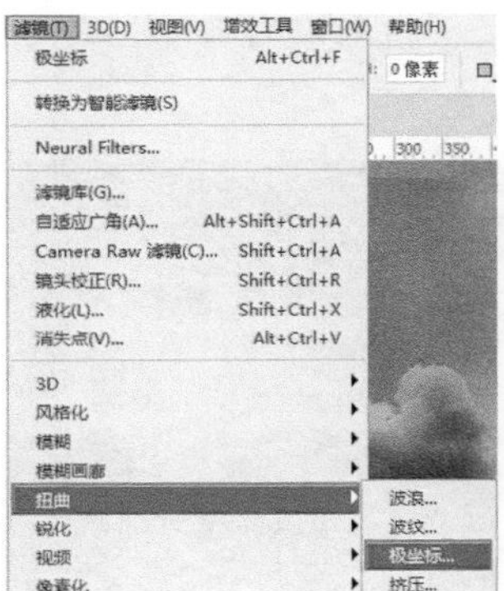

图12-31

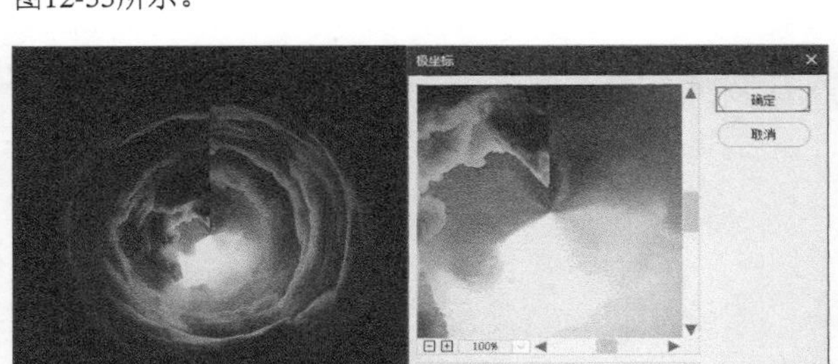

图12-32

图12-33

技巧提示

使用“污点修复画笔工具”可以在不设置任何取样点的前提下消除图像中的污点和某个对象，它会自动修复纹理、光照、透明度和阴影等像素，使其与图像整体相匹配。

04 执行“滤镜>扭曲>挤压”菜单命令，打开“挤压”对话框，设置“数量”为50%，单击“确定”按钮，如图12-34所示。

05 将“素材文件>CH12>02”文件夹中的“雷电1.png”和“雷电2.png”素材图片拖曳到画布中，然后分别调整其大小和位置，如图12-35所示。

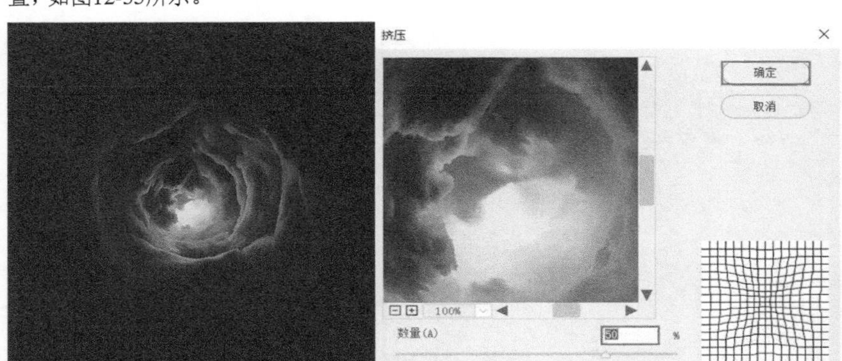

图12-34

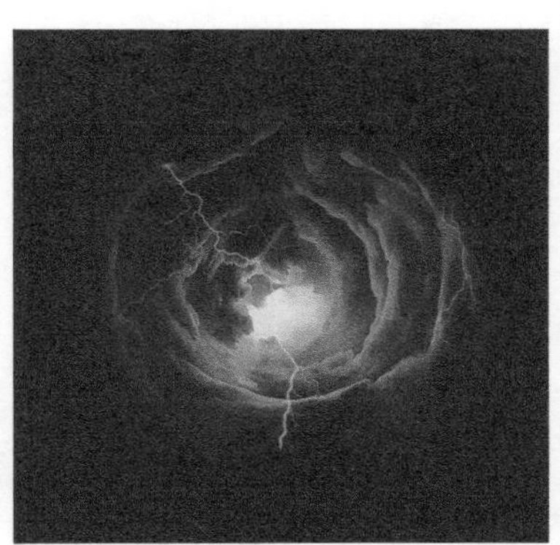

图12-35

06 单击“创建新的填充或调整图层”按钮，创建一个“色阶”调整图层，设置参数为（8，1.00，213），如图12-36所示。

07 单击“创建新的填充或调整图层”按钮，创建一个“曲线”调整图层，将曲线形状调整为S形，如图12-37所示。

08 单击“创建新的填充或调整图层”按钮，创建一个“色相/饱和度”调整图层，设置“色相”为+2，“饱和度”为+13，“明度”为+3，如图12-38所示。

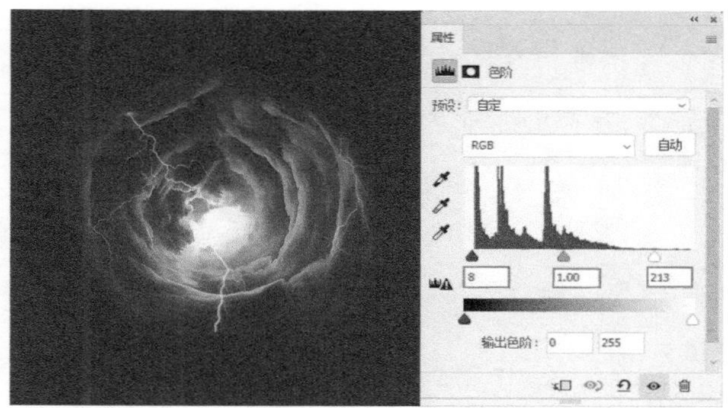

图12-36

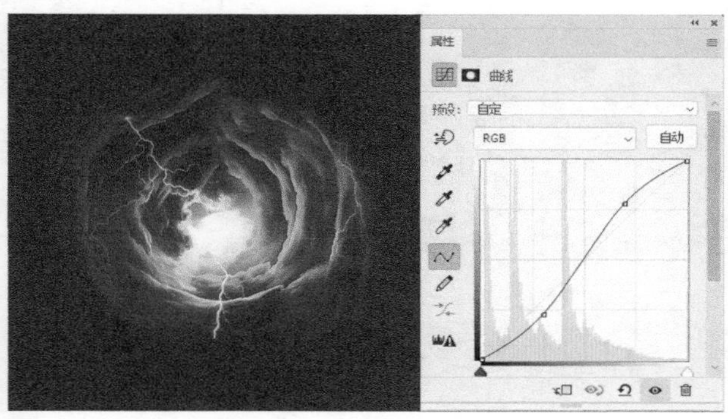

图12-37

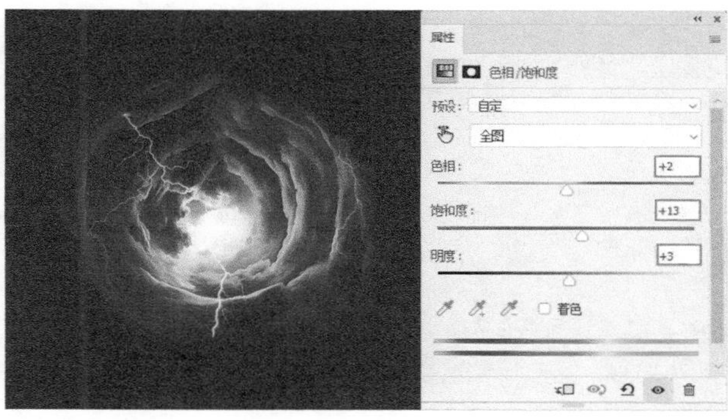

图12-38

09 按快捷键Ctrl+Shift+Alt+E盖印当前图层，执行“滤镜>锐化>智能锐化”菜单命令，打开“智能锐化”对话框，设置“数量”为248%，“半径”为3.3像素，“减少杂色”为80%，“移去”为“高斯模糊”，然后设置阴影的“渐隐量”为12%，“色调宽度”为45%，“半径”为1像素，接着设置高光的“渐隐量”为18%，“色调宽度”为50%，“半径”为1像素，如图12-39所示。最终效果如图12-40所示。

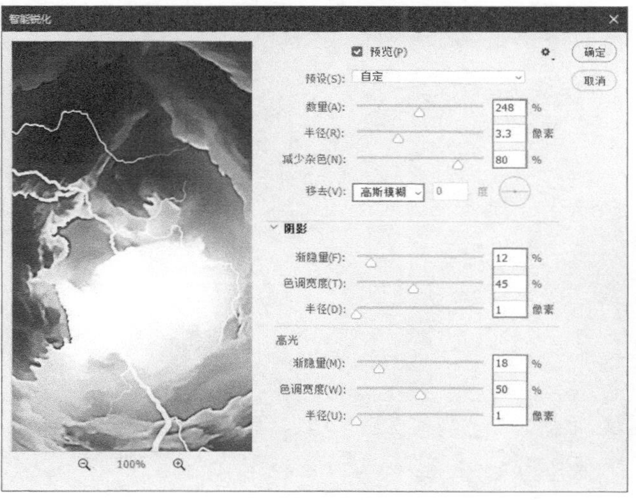

图12-39

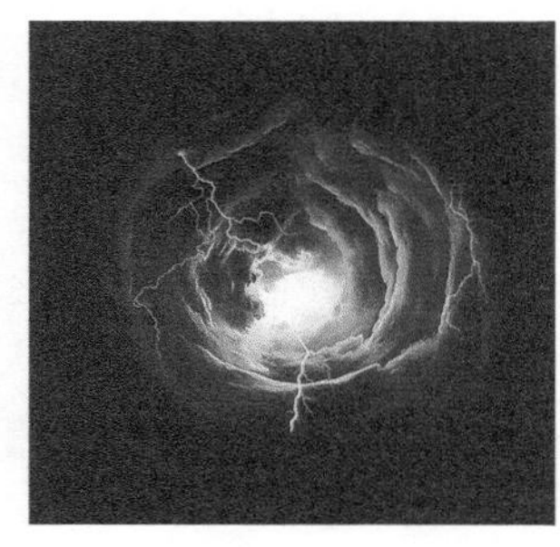

图12-40

知识回顾

扫码观看视频

教学视频： 回顾扭曲和锐化功能的用法.mp4

命令： 扭曲、锐化

用途： 处理图片效果。

操作流程

第1步： 插入图片。

第2步： 进行扭曲处理。

第3步： 进行智能锐化处理，完成效果的制作。

实战：使用滤镜库功能制作日系海报

素材文件	素材文件>CH12>03
实例文件	实例文件>CH12>实战：使用滤镜库功能制作日系海报.psd
教学视频	实战：使用滤镜库功能制作日系海报.mp4
学习目标	掌握滤镜库功能的相关用法

扫码观看视频

日系海报效果如图12-41所示。

操作步骤

01 执行“文件>打开”菜单命令或按快捷键Ctrl+O，打开“素材文件>CH12>03”文件夹中的“背景.jpg”素材文件，并按快捷键Ctrl+J复制一个图层，如图12-42所示。

图12-41

图12-42

02 隐藏“背景”图层，选择“图层1”图层，执行“选择>天空”菜单命令，选择天空区域，如图12-43所示。选区效果如图12-44所示。

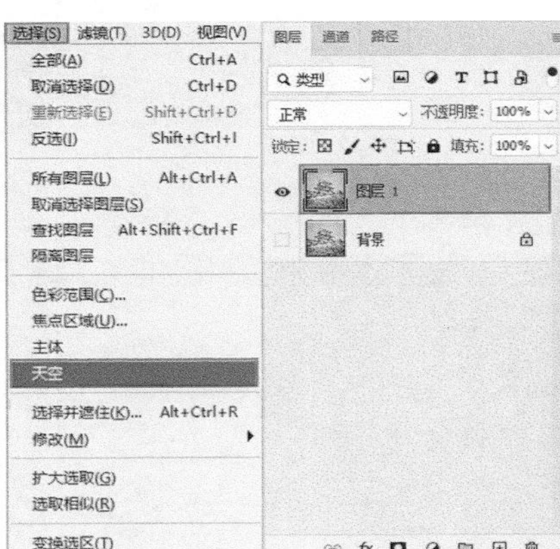

图12-43

图12-44

> **技巧提示**
>
> 如果选择天空的时候出现漏选的情况，如图12-45所示，可以选择“快速选择工具”，调整画笔大小，然后按住Shift键，补充选择剩余区域即可，如图12-46所示。在操作过程中，如果出现多选的情况，可以按Alt键减选。

图12-45

图12-46

03 按快捷键Ctrl+Shift+I反选选区，然后按快捷键Ctrl+J复制选区，隐藏“图层1”图层，如图12-47所示。

04 将“素材文件>CH12>03”文件夹中的“天空.jpg”素材图片拖曳至当前画布中，然后调整其大小和位置，按Enter键确认，然后将“天空”图层拖曳至“图层2”图层的下方，如图12-48所示。

图12-47

图12-48

05 将图层内容合并为一个图层。按住Shift键选择“图层2”和“天空”图层，然后单击鼠标右键，选择“转换为智能对象”命令，将两个图层合并为一个智能对象图层，如图12-49和图12-50所示。

图12-49

图12-50

疑难问答

问：这里可以按快捷键Ctrl+Shift+Alt+E盖印图层吗？

答：可以。因为这里的目的是让画面内容形成一个图层。笔者之所以将两个图层合并为一个智能对象图层，是想保留这两个图层的信息，便于后期通过双击智能对象图层来直接调整画面内容，如图12-51所示。

图12-51

06 选择合并后的“图层2”图层，执行“滤镜>滤镜库”菜单命令，打开“滤镜库”对话框，选择“艺术效果”中的“绘画涂抹”选项，然后设置“画笔大小”为15，“锐化程度”为20，“画笔类型”为“简单”，如图12-52所示。

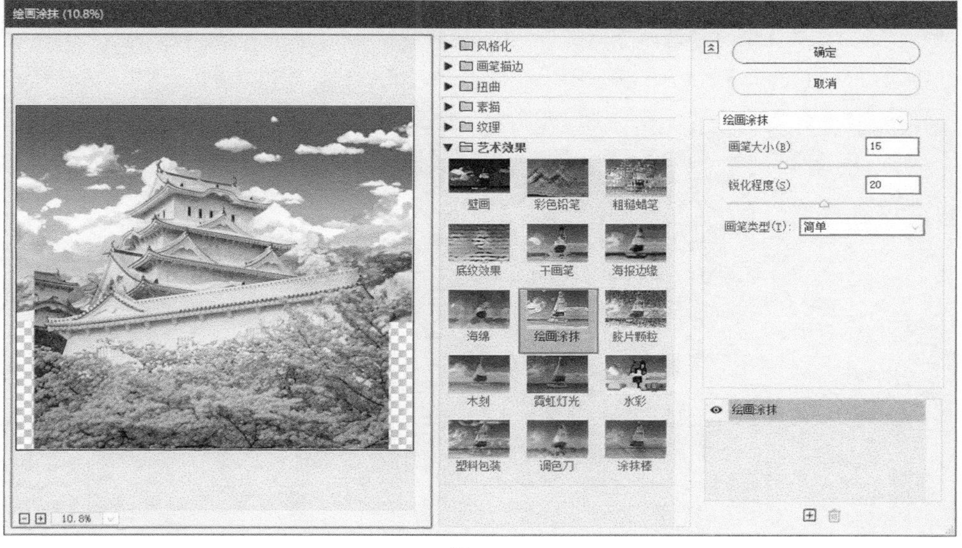

图12-52

07 使用“矩形选框工具”⬚绘制一个矩形选区，然后复制选区，如图12-53所示。

08 选择新复制的“图层3”图层，执行“滤镜>模糊>高斯模糊”菜单命令，如图12-54所示，打开“高斯模糊”对话框，设置“半径”为7.0像素，如图12-55所示。

图12-53

图12-54

图12-55

09 单击“创建新的填充或调整图层”按钮◐，创建一个“曲线”调整图层，将曲线形状调整为图12-56所示的形状，让画面暗一些。

10 单击“创建新的填充或调整图层”按钮◐，创建一个“色阶”调整图层，设置参数为（18，1.35，237），如图12-57所示。

图12-56

图12-57

11 单击“创建新的填充或调整图层”按钮◐，创建一个“色相/饱和度”调整图层，设置“色相”为-3，“饱和度”为+62，“明度”为+14，如图12-58所示。

12 至此，日系海报的背景就制作完成了，读者可以导入相关素材，根据需要在场景中加入文字，参考效果如图12-59所示。

图12-58

图12-59

技巧提示

在本例中笔者为“明日之后”等文字添加了“描边”效果，这样可以增强字体的质感，具体参数如图12-60所示。

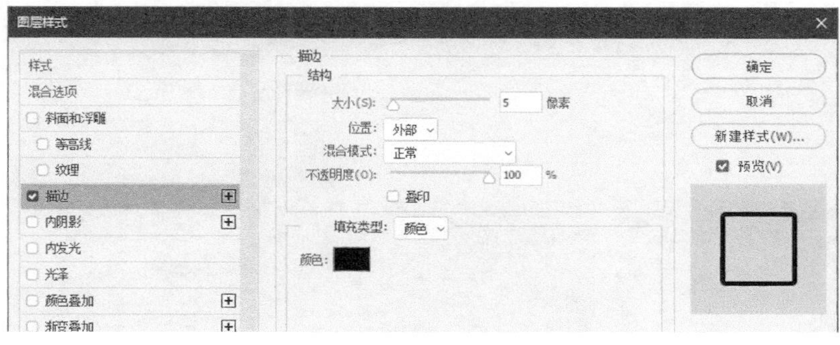

图12-60

知识回顾

扫码观看视频

教学视频： 回顾滤镜库功能的用法.mp4

命令： 滤镜库

用途： 处理图片效果。

操作流程

第1步： 插入图片。

第2步： 添加滤镜库中的效果并添加文字。

第3步： 调整色阶、色相/饱和度、曲线。

实战：使用风格化功能制作体素化风格海报

素材文件	素材文件>CH12>04
实例文件	实例文件>CH12>实战：使用风格化功能制作体素化风格海报.psd
教学视频	实战：使用风格化功能制作体素化风格海报.mp4
学习目标	掌握风格化功能的相关用法

扫码观看视频

本例效果如图12-61所示。

操作步骤

01 执行“文件>打开”菜单命令或按快捷键Ctrl+O，打开“素材文件>CH12>04”文件夹中的“背景.jpg”素材文件，如图12-62所示。

02 执行“滤镜>风格化>凸出”菜单命令，打开“凸出”对话框，设置“类型”为“块”，“大小”为25像素，“深度”为40，将背景体素化，如图12-63所示。

图12-61

图12-62

图12-63

03 选择“矩形工具”▭，然后在背景图上绘制一个矩形，如图12-64所示。选择矩形所在的图层，在“属性”面板中设置“填色”为“无颜色”，“描边”颜色为白色（R:255，G:255，B:255），“描边”大小为17.25像素，具体参数设置如图12-65所示。

图12-64

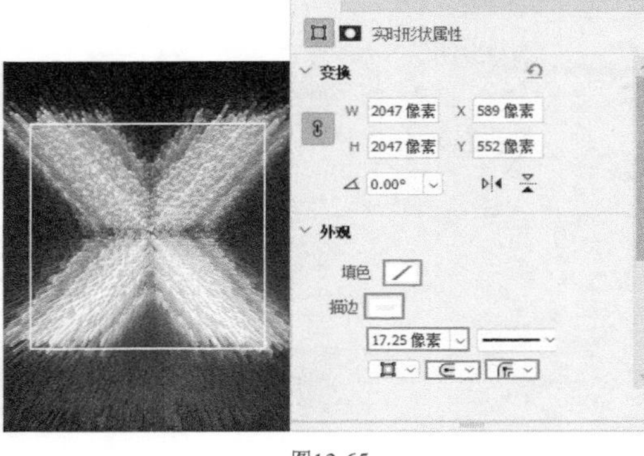

图12-65

> **技巧提示**
>
> “属性”面板默认位于Photoshop界面的右侧，单击“属性”按钮，即可打开“属性”面板，如图12-66所示。如果没有此按钮，说明该面板被隐藏了，执行“窗口>属性”菜单命令，即可调出该面板，如图12-67所示。
>
> 图12-66　　图12-67

04 确定矩形框与背景中X的位置关系。在“图层”面板中单击“添加图层蒙版”按钮◘，为矩形图层添加一个蒙版，如图12-68所示。设置“前景色”为白色（R:255，G:255，B:255），选择“橡皮擦工具”，设置“不透明度”为100%，“流量”为100%，然后调整画笔大小，涂抹左上角和右下角的矩形边框，如图12-69所示。效果如图12-70所示。

图12-68

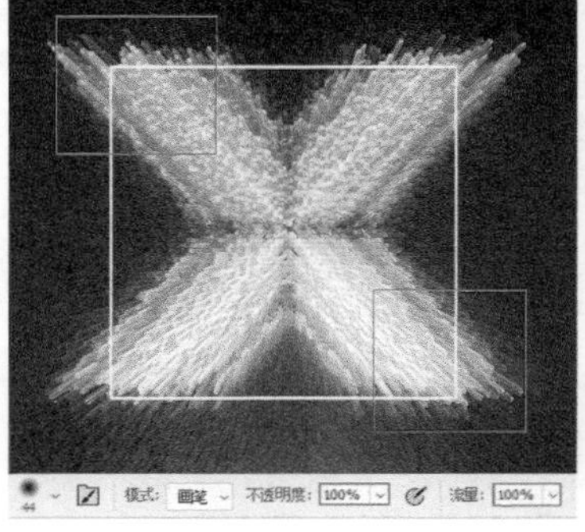

图12-69

图12-70

05 单击“添加图层样式”按钮fx，选择“外发光”选项，打开“图层样式”对话框，设置“混合模式”为“正常”，“不透明度”为70%，“杂色”为19%，然后设置一个白色的从不透明到透明的渐变，接着设置“方法”为“精确”，“扩展”为53%，“大小”为16像素，“抖动”为16%，如图12-71所示。

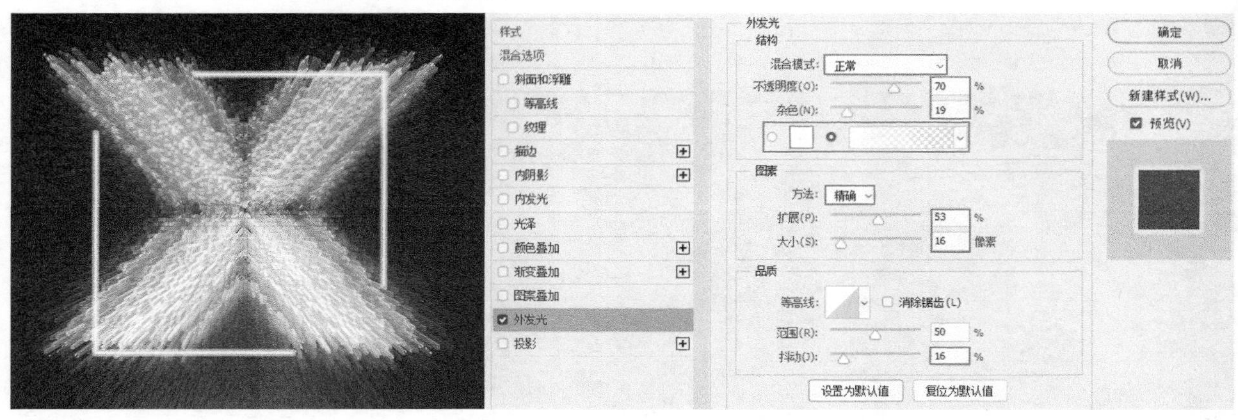

图12-71

> **技巧提示**
>
> 如果添加了“外发光”效果后，涂抹的部分出现了新效果，可以参考上一步将效果涂抹掉。

06 选择“横排文字工具” T，在画面中添加文字，输入X，设置字体为Source Han Sans SC，大小为400点，“颜色”为白色（R:0，G:0，B:0），具体位置如图12-72所示。

07 选择X文字图层，单击“添加图层样式”按钮 fx，选择“描边”选项，然后设置“描边”的“大小”为2像素，“位置”为“外部”，为文案添加描边效果，如图12-73所示。

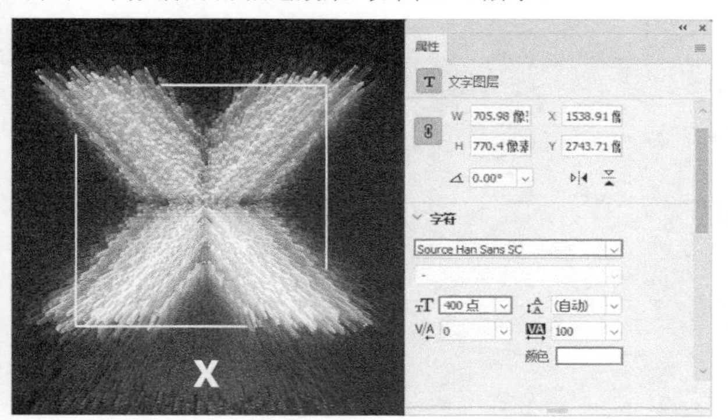

图12-72

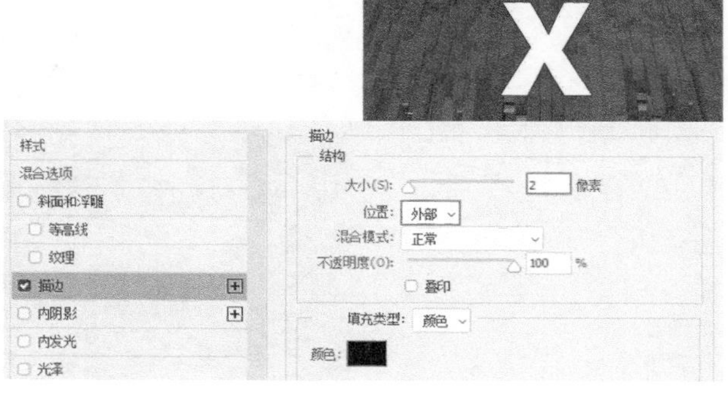

图12-73

08 将“素材文件>CH12>04”文件夹中的“色彩.png”素材图片拖曳至画布中，按Enter键确认，然后按快捷键Ctrl+J复制图层，并隐藏新复制的图层，如图12-74所示。

09 选择“色彩”图层，按快捷键Ctrl+T激活自由变换模式，然后调整其大小和位置，如图12-75所示。按Enter键确认，然后按住Alt键，将鼠标指针移动至文字图层和“色彩”图层之间的分界线处并单击，将“色彩”图层作为剪贴蒙版，如图12-76所示。

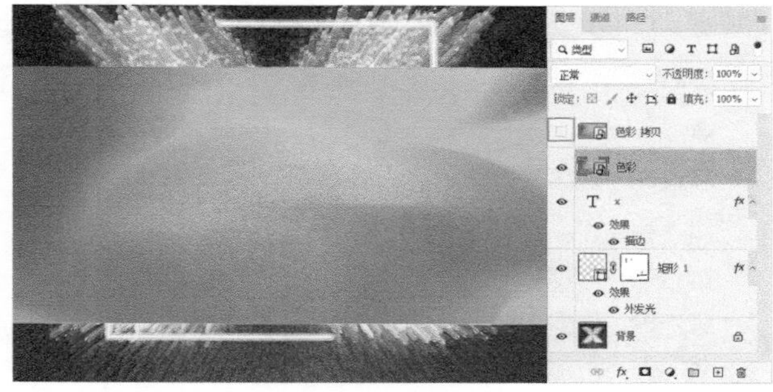

图12-74

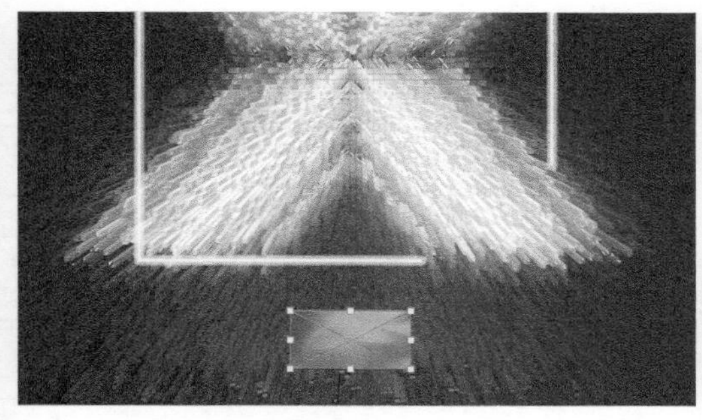

图12-75

图12-76

10 取消隐藏“色彩 拷贝”图层，然后按快捷键Ctrl+T激活自由变换模式，然后调整其位置和大小，如图12-77所示。按Enter键确认，然后将该图层拖曳至“背景”图层的上方，如图12-78所示。

11 设置“色彩 拷贝”图层的混合模式为“柔光”，如图12-79所示。

图12-77

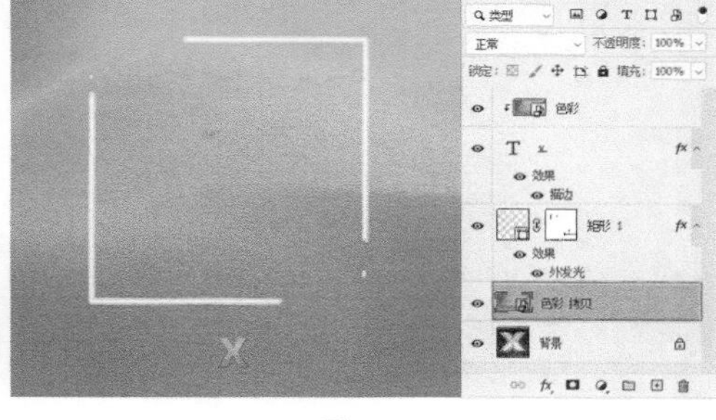

图12-78

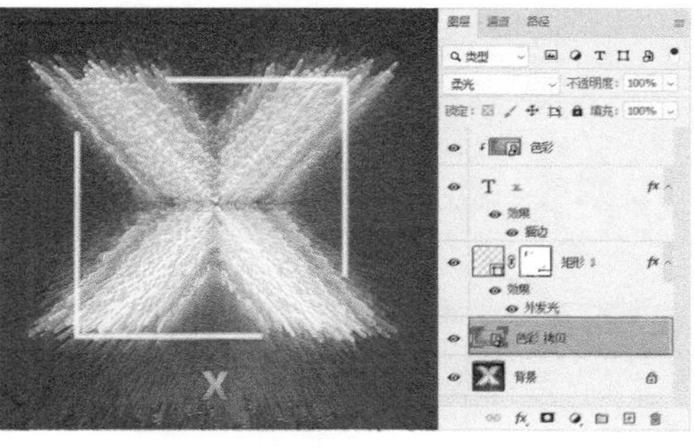

图12-79

12 将“素材文件>CH12>04”文件夹中的“装饰.png”素材图片拖曳至画布中，调整其大小，并添加“外发光”效果。读者还可以根据需要添加文案，此处笔者将字体设置为Staatliches，字体样式设置为Regular，然后使用“矩形工具”▭和“椭圆工具”◯绘制修饰元素，将“填充”和“描边”设置为不同的渐变颜色，并调整其相差角度，使其呈现出较好的视觉效果。参考效果如图12-80所示。

13 为整个海报添加一个“色阶”调整图层，设置参数为（32，1.00，244），增加对比度，如图12-81所示。

> **技巧提示**
>
> 这一步的操作较为灵活，读者可以自由发挥。完整的操作过程，可以观看教学视频。

图12-80

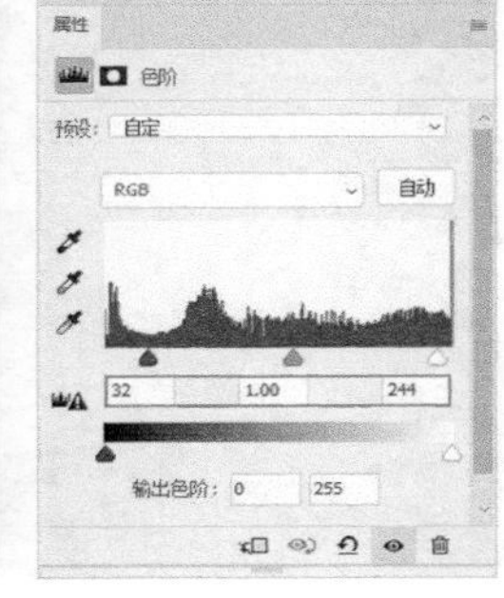

图12-81

知识回顾

扫码观看视频

教学视频： 回顾风格化功能的用法.mp4

命令： 风格化

用途： 处理图片效果。

操作流程

第1步： 插入图片。

第2步： 执行“滤镜>风格化>凸出”菜单命令。

第3步： 添加相关元素，完成效果的制作。

综合案例：制作春分节气便签

素材文件	素材文件>CH12>05
实例文件	实例文件>CH12>综合案例：制作春分节气便签.psd
教学视频	综合案例：制作春分节气便签.mp4
学习目标	掌握滤镜的综合应用方法

扫码观看视频

图12-82

本例效果如图12-82所示。

01 执行“文件>新建”菜单命令或按快捷键Ctrl+N，打开“新建文档”对话框，设置“文档类型”为“国际标准纸张”，即A4大小，如图12-83所示。

图12-83

02 按快捷键Ctrl+A，将整个画布作为选区，如图12-84所示。设置“前景色”为浅咖色（R:232，G:225，B:207），然后按快捷键Alt+Delete，填充画布颜色，如图12-85所示。

图12-84

图12-85

> **技巧提示**
>
> 填充完成后，记得按快捷键Ctrl+D取消选区。

03 选择“椭圆工具”，按住Shift键绘制一个圆，设置“填充”为红色(R:245，G:121，B:93)，“描边”颜色为“无颜色”，如图12-86所示。为圆图层添加“投影”效果，设置“不透明度”为19%，“距离”为44像素，“扩展”为15%，“大小”为84像素，“杂色”为47%，如图12-87所示。

图12-86

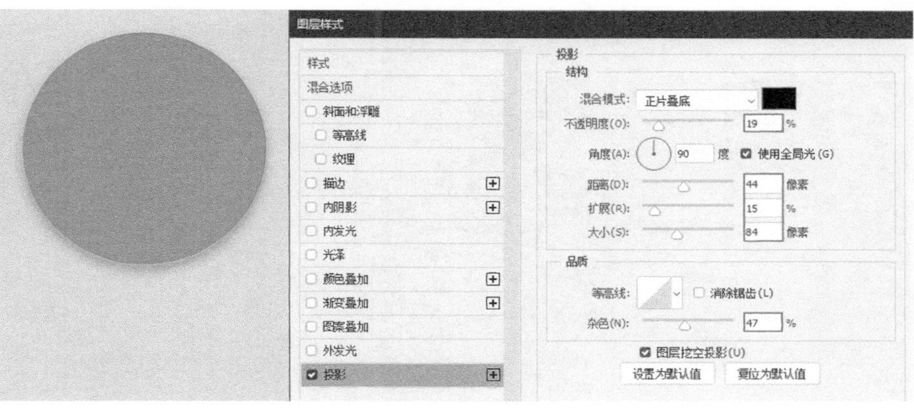

图12-87

04 按住Shift键选择“背景”和“椭圆 1”图层，然后单击鼠标右键，选择“转换为智能对象”命令，如图12-88和图12-89所示。

05 执行“滤镜>杂色>添加杂色”菜单命令，打开“添加杂色”对话框，设置“数量”为8%，“分布”为“高斯分布”，如图12-90所示。

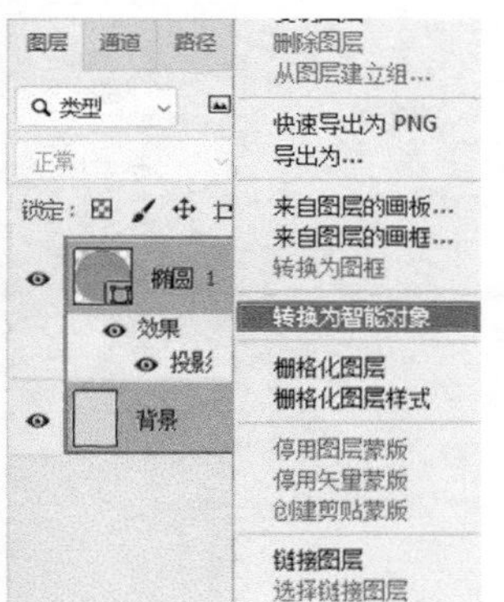

图12-88

图12-89

图12-90

06 导入"天空.jpg"素材图片，选择"矩形选框工具"⬚，然后在天空上创建一个矩形选区，如图12-91所示。按快捷键Ctrl+J复制图层，并隐藏"天空"图层，如图12-92所示。

07 执行"滤镜>滤镜库"菜单命令，在"艺术效果"中选择"绘画涂抹"选项，设置"画笔大小"为42，"锐化程度"为15，如图12-93所示。

图12-91

图12-92

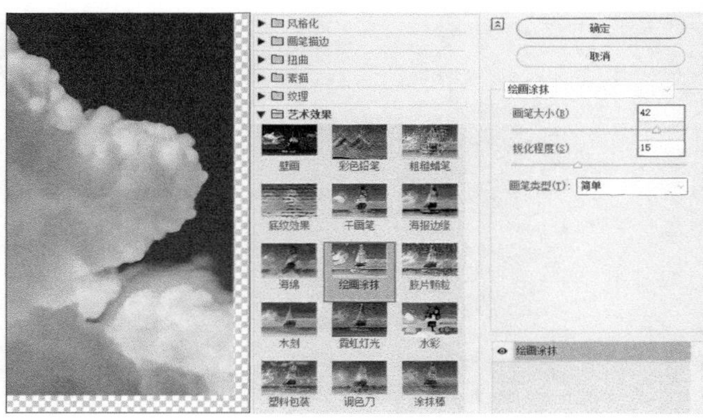

图12-93

08 按快捷键Ctrl+T激活自由变换模式，调整图像的大小和位置，如图12-94所示。

09 选择"直排文字工具"↓T，输入"春分"两个字，将一个字的颜色设置为黑色，另一个设置为白色，字体为"字魂209号-月影手书"，大小为128点，如图12-95所示。

10 将"素材文件>CH12>05"文件夹中的"网格.png"素材图片导入画布中，然后调整其大小和位置，并设置其"不透明度"为30%，如图12-96所示。

图12-94

图12-95

技巧提示

读者可以为"春分"添加"描边"效果。

图12-96

11 在画布中输入一个"春"字，设置"不透明度"为30%，"填充"为0%，并为其添加"描边"效果，设置"大小"为4像素，如图12-97所示，以营造出一种镂空的效果。效果如图12-98所示。

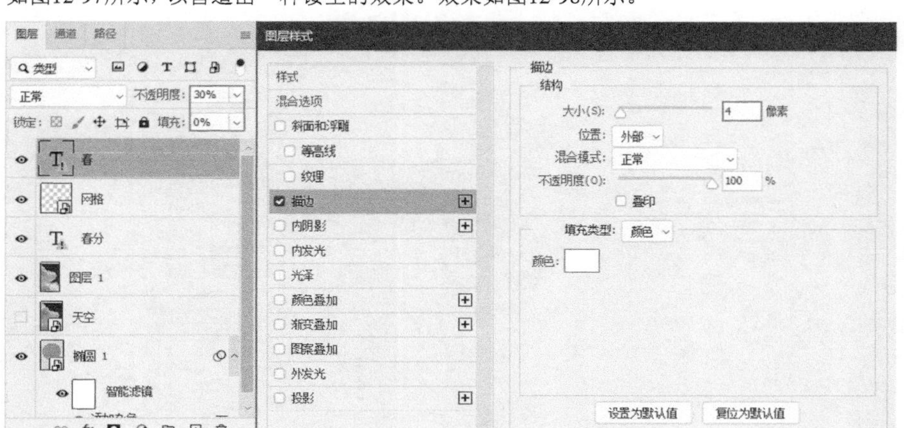

图12-97

图12-98

12 在画面中添加有关春天的诗句作为装饰文字，其中英文的字体为Staatliches，字体样式为Regular，大小为15点；中文诗句的字体为“字魂40号-小城非凡体”，大小可以根据画面的比重确定；图片边缘的文字字体为Staatliches，这里需要调整文字的方向和大小，以呈现出较好的效果。参考效果如图12-99所示。

13 分别为画面添加“色阶”和“色相/饱和度”调整图层，设置“色阶”为（0，0.88，255），如图12-100所示。设置“色相”为+5，“饱和度”为+2，“明度”为+6，如图12-101所示。最后可以添加一些修饰元素，参考效果如图12-102所示。

图12-99

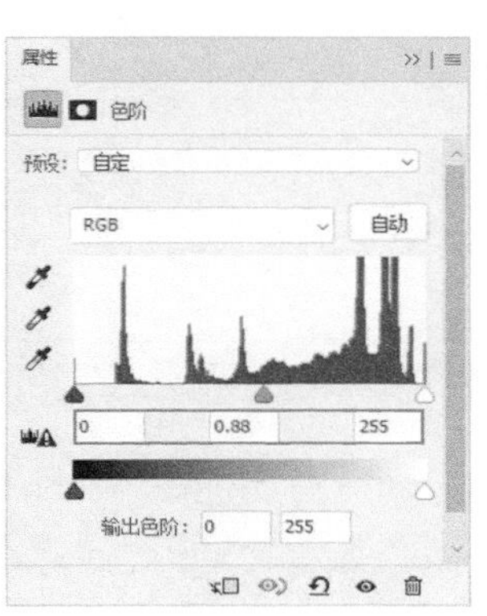

图12-100

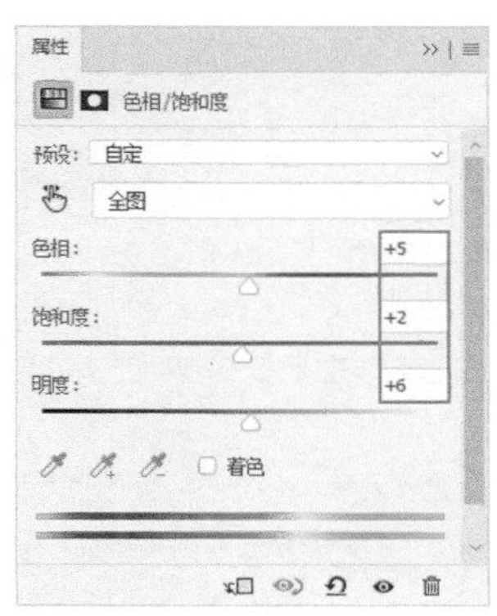

图12-101

图12-102

综合案例：制作波普风海报

素材文件	素材文件>CH12>06
实例文件	实例文件>CH12>综合案例：制作波普风海报.psd
教学视频	综合案例：制作波普风海报.mp4
学习目标	掌握滤镜的综合应用方法

扫码观看视频

本例效果如图12-103所示。

01 执行“文件>新建”菜单命令或按快捷键Ctrl+N，打开“新建”对话框，新建一个“宽度”为3508像素，“高度”为2480像素的空白画布，如图12-104所示。

02 设置“前景色”为黄色（R:248，G:240，B:117），然后将画布填充为黄色，如图12-105所示。

图12-103

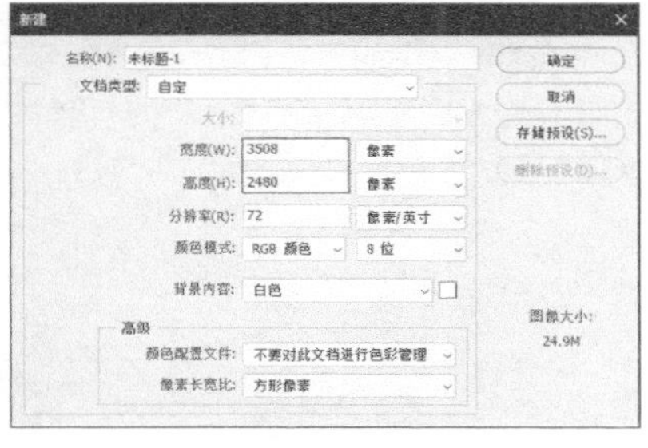

图12-104

图12-105

03 将“背景色”设置为酒红色（R:188，G:18，B:74）。执行“滤镜>滤镜库”菜单命令，选择“素描”中的“半调图案”选项，设置“大小”为12，“对比度”为50，如图12-106所示。

04 按快捷键Ctrl+T激活自由变换模式，放大刚刚调整的图层并调整其位置，如图12-107所示。在画布中绘制一个矩形，并调整其方向和大小，如图12-108所示。

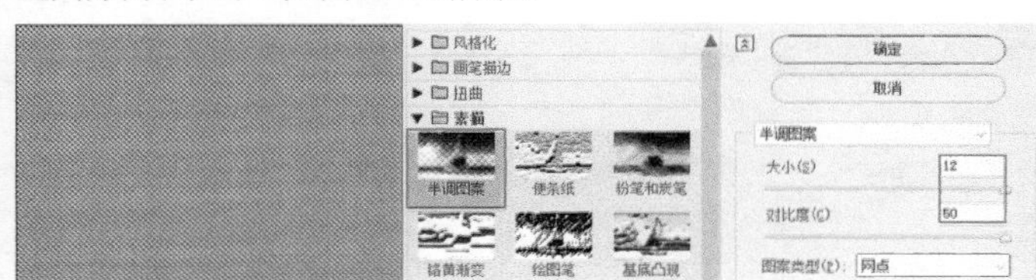

图12-106

图12-107

图12-108

05 设置“前景色”为蓝绿色（R:84，G:214，B:214），“背景色”为蓝色（R:41，G:164，B:180），然后执行“滤镜>滤镜库”菜单命令，选择“素描”中的“半调图案”选项，设置“大小”为12，“对比度”为50，“图案类型”为“直线”，如图12-109所示。

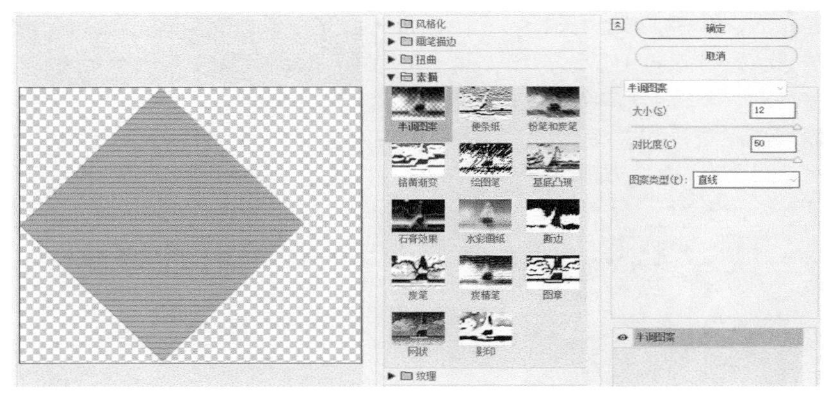

图12-109

06 选择步骤04创建的矩形图层，然后单击鼠标右键，选择“转换为智能对象”命令，接着按快捷键Ctrl+T激活自由变换模式，调整其大小和方向，如图12-110所示。

07 利用“矩形工具”添加矩形装饰元素，并设置其颜色为黑色，如图12-111所示。

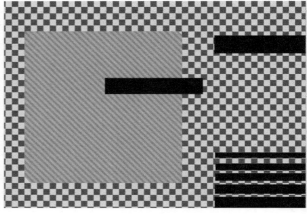

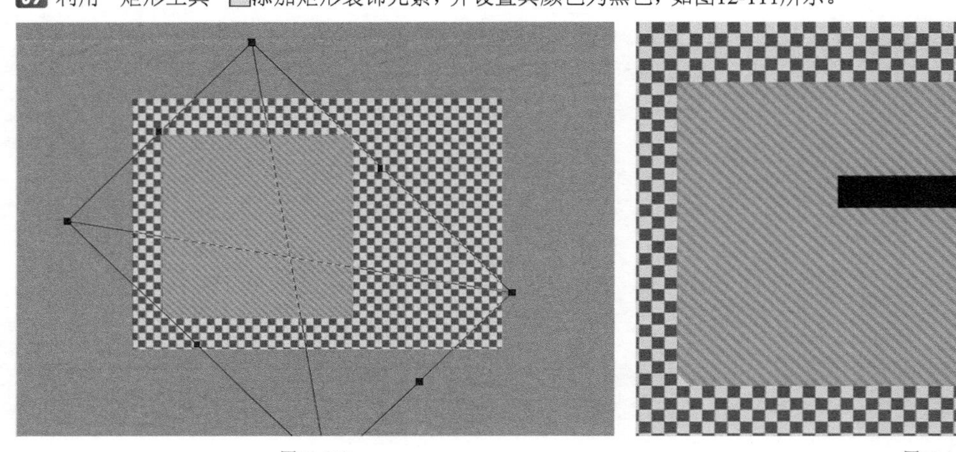
图12-110　　图12-111

08 使用“横排文字工具”T添加相关文字，其中DESIGN的字体为AlegreyaSansSCBlack，SUR GOOD的字体为Staatliches，文字的大小按照矩形和整个画面的布局进行设置。创建好文字后，右击DESIGN图层，选择“创建工作路径”命令，将DESIGN文字转化为路径。按快捷键Ctrl+Enter，将刚刚创建的路径转换为选区，并隐藏DESIGN图层，如图12-112所示。

09 单击画面中的横条矩形，即选择矩形图层，按Delete键删除选区中的内容，如图12-113所示。

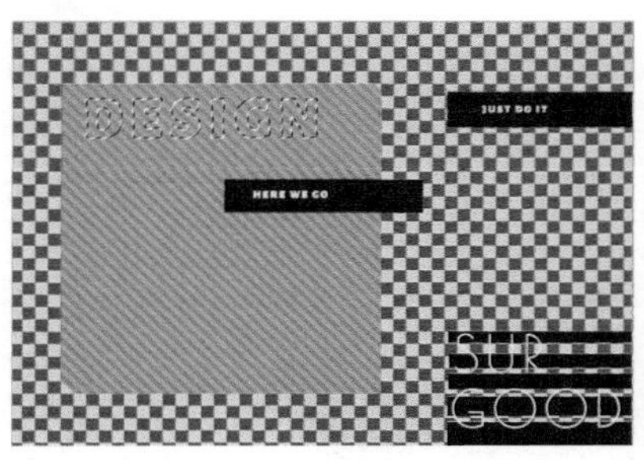

图12-112

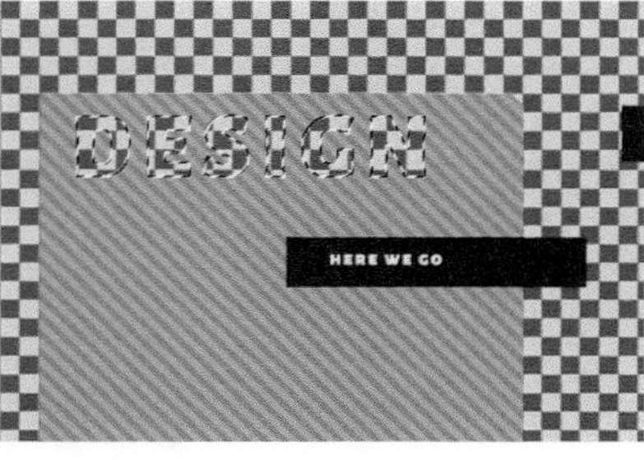

图12-113

> **技巧提示**
>
> 在删除选区内容的时候，可能会出现图12-114所示的报错信息对话框，此时只需要选择当前图层，单击鼠标右键，选择“格式化图层”命令即可。

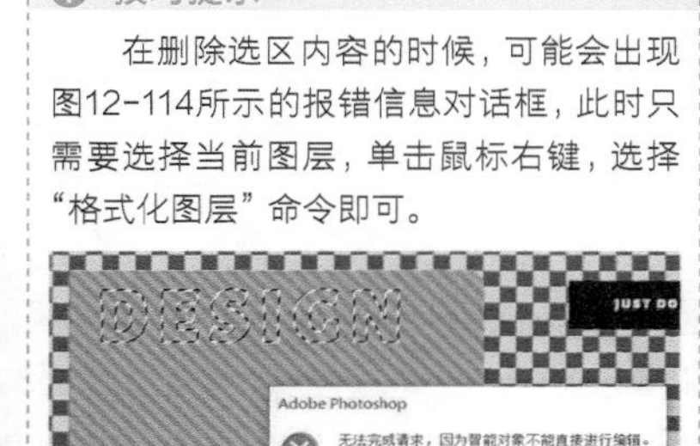

图12-114

10 选择“椭圆工具”，按住Shift键绘制圆形，然后设置“填充”为“渐变”，读者可以选择自己喜欢的渐变色。为了使DESIGN文字显现出来，为其添加一个“描边”样式，设置“大小”为4像素，“不透明度”为100%，并在“图层”面板中设置图层的“填充”为0%，如图12-115所示。效果如图12-116所示。

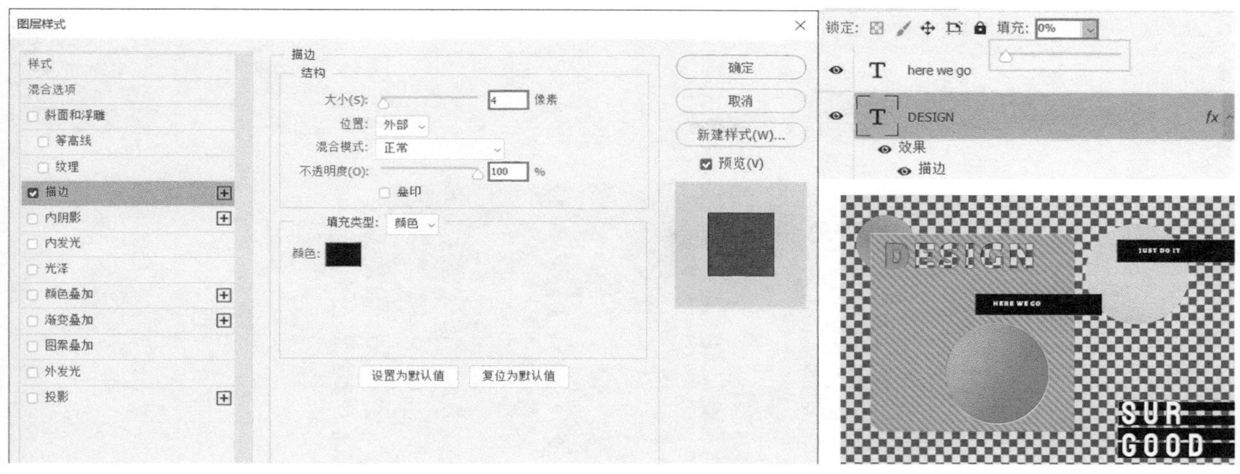

图12-115

图12-116

技巧提示

这里的颜色为参考颜色，读者可以打开实例文件进行查看，也可以使用自己喜欢的颜色。

11 分别选择3个圆形，执行“滤镜>杂色>添加杂色”菜单命令，为3个圆形添加杂色效果，然后设置“数量”为30%，如图12-117所示。

12 为矩形上的圆形添加“内阴影”效果，设置“不透明度”为39%，“距离”为32像素，“阻塞”为0%，“大小”为84像素，如图12-118所示。导入“素材文件>CH12>06”文件夹中的素材图片，并给SUR GOOD添加与DESIGN相同的“描边”样式，如图12-119所示。

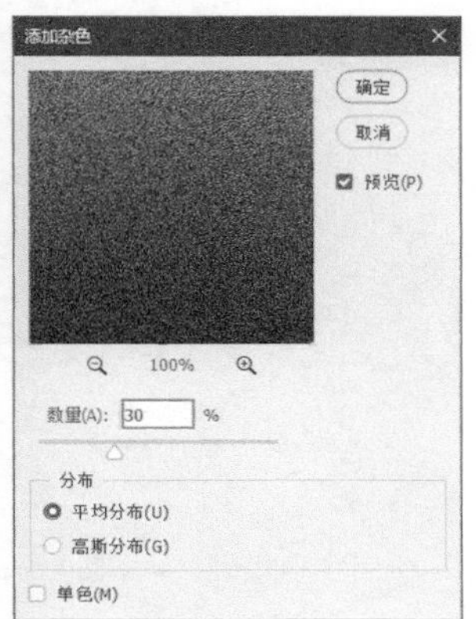

图12-117

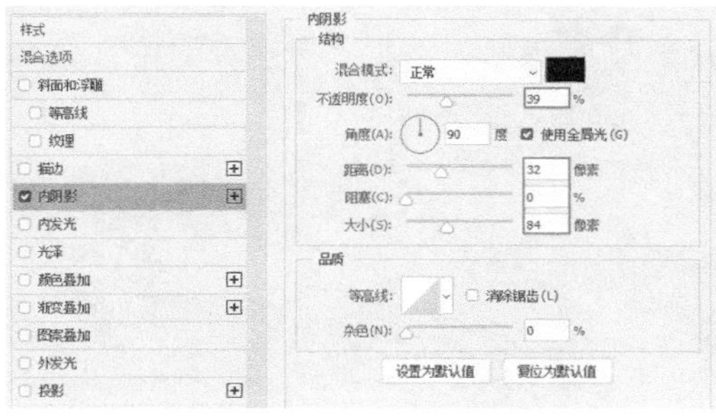

图12-118

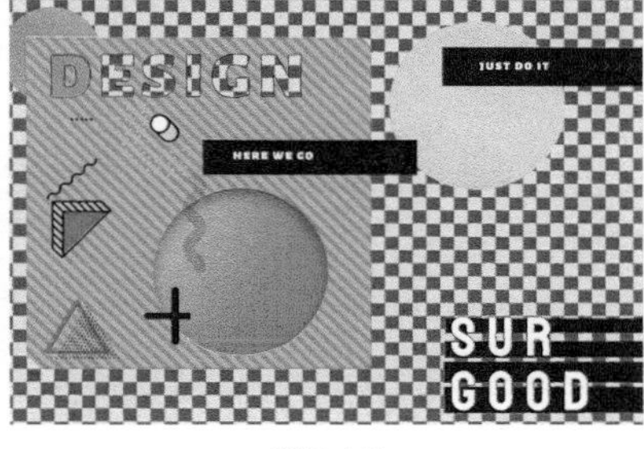

图12-119

13 为画面添加“曲线”和“色阶”调整图层，将曲线的形状调整为S形，如图12-120所示。设置“色阶”为（8，1.00，241），如图12-121所示。最后，读者可以使用“矩形工具”□添加具有波普风格的相关效果，如图12-122所示。

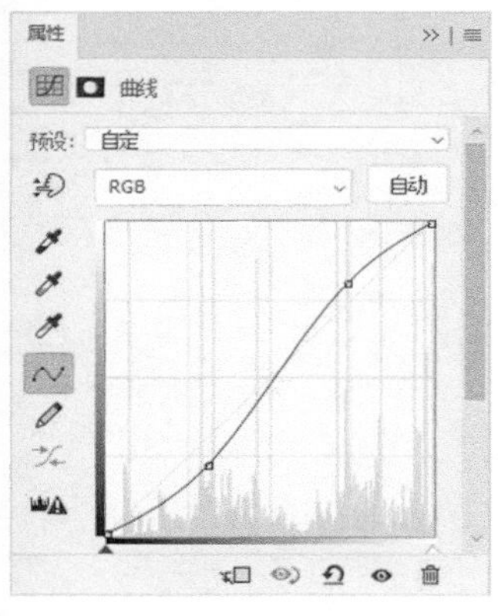

图12-120

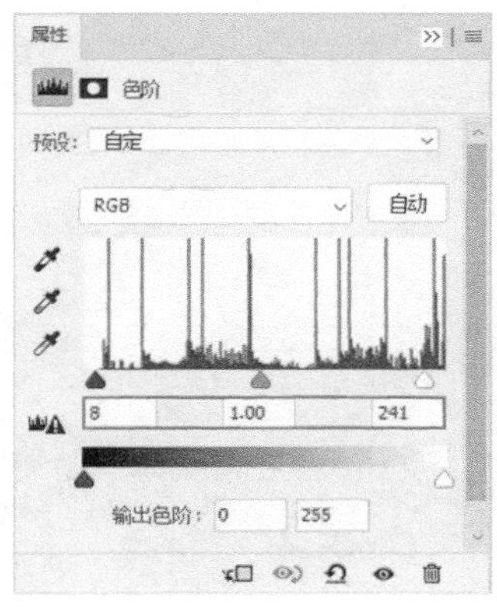

图12-121

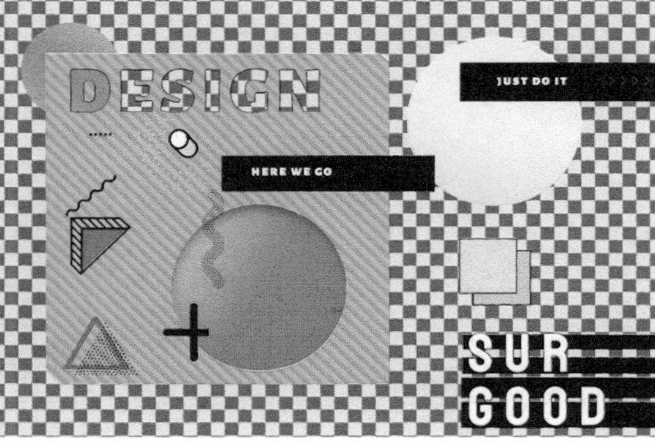

图12-122

学以致用：制作碧水山庄主体海报

素材文件	素材文件>CH12>07
实例文件	实例文件>CH12>学以致用：制作碧水山庄主体海报.psd
教学视频	学以致用：制作碧水山庄主体海报.mp4
学习目标	掌握滤镜的综合应用方法

扫码观看视频

本例效果如图12-123所示。

图12-123

学以致用：制作Apollo登山海报

素材文件	素材文件>CH12>08
实例文件	实例文件>CH12>学以致用：制作Apollo登山海报.psd
教学视频	学以致用：制作Apollo登山海报.mp4
学习目标	掌握滤镜的综合应用方法

扫码观看视频

本例效果如图12-124所示。

图12-124

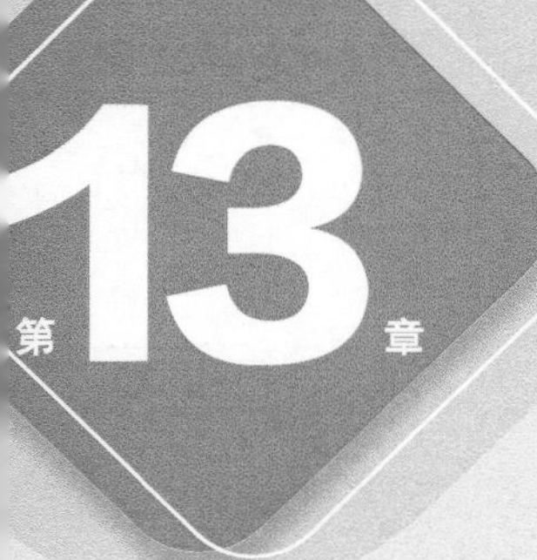

① 技巧提示 + ② 疑难问答 + ◎ 技术专题

第13章

通道

通道主要用于存储不同类型的信息。通道中的像素颜色是由一组原色的亮度值组成的，通道可以理解为选择区域的映射。使用通道可以进行抠图、调色等一系列操作。

学习重点

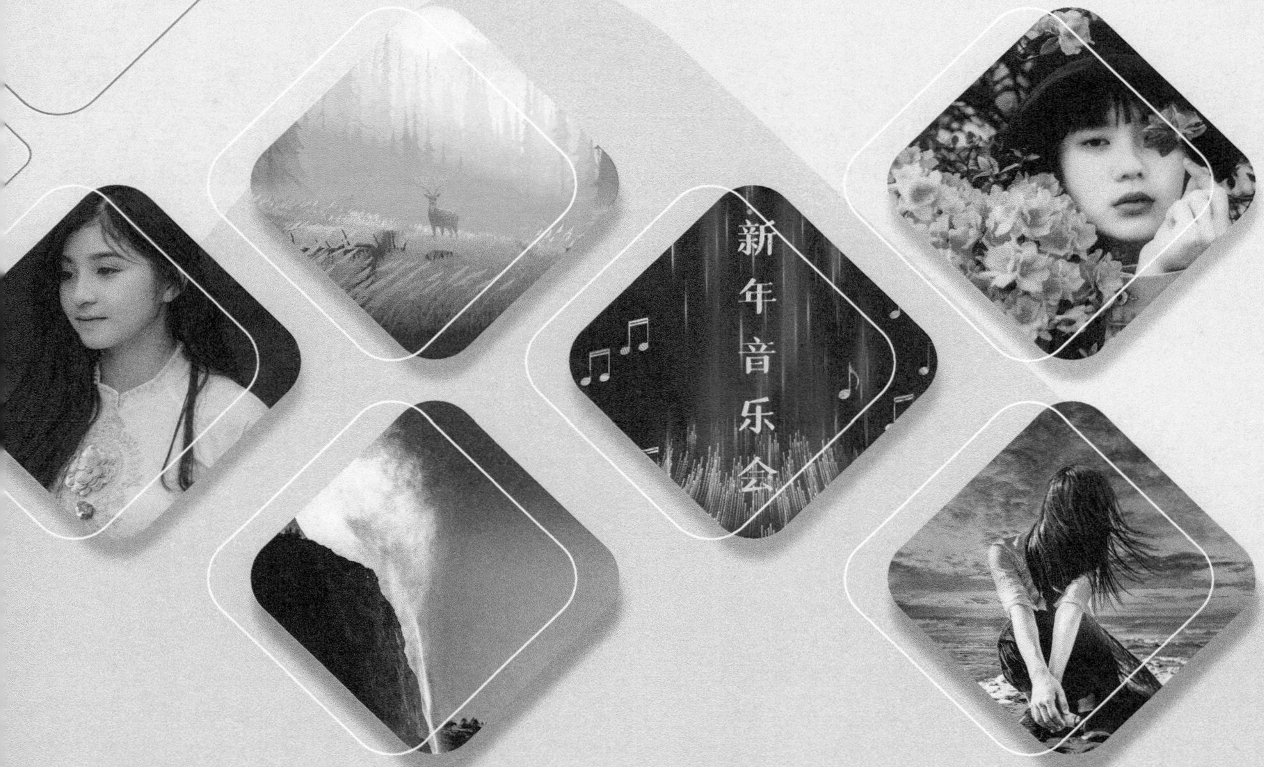

实战：认识通道

素材文件	素材文件>CH13>01
实例文件	实例文件>CH13>实战：认识通道.psd
教学视频	实战：认识通道.mp4
学习目标	认识通道

扫码观看视频

本案例效果如图13-1所示。

图13-1

操作步骤

执行“文件>打开”菜单命令，打开“素材文件>CH13>01”文件夹中的素材文件。打开“通道”面板，分别单击面板中的通道，可以发现画面均是由黑白灰3种颜色组成的，如图13-2~图13-5所示。

图13-2

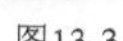

图13-3

图13-4

图13-5

图层的各个像素点的属性是以红绿蓝三原色的数值来表示的，而通道中的像素颜色是由一组原色的亮度数值组成的。因此，可以理解为图层画面是由通道中存储的原色数值信息通过某种混合方式混合而成的。每个单独的颜色通道中只有一种颜色的不同亮度数值，因此画面表现为灰度图像。单击RGB通道时图像又恢复成彩色，如图13-6和图13-7所示。

图13-6

图13-7

虽然在“通道”面板中可进行的操作较少，但是可以使用通道进行较多的操作。例如，建立并存储选区、调整图像颜色等。此外，通道可以分为颜色通道、专色通道、Alpha通道等。在后面的案例中会依次介绍。

知识回顾

通道主要用于存储不同类型的信息，它是在打开新图像时自动创建的。图像的颜色模式决定了所创建的颜色通道的数目。例如，RGB图像的每种颜色（红色、绿色和蓝色）都有一个通道，并且还有一个用于编辑图像的复合通道。

扫码观看视频

教学视频： 回顾认识通道.mp4

位置：“通道”面板

用途： 认识通道。

操作流程

第1步： 打开Photoshop，导入准备好的图片。

第2步： 在“通道”面板中切换通道，观察图像效果。

实战：调整通道颜色

素材文件	素材文件>CH13>02
实例文件	实例文件>CH13>实战：调整通道颜色.psd
教学视频	实战：调整通道颜色.mp4
学习目标	学会调整通道颜色

扫码观看视频

本案例对比效果如图13-8所示。

操作步骤

01 执行“文件>打开”菜单命令，打开“素材文件>CH13>02”文件夹中的素材文件，如图13-9所示。初步观察图像，可以发现图像中人物颜色偏冷，而背景颜色偏蓝绿色。可以根据这个方向进行修改，使图像中的人物肤色变得红润，色调变得温暖。

图13-8

图13-9

02 执行“图像>调整>曲线”菜单命令，打开“曲线”对话框。在“曲线”对话框中除了可以对图像整体进行调整，还可以针对图像的颜色通道信息进行调整，如图13-10所示。

03 此时需要改变画面中人物的肤色，原图中的人物肤色属于红色亮部，背景的红色属于红色暗部，因此，可以单独对红色通道的曲线进行调整，增强对比度。这样，在使人物肤色变得红润的同时也可以降低其他部分的暖色调，增强画面的对比度。选择“红”通道，然后将曲线调整为S形，如图13-11所示。效果如图13-12所示。

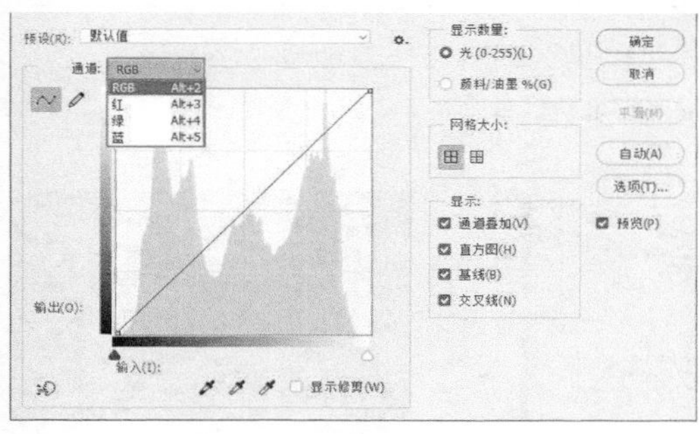

图13-10

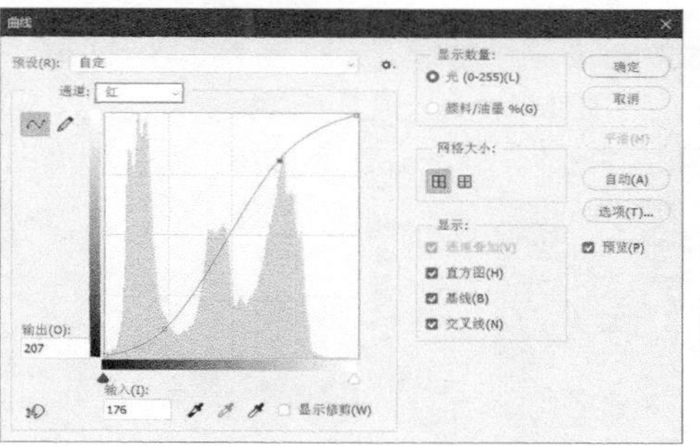

图13-11

图13-12

04 完成红色部分的修改后，此时可以观察到图片背景中的蓝绿色过于明显，因此需要降低画面中相应色彩的亮度。针对绿色通道做一些调整，如图13-13所示。最终效果如图13-14所示。

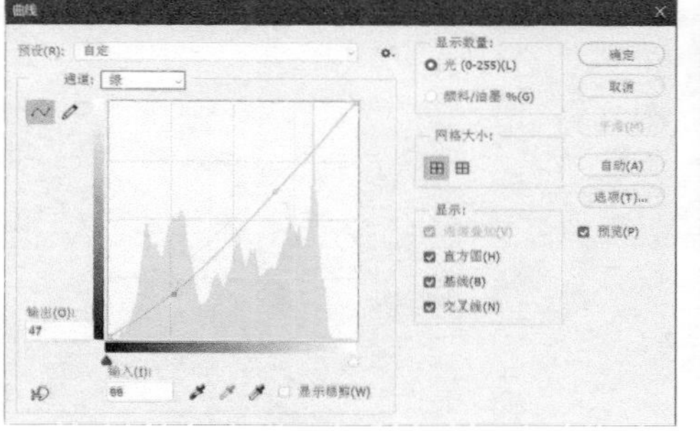

图13-13

图13-14

☞ 知识回顾

扫码观看视频

教学视频： 回顾调整通道颜色.mp4

命令： 曲线

位置： 图像>调整>曲线

用途： 单独调整图像的颜色信息。

操作流程

第1步： 打开Photoshop，导入准备好的图片。

第2步： 在“曲线”对话框中选择需要修改的通道。

第3步： 对曲线进行调整。

调整通道颜色时可以对指定颜色的通道进行修改和优化，从而达到对图像中某种颜色进行调整的目的。结合红、绿、蓝这3个通道，可以实现对图像色彩的精准调整，如图13-15所示。

图13-15

实战：Alpha通道与专色通道

素材文件	素材文件>CH13>03
实例文件	实例文件>CH13>实战：Alpha通道与专色通道.psd
教学视频	实战：Alpha通道与专色通道.mp4
学习目标	认识Alpha通道

扫码观看视频

Alpha通道也被称为透明度通道，该通道用于记录图像中像素的透明程度。Alpha通道的主要用途是建立并存储选区。在选区的存储上，蒙版与Alpha通道的原理是一致的。Alpha通道也是用256级灰度来记录图像中的透明度信息，定义透明、不透明和半透明区域，其中白色表示不透明，黑色表示透明，灰色表示半透明。专色通道是可以保存专色信息的通道，应用于图像的印刷。这是它区别于Alpha通道的明显之处。本案例效果如图13-16所示。

☞ 操作步骤

01 执行“文件>打开”菜单命令，打开“素材文件>CH13>03”文件夹中的素材文件。进入“通道”面板，单击下方的“创建新通道”按钮 ⊞，即可创建Alpha通道，如图13-17所示。

02 Alpha通道创建完成后，隐藏该通道，打开RGB通道预览图，选择“快速选择工具” ，得到乐符的选区，如图13-18所示。选择Alpha通道，然后选择“油漆桶”工具 ，将选区内部填充为白色。这样可以永久保留这个选区，如图13-19所示。

03 用同样的方法处理另一个乐符，不过此时需要用灰色填充选区，使其呈现出透明的效果，如图13-20所示。操作完成后可以在“通道”面板中浏览新创建的两个Alpha通道，如图13-21所示。

图13-16

图13-17

图13-18

图13-19

图13-20

图13-21

04 将背景图片拖曳至Photoshop中，调整大小后进入“通道”面板，并选择Alpha1通道，如图13-22所示。使用“移动工具”✥将Alpha通道中的选区拖曳到图层合适的位置，然后按住Ctrl键单击Alpha1通道载入选区，如图13-23所示。接着回到“图层”面板，选中背景图片并按快捷键Ctrl+J复制所选图像，如图13-24所示。这样便通过Alpha选区得到了一个音符图像。用同样方法对另外一个Alpha通道进行操作，可以发现由于Alpha通道选择的是灰色，此时建立的新图层有一定透明度，如图13-25所示。

05 重复上述操作，可以得到更多的音符图层。这也是Alpha图层的主要用途，即保存并重复使用选区。在一个新文档中打开背景图片，然后将音符图层拖曳进来，继续进行音乐会海报设计，如图13-26所示。接着为海报添加文字并完善相关细节，即可完成海报的设计，效果如图13-27所示。

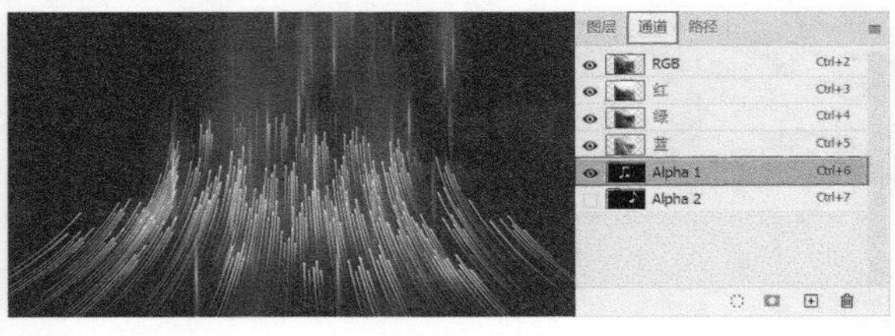

图13-22

图13-23

图13-24

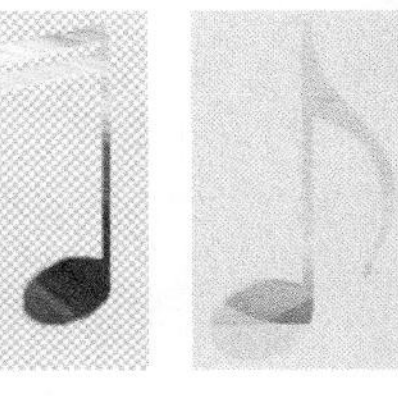

图13-25

图13-26

图13-27

☞ 知识回顾

扫码观看视频

教学视频： 回顾Alpha通道与专色通道.mp4

位置：“通道”面板

用途： 新建Alpha通道。

操作流程

第1步： 打开Photoshop，导入准备好的图片。

第2步： 在“图层”面板中建立相关的选区。

第3步： 在“通道”面板中新建Alpha通道。

蒙版和通道都是灰度图像，因此可以使用绘画工具、编辑工具和滤镜像编辑任何其他图像一样对它们进行编辑。在蒙版上用黑色画笔绘制的区域将会受到保护，而用白色画笔绘制的区域是可编辑区域。Alpha通道也是如此。

想更加长久地存储一个选区，可以将该选区存储至Alpha通道。Alpha通道可以将选区存储为“通道”面板中的可编辑灰度图像。将选区存储至Alpha通道后，可以随时重新加载此选区，甚至可以将此选区加载到其他图像中。

实战：通道计算

素材文件	素材文件>CH13>04
实例文件	实例文件>CH13>实战：通道计算.psd
教学视频	实战：通道计算.mp4
学习目标	掌握通道计算的应用方法

扫码观看视频

使用通道计算功能可以将图像中的两个通道合成，以形成一个新的通道，还可以将两个通道的合成结果保存到一个新的图像文件中。通道计算功能可以用于对人物面部进行精修。对比效果如图13-28所示。

☞ 操作步骤

01 执行“文件>打开”菜单命令，打开“素材文件>CH13>04”文件夹中的素材文件。打开“通道”面板，分别观察

“红”“绿”“蓝”3个通道中黑色与白色的对比度，选择对比效果最明显的蓝色通道进行复制，如图13-29所示。

图13-28

图13-29

技术专题：通道计算与选区

通过前面的讲解，读者已经知道通道中的灰度图像信息可以作为选区载入。通道是可以进行计算的，通过通道计算可以得到新的通道，即得到新的选区。执行“图像>计算”菜单命令，“计算”对话框如图13-30所示。

在计算方式相同的情况下，使用不同的计算对象，可以得到不同的计算结果，即不同的选区（对象可以和自身进行计算），如图13-31~图13-35所示。

在计算对象相同的情况下，使用不同的计算方式，可以得到不同的计算结果。

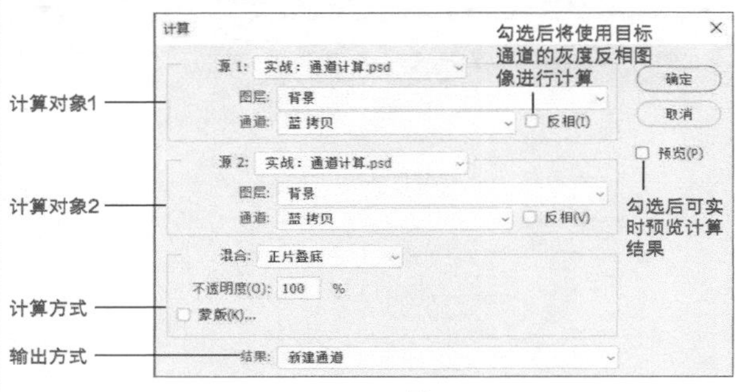

图13-30

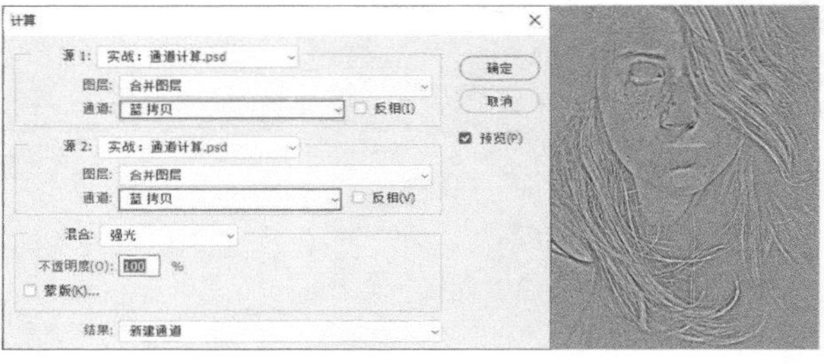

图13-31

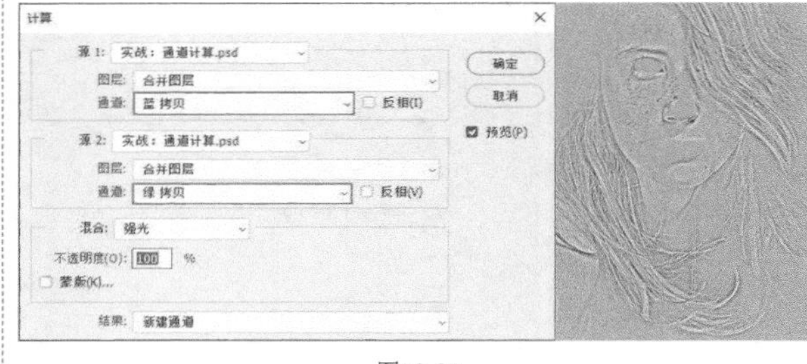
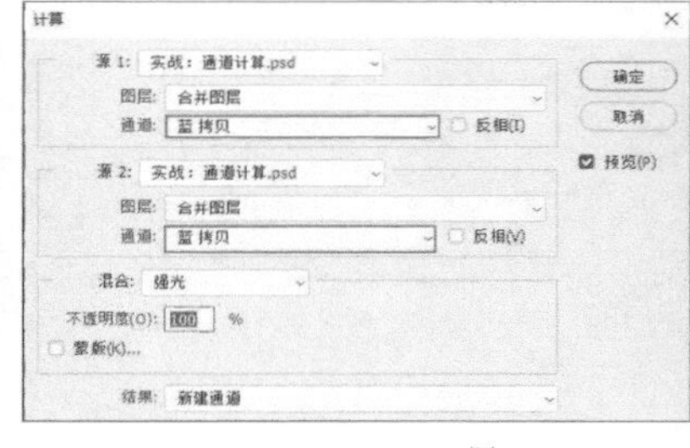

图13-32

图13-33

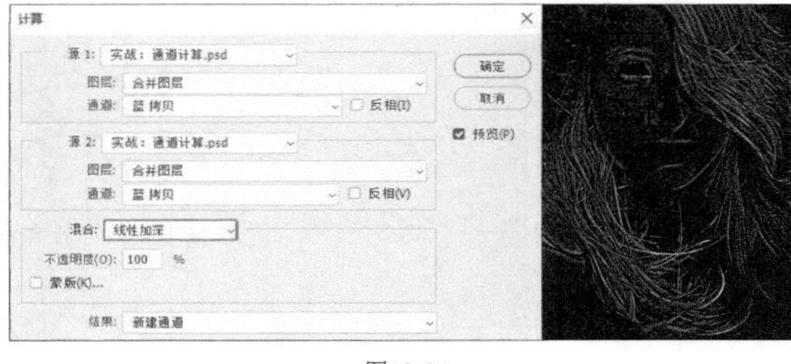

图13-34

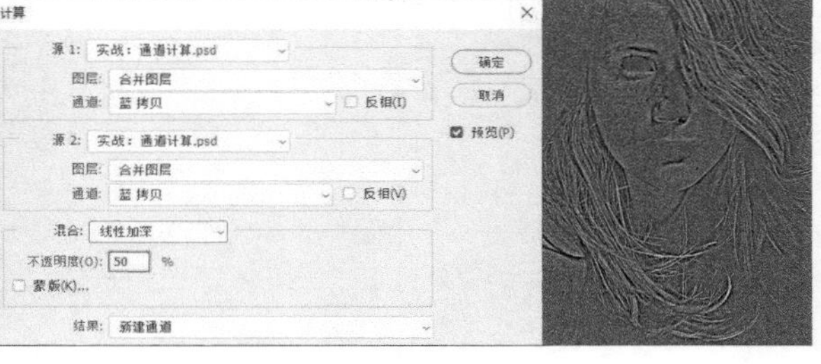

图13-35

“结果”有两种，即“新建通道”与“选区”，如图13-36所示。这两者可以互相转化，因此，可以理解为通道的计算过程就是得到特殊选区的过程。因其计算方式的独特性，往往能得到不一样的选区，其中有一种情况常应用于人像修图，使用该方式可以得到较为准确的人像面部的明部或暗部选区，从而实现单独处理人像明部或者暗部的目的，以处理掉面部的明暗瑕疵。

结果：新建通道
新建文档
新建通道
选区

图13-36

单独得到这种选区的方法如下。

（1）复制明暗对比最为强烈的通道，使用“色阶”等调整命令，增强明暗对比，然后应用“高反差保留”滤镜，保留反差大的细节，接着设置计算“通道”为复制的“蓝”通道（此处两个通道相同），然后设置混合模式为“强光”，“不透明度 ”为100%，操作完成后，会得到一个明暗对比更清晰的新通道，即更精准的选区，如图13-37所示。

图13-37

（2）一次计算的结果往往不够清晰，读者可以进行多次计算，以得到更清晰的明暗对比效果，如图13-38所示。

图13-38

02 选择复制后的“蓝”通道，执行“图像>调整>色阶”菜单命令，通过调整色阶中通道的黑色与白色的对比度来显示细节。设置“黑”“灰”“白”分别为0、1.1、194，如图13-39所示。执行“滤镜>其他>高反差保留”菜单命令，在弹出的对话框中设置“半径”为8.0像素，如图13-40所示。在进行计算之前，先用“画笔工具”对人物的眼睛、鼻子、嘴巴进行涂抹遮盖。选择“画笔工具”，设置“前景色”为灰色（R:159，G:159，B:159），然后对上述部位进行涂抹，如图13-41所示。

03 执行“图像>计算”菜单命令。在弹出的对话框中设置“混合”为“强光”，计算后效果并非十分明显，因此可以适当地重复计算步骤2~3次，直至效果如图13-42所示。

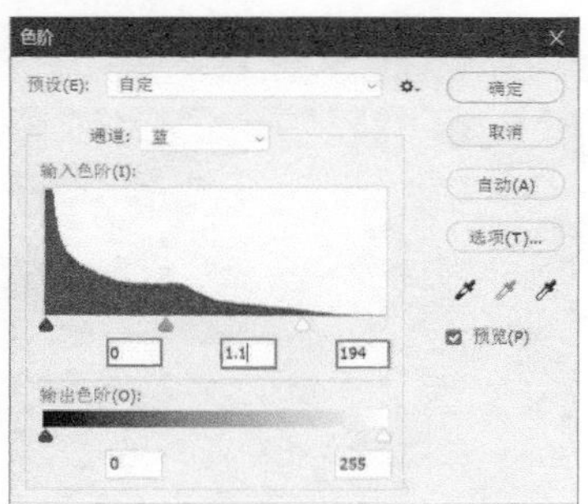

图13-39

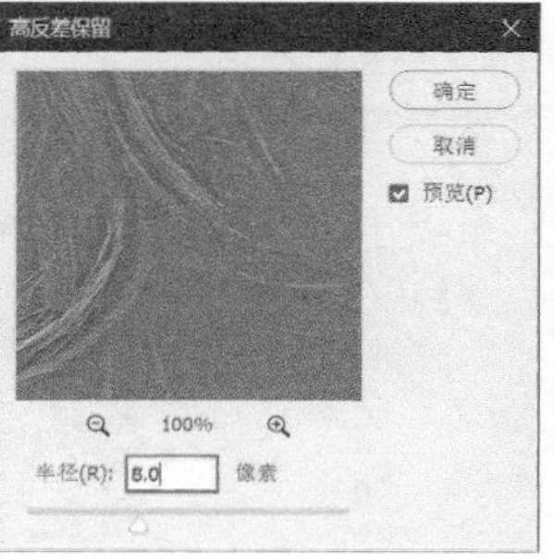

图13-40

图13-41

图13-42

04 计算完毕后，进入“通道”面板，按住Ctrl键单击载入最终通道的白色部分选区，即可得到图像的亮部选区。注意，本案例的修图是在整体画面较亮的情况下修复瑕疵，因此需要将暗部瑕疵提亮，暗部瑕疵区域和亮部区域是互补的关系。按快捷键Ctrl+Shift+I反选选区，得到面部黑色斑点部分，然后进入“属性”面板，单击“曲线”按钮，创建带蒙版的调整曲线。接着设置“输入”为180，“输出”为220（即提亮黑色斑点部分，数值仅供参考，直至画面中黑色斑点部分消失即可），如图13-43所示。处理完成后，效果如图13-44所示。

05 调整之后的黑白过渡部分有些生硬，需要对图像进行模糊处理。按快捷键Ctrl+Shift+Alt+E盖印图层，如图13-45所示，然后执行“滤镜>模糊>表面模糊”菜单命令，接着设置“半径”为5像素，“阈值”为5色阶，如图13-46所示，效果如图13-47所示。

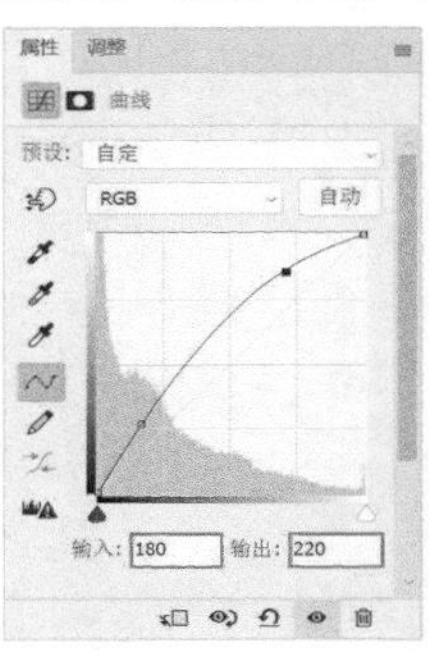

图13-43

图13-44

图13-45

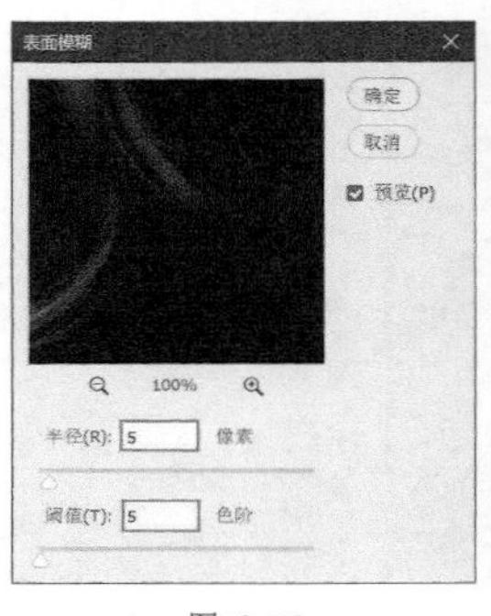

图13-46

图13-47

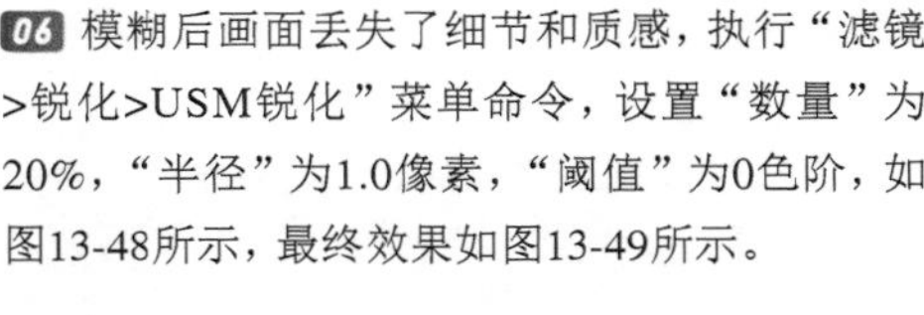

06 模糊后画面丢失了细节和质感，执行“滤镜>锐化>USM锐化”菜单命令，设置“数量”为20%，“半径”为1.0像素，“阈值”为0色阶，如图13-48所示，最终效果如图13-49所示。

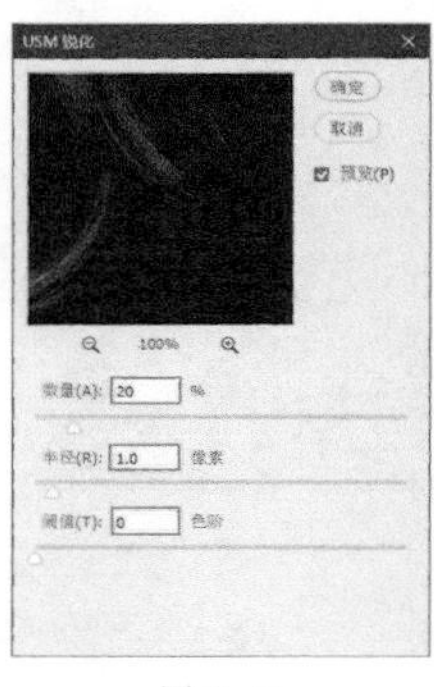

图13-48

图13-49

知识回顾

扫码观看视频

教学视频： 回顾通道计算.mp4

命令： 计算

位置： 图像>计算

用途： 通过通道计算合并多个通道。

操作流程

第1步： 打开Photoshop，导入准备好的图片。

第2步： 执行“图像>计算”菜单命令，打开“计算”对话框，修改相关参数。

我们来回顾一下本案例的主要思路。通道计算完成后选择面部斑点并建立选区，然后使用曲线、模糊等工具对斑点进行处理，实现人物面部的精修。其中，通道计算主要承担了确定选取边界、范围的职能。通道计算的理论基础是通道中的每个像素都有一个亮度值，通过通道计算可以处理这些数值并生成最终的复合像素。本案例使用色阶调色，并多次使用通道计算功能，主要就是为了将面部的斑点部分进行突出，快速地将它们选出。

实战：应用图像

素材文件	素材文件>CH13>05
实例文件	实例文件>CH13>实战：应用图像.psd
教学视频	实战：应用图像.mp4
学习目标	掌握应用图像功能的用法

扫码观看视频

使用“应用图像”功能可以混合图层或通道，也可以创建特殊的图像合成效果。可以利用“应用图像”功能单独显示出绿色，而将其他颜色转换为灰白色，从而突出图像中的目标颜色。本案例效果如图13-50所示。

图13-50

操作步骤

01 执行“文件>打开”菜单命令，打开“素材文件>CH13>05”文件夹中的素材文件。执行“图像>应用图像”菜单命令，在弹出的对话框中设置“通道”为“绿”，“混合”为“变暗”，如图13-51所示，效果如图13-52所示。

02 可以发现合并后的图像中其他颜色均已转换为黑白色，唯独保留了绿色。但是绿色的亮度偏低，没有很好地凸现出主体颜色。接下来对绿色部分进行单独处理。使用“快速选择工具”将图中的绿色部分框选出来，如图13-53所示。

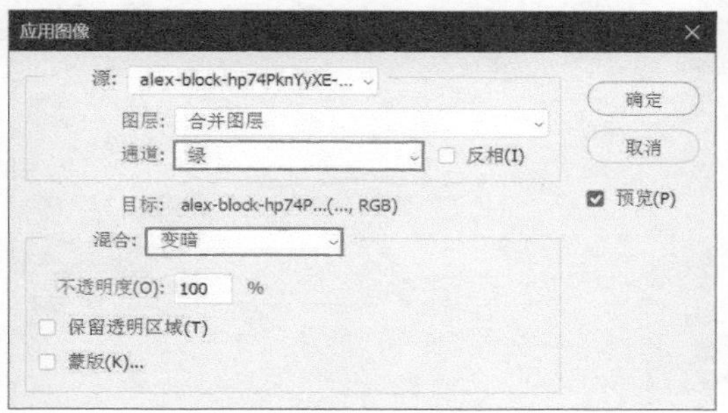

图13-51

图13-52

图13-53

03 将选区框选完毕后，打开“调整”面板，单击“亮度/对比度”按钮，如图13-54所示。在“属性”面板中设置“亮度”为50，“对比度”为15，如图13-55所示，效果如图13-56所示。

图13-54

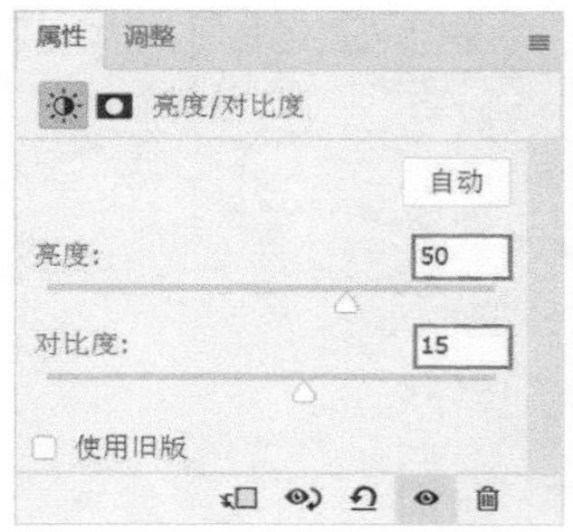

图13-55

图13-56

04 在“调整”面板中单击“色彩平衡”按钮，如图13-57所示，在“属性”面板中设置“绿色”为+50，如图13-58所示。最后添加一些文案即可，最终效果如图13-59所示。

图13-57

图13-58

图13-59

技巧提示

也可以使用Camera Raw滤镜中的“调整画笔”工具对绿色部分进行提亮。

知识回顾

使用“应用图像”功能可以混合图层或通道，也可以创建特殊的图像合成效果。除了可以选择基本的颜色通道（红、绿、蓝），还可以选择Alpha通道，如图13-60所示。

教学视频：回顾应用图像.mp4

扫码观看视频

命令： 应用图像

位置： 图像>应用图像

用途： 混合图层或通道。

操作流程

第1步： 打开Photoshop，导入准备好的图片。

第2步： 执行“图像>应用图像”菜单命令，打开“应用图像”对话框，编辑相关参数。

图13-60

综合案例：使用通道制作透明冰块

素材文件	素材文件>CH13>06
实例文件	实例文件>CH13>综合案例：使用通道制作透明冰块.psd
教学视频	综合案例：使用通道制作透明冰块.mp4
学习目标	掌握调整通道的方法

扫码观看视频

本案例主要使用通道进行抠图，从而使冰块呈现出半透明效果，如图13-61所示。

01 执行“文件>打开”菜单命令或按快捷键Ctrl+O，打开“素材文件>CH13>06”文件夹中的“冰块.jpg”，如图13-62所示。

02 选择“钢笔工具”，沿着任意一个冰块边缘进行描边，建立选区，如图13-63所示。执行“选择>修改>收缩”菜单命令，设置“收缩量”为2像素，按快捷键Ctrl+J复制选区，如图13-64所示。

图13-61

图13-62

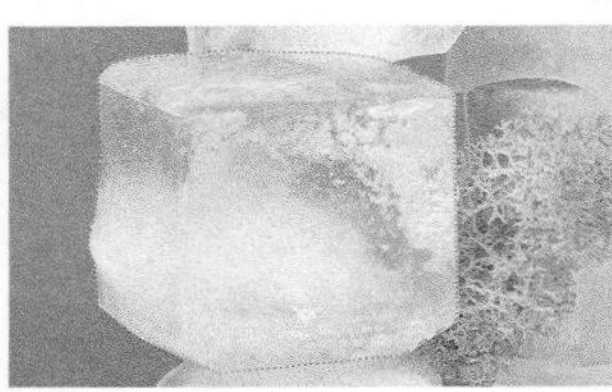

图13-63

图13-64

技巧提示

为了便于读者阅读和操作，这里将画布放大显示。

03 按快捷键Ctrl+D取消选区，隐藏“背景”图层，如图13-65所示。选择新复制的图层，按快捷键Ctrl+J再复制一个图层，隐藏“图层1”图层。选择“图层2”图层，切换到“通道”面板，这里选择黑白对比比较明显的红色通道进行操作。选择“红”通道，单击鼠标右键，选择“复制通道”命令，然后选择“红 拷贝”通道，如图13-66所示。

图13-65

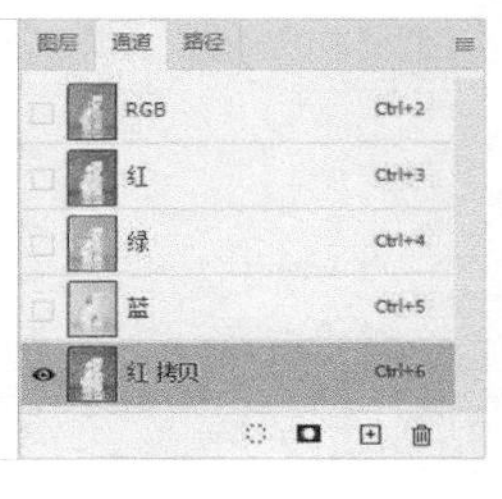

图13-66

04 加强冰块的黑白对比。执行“图像>调整>色阶”菜单命令，设置参数为（120,0.55,255），如图13-67所示。

05 按住Ctrl键，鼠标指针变成时单击复制后的“红 拷贝”通道，选择通道中黑色的部分，如图13-68所示。回到“图层”面板，单击下方的“添加图层蒙版”按钮，为“图层2”图层添加一个蒙版，如图13-69所示。

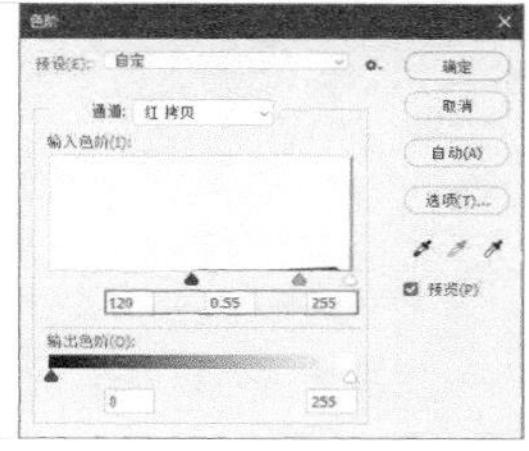

图13-67

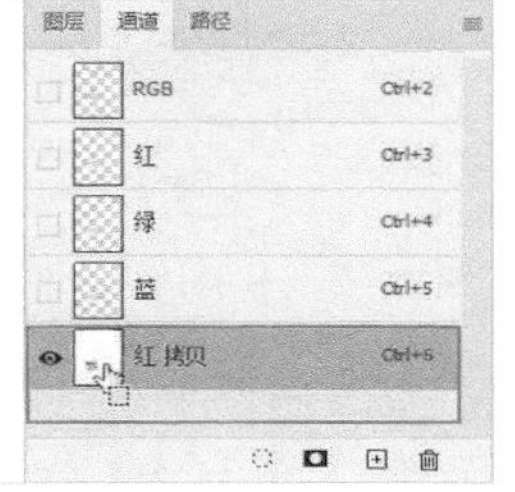

图13-68

图13-69

06 选择“图层1”图层，单击“创建新图层”按钮，新建一个空白图层，然后为该图层填充一种颜色，此时发现透过冰块可以看到颜色，如图13-70所示。

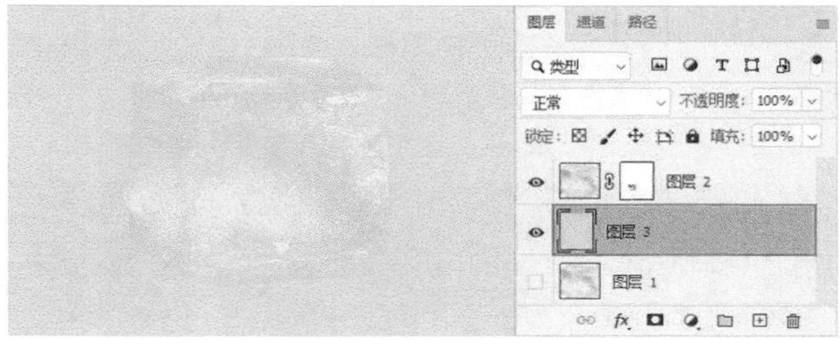

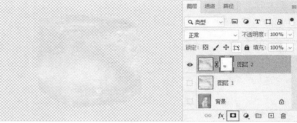

图13-70

> **技巧提示**
>
> 笔者使用的颜色为（R:234，G:236，B:95）。

07 将“素材文件>CH13>06”文件夹中的“咖啡.jpg”拖曳至画布中，然后调整其大小，如图13-71所示。将“咖啡”图层置于处理后的冰块图层下方，如图13-72所示。

08 这里可以将“图层1”的冰块多复制几个，参考步骤04~06，利用“绿”和“蓝”通道制作多个透明冰块，然后将所有冰块合并到一个图层，并将其拖曳至合适的位置。最后，适当地调整冰块的大小和位置，加入文案即可，如图13-73所示。

图13-71

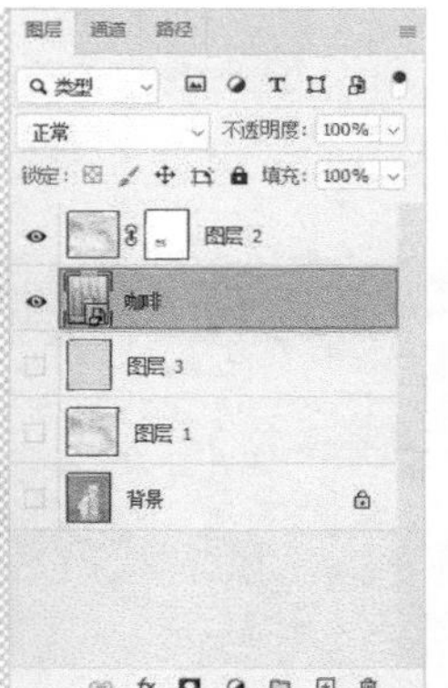

图13-72

图13-73

> **技巧提示**
>
> 这一步的操作方法与前面类似，读者可以尝试着自己操作，如果有疑问，请观看教学视频。

综合案例：制作背景色彩融合效果

素材文件	素材文件>CH13>07
实例文件	实例文件>CH13>综合案例：制作背景色彩融合效果.psd
教学视频	综合案例：制作背景色彩融合效果.mp4
学习目标	掌握自动混合图层工具的用法

使用通道可以精准地对图像进行调光、调色，如图13-74所示。

01 执行“文件>打开”菜单命令或按快捷键Ctrl+O，打开“素材文件>CH13>07”文件夹中的“背景.jpg”和“人物.jpg”素材文件，如图13-75所示。

图13-74

图13-75

02 将“人物.jpg”拖曳至“背景.jpg”所在的图层中，并调整其大小和位置，如图13-76所示。

03 解锁“背景”图层（解锁后为“图层0”），将“图层 0”图层置于“人物”图层的上方，然后设置“图层0”图层的混合模式为“正片叠底”，将“图层 0”图层中的图像向上拖曳至海天相接的位置，如图13-77所示。

图13-76

图13-77

技巧提示

放置好位置后，记得还原“图层0”图层的混合模式为“正常”。

04 选择“人物”图层，按快捷键Ctrl+J复制该图层，然后隐藏“图层0”和“人物 拷贝”图层。选择“人物”图层，执行“选择>天空”菜单命令，使用“快速选择工具”和Alt键减选多余的选择部分，然后选择天空区域，如图13-78所示。单击“建立图层蒙版”按钮，建立图层蒙版，如图13-79所示。

图13-78

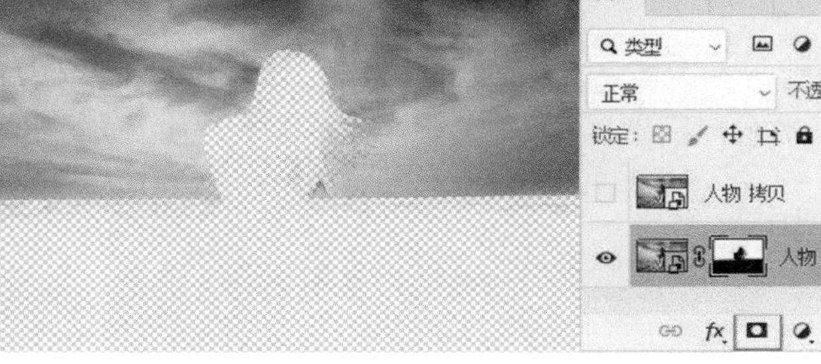

图13-79

05 选择“图层0”（天空）图层，按快捷键Ctrl+J复制该图层，新复制的图层为“图层0 拷贝”图层，将位于“人物 拷贝”图层中的蒙版拖曳至“图层0 拷贝”图层中，如图13-80所示，并将混合模式设置为“正片叠底”，如图13-81所示。

图13-80

图13-81

06 选择“画笔工具”，设置“流量”为20%，“大小”为30像素，“硬度”为1%，如图13-82所示。对人物肩膀、头发等区域进行修改，通过调整“画笔工具”的黑白两种颜色来加深或减淡蒙版，使阳光透过发梢的效果更加明显，如图13-83和图13-84所示。

图13-82　　图13-83　　图13-84

> **技巧提示**
>
> 本步骤需要根据实际情况来处理，如果读者经验不够，可以观看教学视频，多学习技巧。

07 因为进入“通道”面板后，将无法看到彩色的画面，所以选择“导航器”面板，如图13-85所示。

08 选择“通道”面板，由于图像以橙红色和蓝色为主色调，所以依次修改“红”“绿”“蓝”3个通道，使颜色达到平衡。这里以“红”通道为例，按快捷键Ctrl+L打开“色阶”对话框，设置参数为（17，1.12，255），如图13-87所示。

图13-85

> **技巧提示**
>
> 若找不到“导航器”面板。可执行“窗口>导航器”菜单命令，如图13-86所示。
>
> 窗口(W) 帮助(H)
> 排列(A)
> 工作区(K)
> 查找有关 Exchange 的扩展功能...
> 扩展功能
> 3D
> 测量记录
> ✓ 导航器
>
> 图13-86

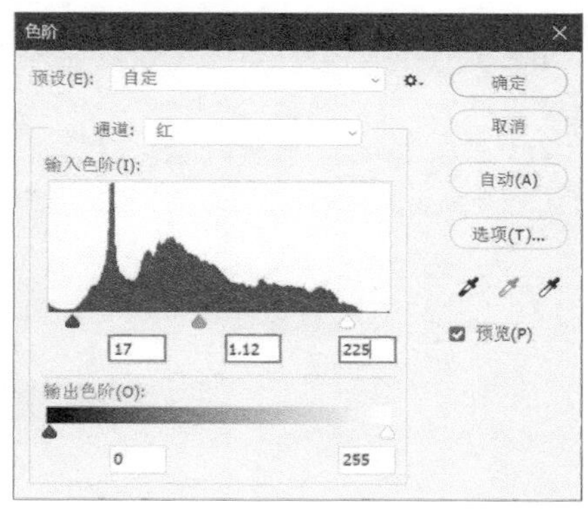

图13-87

09 在“调整”面板中单击“渐变映射”按钮，创建一个渐变映射图层，如图13-88所示。设置左侧颜色为米黄色（R:255，G:232，B:206），右侧颜色为橙粉色（R:251，G:184，B:160），如图13-89所示。

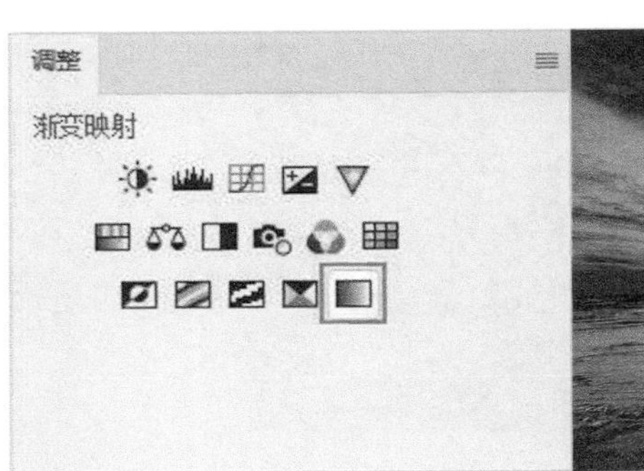

图13-88

图13-89

10 在“图层”面板中新建一个空白图层，选择“吸管工具”，选区夕阳的橙色，如图13-90所示。

11 选择“画笔工具”，设置“流量”为8%，在人物手臂、海天交接处轻点画笔，以提升亮度，如图13-91所示。

12 如果想为图像增加阳光照射的效果，可以设置混合模式为“滤色”。另外，如果读者有兴趣，可对细节进行适当的处理，最终效果如图13-92所示。

图13-90

图13-91

图13-92

综合案例：制作故障风格图像

素材文件	素材文件>CH13>08
实例文件	实例文件>CH13>综合案例：制作故障风格图像.psd
教学视频	综合案例：制作故障风格图像.mp4
学习目标	掌握图层混合模式的应用方法

扫码观看视频

混合图层时选取不同的通道可以制作不同风格的图片。图13-93所示为利用通道制作的故障风格图片。

01 执行“文件>打开”菜单命令，打开“素材文件>CH13>08”文件夹中的素材文件。执行“图像>调整>去色”菜单命令，将图片转换为黑白模式，如图13-94所示。

图13-93

图13-94

02 在“图层”面板中复制图层，然后选择新复制的图层，执行“图层>图层样式>混合选项”菜单命令，在“图层样式”对话框中取消勾选R复选框，如图13-95所示。

03 在工具箱中选择“移动工具”，小幅度拖曳当前图层，即可呈现出流行的故障风格，如图13-96所示。

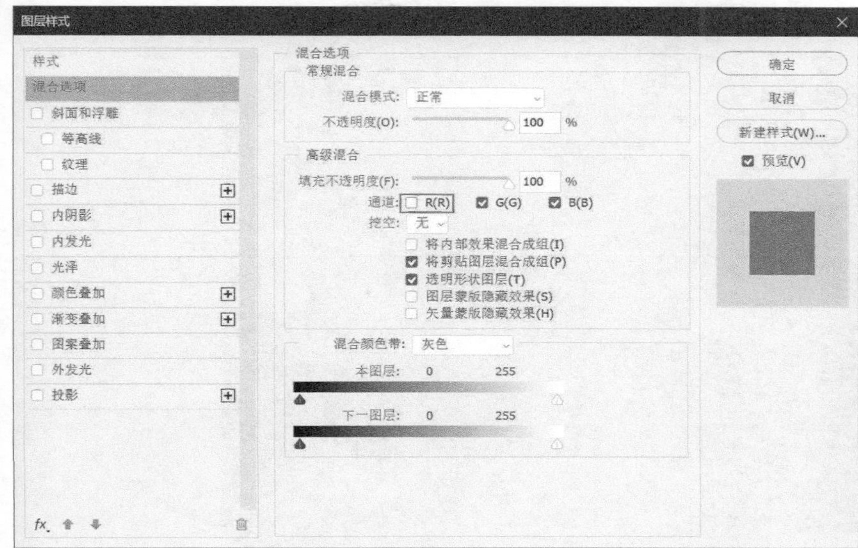

图13-95

图13-96

04 使用“矩形选框工具”建立选区并复制图层，再使用“移动工具”稍微拖曳，即可呈现出线条错位的故障风格，如图13-97和图13-98所示。最终效果如图13-99所示。

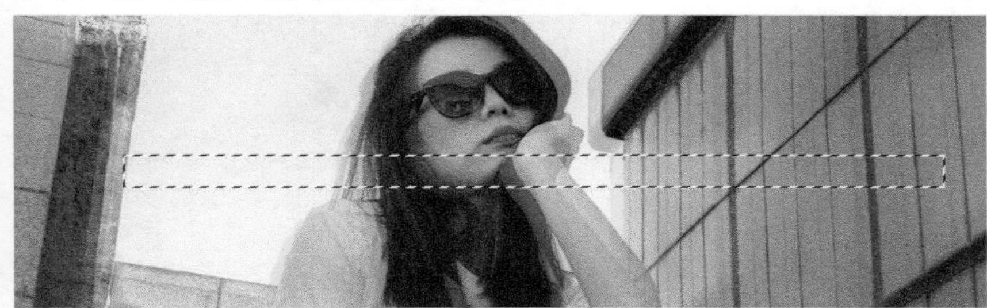

图13-97

图13-98

图13-99

学以致用：制作透明婚纱

素材文件	素材文件>CH13>09
实例文件	实例文件>CH13>学以致用：制作透明婚纱.psd
教学视频	学以致用：制作透明婚纱.mp4
学习目标	掌握图层混合模式的应用方法

使用通道可以制作透明的婚纱，效果如图13-100所示。

图13-100

学以致用：制作浦东日落

素材文件	素材文件>CH13>10
实例文件	实例文件>CH13>学以致用：制作浦东日落.psd
教学视频	学以致用：制作浦东日落.mp4
学习目标	学会复制与粘贴通道

扫码观看视频

使用通道可以实现图像融合的效果。本案例效果如图13-101所示。

图13-101

第14章

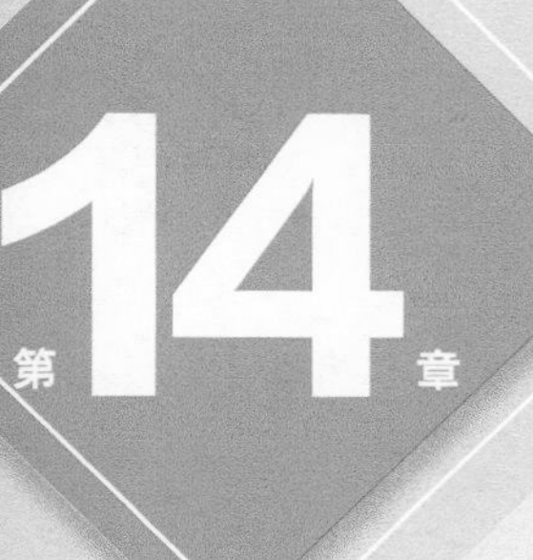

① 技巧提示 + ② 疑难问答 + ◎ 技术专题

网页切片/3D/视频动画/批处理

在前面的内容中读者学习了Photoshop中与软件操作和平面设计相关的技术。本章将重点介绍Photoshop的辅助功能，主要包含网页切片与输出、3D、视频动画、批量处理。读者如果在工作中遇到对应情况，根据需要进行操作即可。

学习重点

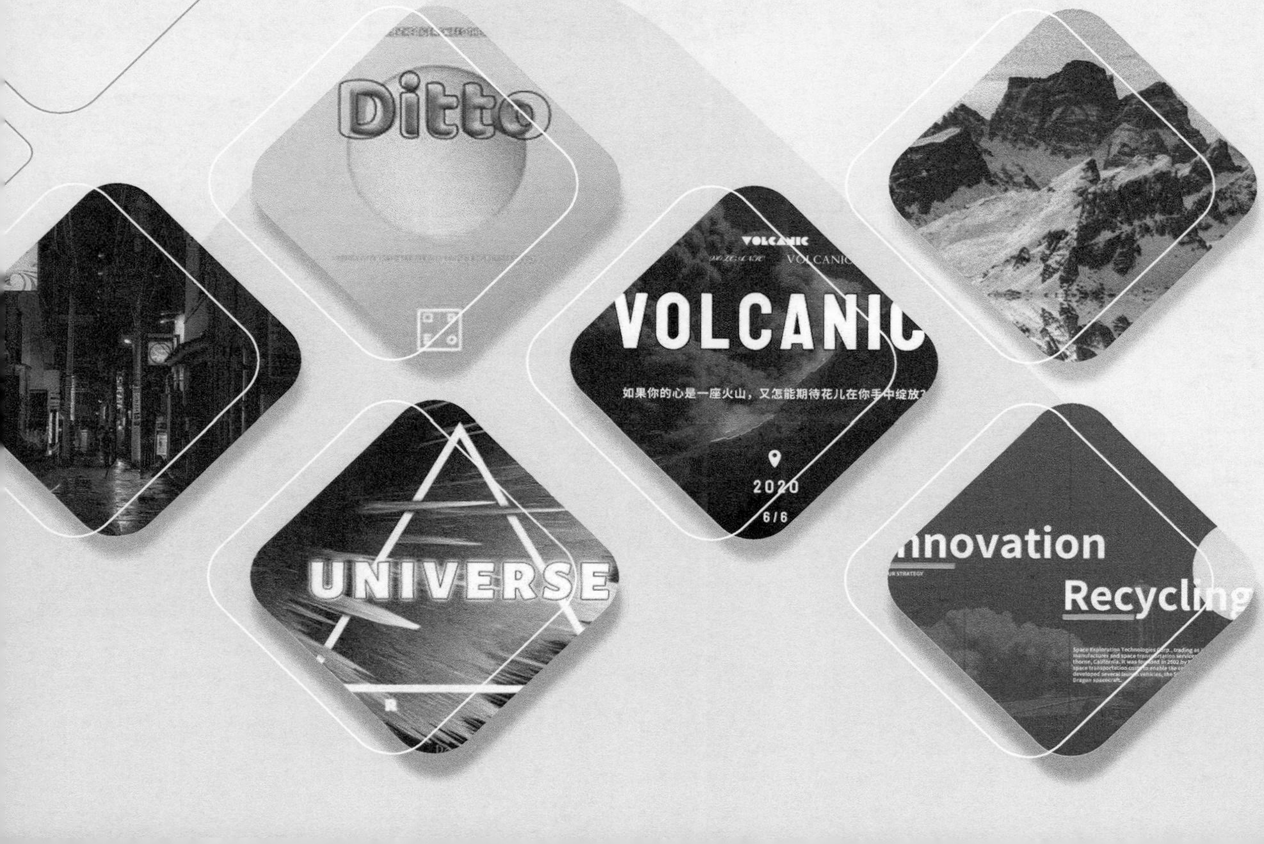

实战：将非安全色转化为安全色

素材文件	素材文件>CH14>01
实例文件	实例文件>CH14>实战：将非安全色转化为安全色.psd
教学视频	实战：将非安全色转化为安全色.mp4
学习目标	理解非安全色与安全色，学会将非安全色转化为安全色

扫码观看视频

不同的浏览器有不同的调色板。也就是说，不同的浏览器中或不同平台的浏览器中的图像，其显示效果是有差异的。为了规避这种差异，开发者们开发了一组在所有浏览器中显示效果类似的Web安全颜色。在Photoshop中，可以将图片的色彩模式转化为索引模式，以此将图片的色彩范围控制在安全范围内。非安全色与安全色的对比效果如图14-1所示。

操作步骤

01 执行“文件>打开”菜单命令或按快捷键Ctrl+O，打开“素材文件>CH14>01”文件夹中的“人像.jpg”素材文件，如图14-2所示。

图14-1

图14-2

02 执行“图像>模式>索引颜色”菜单命令，如图14-3所示，打开“索引颜色”对话框，设置“调板”为Web，如图14-4所示。这样就可以将图像中的非安全色转化为安全色了，如图14-5所示。

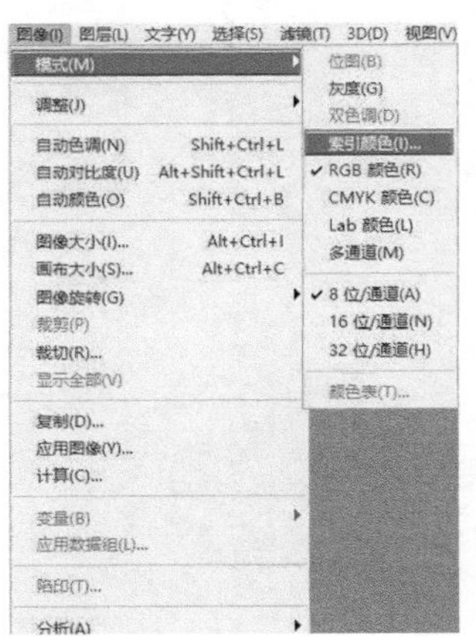

图14-3

图14-4

图14-5

技术专题：在拾色器中选择Web安全色的方法

除了直接调整色彩模式，还可以在拾色器中选择Web安全颜色，主要有以下两种方法。

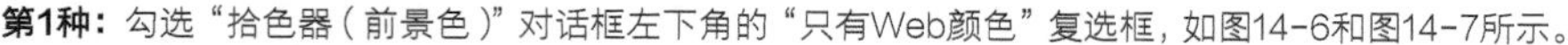

第1种： 勾选“拾色器（前景色）”对话框左下角的“只有Web颜色”复选框，如图14-6和图14-7所示。

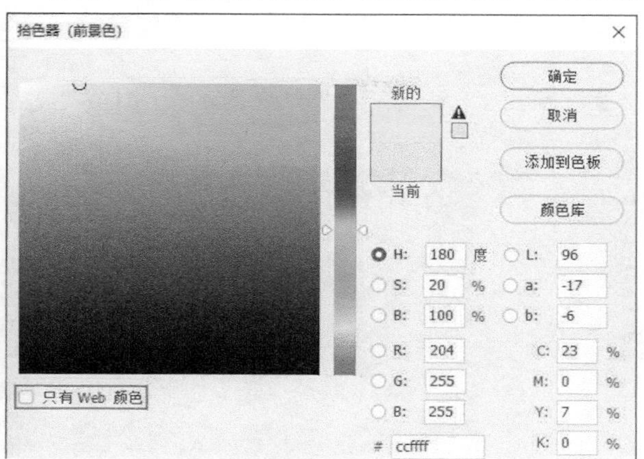

图14-6

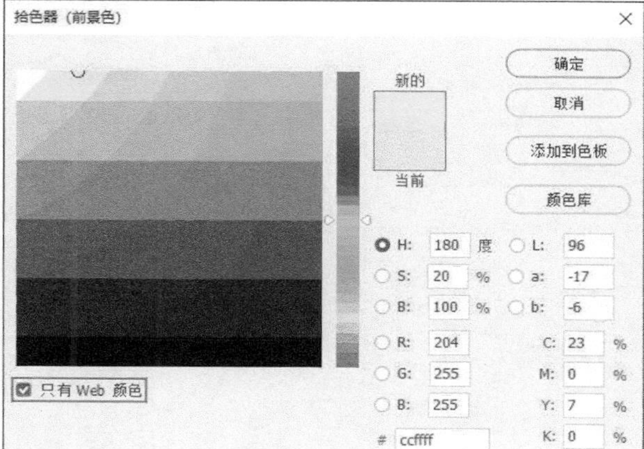

图14-7

第2种： 单击图14-8和图14-9所示的两个警告图标，Photoshop将会自动选择与当前色彩最为相似的Web安全颜色。如果未出现“警告：不是Web安全颜色”图标，就表明当前所选颜色已经是安全颜色。

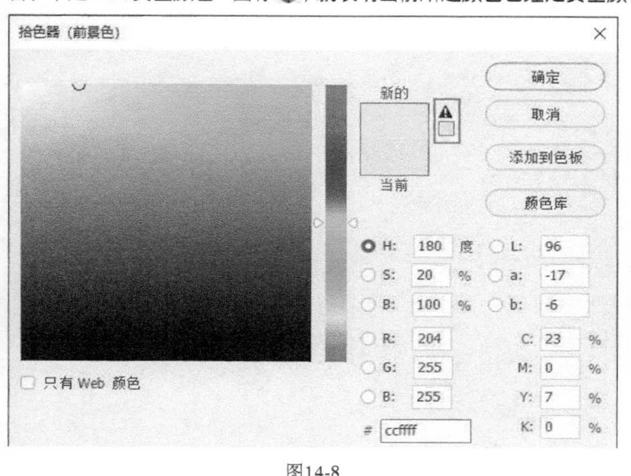

图14-8

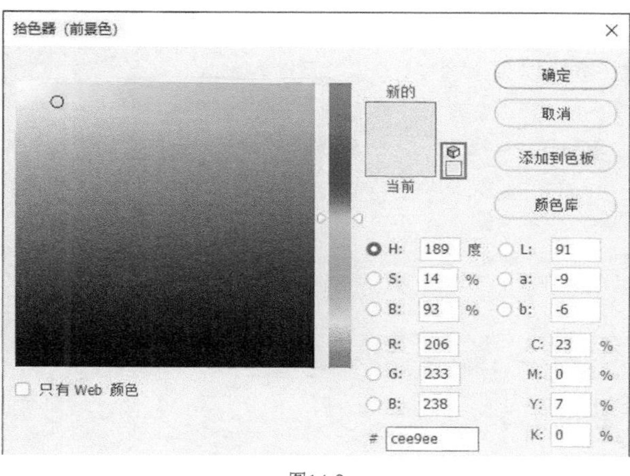

图14-9

实战：使用“切片工具”创建切片

素材文件	素材文件>CH14>02
实例文件	实例文件>CH14>实战：使用“切片工具”创建切片.psd
教学视频	实战：使用“切片工具”创建切片.mp4
学习目标	掌握创建切片的方法

扫码观看视频

Photoshop可以将每个切片存储为单独的文件，并生成显示切片图像所需的HTML或CSS代码。切片使用HTML表或CSS图层将图像划分为若干较小的图像，这些图像可在网页上重新组合。切片前后的对比效果如图14-10所示。

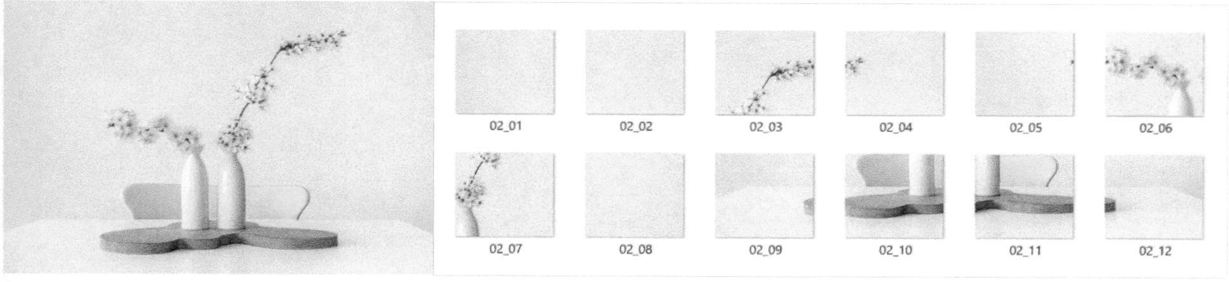

图14-10

操作步骤

01 执行“文件>打开”菜单命令或按快捷键Ctrl+O，打开“素材文件>CH14>02”文件夹中的“花瓶.jpg”素材文件，如图14-11所示。

02 执行“视图>新建参考线版面”菜单命令，打开“新建参考线版面”对话框，设置“列”的“数字”为4，“行数”的“数字”为3，“装订线”均为0像素，如图14-12所示，将当前图片划分为4列3行，如图14-13所示。

图14-11

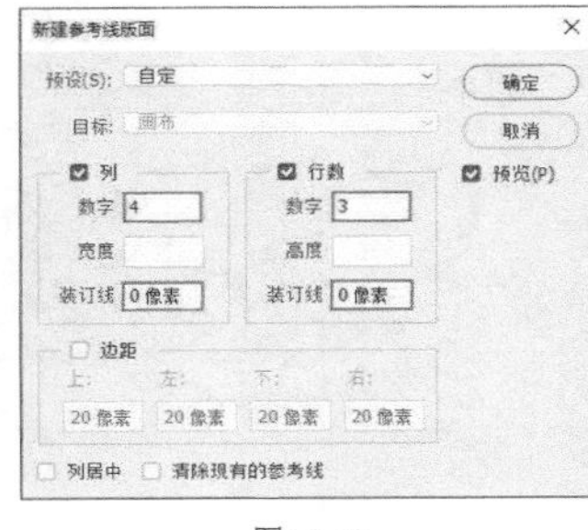

图14-12

图14-13

03 长按“裁剪工具”，在弹出的下拉列表中选择“切片工具”，然后在顶部属性栏中单击“基于参考线的切片”按钮，Photoshop会基于参考线划分切片，如图14-14所示。

04 执行“文件>导出>存储为Web所用格式（旧版）”菜单命令，打开“存储为Web所用格式”对话框，设置“预设”为“JPEG高”，勾选“转换为sRGB”复选框，然后单击“存储”按钮，如图14-15所示，打开“将优化结果存储为”对话框，选择名称和保存路径，如图14-16所示。此时会生成一个名为images的文件夹，其中就有划分为切片后的图片，如图14-17所示。

图14-14

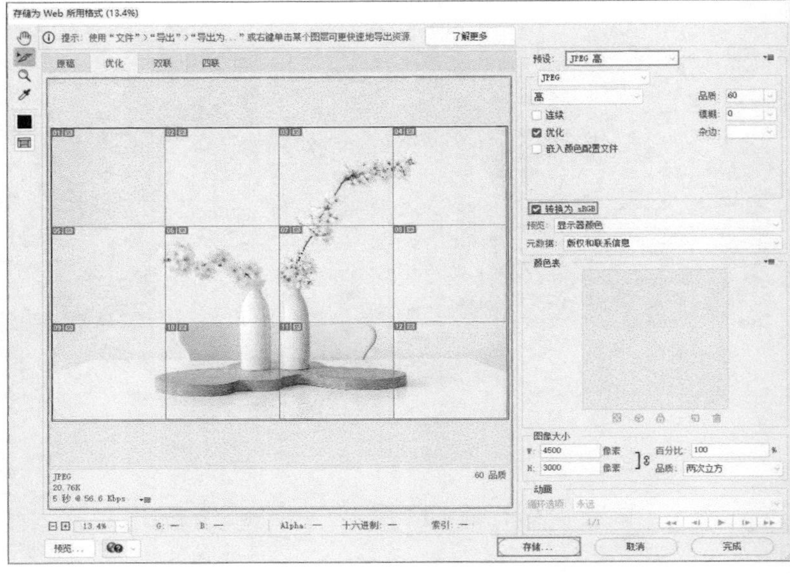

图14-15

图14-16

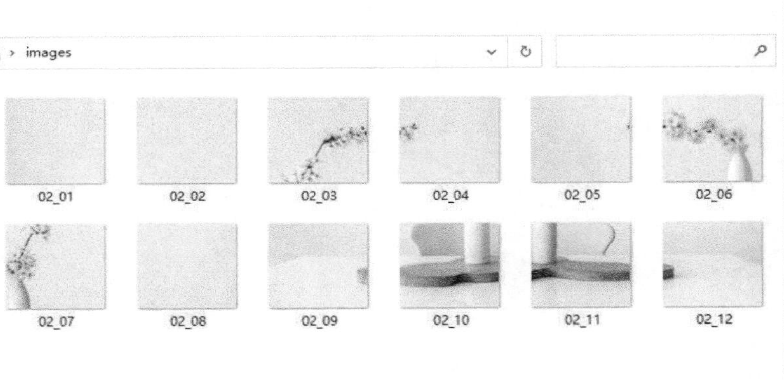

图14-17

技术专题：基于图层的切片方法

这是一种根据图层中图像的大小与形状的边缘来决定切片的划分方法，包括图层中的所有像素数据。如果调整图层位置或编辑图层内容，切片区域将自动调整，以包含新像素。下面介绍方法。

（1）打开“素材文件>CH14>切片方法.psd”文件，如图14-18所示。

（2）选择用来划分切片的图层，执行“图层>新建基于图层的切片”菜单命令，即可看到划分结果，如图14-19所示。

图14-18

图14-19

如果要删除切片，可以选择“切片选择工具”，然后单击鼠标右键，选择“删除切片”命令，也可以直接按Delete键。注意，画面中的灰色切片为自动切片，可以单击属性栏中的“隐藏自动切片”按钮进行隐藏，如果已经隐藏了，那么会显示为“显示自动切片”。

知识回顾

教学视频： 回顾“切片工具”.mp4

位置： 工具箱

用途： 对图像进行切割划分。

扫码观看视频

“切片工具”的操作方法非常简单，前面的实战已经介绍了该工具的具体用法和相关操作细节。下面将介绍打开自动切片功能的两种方式。

第1种： 选择“切片工具”，在图片上单击鼠标右键，选择“划分切片”命令，如图14-20所示，打开“划分切片”对话框，设置“水平划分为”和“垂直划分为”的切片个数和每个切片的像素数，就可以在横向和纵向上对图片进行切片操作了，如图14-21所示。

图14-20

图14-21

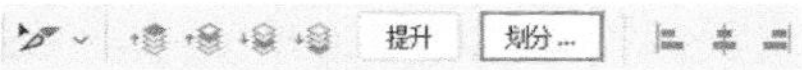

第2种： 选择“切片选择工具”，然后在属性栏中单击“划分”按钮，同样可以打开“划分切片”对话框，设置对话框中的相关参数即可，如图14-22所示。

图14-22

技术专题：将自动切片转换为用户切片

用户切片是用户主动使用“切片工具”创造的切片，在创建用户切片时，Photoshop会产生自动切片，用于占据剩余的未进行主动切分的区域，每进行一次主动切分都会产生新的自动切片。一般来说，当自动切片不能进行划分时用户切片可以进行划分，但自动切片可以转化为用户切片。

识别自动切片和用户切片的方法是观察切片左上角角标的颜色，自动切片的角标为灰色，用户切片的角标为蓝色，如图14-23所示。

如果想将自动切片转化为用户切片，有以下两种方式。

第1种： 在自动切片上单击鼠标右键，选择“提升到用户切片”命令，即可将自动切片提升为用户切片，如图14-24所示。

图14-23

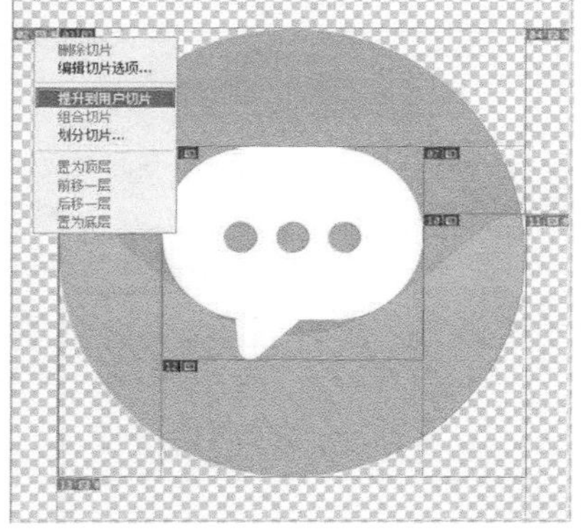

图14-24

第2种： 用“切片选择工具”选中自动切片，单击属性栏中的“提升”按钮，即可将自动切片提升为用户切片，如图14-25所示。

注意，切片可以进行拖曳和大小调整，其方法和拖曳图层中的元素及调整大小的方法完全一致，此处不再赘述。此外，读者可以使用数字坐标来调整其大小或拖曳切片，下面具体介绍一下。

使用“切片选择工具”选中切片后，单击属性栏中的“为当前切片设置选项”按钮或直接双击切片，如图14-26所示。

在“切片选项”对话框中调整相应X（切片左边缘与标尺原点的距离）、Y（切片上边缘与标尺原点的距离）、W（切片宽度）、H（切片高度）的数值即可，如图14-27所示。其中，标尺原点默认为图像左上角。

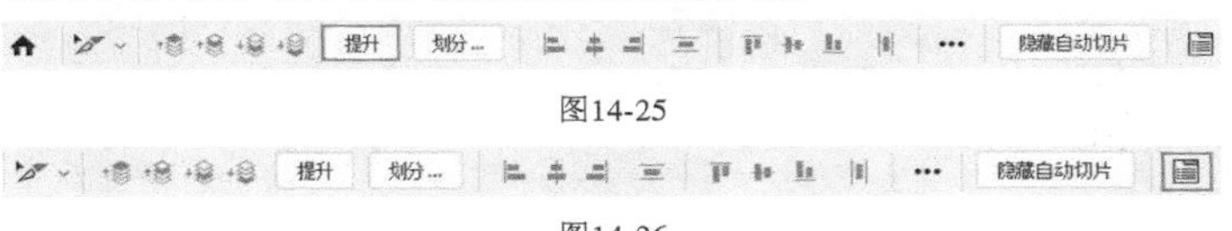

图14-25

图14-26

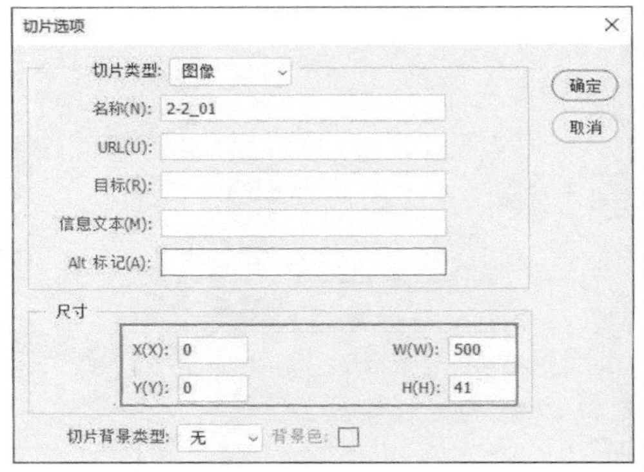

图14-27

实战：输出网页图形

素材文件	素材文件>CH14>03
实例文件	实例文件>CH14>实战：输出网页图形.psd
教学视频	实战：输出网页图形.mp4
学习目标	学会将切片输出为不同格式的网页图形

在网页设计中，最常使用的网页图形输出格式有两种，一种是JPEG格式，另一种是PNG格式。JPEG格式压缩率较高，能够较好地再现全彩色的图像，但它不能存储透明色彩。PNG-8和PNG-24的区别在于，PNG-8是8位索引色位图，PNG-24是24位索引色位图，后者的色彩更丰富、画面更清晰；前者只能存储完全不透明或完全透明的色彩，不能存储半透明色彩，而后者可以存储各种透明度的色彩。Photoshop可以完成对以上3种文件格式的同时输出。

操作步骤

01 执行“文件>打开”菜单命令或按快捷键Ctrl+O，打开“素材文件>CH14>03”文件夹中的4-1.psd素材文件，如图14-28所示。

02 选择“切片工具”，切出3份切片，然后隐藏“背景”图层，如图14-29所示。

03 执行“文件>导出>存储为Web所用格式（旧版）”菜单命令，打开“存储为Web所用格式”对话框，然后在预览视图中选择第1个切片，设置“预设”为“JPEG 高”，单击“存储”按钮，如图14-30所示。这样就将第1个切片转换成了JPEG格式的Web图形。

图14-28

图14-29

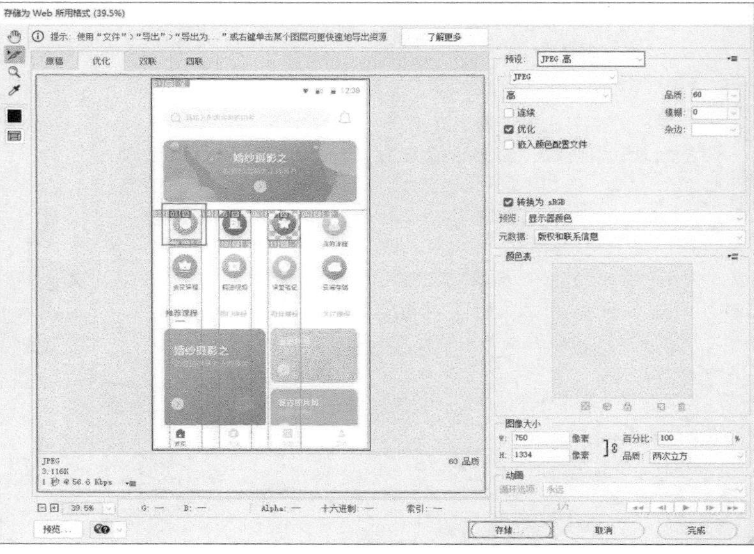

图14-30

04 对于剩下的两个切片，读者可以用相同的方法依次将它们输出为“PNG-8 128 仿色”和“PNG-24”的格式，如图14-31和图14-32所示。

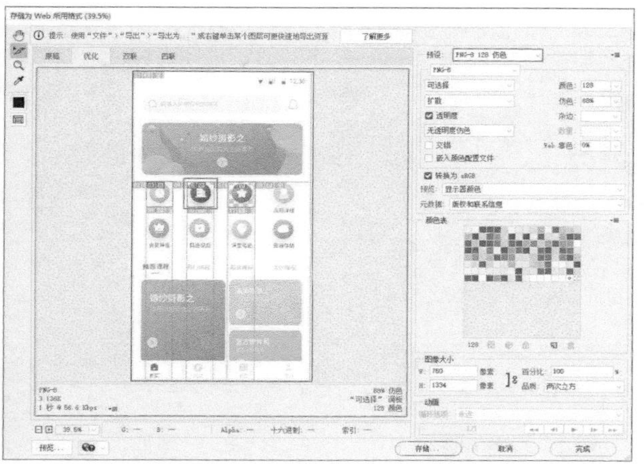

图14-31

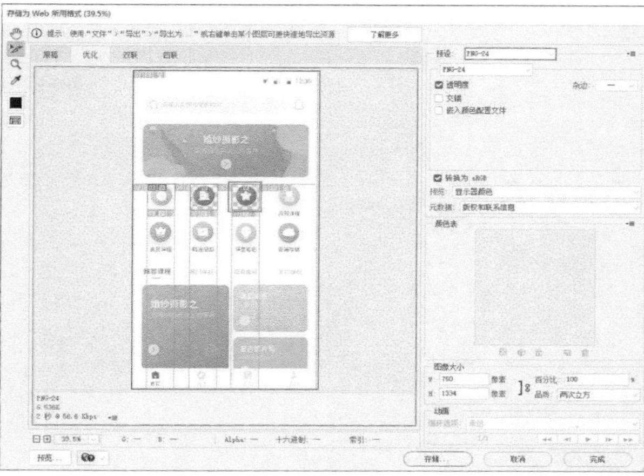

图14-32

技术专题：输出网页图形为Zoomify

使用Zoomify命令可以将高分辨率的图像发布到网页上，查看者可以平移和缩放该图像，以查看更多的细节。下面简单介绍一下操作步骤。

（1）打开“素材文件>CH14>Zoomify.jpg”文件，此时图片的尺寸为5285像素×1376像素，对于网页来说像素过大，如图14-33所示。

图14-33

（2）执行“文件>导出>Zoomify”菜单命令，打开“Zoomify导出”对话框，设置“宽度”为800像素，“高度”为600像素，如图14-34所示。

（3）在文件的存储位置，Photoshop导出了JPEG文件、HTML文件和JavaScript代码等，使用Microsoft Edge等浏览器打开HTML文件，效果如图14-35所示，可以缩放拖曳查看，如图14-36所示。将这些文件上传到网站服务器即可。

图14-34

图14-35

图14-36

实战：使用3D功能制作立体字效果

素材文件	素材文件>CH14>04
实例文件	实例文件>CH14>实战：使用3D功能制作立体字效果.psd
教学视频	实战：使用3D功能制作立体字效果.mp4
学习目标	掌握3D功能的用法

扫码观看视频

本例效果如图14-37所示。

☞ 操作步骤

01 执行“文件>新建”菜单命令或按快捷键Ctrl+N，打开“新建文档”对话框，切换到“图稿和插图”选项卡，然后选择“海报”预设，如图14-38所示。

图14-37

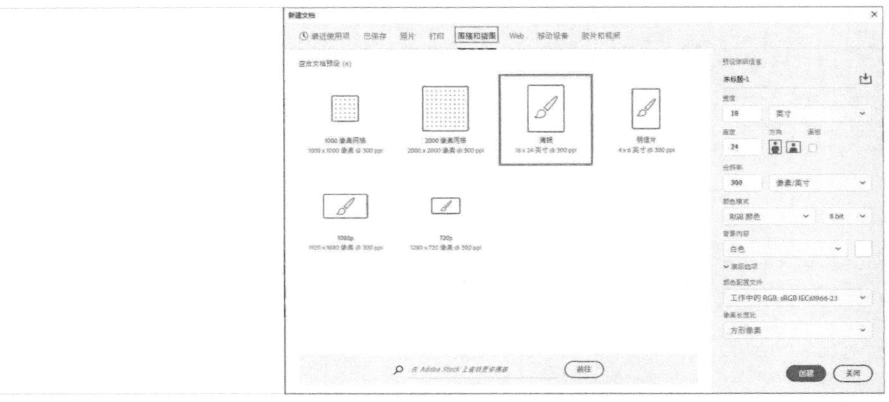

图14-38

❶ 技巧提示

如果读者的“新建文档”对话框不是图14-38所示的对话框，可以执行“编辑>首选项>常规”菜单命令，打开“首选项”对话框，取消勾选“使用旧版‘新建文档’界面”复选框，如图14-39所示。

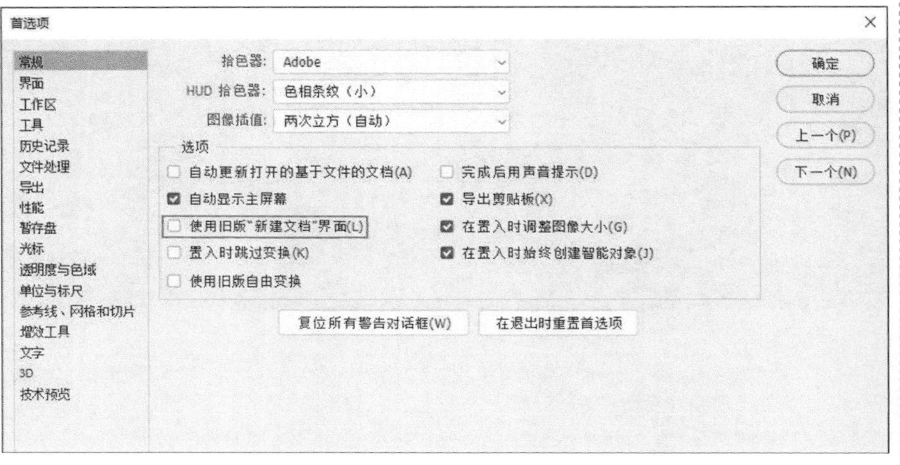

图14-39

02 选择“渐变工具”，并设置渐变颜色为淡蓝色（R:137，G:247，B:254）到深蓝色（R:102，G:166，B:255），如图14-40所示。在画布上创建一个图14-41所示的渐变背景。

03 选择“画笔工具”，设置“前景色”为蓝紫色（R:125，G:102，B:245），然后在属性栏中设置画笔的“大小”为5000像素，“硬度”为0%，如图14-42所示。单击画布边缘，以丰富画面色彩，如图14-43所示。

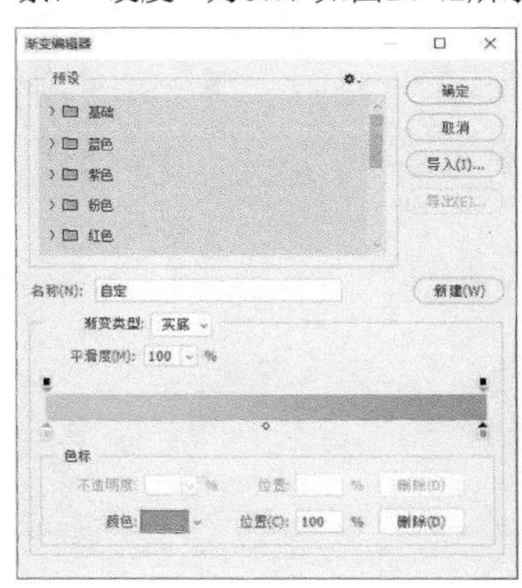

图14-40

图14-41

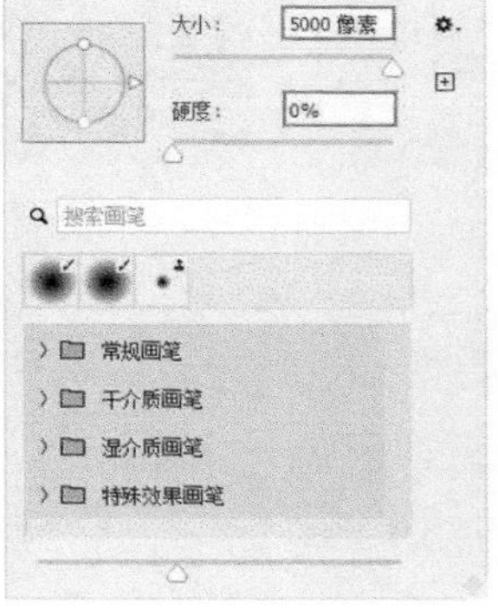

图14-42

图14-43

04 使用“横排文字工具” T 插入文字，双击文字图层，为文字图层添加图层样式。笔者在这里为它们添加了“描边”样式，设置“大小”为8像素，“颜色”为黑色（R:0，G:0，B:0），如图14-44所示。

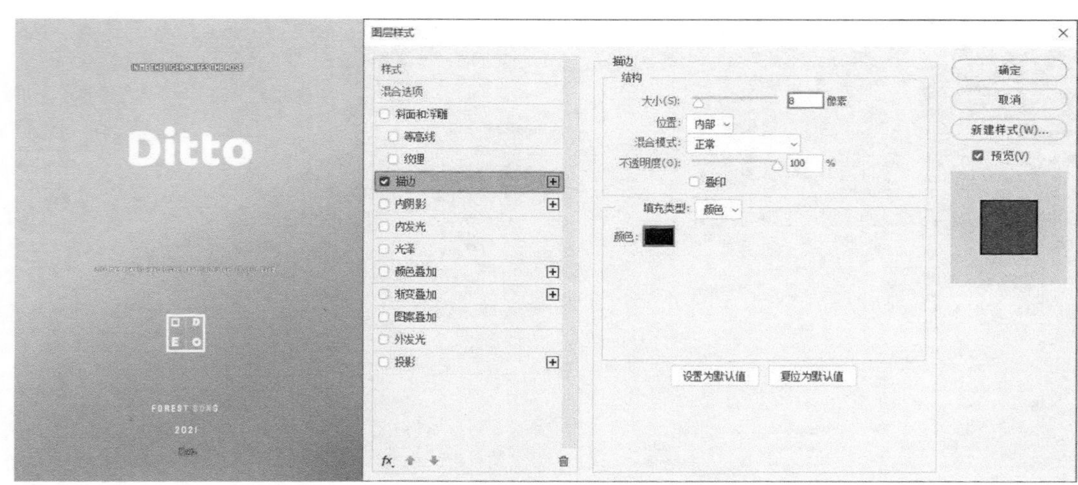

图14-44

> **技巧提示**
>
> 读者可以根据自己的需要进行设置，也可以观看教学视频查看笔者的设置方法。

05 选中Ditto文字图层，执行“3D>从所选图层新建3D模型”菜单命令，在弹出的对话框中单击“是”按钮，如图14-45所示，切换到3D工作区。

06 在“属性”面板中设置“形状预设”，接着设置“凸出深度”为68.88像素，如图14-46所示。

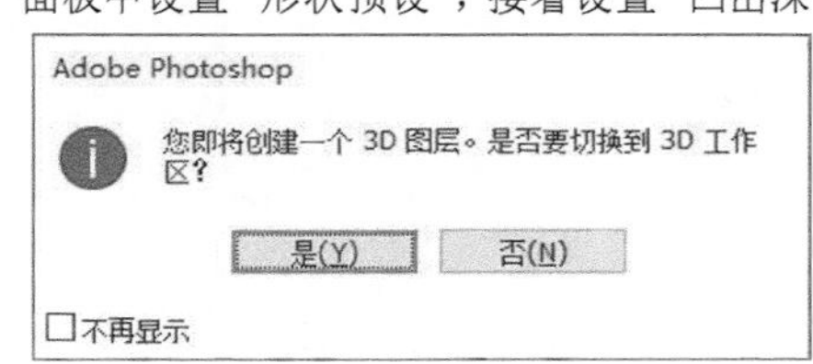

图14-45

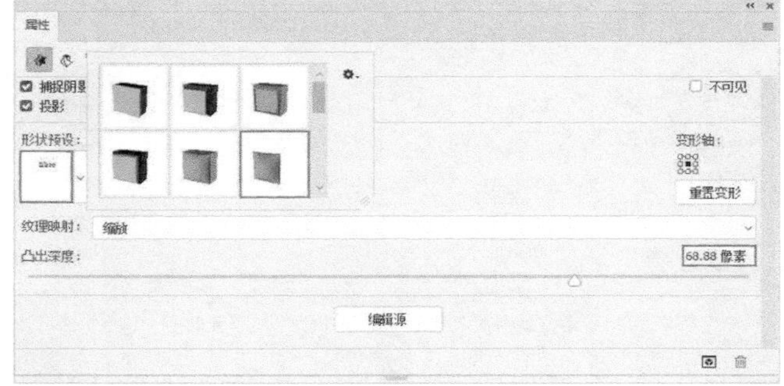

图14-46

07 单击“灯光”按钮，设置“类型”为“无限光”，“强度”为90%，如图14-47所示。单击“环境”按钮，设置“预设”为“法线”，如图14-48所示。

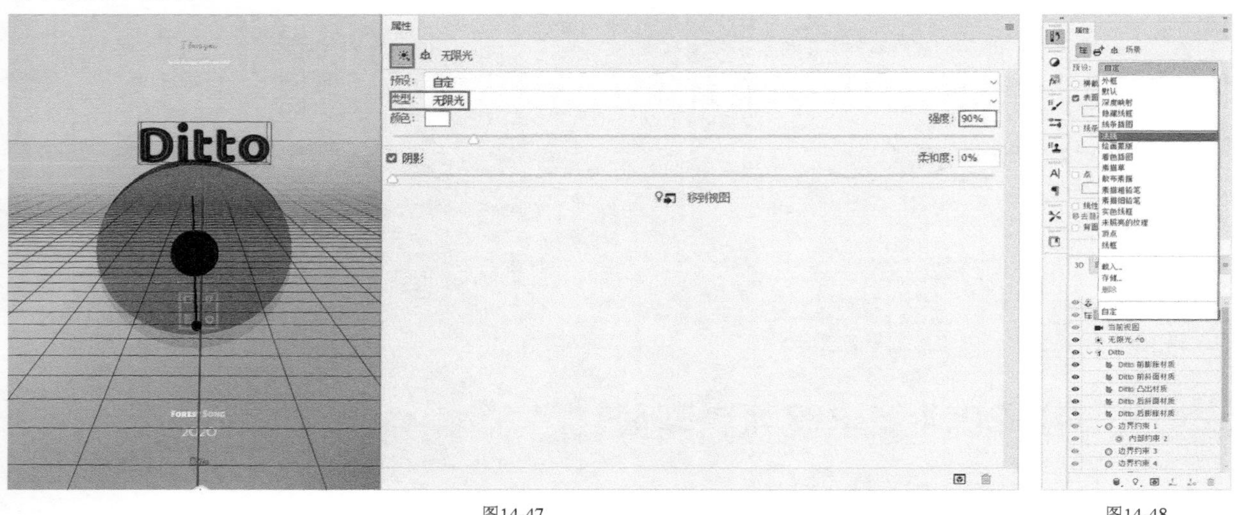

图14-47　　图14-48

08 根据文字的样式调整环境灯光，如图14-49所示。选择Ditto文字图层，在“属性”面板中设置“角度”为74°，“强度”为23%，如图14-50所示。

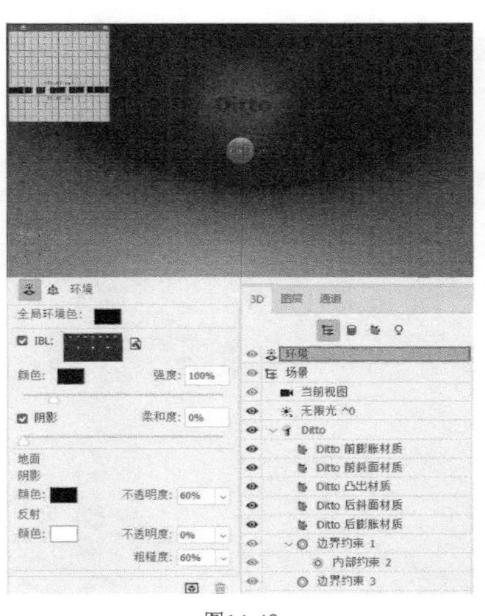
图14-49

图14-50

图14-51

技巧提示

制作完成后，将调整好的3D图层转换为智能对象，如图14-51所示。

09 按快捷键Ctrl+T激活自由变换模式，将刚刚设置好的Ditto文字调整好大小并放置到适当的位置。继续使用“横排文字工具”T输入文字Ditto，然后为其添加一个“大小”为18像素的“描边”效果，如图14-52所示。

10 在“图层”面板中将新建的Ditto文字图层的“填充”设置为0%，然后读者可以绘制一些矩形或圆形作为装饰元素，参考效果如图14-53所示。

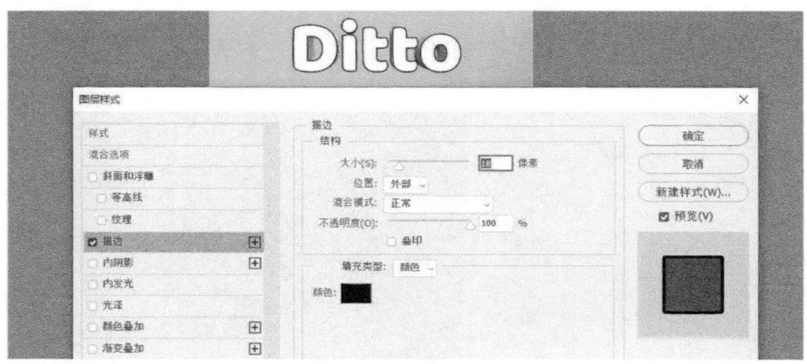
图14-52

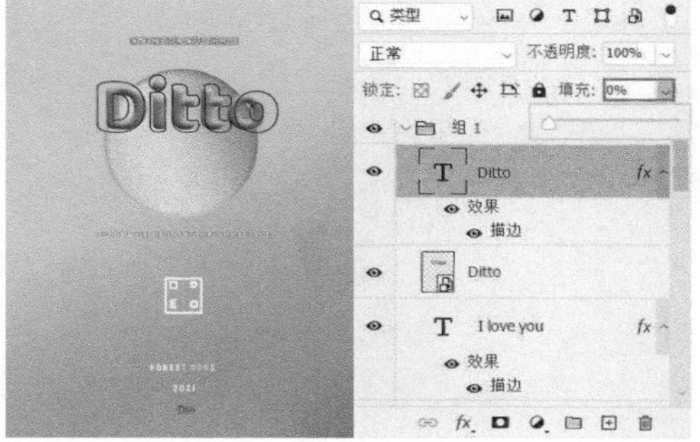
图14-53

知识回顾

使用3D功能可以将平面的图形、文字三维化，参数面板如图14-54所示。

扫码观看视频

教学视频： 回顾3D功能.mp4

命令： 从所选图层新建3D模型

用途： 制作3D效果。

操作流程

第1步： 创建渐变背景并插入文字。

第2步： 调整3D参数。

第3步： 加入装饰元素，完成效果的制作。

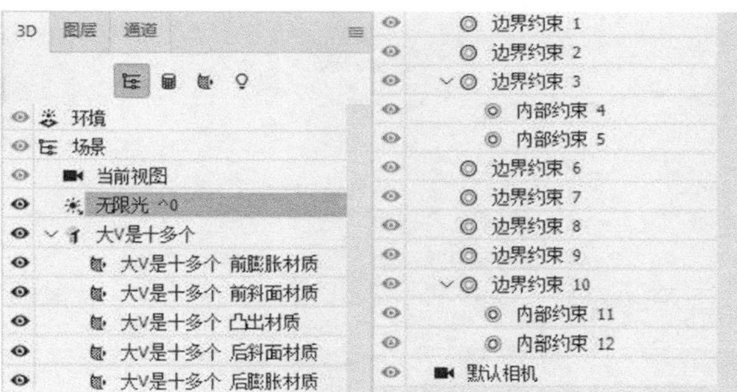
图14-54

实战：使用3D功能丰富冰封湖面

素材文件	素材文件>CH14>05
实例文件	实例文件>CH14>实战：使用3D功能丰富冰封湖面.psd
教学视频	实战：使用3D功能丰富冰封湖面.mp4
学习目标	掌握3D功能的用法

扫码观看视频

对比效果如图14-55所示。

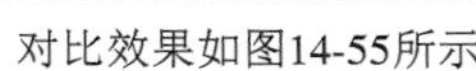

01 执行“文件>打开”菜单命令或按快捷键Ctrl+O，打开“素材文件>CH14>05”文件夹中的“山峰.jpg”素材文件，如图14-56所示。

02 复制“背景”图层，并将复制后的图层重命名为“雪山”，如图14-57所示。

图14-55

图14-56

图14-57

03 在“图层”面板中新建一个空白图层，按快捷键Ctrl+A全选，设置“前景色”为黑色（R:0，G:0，B:0），“背景色”为白色（R:255，G:255，B:255），然后按快捷键Alt+Delete将该选区填充为黑色，如图14-58所示。

04 按快捷键Ctrl+D取消选区，执行“3D>从图层新建网格>明信片”菜单命令，在弹出的对话框中单击“否”按钮，进入3D模式但不切换到3D工作区，如图14-59所示。

05 在“图层”面板中选中“雪山”图层，执行上述操作，如图14-60所示。

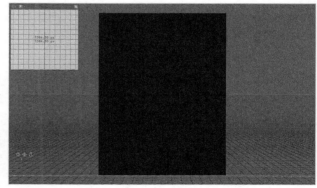

图14-58

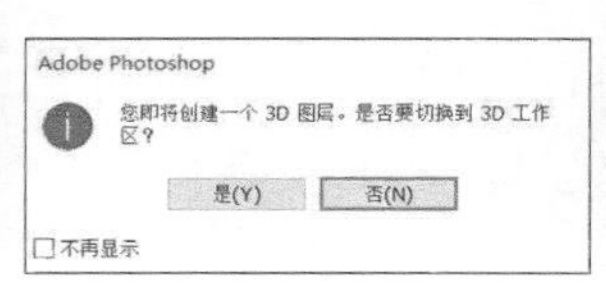

图14-59

图14-60

06 在“图层”面板中按住Shift键选中“雪山”和“图层1”两个图层，按快捷键Ctrl+E合并图层，如图14-61所示。

07 在“3D”面板中双击“图层1 网格”，然后单击“坐标”按钮，设置“旋转”的X为90°，如图14-62所示。

图14-61

图14-62

08 将“图层1”的网格沿着Z轴向上拖曳，使其处于合适的位置，“图层1”的位置为湖面的位置，如图14-63所示。

09 选择“当前视图”，然后调整图片视图，如图14-64所示。

图14-63

图14-64

10 单击图片上的*Y*轴，调整图片在*Y*轴上的位置，并将视图调整为“默认视图”，如图14-65所示。

图14-65

11 在“3D”面板中双击“图层1”，调整“材质”的相关属性，设置“材质”属性为“金属–铬”，“发光”为0%，如图14-66所示。

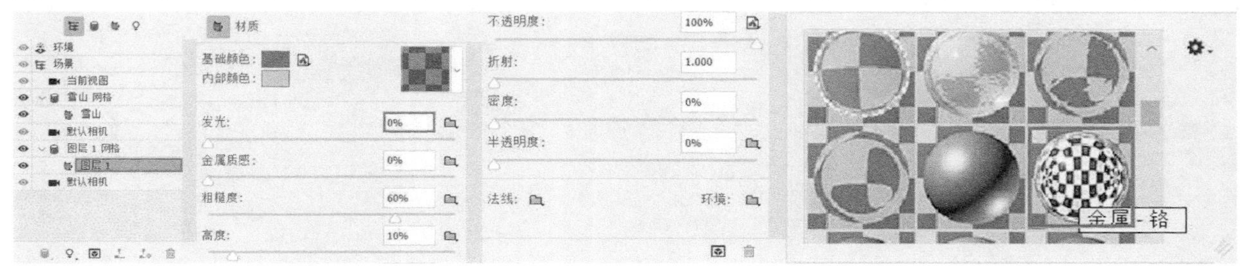

图14-66

12 在“属性”面板中依次选择“环境”“移去纹理”，然后依次选择“环境”“新建纹理”，创建水纹纹理，如图14-67所示。调整新建纹理的相关属性，设置“宽度”为3924像素，“高度”为5232像素，效果如图14-68所示。

13 执行“滤镜>渲染>纤维”菜单命令，设置“差异”为8，“强度”为4，如图14-69所示。执行“滤镜>模糊>高斯模糊”菜单命令，设置“半径”为3.0像素，如图14-70所示。执行“滤镜>模糊>动感模糊”菜单命令，设置“角度”为1度，“距离”为32像素，如图14-71所示。

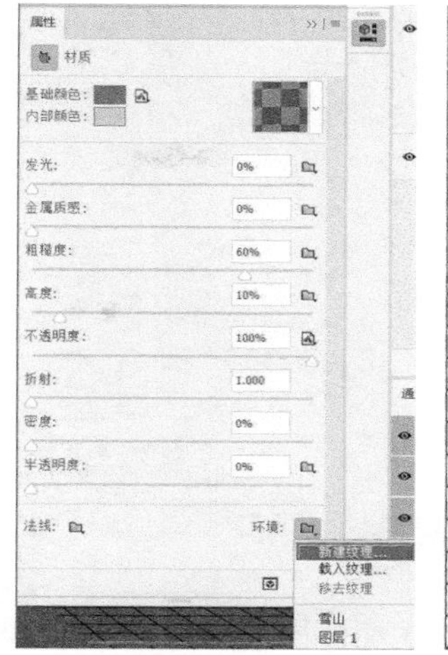

图14-67

图14-68

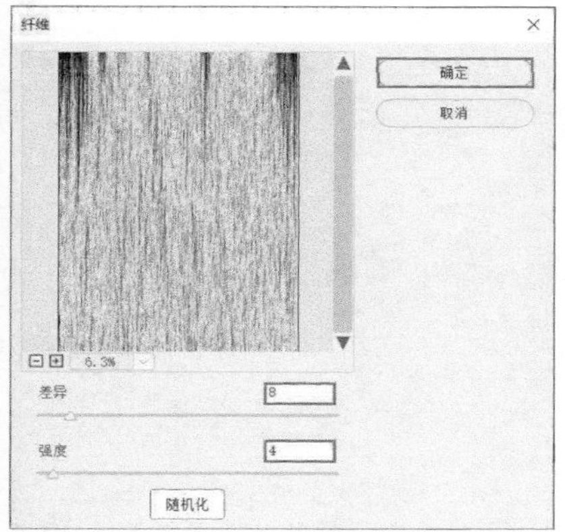

图14-69

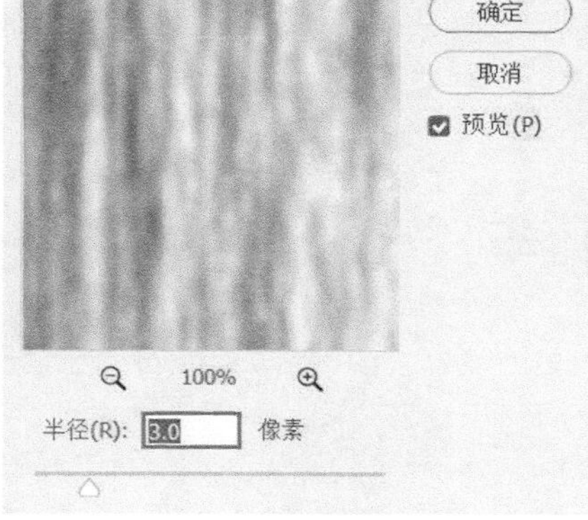

图14-70

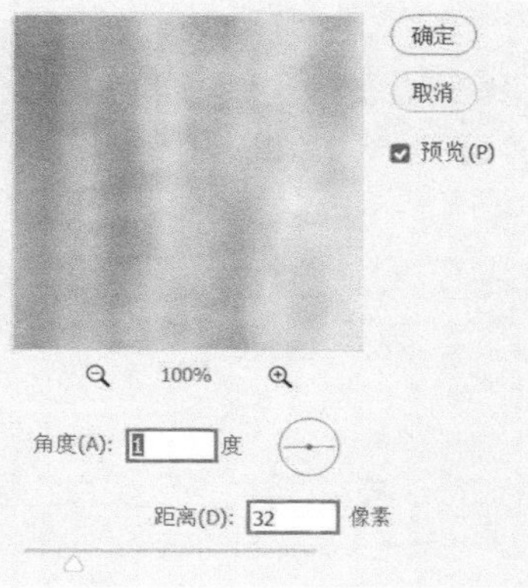

图14-71

14 单击面板下方的“渲染”按钮，如图14-72所示。同样，渲染完毕后在“图层”面板中右击“雪山”图层，选择“转换为智能对象”命令，如图14-73所示。

15 调整颜色。添加一个“色阶”调整图层，设置参数为（0，1.00，207），如图14-74所示。

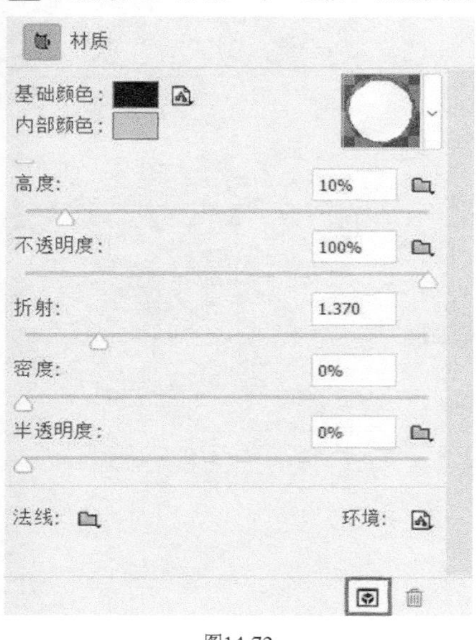

图14-72

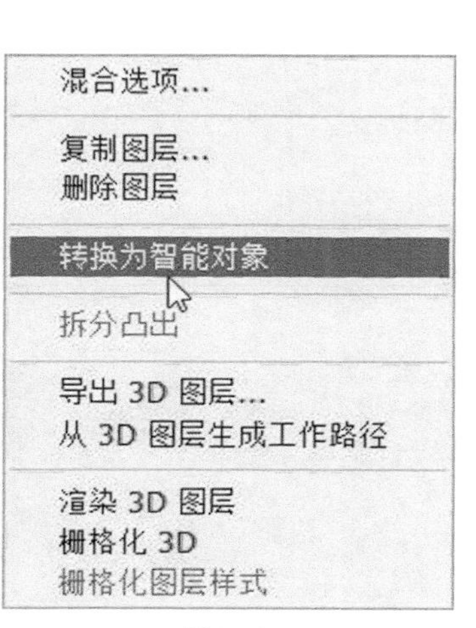

图14-73

图14-74

16 选择“雪山”图层，执行“滤镜>滤镜库”菜单命令，选择“艺术效果”中的“胶片颗粒”选项，然后设置“颗粒”为12，“高光区域”为14，“强度”为5，如图14-75所示。

17 添加一个“曲线”调整图层，将曲线形状调整为图14-76所示的形状。利用“横排文字工具” T 输入相关装饰文字，这里可以考虑为文字添加“大小”为10像素的“描边”样式。另外，读者还可以执行“滤镜>杂色>添加杂色”菜单命令，添加“数量”为67%的“杂色”效果，最终效果如图14-77所示。

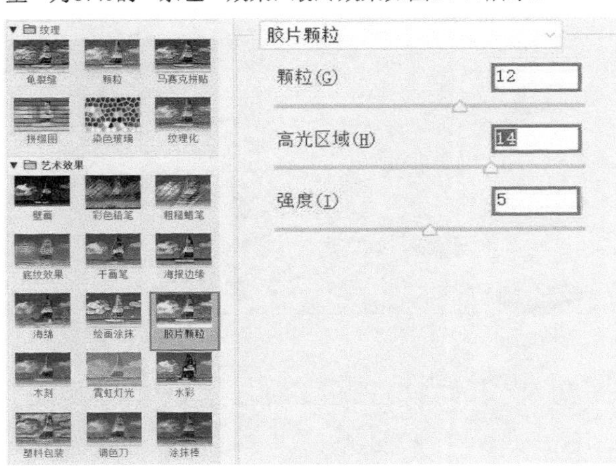

图14-75

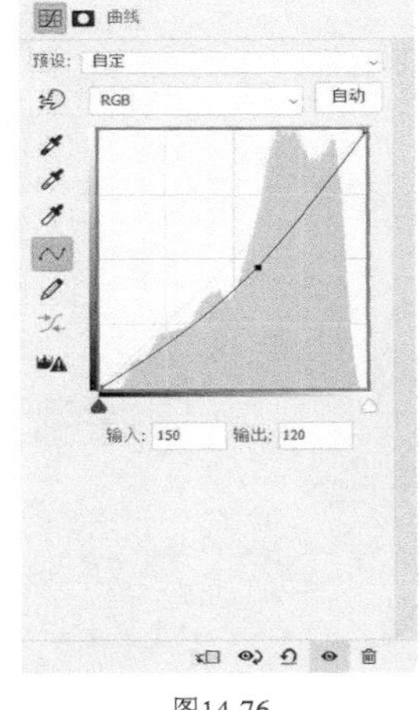

图14-76

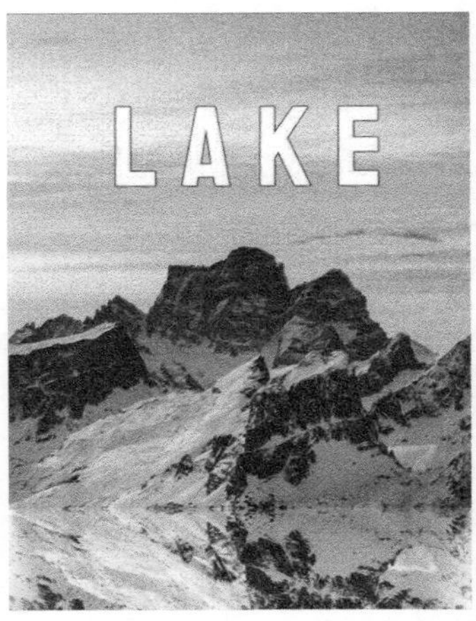

图14-77

实战：使用时间轴制作动态音效

素材文件	素材文件>CH14>06
实例文件	实例文件>CH14>实战：使用时间轴制作动态音效.psd
教学视频	实战：使用时间轴制作动态音效.mp4
学习目标	掌握时间轴的用法

扫码观看视频

视频效果如图14-78所示。

图14-78

操作步骤

01 执行“文件>打开”菜单命令或按快捷键Ctrl+O，打开“素材文件>CH14>06”文件夹中的“人物.mp4”文件，如图14-79所示。

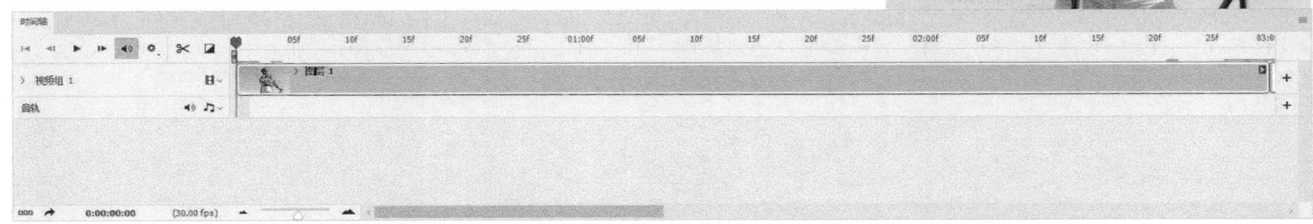

图14-79

疑难问答

问：为什么没有图14-79所示的“时间轴”面板？

答：执行“窗口>时间轴”菜单命令，如图14-80所示，即可打开“时间轴”面板。

窗口(W)
排列(A)
工作区(K)
色板
时间轴
属性
调整

图14-80

02 单击“时间轴”面板右侧的≡按钮，选择“设置时间轴帧速率”选项，打开“时间轴帧速率”对话框，设置“帧速率”为(24，24)fps，如图14-81所示。

图14-81

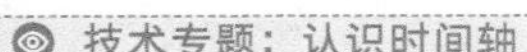

技术专题：认识时间轴

部分读者可能对“时间轴”面板不是特别熟悉，这里简单介绍一下它的重要功能，参数面板如图14-82所示。

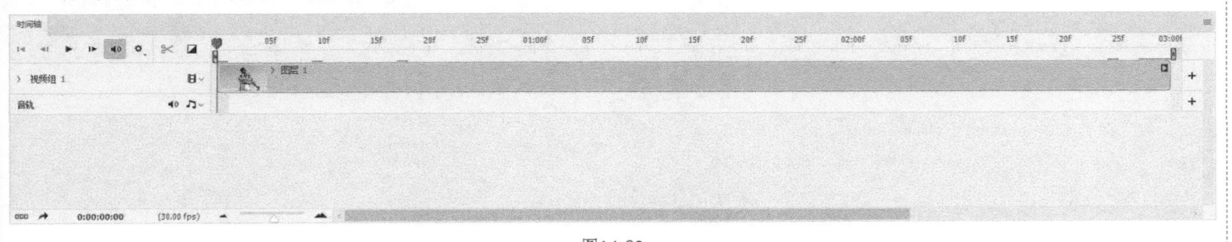

图14-82

设置：主要用于设置“分辨率”和是否循环播放。

切断：将一个视频切断成两部分，如图14-83所示。

效果：包含了大量视频效果，如图14-84所示。

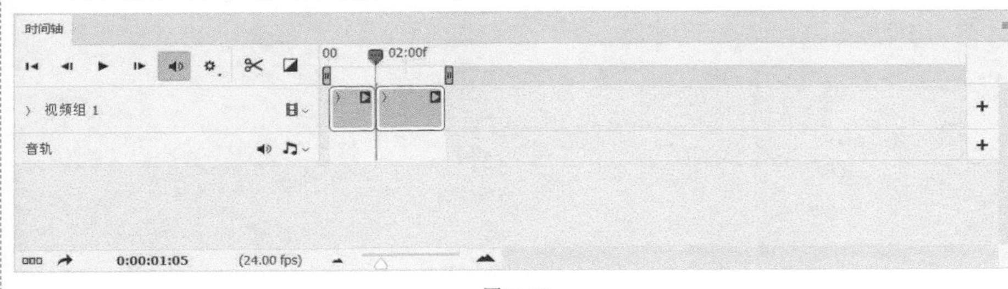

图14-83

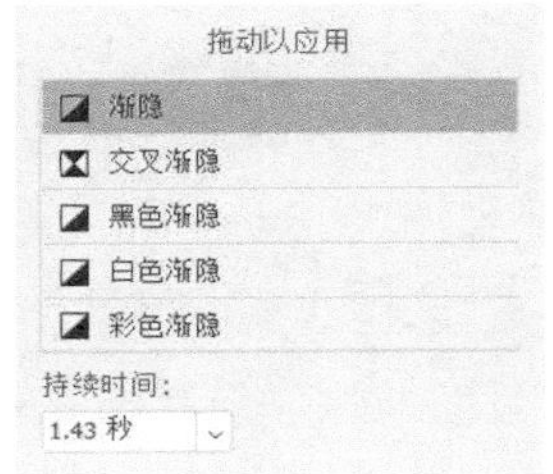

图14-84

帧率：用于测量显示帧数的量度。测量单位为“每秒显示帧数”(frames per second,fps)，帧数为照片的数量。例如，24fps表示每秒显示24张图片。

03 单击“时间轴”面板右上角的≡按钮，选择“启用洋葱皮”和“启用时间轴快捷键”选项，如图14-85所示。

04 在工具箱中选择“画笔工具”，然后调整画笔的“大小”为44像素，并设置画笔类型为“柔边圆”画笔，如图14-86所示。注意，这里设置“前景色”为紫色(R:159，G:65，B:255)。

05 在画面中利用“画笔工具”顺着人物边缘一帧一帧地涂抹，使人物具有动感（前进一帧的快捷键为→），如图14-87所示。

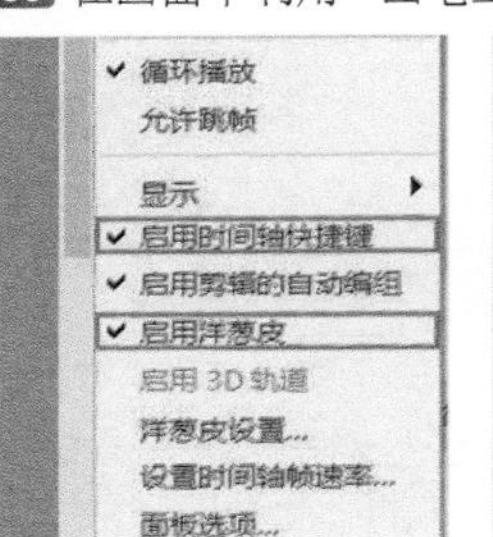

图14-85

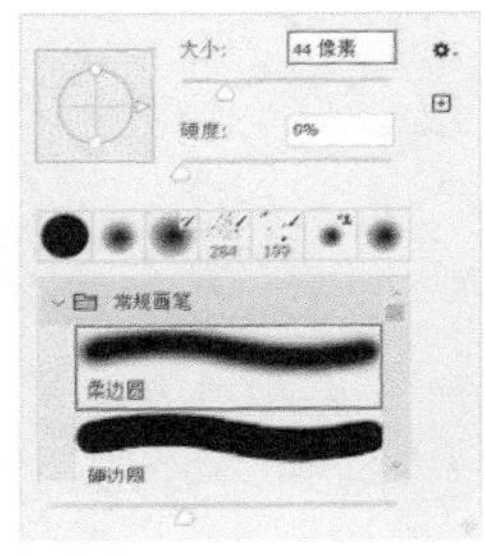

图14-86

图14-87

06 重复上述操作，继续利用“画笔工具”围绕人物涂抹一圈，如图14-88所示。

07 设置“前景色”为红色（R:24，G:63，B:76），用上述方法围绕人物表现出律动感，如图14-89所示。

08 设置“前景色”为绿色（R:110，G:255，B:59），继续进行涂抹，如图14-90所示。读者可以根据自己的需要进行涂抹，不一定按照笔者的步骤进行操作。

图14-88

图14-89

图14-90

09 设置“前景色”为白色（R:255，G:255，B:255），按照上述方法绘制出翅膀图案，如图14-91所示。

10 执行“文件>导出>渲染视频”菜单命令，单击“渲染”按钮，即可导出视频，如图14-92所示。最终效果如图14-93所示。

图14-91

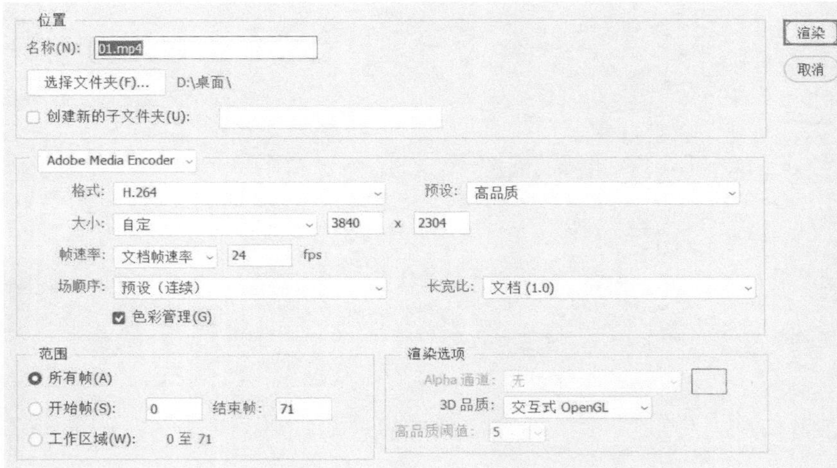

图14-92

图14-93

知识回顾

教学视频： 回顾时间轴.mp4

工具： 时间轴

用途： 处理视频效果。

操作流程

第1步： 打开视频素材。

第2步： 一帧一帧地绘制。

第3步： 完成效果的制作。

创建手绘动画

当要创建逐帧的手绘动画时，可以在文档中添加一个空白视频图层。

在视频图层上方添加一个空白视频图层，然后调整空白视频图层的不透明度，这样就能够看到下层视频图层的内容了。然后，可以在空白视频图层上绘制该视频图层的内容。具体步骤如下。

第1步：创建一个新文档。

第2步：添加空白视频图层。

第3步：绘制图层或向图层中添加内容。

第4步（可选）：单击“时间轴”面板右侧的按钮，选择“启用洋葱皮”选项，启用洋葱皮模式。

第5步：将当前时间指示器调整到下一帧。

第6步：在与上一帧中内容不同的位置，绘制图层或向图层中添加内容。

技巧提示

要在时间轴模式下对图层内容进行动画处理，将当前时间指示器调整到其他时间/帧上时在“时间轴”面板中设置关键帧，然后修改该图层内容的位置、不透明度或样式。

Photoshop将自动在两个现有帧之间添加或修改一系列帧，通过均匀改变新帧之间的图层属性（位置、不透明度和样式）来创建运动或变换的显示效果。

如果要淡出图层，可以在起始帧中将该图层的“不透明度”设置为100%，并单击该图层的“不透明度”秒表。将当前时间指示器调整到结束帧对应的时间/帧，并将同一图层的“不透明度”设置为0%。Photoshop会自动在起始帧和结束帧之间通过插值方法插入帧，并在新帧之间均匀地减少图层的不透明度。

除了让Photoshop在动画中通过插值方法插入帧，还可以通过在空白视频图层上逐帧进行绘制来创建手绘逐帧动画。

实战：批量处理赛博朋克风格调色

素材文件	素材文件>CH14>07
实例文件	实例文件>CH14>实战：批量处理赛博朋克风格调色.psd
教学视频	实战：批量处理赛博朋克风格调色.mp4
学习目标	熟练掌握批量操作的方法

扫码观看视频

批处理效果对比如图14-94所示。

图14-94

图14-95

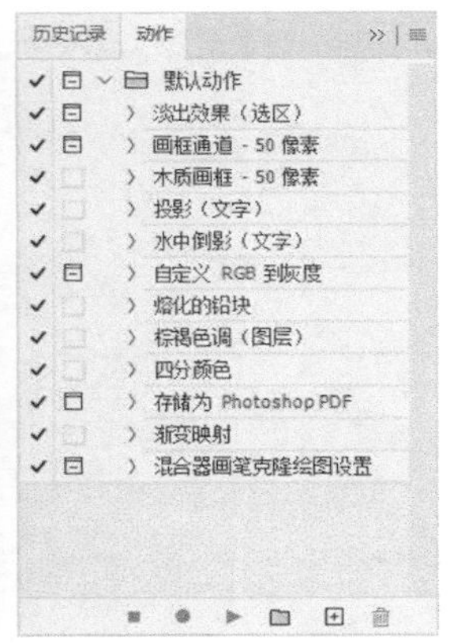

图14-96

01 执行“文件>打开”菜单命令或按快捷键Ctrl+O，打开“素材文件>CH14>07”文件夹中的01.jpg素材文件，如图14-95所示。

02 执行“窗口>动作”菜单命令，打开“动作”面板，此时面板中有许多默认动作，如图14-96所示。

03 单击“动作”面板中的“创建新动作”按钮⊞，新建一个动作，设置“名称”为“赛博朋克”，如图14-97所示。

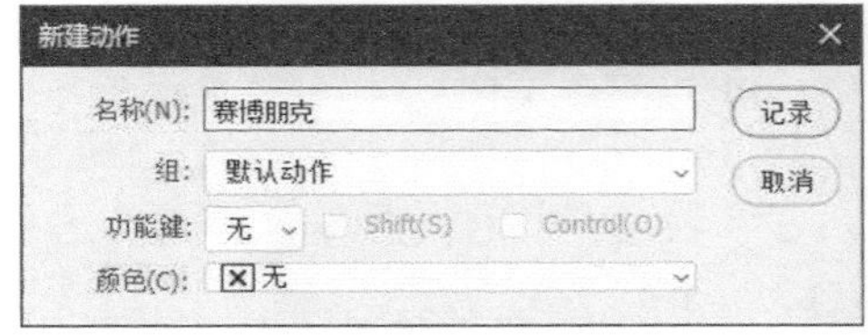

图14-97

> **技巧提示**
>
> 单击“开始记录”按钮，会激活记录功能，如图14-98所示。
>
> 图14-98

04 执行“滤镜>Camera Raw滤镜”菜单命令，设置“色温”为-27，“色调”为+54，“曝光”为+0.30，“对比度”为+10，“高光”为-18，“阴影”为+22，“白色”为+13，“清晰度”为-64，“自然饱和度”为+7，“饱和度”为+29，如图14-99所示。

图14-99

05 展开“细节”选项，设置“锐化”为87，“半径”为1.2，“细节”为25，如图14-100所示。

06 展开“校准”选项，设置“阴影”的“色调”为-10；设置“红原色”的“色相”为-2，“饱和度”为+24；设置“绿原色”的“色相”为+5，“饱和度”为+12；设置“蓝原色”的“色相”为-4，“饱和度”为+29，如图14-101所示。

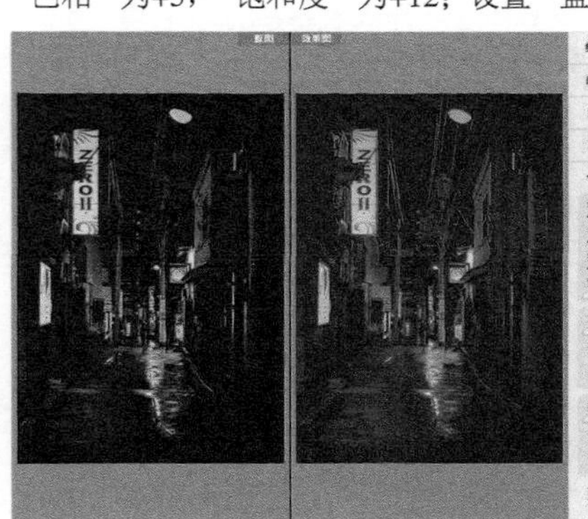

图14-100

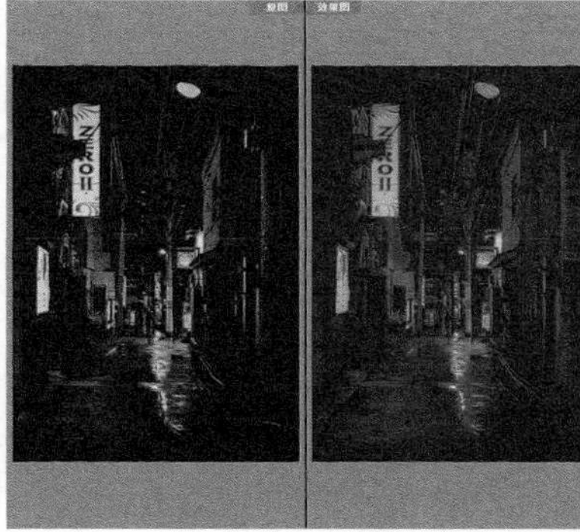

图14-101

> **技巧提示**
>
> 处理完成后执行“文件>存储为”菜单命令，并设置保存类型为JPEG。

07 单击“动作”面板下方的“停止播放”按钮■，如图14-102所示。此时，调整动作就制作完成了。

08 执行“文件>自动>批处理”菜单命令，打开“批处理”对话框，设置“动作”为“赛博朋克”，然后在“源”中选择本实战使用的素材图片，在“目标”中选择输出路径，并勾选“覆盖动作中的‘存储为’命令”复选框，如图14-103所示。输出效果如图14-104~图14-106所示。

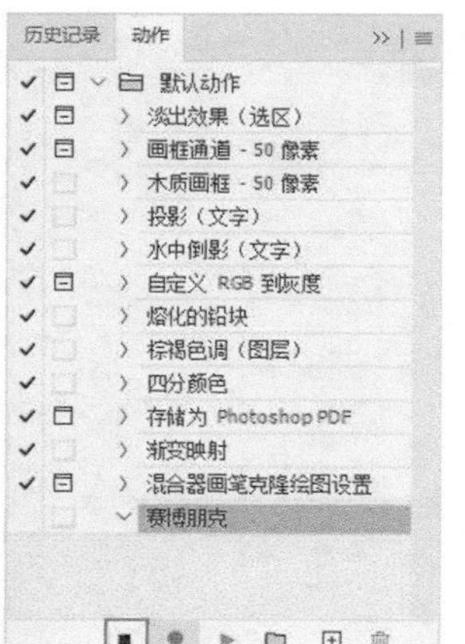

图14-102

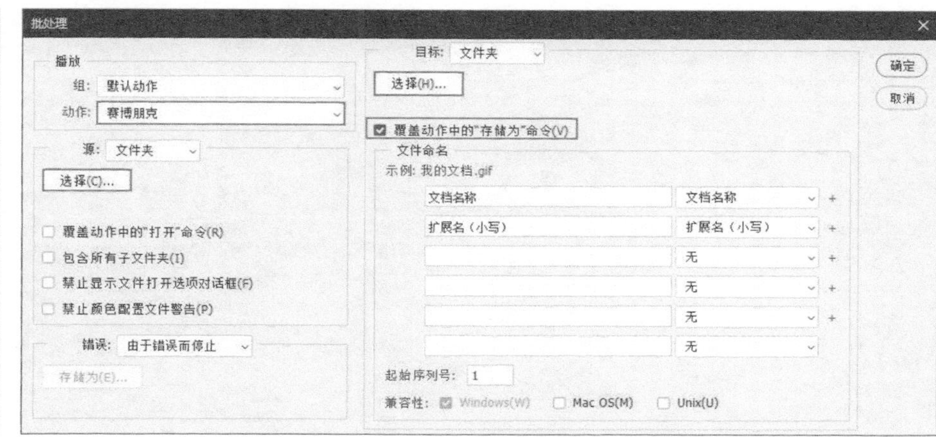

图14-103

图14-104

图14-105

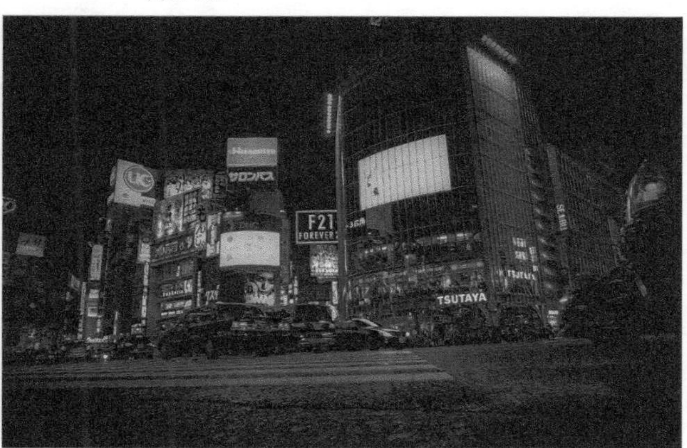

图14-106

综合案例：快速导出绘制好的图标

素材文件	素材文件>CH14>08
实例文件	实例文件>CH14>综合案例：快速导出绘制好的图标.psd
教学视频	综合案例：快速导出绘制好的图标.mp4
学习目标	学会借助“切片工具”将绘制好的图标导出为PNG格式的图片

扫码观看视频

导出结果如图14-107所示。

图14-107

01 按快捷键Ctrl+O，打开“素材文件>CH14>08”文件夹中的素材文件，如图14-108所示。

02 使用“切片工具”进行基于参考线的切片操作，结果如图14-109所示。

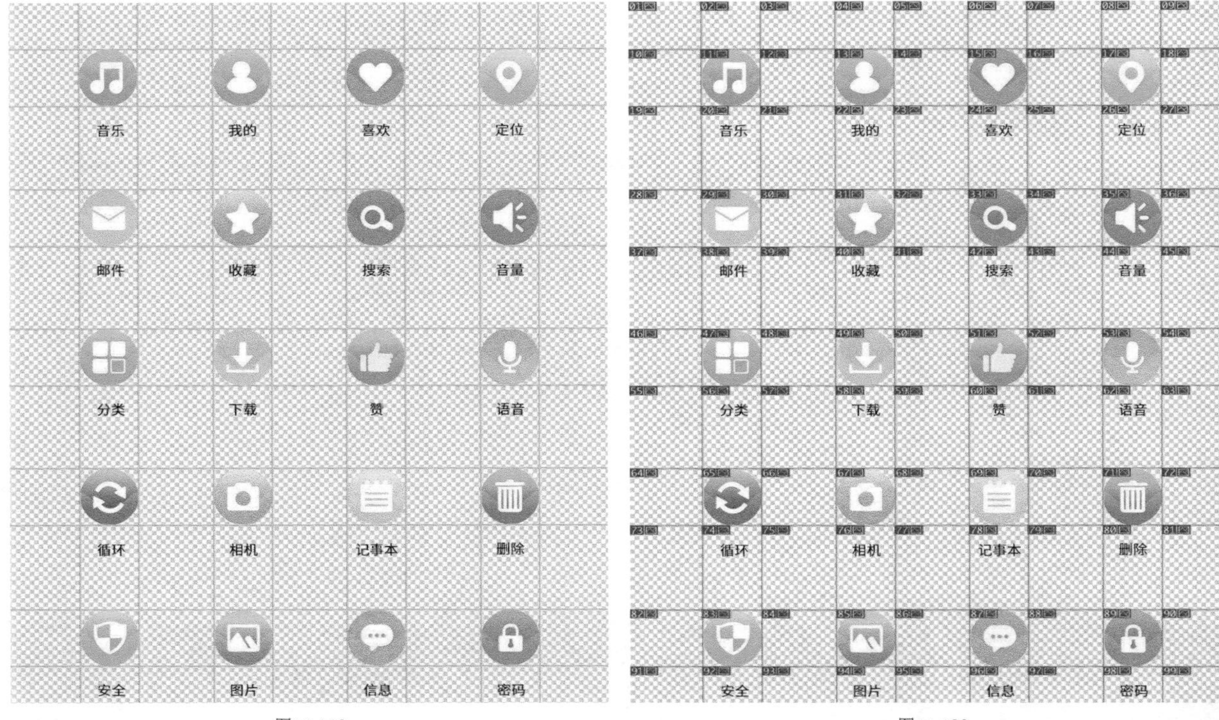

图14-108　　图14-109

03 执行“文件>导出>存储为Web所用格式（旧版）”菜单命令，按住Shift键，选中需要导出的图标，设置“预设”为PNG-24，可以看到左侧的预览图中需要导出的图标变成了带有透明信息的PNG格式，如图14-110所示。导出结果如图14-111所示。

图14-110　　图14-111

综合案例：制作3D宇宙海报

素材文件	素材文件>CH14>09
实例文件	实例文件>CH14>综合案例：制作3D宇宙海报.psd
教学视频	综合案例：制作3D宇宙海报.mp4
学习目标	熟练掌握3D功能的用法

扫码观看视频

本例效果如图14-112所示。

01 执行“文件>打开”菜单命令或按快捷键Ctrl+O，打开“素材文件>CH14>09”文件夹中的“宇宙.jpg”文件，如图14-113所示。

02 执行“3D>从图层新建网格>深度映射到>平面”菜单命令，如图14-114所示。在“属性”面板中设置“预设”为“未照亮的纹理”，如图14-115所示。

图14-112

图14-113

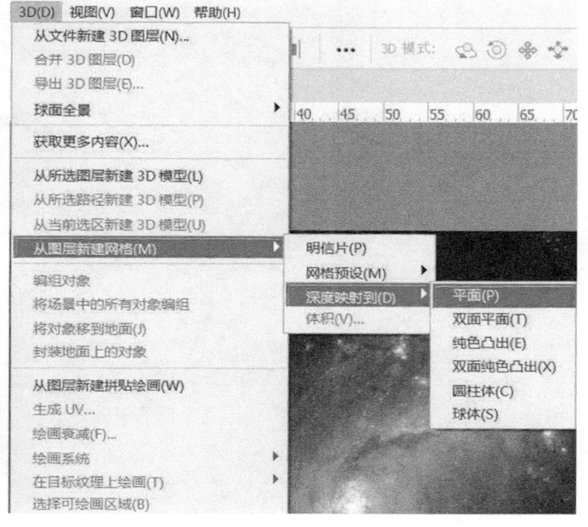

图14-114

图14-115

03 调整画面的方向和大小，如图14-116所示。处理完成后在“图层”面板中右击“背景”图层，选择“转换为智能对象”命令，如图14-117所示。

图14-116

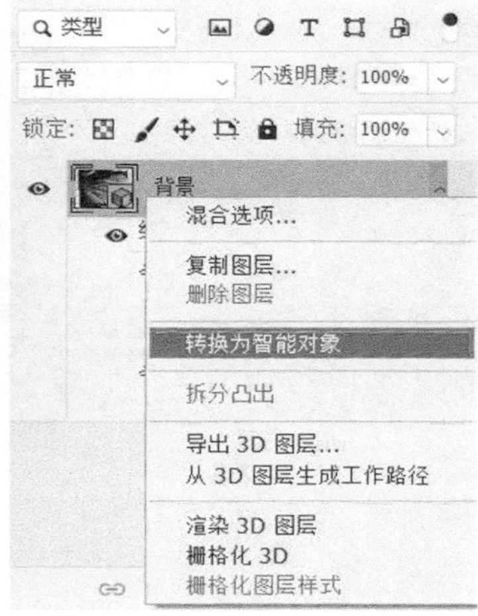

图14-117

04 新建一个空白图层，将其拖曳至背景图层的下方，如图14-118所示。设置“前景色”为黑色（R:0，G:0，B:0），按快捷键Ctrl+A全选“图层1”，按快捷键Alt+Delete将“图层1”填充为黑色，如图14-119所示。

05 利用“横排文字工具” T 插入相关装饰文字，并为相应的文字添加图层样式。读者可以根据画面的亮度调整参数，参考效果如图14-120所示。

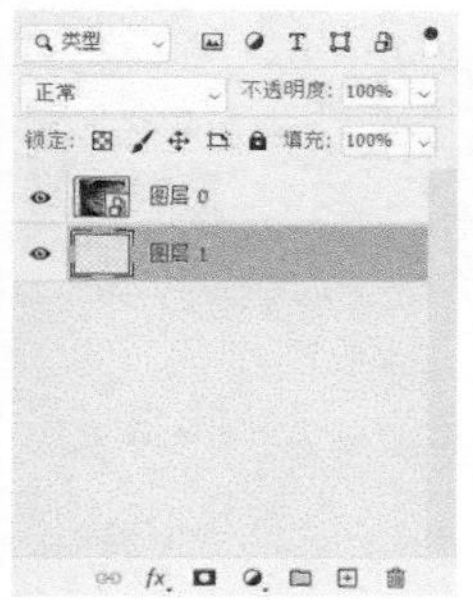

图14-118

图14-119

图14-120

06 为UNIVERSE文本添加“外发光”和“描边”效果，设置“描边”的“大小”为4像素，“外发光”的“扩展”为7%，“大小”为27像素。如图14-121和图14-122所示。

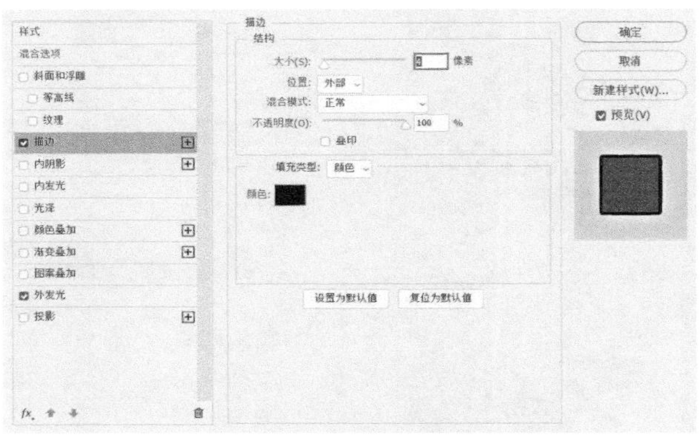

图14-121

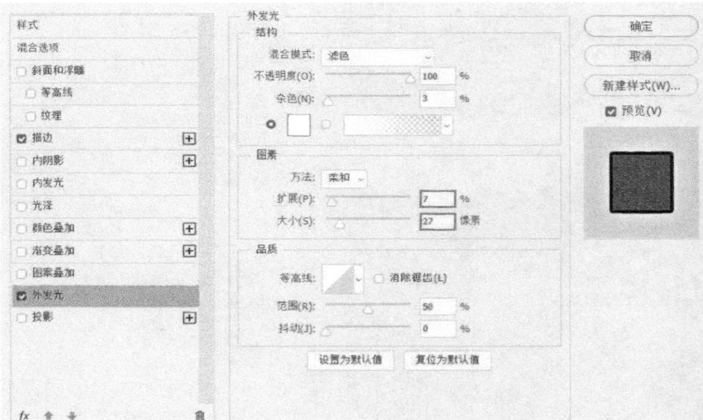

图14-122

07 选择“多边形工具”，绘制一个三角形，效果如图14-123所示。

08 在“图层”面板中调整多边形图层的相对位置，将其拖曳到UNIVERSE文字图层的下方，然后使用“橡皮擦工具”涂抹多边形，如图14-124所示。

09 使用自由变换功能调整文字的位置和大小，然后插入相关形状和素材作为装饰元素，如图14-125所示。

图14-123

图14-124

图14-125

10 添加“色阶”和“色相/饱和度”调整图层，具体参数设置如图14-126和图14-127所示。最终效果如图14-128所示。

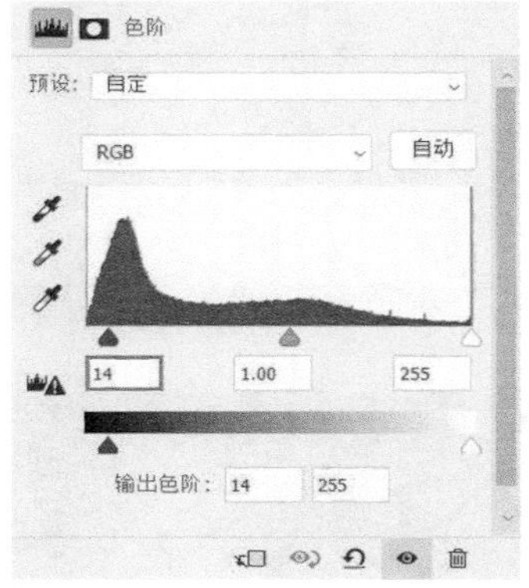

图14-126

图14-127

图14-128

技巧提示

Photoshop是专业做平面设计的软件，如果想进一步了解3D建模相关的知识，可以学习更专业的3D软件，用3D软件完成相关设计之后，后期用Photoshop进行处理可以产生不错的效果。

学以致用：利用时间轴制作多彩网站

素材文件	素材文件>CH14>10
实例文件	实例文件>CH14>学以致用：利用时间轴制作多彩网站.psd
教学视频	学以致用：利用时间轴制作多彩网站.mp4
学习目标	掌握时间轴的用法

扫码观看视频

本例效果如图14-129所示。

图14-129

学以致用：使用3D功能制作火山喷发效果

素材文件	素材文件>CH14>11
实例文件	实例文件>CH14>学以致用：使用3D功能制作火山喷发效果.psd
教学视频	学以致用：使用3D功能制作火山喷发效果.mp4
学习目标	掌握3D功能的用法

扫码观看视频

对比效果如图14-130所示。

图14-130

学以致用：导出UI组件

素材文件	素材文件>CH14>12
实例文件	实例文件>CH14>学以致用：导出UI组件.psd
教学视频	学以致用：导出UI组件.mp4
学习目标	学会将绘制好的UI界面导出为Web组件

扫码观看视频

导出前后对比效果如图14-131所示。

图14-131

第 15 章

① 技巧提示 + ② 疑难问答 + ◎ 技术专题

综合设计实训

通过前面的学习，读者已经掌握了Photoshop的大部分基础功能。本章将带领读者进行平面设计领域的相关实训。本章将主要介绍操作思路和设计过程，读者可以根据自己的理解进行操作，也可以根据自己的设计去发散思维。对于具体的操作步骤，读者可以观看教学视频进行学习。另外，本章加入了板绘实例部分，读者可以进行相关学习。

学习重点

精通平面设计：配色设计

素材文件	素材文件>CH15>01
实例文件	实例文件>CH15>精通平面设计：配色设计.psd
教学视频	精通平面设计：配色设计.mp4
学习目标	了解色彩常识，掌握至少一种配色方法

扫码观看视频

从本例开始将进行综合设计应用讲解，本章所有案例均主要讲解思路，关于操作，可以观看教学视频。本例效果如图15-1所示。

图15-1

01 按快捷键Ctrl+N，打开“新建”对话框，设置“宽度”为1400像素，“高度”为2000像素，“分辨率”为72dpi。导入“素材文件>CH15>01”文件夹中的01.png文件，如图15-2所示。

02 新建图层，将图层的混合模式修改为“颜色加深”，使用“流量”为40%、“硬度”为0%、“颜色”为粉色（R:220，G:147，B:152）的画笔涂抹腰包部分，如图15-3所示。可以创建剪贴蒙版，避免涂抹到人物以外的部分。

图15-2

图15-3

03 导入“素材文件>CH15>01”文件夹中的02.png文件，如图15-4所示。

04 运用对比色配色法，将女士腰包涂抹为红色，然后使用红色的对比色绿色（偏青）对男士茶杯进行涂抹。新建图层，将图层的混合模式设置为“柔光”，使用“流量”为40%、“硬度”为0%的画笔涂抹腰包部分，如图15-5所示。

05 在女性形象素材下方使用“椭圆工具”◯绘制一个圆，设置“描边”为“无颜色”，设置“填充”为橙色到紫色的对比色渐变，“旋转渐变”为-45，如图15-6所示。

06 在男性形象素材下方绘制一个圆，设置“填充”为黄色到绿色的对比色渐变，“旋转渐变”为-45，无描边，如图15-7所示。

图15-4

图15-5

图15-6

图15-7

07 使用“钢笔工具”绘制斜线作为装饰，无填充，设置“描边”宽度为18像素，具体参数如图15-8所示，效果如图15-9所示。

08 在斜线图层上创建蒙版，按住Ctrl键单击女性人物素材图层的缩略图，创建非透明像素的选区，在蒙版上将该选区填充为黑色，然后取消选择，此时斜线被人物素材遮挡。执行同样的操作，让男性人物也遮挡住斜线，效果如图15-10所示。

09 在所有图层的下方新建一个图层，绘制背景。使用“弯度钢笔工具”在左上角绘制图15-11所示的图形，设置“填充”为红色到橙色的对比色渐变，“旋转渐变”为-45。

图15-8

图15-9

图15-10

图15-11

10 使用“弯度钢笔工具”在右下角绘制图形，设置“填充”为蓝色到紫色的对比色渐变，“旋转渐变”为-90，如图15-12所示。

11 在左下方和右上方分别放置素材图03.png和04.png，如图15-13所示。

12 输入文字，设置字体为HelveticaObl-Heavy，大小为150点，如图15-14所示。

13 继续输入文字，设置字体为Constantia，大小为90点，如图15-15所示。

图15-12

图15-13

图15-14

图15-15

精通平面设计：版式设计

素材文件	无
实例文件	实例文件>CH15>精通平面设计：版式设计.psd
教学视频	精通平面设计：版式设计.mp4
学习目标	了解不同的构图方式，学会合理安排画面元素

设计版式或构图是完成作品必不可少的基础步骤之一，合理的版式布局能够使人迅速抓住画面重点，有助于读者理解信息，帮助读者梳理出信息的主次关系。

版面设计分为两个要点，构图与视觉导引。从某种意义上说，构图实际上是对画面进行分割。摄影中有对称构图、对角线构图、S形构图、框架构图等，海报的设计制作也有类似的构图方法。接下来，结合S形构图和压角构图进行案例制作。

本例效果如图15-16所示。

01 新建一个1500像素×2000像素的空白画布，并新建图15-17所示的参考线版面。

02 使用“渐变”工具■中的“彩虹色_014”预设填充径向渐变，如图15-18和图15-19所示。

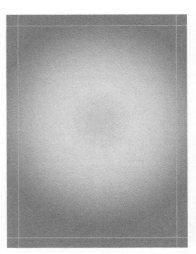

图15-16

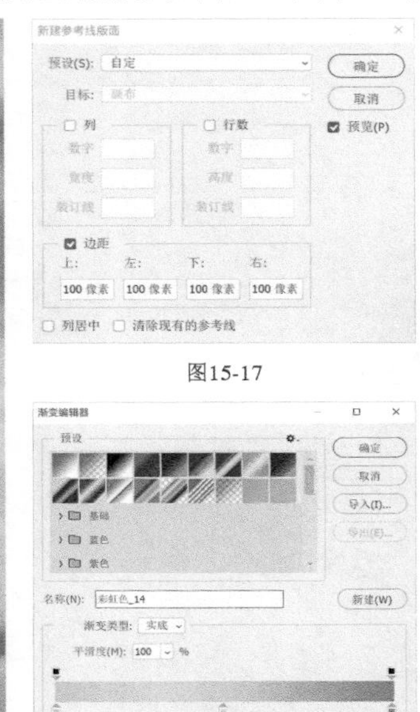

图15-17

图15-18

图15-19

03 执行“滤镜>液化”菜单命令，对画面进行任意扭曲，使其产生流体效果，如图15-20所示。

04 执行“滤镜>模糊>动感模糊”菜单命令，设置“距离”为230像素，效果如图15-21所示。

05 复制当前图层，选择新增的图层，执行“滤镜>风格化>风”菜单命令，重复5次或6次，如图15-22和图15-23所示。

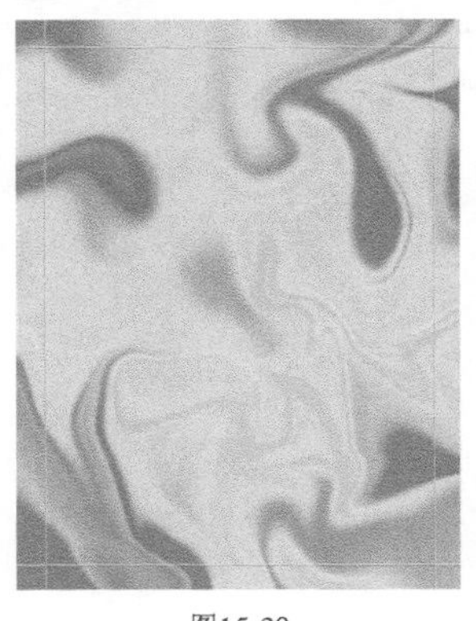

图15-20

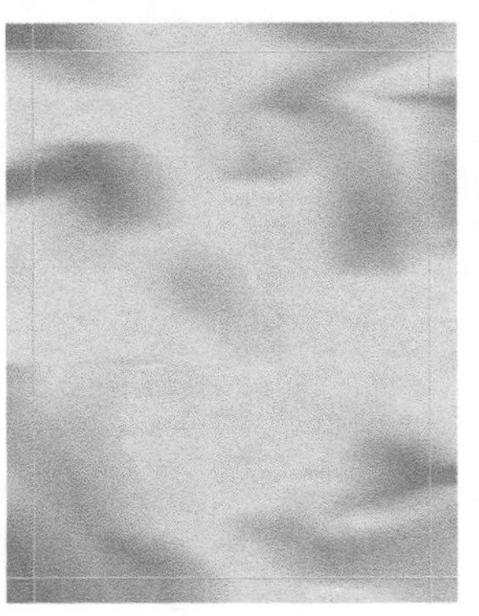

图15-21

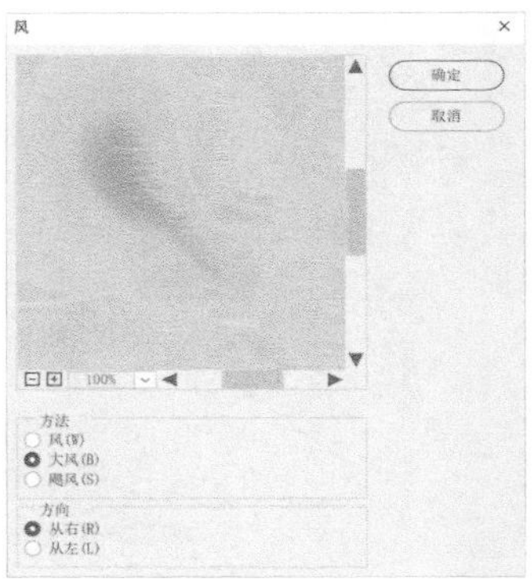

图15-22

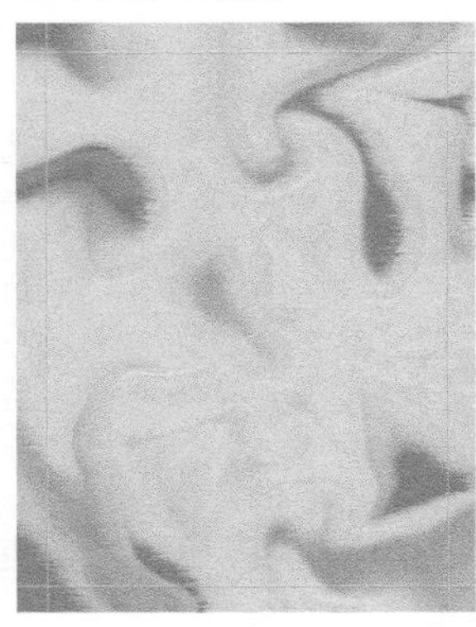

图15-23

06 设置图层的混合模式为“点光”，“不透明度”为50%。调整色相、饱和度，效果如图15-24和图15-25所示。

07 使用“椭圆工具”◯绘制4个直径为400像素的圆，无描边，分别填充渐变颜色为预设中的“绿色_09”“橙色_02”“粉色_16”“橙色_07”，按照S形摆放，如图15-26所示。

图15-24

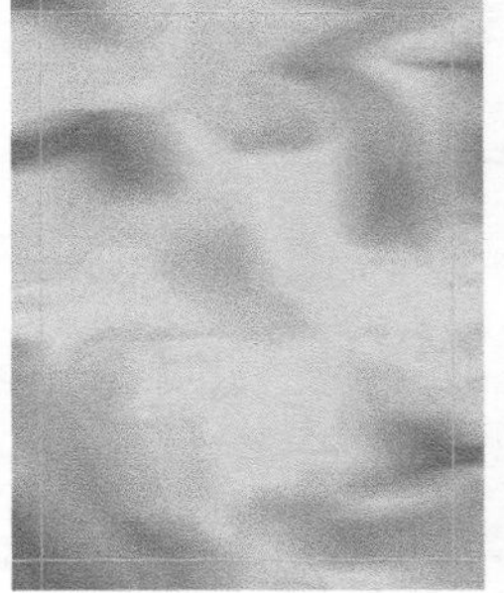

图15-25

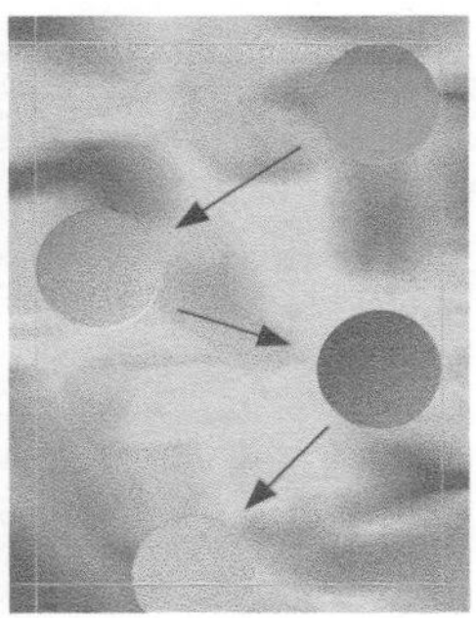

图15-26

08 将4个新增的图层栅格化并合并，执行“滤镜>模糊>动感模糊”菜单命令，设置“半径”为50，效果如图15-27所示。

09 使用“钢笔工具”和“椭圆工具”绘制线性装饰，无填充，设置“描边”宽度为5像素，“不透明度”为80%，效果如图15-28所示。

10 使用压角构图的方式进行文字排版，并借助辅助线进行对齐，设置字体为HelveticaObl中的Heavy，颜色为深灰色，如图15-29所示。

11 绘制颜色为深灰色的矩形，将其放置于页面的右上角，最终效果如图15-30所示。

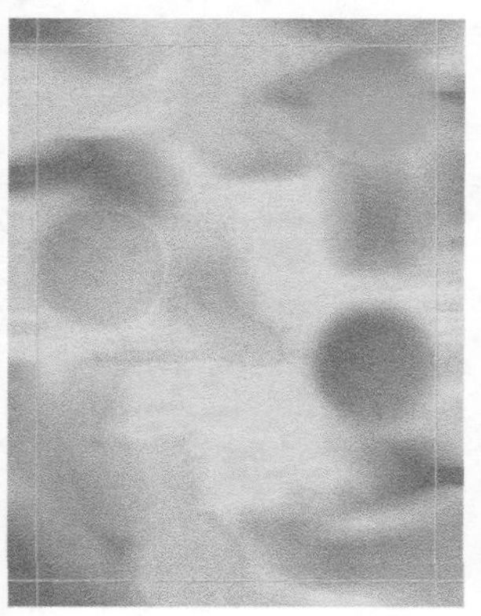

图15-27

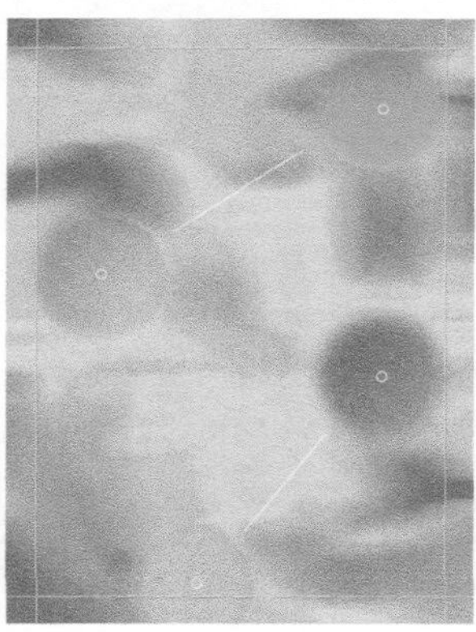

图15-28

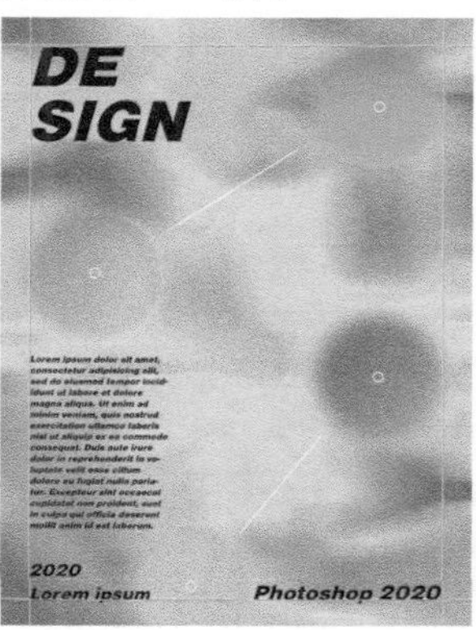

图15-29

图15-30

精通平面设计：字体设计

素材文件	无
实例文件	实例文件>CH15>精通平面设计：字体设计.psd
教学视频	精通平面设计：字体设计.mp4
学习目标	学会熟练使用矢量图形工具绘制字符

扫码观看视频

字体设计的目的是设计制作出可供使用的字体文件，并通过对字体进行变形处理及添加设计元素来形成以字体为主的视觉设计作品。在商业化的平面设计领域，字体承载了表意与提升辨识度的双重功能。好的字体设计能让人印象深刻，提高品牌及活动的辨识度，大大提升宣传效果。

本例效果如图15-31所示。

01 新建一个大小为1500像素×1500像素，“分辨率”为72像素/英寸的空白画布，如图15-32所示。

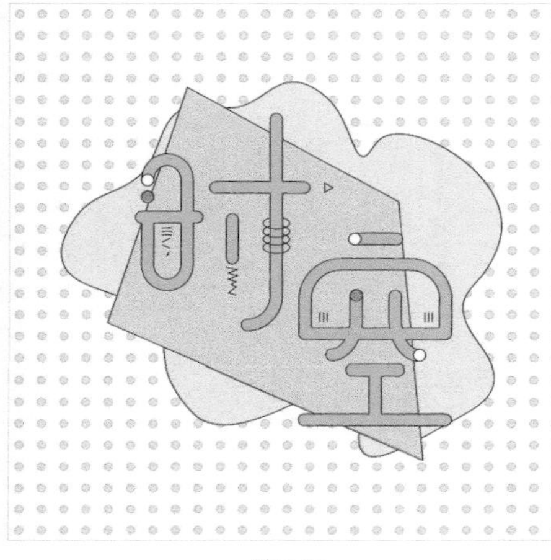

图15-31

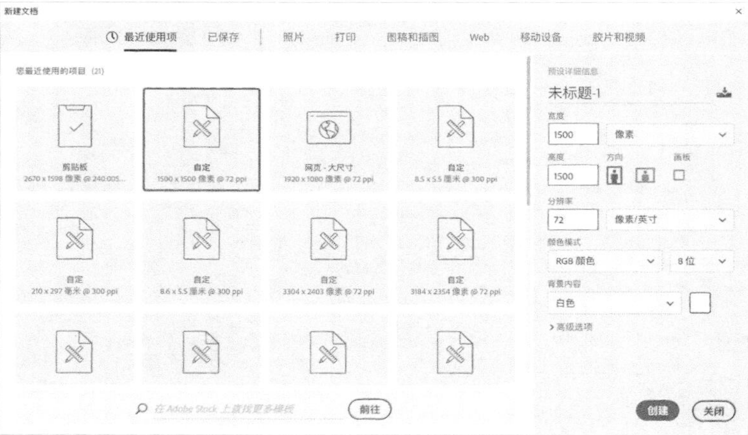

图15-32

02 在画布中输入“时空”二字作为字型参考，以免设计过程中出现遗漏笔画的情况，如图15-33所示。

03 使用“圆角矩形工具”绘制“宽度”为110像素、“高度”为350像素的圆角矩形，然后设置“描边”宽度为30像素，颜色为蓝色（R:102，G:255，B:255），“填充”为“无颜色”，圆角半径为55像素，如图15-34所示。

04 在顶部属性栏中展开“描边选项”面板，然后单击“更多选项”按钮，设置“对齐”为“居中”，“端点”为“圆形”，“角点”为“圆形”，如图15-35和图15-36所示。

图15-33

图15-34

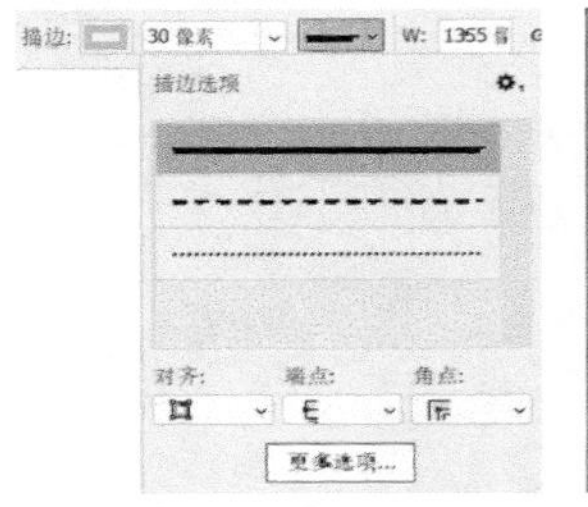

图15-35

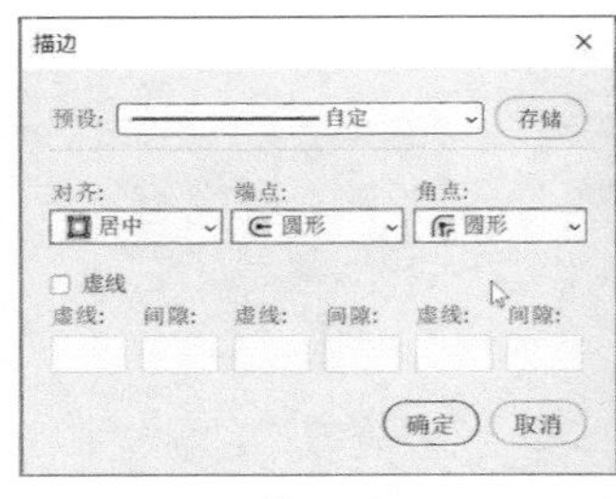

图15-36

05 创建一个圆角矩形，如图15-37所示。使用“添加锚点工具”在图示位置的路径上添加两个锚点，如图15-38所示。

06 使用“路径选择工具”选中图示位置的锚点，按Delete键删除锚点，如图15-39和图15-40所示。

07 使用“钢笔工具”绘制水平线段，各参数设置同上，长度为180像素，如图15-41所示。

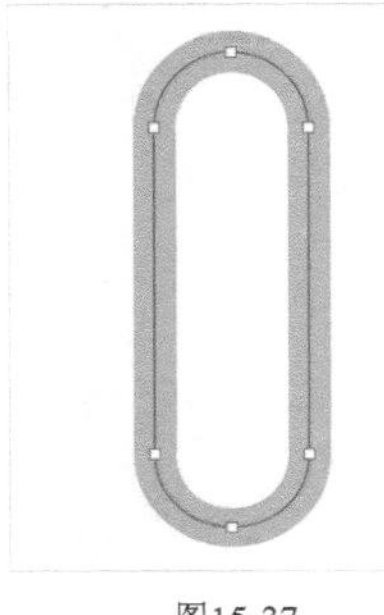

图15-37

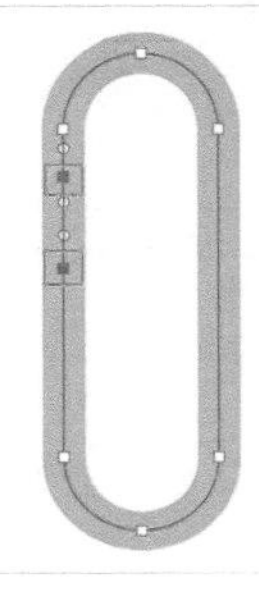

图15-38

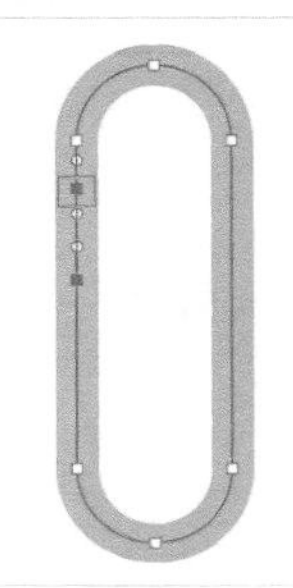

图15-39

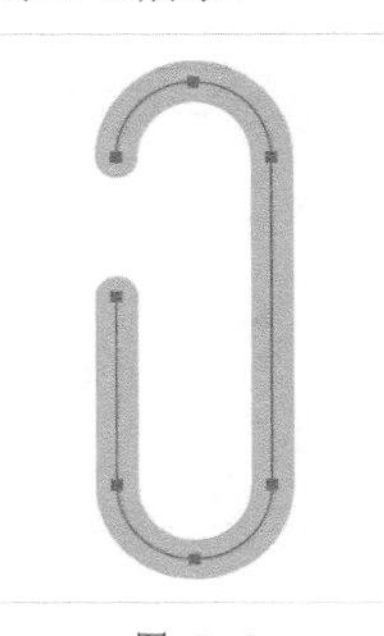

图15-40

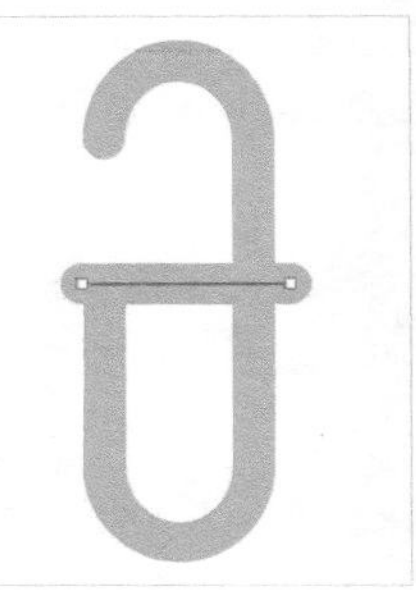

图15-41

08 用同样的方式绘制“宽度”为220像素、“高度”为650像素、圆角半径为100像素的圆角矩形，其他参数设置均与上述步骤相同，并使用“路径选择工具”删除多余的锚点，如图15-42~图15-44所示。

09 参照上述步骤及参数，绘制“时”字，线段长度可根据具体情况自由调节，如图15-45所示。

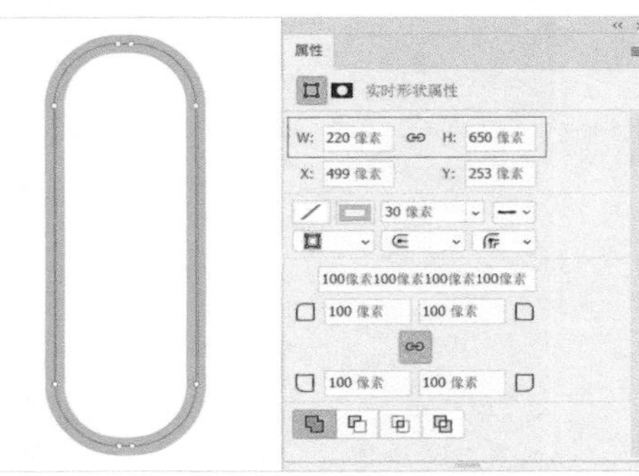

图15-42

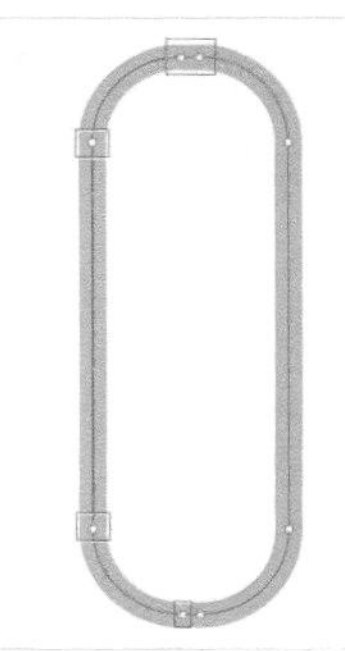

图15-43

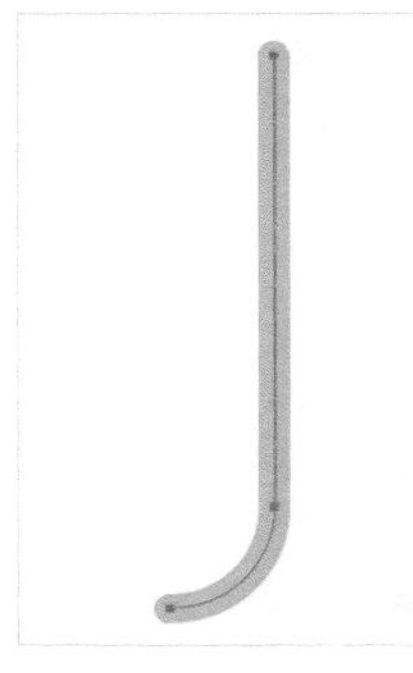

图15-44

图15-45

10 为绘制的形状创建一个新组，将其命名为“时”，双击该组，为其添加图15-46所示的“描边”样式，设置“颜色”为黑色(R:0，G:0，B:0)，“大小”为3像素，“位置”为“外部”。效果如图15-47所示。

图15-46

图15-47

11 用同样的方法绘制“空”字，其中“宀”部分可以使用圆角矩形来制作，具体形状和参数设置如图15-48所示，处理后的效果如图15-49所示。

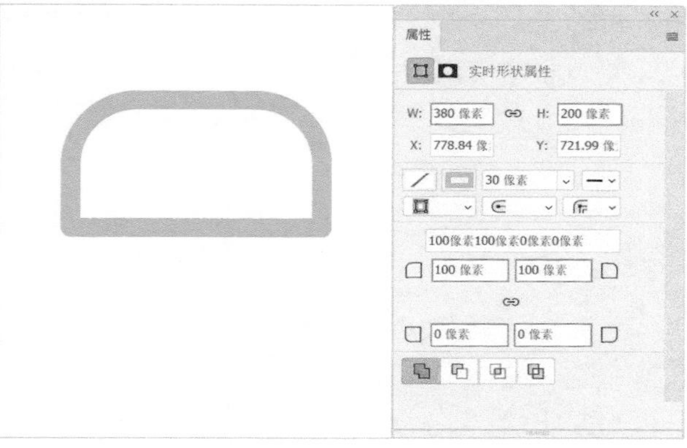

图15-48

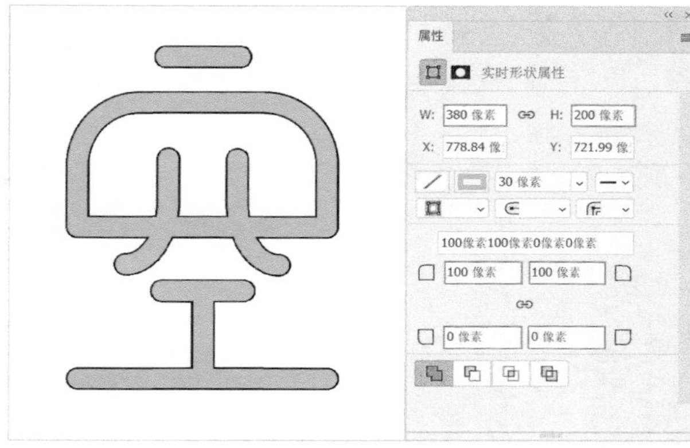

图15-49

12 使用“椭圆工具”绘制圆形，设置“描边”宽度为3像素，颜色为黑色，具体参数设置如图15-50所示。圆形的填充颜色分别为白色和粉色，效果如图15-51所示。

13 在图15-52所示位置绘制3条宽为30像素、粗细为3像素的线段。

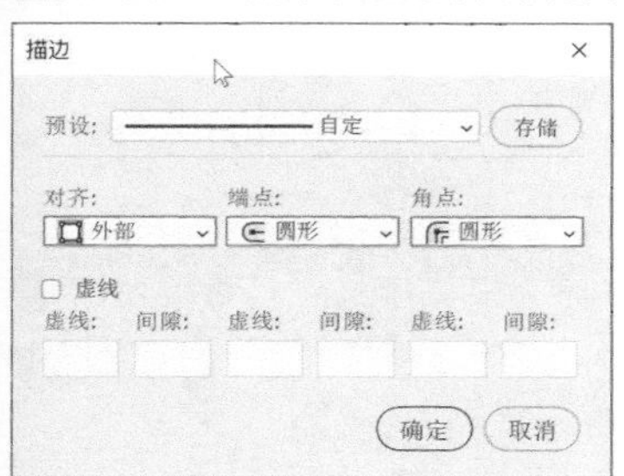

图15-50

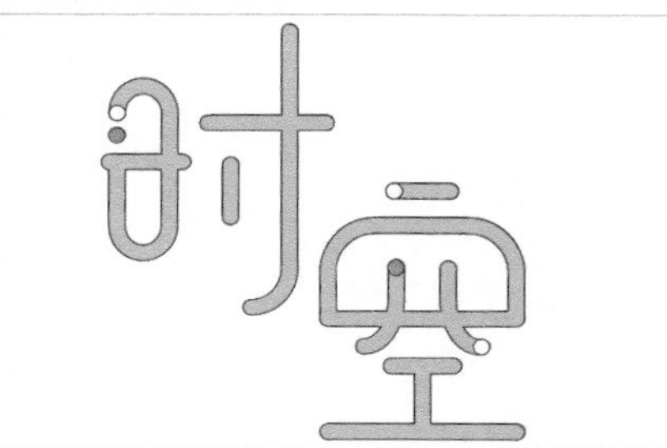
图15-51

图15-52

14 同样的，在图15-53所示的其他位置绘制几组线条，以增强设计感。

15 继续添加几何元素，以丰富画面的视觉效果，如图15-54所示。

16 用“椭圆工具”在图15-55所示的位置绘制一个宽为70像素、高为30像素的椭圆。

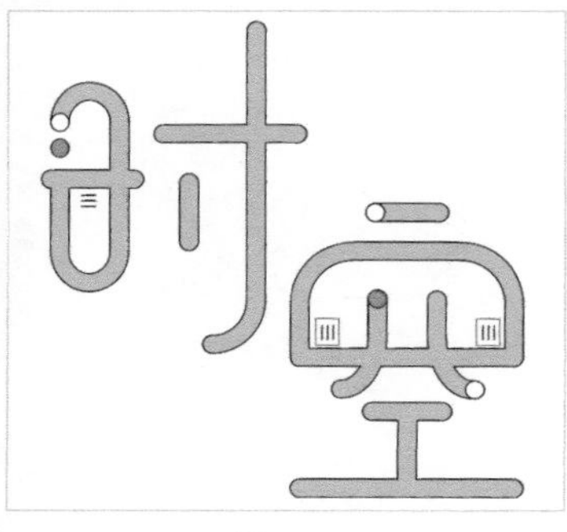
图15-53

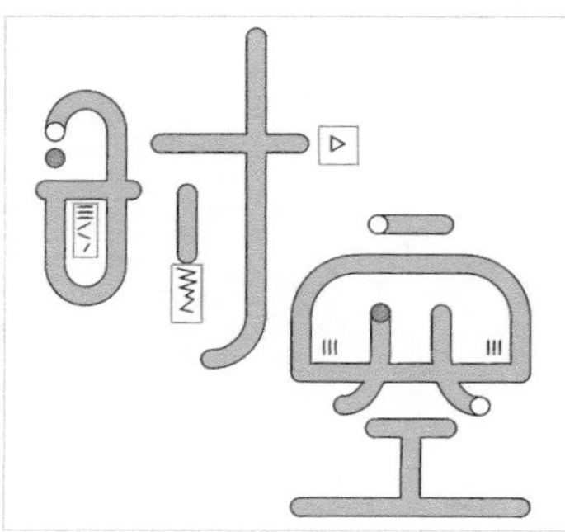
图15-54

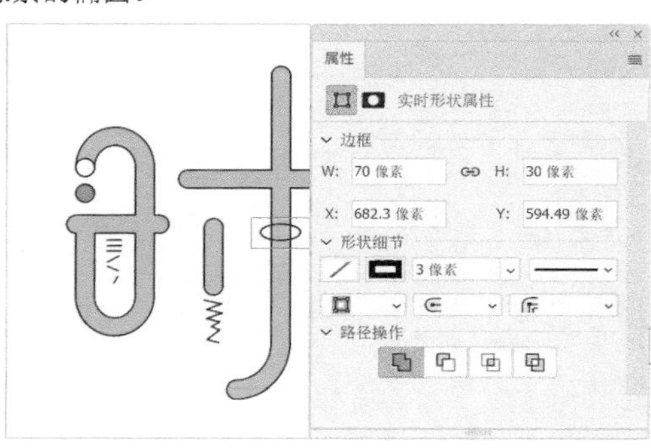

图15-55

17 使用“矩形选框工具”框选图15-56所示的位置，按快捷键Ctrl+Shift+I反选选区，并单击“图层”面板下方的“添加图层蒙版”按钮，添加蒙版，效果如图15-57所示。

18 将上述图层复制3次，并将最后一次复制所得的图形向下拖曳，如图15-58所示。

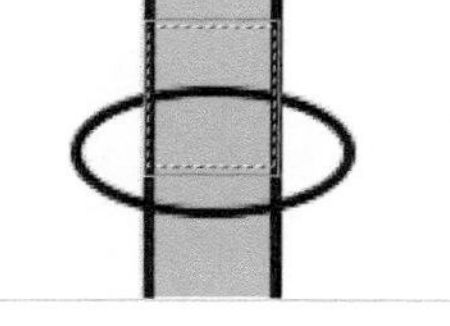
图15-56

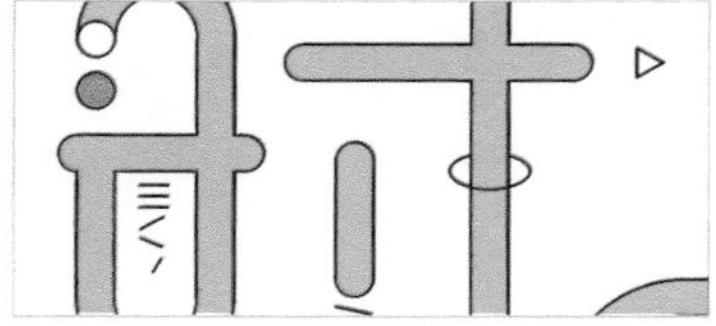
图15-57

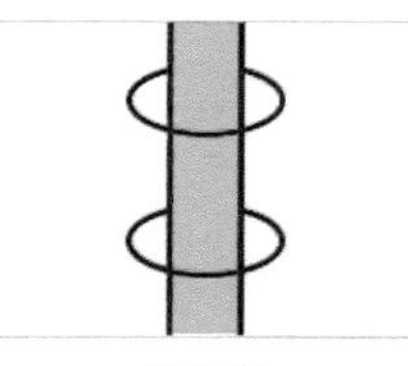
图15-58

19 选中步骤16绘制的椭圆及3个复制所得的图层，选择“移动工具”，然后在属性栏中单击“垂直分布”按钮，使4个椭圆垂直分布，效果如图15-59所示。

20 使用“弯度钢笔工具”在“时空”下方绘制图15-60所示的图案，设置“描边”宽度为3像素，颜色为黑色，“填充”为黄色。

21 使用“钢笔工具”在“时空”下方绘制图15-61所示的四边形，设置“描边”宽度为3像素，颜色为黑色，“填充”为粉色。

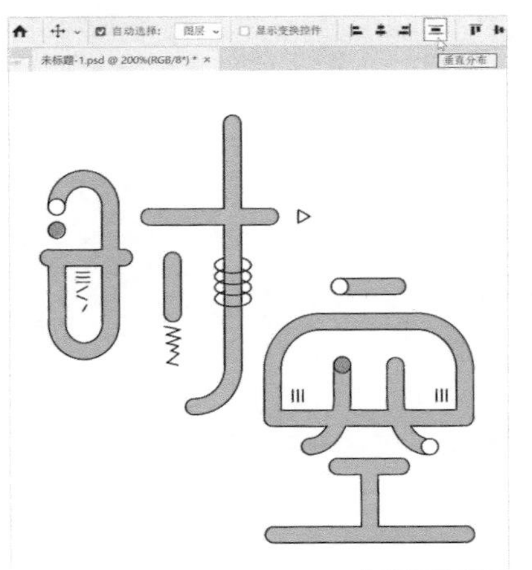

图15-59

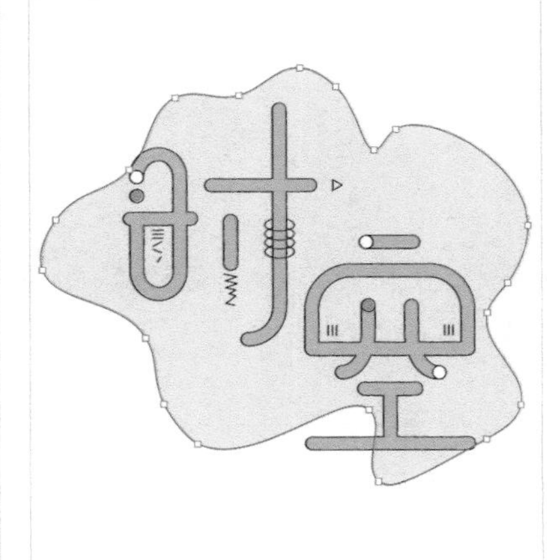

图15-60

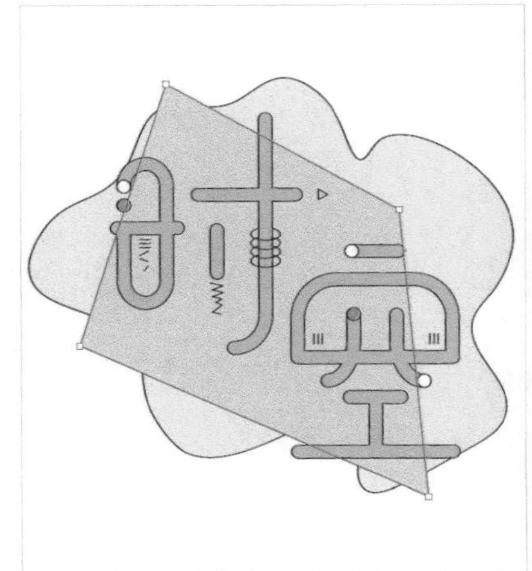

图15-61

22 使用“椭圆工具”绘制直径为25像素的圆（即“宽”“高”都为25像素），设置“填充”为粉色，“描边”为橙色，具体参数设置如图15-62所示，效果如图15-63所示。

23 选择圆形所在的图层，执行“图层>栅格化>形状”菜单命令，隐藏白色背景图层，选择“矩形选框工具”，按住Shift键绘制一个正方形选区，将圆放置在选区正中央，如图15-64所示。

24 执行“编辑>定义图案”菜单命令，并将图案命名为“波点”。新建一个图层，选择“图案图章工具”，在顶部属性栏中展开“‘图案’拾色器”面板，找到“波点”图案，如图15-65所示。

25 设置“图案图章工具”的画笔为500像素的“硬边圆”，在当前图层上进行涂抹，用波点填满画面，并隐藏步骤22中栅格化的圆形。最终效果如图15-66所示。

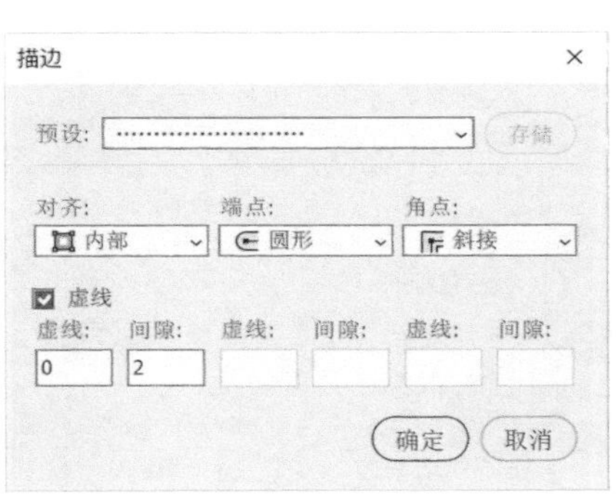

图15-62

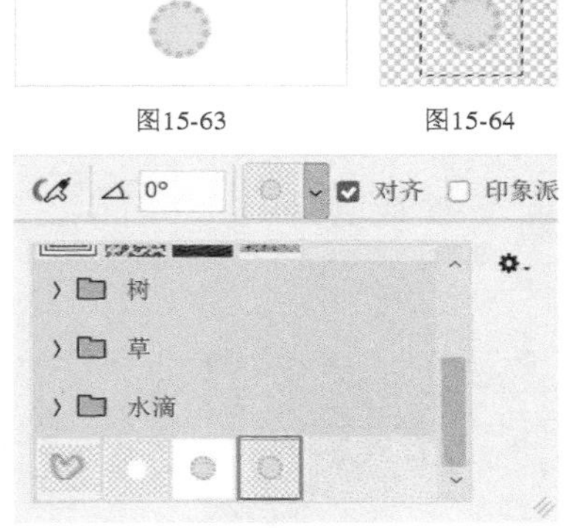

图15-63

图15-64

图15-65

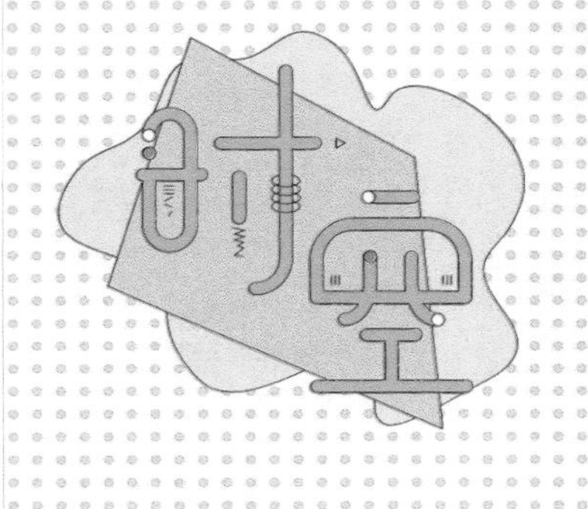

图15-66

精通特效合成：克制凶猛

素材文件	素材文件>CH15>02
实例文件	实例文件>CH15>精通特效合成：克制凶猛.psd
教学视频	精通特效合成：克制凶猛.mp4
学习目标	掌握合成特效的方法

扫码观看视频

本例效果如图15-67所示。

01 执行“文件>打开”菜单命令，打开“素材文件>CH15>02”文件夹中的素材文件，如图15-68所示。

02 对背景进行调色，渲染出灾难来临的效果。在“图层”面板中新建一个空白图层，并为其创建剪贴蒙版，如图15-69所示。

图15-67

图15-68

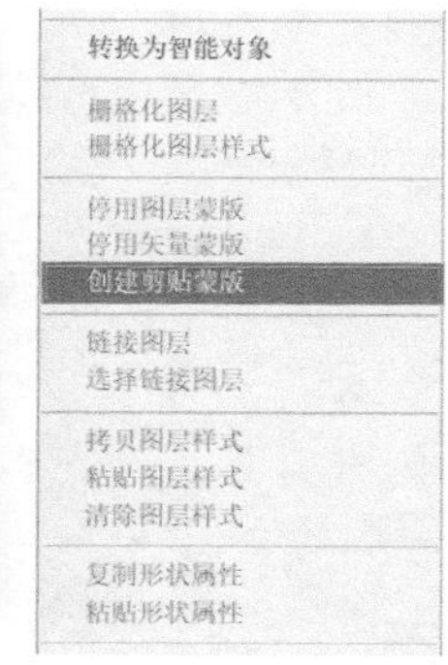

图15-69

03 在工具箱中选择“画笔工具”，设置画笔颜色为白色，然后在天空处涂抹，将天空部分提亮。同理，用黑色画笔涂抹左下角、右下角，将这些部分的颜色变暗，如图15-70所示。

04 继续优化背景图像的色调。在“图层”面板中选择背景图层，并单击“创建新的填充或调整图层”按钮，选择“色彩平衡”选项，如图15-71所示。

05 在“属性”面板中调整色彩平衡参数，设置“色调”为“中间调”，“青色”为+15，“黄色”为+7，如图15-72所示。

06 设置“色调”为“阴影”，“青色”为+7，如图15-73所示。

图15-70

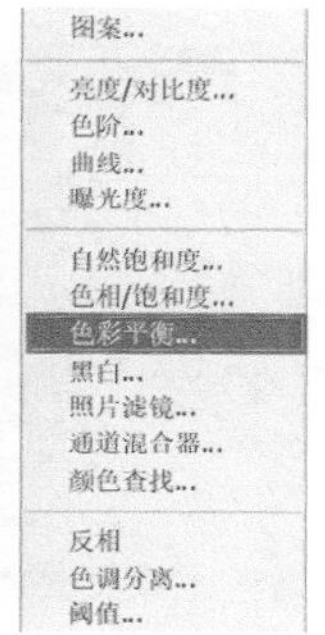

图15-71

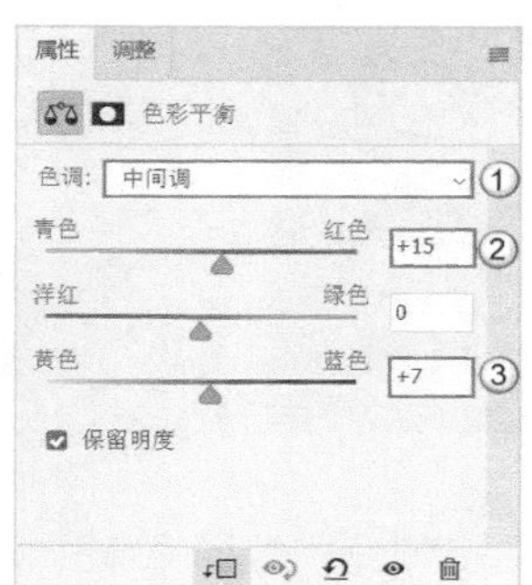

图15-72

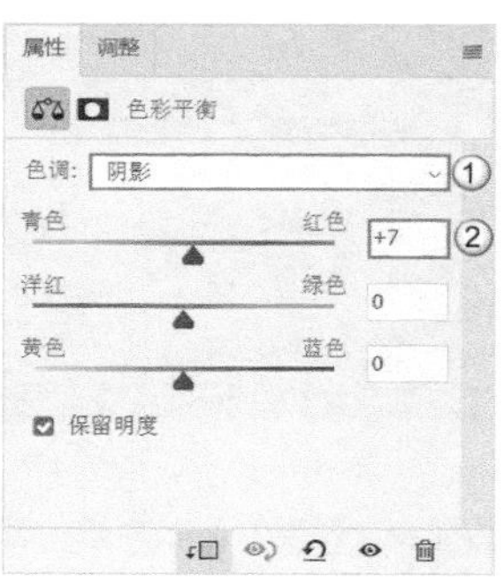

图15-73

07 设置“色调”为“高光”，“青色”为+11，“洋红”为+4，“黄色”为+5，如图15-74所示。

08 调整色调之后的效果如图15-75所示。接下来对整体的亮度和饱和度进行优化。在“图层”面板中选择背景图层，并单击“创建新的填充或调整图层”按钮，选择“曲线”选项。将曲线微调至S形，如图15-76所示。

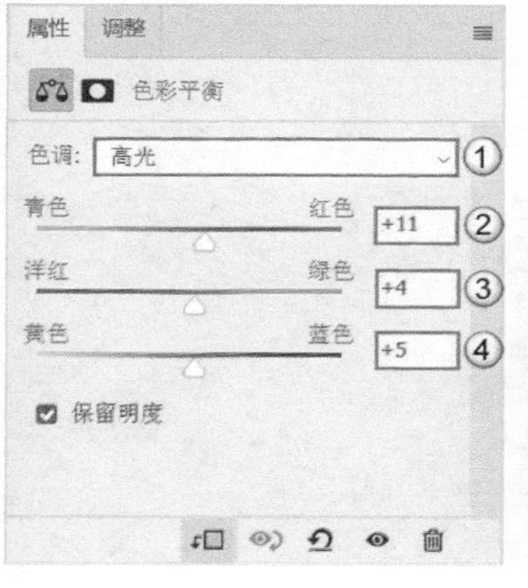

图15-74

图15-75

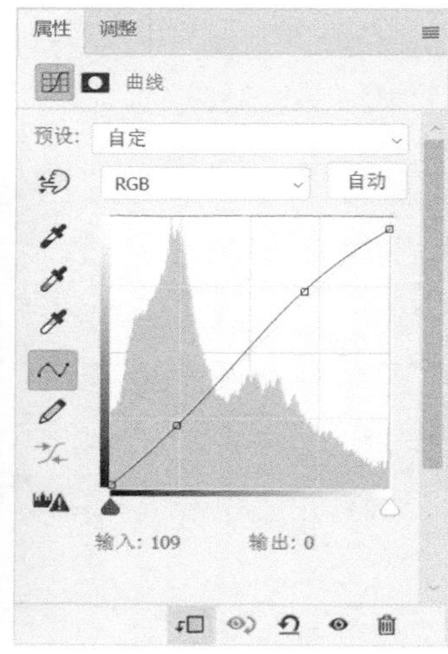

图15-76

09 单击“创建新的填充或调整图层”按钮 ，选择“色相/饱和度”选项。在“属性”面板中设置“色相”为-15，“饱和度”为+2，“明度”为+1，如图15-77所示。

10 经过上述优化，目前已经基本完成了对背景图像的处理，接下来进行图像的合成。导入火焰素材，将其拖曳至图像的左下角，然后在“图层”面板中设置混合模式为“强光”，如图15-78所示。

图15-77

图15-78

11 导入手机素材，并将其拖曳至图像中央，如图15-79所示。

12 使用“魔棒工具” 选中手机屏幕，初步创建选区后，执行“选择>修改>扩展”菜单命令，在弹出的对话框中设置“扩展量”为1像素，然后复制该图层，如图15-80~图15-82所示。

图15-79

图15-80

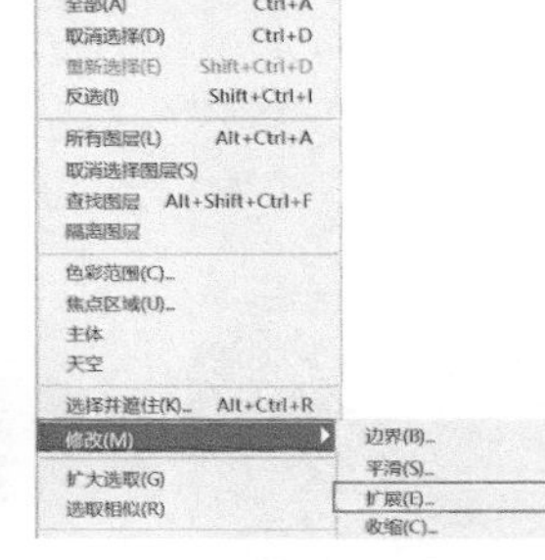

图15-81

图15-82

13 在“图层”面板中选中刚刚创建的手机图层，单击“创建新的填充或调整图层”按钮 ，选择“曲线”选项，将此图层设置为剪贴蒙版，接着再调整曲线形状，如图15-83所示。

14 使用“色阶”功能优化图像色彩。在“图层”面板中选中刚刚创建的手机图层，单击“创建新的填充或调整图层”按钮 ，选择“色阶”选项。在“属性”面板中设置灰色系数为1.32，白色系数为245，如图15-84所示。

15 隐藏手机图层，然后按快捷键Ctrl+Alt+Shift+E盖印图层。在“图层”面板中选中新增的图层，并降低其“不透明度”，以便调整大小和位置，如图15-85所示。

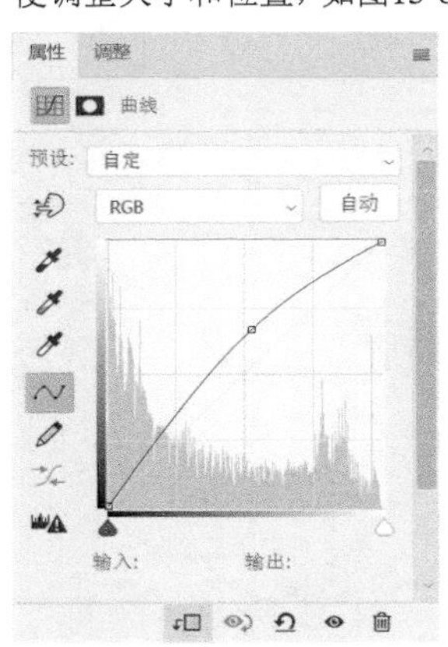

图15-83

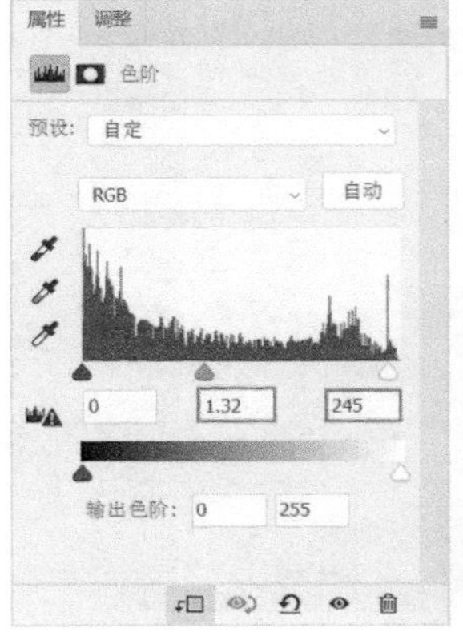

图15-84

图15-85

16 保持上述选择不变，设置“不透明度”为100%，并将其设置为手机图层的剪贴蒙版，如图15-86所示。

17 目前已将图像整合完毕，下一步需要进行色彩优化。在“图层”面板中选中刚刚创建的手机图层，单击“创建新的填充或调整图层”按钮◐.，选择“曲线”选项，然后将此图层设置为剪贴蒙版，再调整曲线形状，如图15-87所示。

18 调整亮度和对比度，以优化其色彩。在“图层”面板中选中刚刚创建的手机图层，单击“创建新的填充或调整图层”按钮◐.，选择“亮度/对比度”选项。在“属性”面板中设置“亮度”为12，“对比度”为23，如图15-88所示。

图15-86

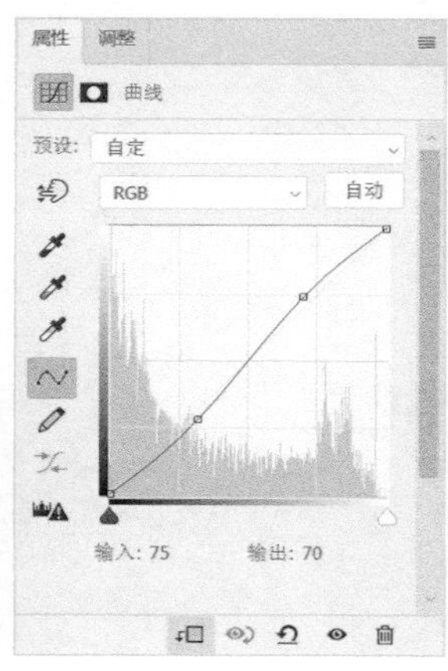

图15-87

图15-88

19 导入老虎素材，调整其大小和位置，如图15-89所示。

20 为了体现老虎从手机中跳出来的感觉，在“图层”面板中选中老虎所在的图层，单击“创建图层蒙版”按钮◘。在添加的蒙版中使用黑色画笔涂抹老虎前肢的阴影部分，效果如图15-90所示。

21 对老虎进行调色，调整其色相与饱和度。在“图层”面板中选择刚刚创建的老虎图层，单击“创建新的填充或调整图层”按钮◐.，选择“色相/饱和度”选项，然后将此图层设置为剪贴蒙版。在“属性”面板中设置“色相”为-13，“饱和度”为+12，“明度”为-6，如图15-91所示。

22 在“图层”面板中选择背景图层，单击“创建新的填充或调整图层”按钮◐.，选择“色彩平衡”选项。在“属性”面板中调整色彩平衡参数，设置“色调”为“中间调”，“青色”为+23，“洋红”为-6，如图15-92所示。

图15-89

图15-90

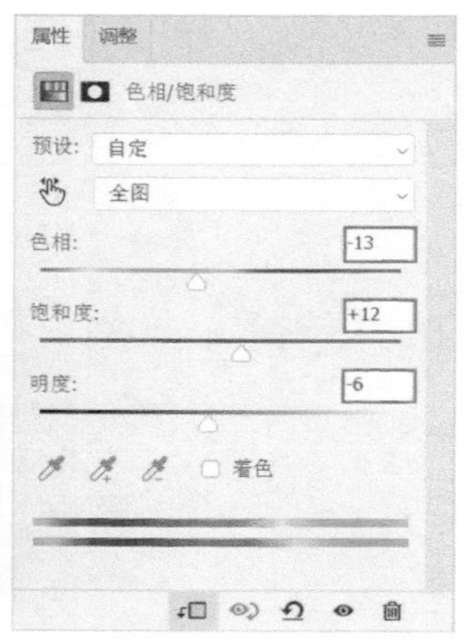

图15-91

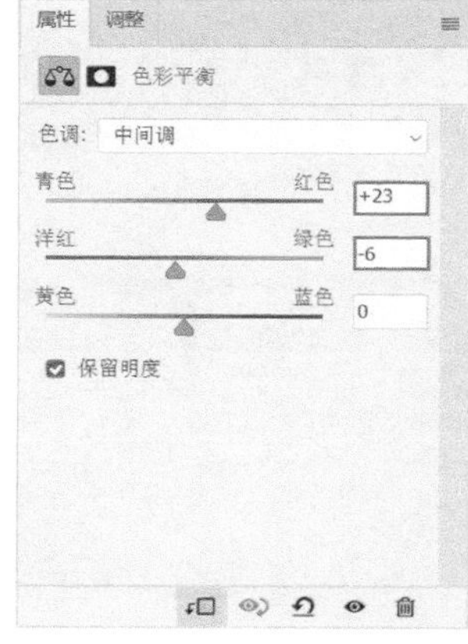

图15-92

23 设置“色调”为“阴影”，“青色”为+12，如图15-93所示。

24 设置“色调”为“高光”，“青色”为+21，如图15-94所示。

25 在“图层”面板中新建一个图层，用“油漆桶”工具◇.将其填充为黑色，并将其“不透明度”调整为10%，如图15-95所示。将其设为剪贴蒙版，为图像增加阴影，如图15-96所示。

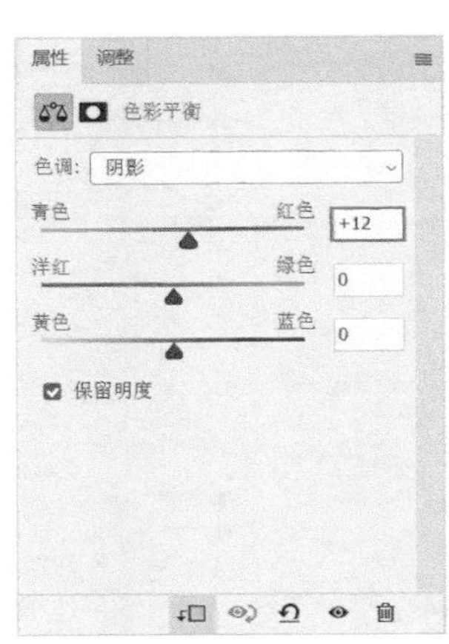

图15-93

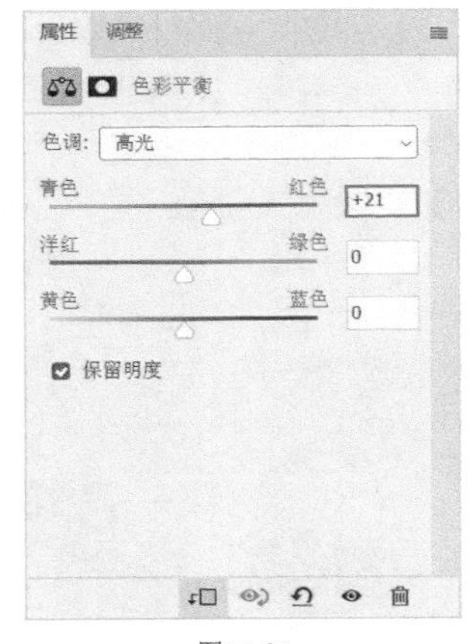

图15-94

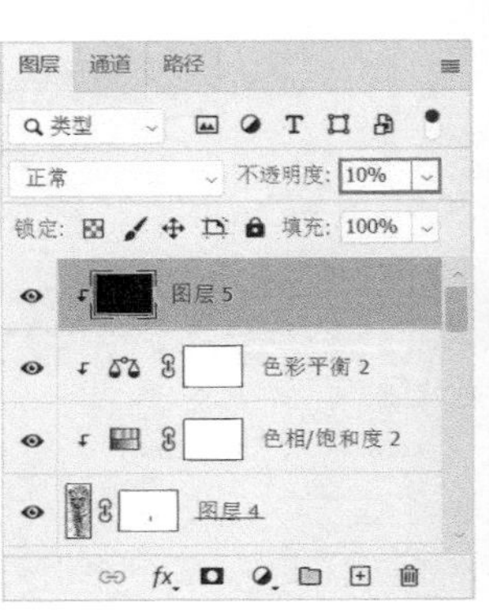

图15-95

图15-96

26 导入裂痕素材，并将该图层拖曳至老虎图层的下方。选择“移动工具”，调整裂痕位置，使其位于老虎前肢的下方，如图15-97所示。

27 为图像添加文案。在工具箱中选择“横排文字工具”，输入“克制凶猛”，然后在顶部属性栏中单击“创建文字变形”按钮，如图15-98所示。

28 在“变形文字”对话框中设置“样式”为“上弧”，“弯曲”为+5%，“垂直扭曲”为+25%，如图15-99所示。

29 导入文字背景素材，在“图层”面板中将其拖曳至文字图层的上方，然后创建剪贴蒙版即可。最终效果如图15-100所示。

图15-97

图15-98

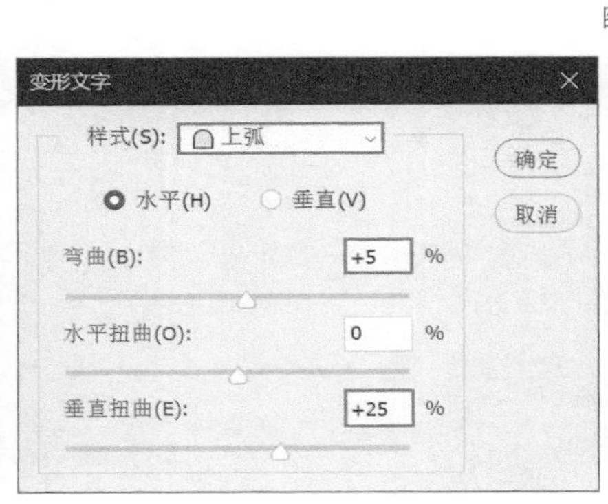

图15-99

图15-100

精通特效合成：时光相机

素材文件	素材文件>CH15>03
实例文件	实例文件>CH15>精通特效合成：时光相机.psd
教学视频	精通特效合成：时光相机.mp4
学习目标	掌握合成特效的方法

扫码观看视频

本例效果如图15-101所示。

01 执行“文件>打开”菜单命令，打开“素材文件>CH15>03”文件夹中的素材文件，如图15-102所示。

02 在工具箱中选择“裁剪工具”，对原图进行裁剪，突出中心区域，如图15-103所示。

03 裁剪完毕后在“图层”面板中复制图层，单击“创建新的填充或调整图层”按钮，选择“曲线”选项，将此图层设置为剪贴蒙版，然后调整曲线形状，如图15-104所示。

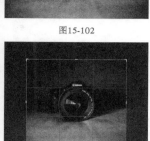

图15-101

图15-102

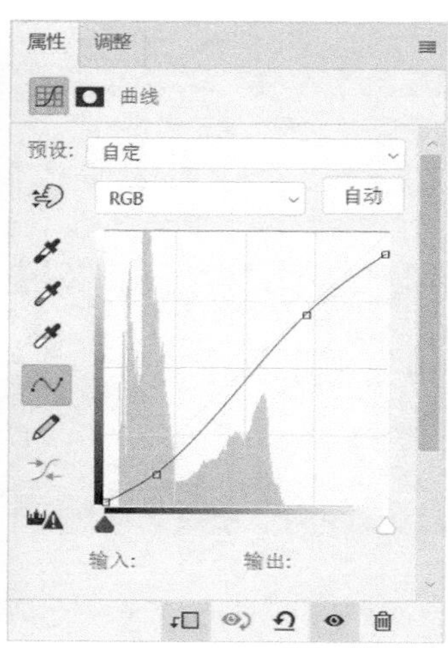

图15-103

图15-104

04 单击“创建新的填充或调整图层”按钮，选择“亮度/对比度”选项，设置“亮度”为-113，如图15-105所示。

05 调整相机四周的亮度，主要是将相机下方的颜色调暗，从而凸显出相机镜头。在“图层”面板中选中刚刚创建的“亮度/对比度1”图层，按住Alt键单击蒙版，即可打开图层蒙版，如图15-106所示。

06 在“亮度/对比度”的图层蒙版中反向涂黑，以提高上半部分的亮度，降低下方的亮度。选择“画笔工具”，设置“前景色”为白色，“模式”为“柔光”，“不透明度”为57%，“流量”为47%。效果如图15-107和图15-108所示。

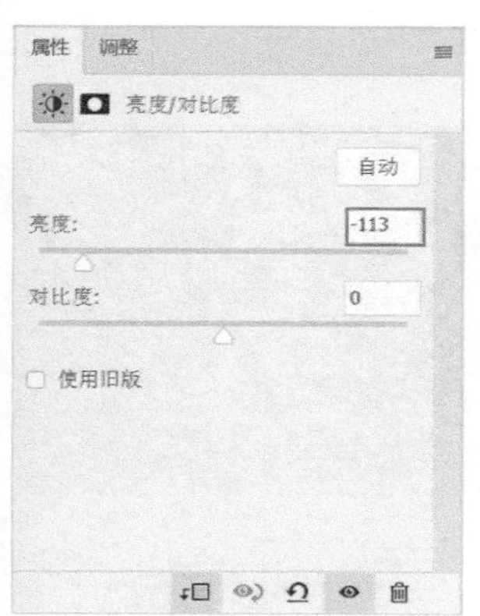

图15-105

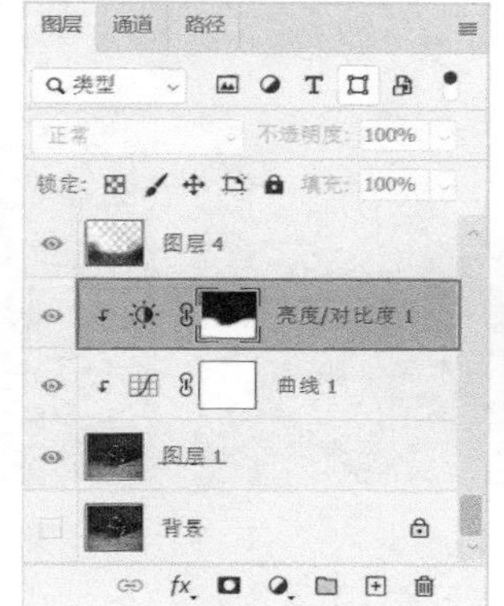

图15-106

图15-107

图15-108

07 完成上述操作后在镜头部分添加特效。首先在工具箱中选择“快速选择工具”，在相机镜头部分建立一个圆形选区，如图15-109所示。

08 新建一个图层，并将该图层填充为黑色，如图15-110所示。

09 导入铁路素材，然后在“图层”面板中将“不透明度”降低，以方便观察，最后调整其大小和位置，如图15-111所示。

10 将图层的大小和位置调整合适之后，将铁路图层的“不透明度”恢复至100%，然后选中该图层，单击鼠标右键，选择“创建剪贴蒙版”命令，效果如图15-112所示。

图15-109

图15-110

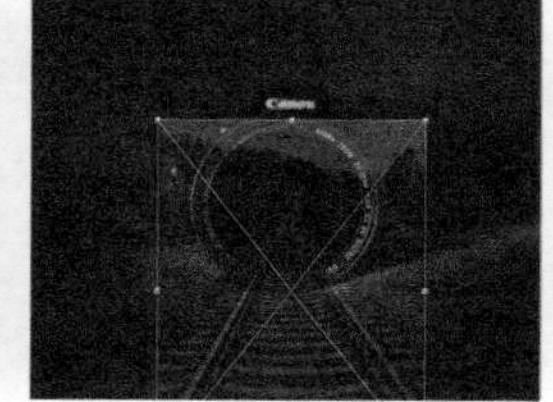

图15-111

图15-112

11 在“图层”面板中复制铁路图层，然后选择“钢笔工具”，绘制出铁路轮廓，如图15-113所示。

12 将用“钢笔工具”选中的区域转换成选区，并为该图层创建蒙版，如图15-114所示。

13 此时主要元素已经添加完毕，接下来调整图像的亮度和色彩，使其看起来更加真实。在“图层”面板中新建一个图层，并将其设置为剪贴蒙版。选择“画笔工具”，保持参数不变，设置“前景色”为黑色，然后在铁路下部进行涂抹，接着设置混合模式为“颜色加深”，效果如图15-115和图15-116所示。

图15-113

图15-114

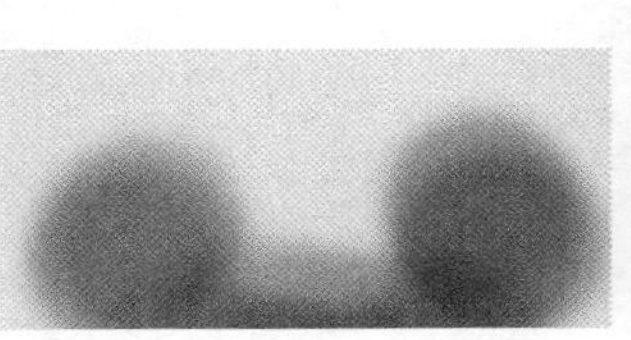

图15-115

图15-116

14 在“图层”面板中新建一个图层，并将其拖曳至图层列表的顶部，然后选择“画笔工具”，设置“前景色”为棕色（R:136，G:67，B:0）。接下来在靠近镜头的上方位置进行涂抹，然后设置混合模式为“颜色减淡”，制造出秋日阳光的效果，如图15-117所示。

15 重复上述操作，以增加阳光的层次。新建一个图层，并将其拖曳至图层列表的顶部，设置画笔“大小”为500像素左右，“前景色”为橙色（R:214，G:131，B:51）。在镜头中上部进行涂抹，涂抹完成后设置图层的混合模式为“柔光”，“不透明度”为80%，效果如图15-118所示。

16 重复上述操作。新建一个图层，并将其拖曳至图层列表的顶部。设置画笔“大小”为500像素，“前景色”为橙色（R:248，G:187，B:126）。在镜头中上部进行涂抹，然后设置图层的混合模式为“柔光”，“不透明度”为80%，效果如图15-119所示。

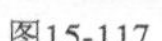

图15-117

图15-118

图15-119

17 制作光透出镜头的效果。新建一个图层，选择“画笔工具”，将前景色设置为“#d39047”，并降低画笔的不透明度。在铁路两边靠近相机的那端涂抹，方向与铁路平行，最后将混合模式改为“叠加”。效果如图15-120所示。

18 完成上述操作后导入小男孩素材，然后选择“快速选择工具”，将小男孩框选出来，并创建新图层，如图15-121所示。

19 调整小男孩所在图层的大小和位置，将其放置在铁轨中央，如图15-122所示。

图15-120

图15-121

图15-122

20 在“图层”面板中复制上述图层，按快捷键Ctrl+T激活自由变换功能，调整其大小。单击鼠标右键，选择“垂直翻转”命令，调整两个图层的位置，如图15-123所示。

21 选择倒置的小男孩所在的图层，按快捷键Ctrl+T激活自由变换模式，然后单击鼠标右键，选择“透视”命令，进一步调整影子的大小和位置，如图15-124所示。

22 在“图层”面板中选择影子所在图层的蒙版，然后单击鼠标右键，选择“应用图层蒙版”命令，如图15-125所示。

23 按快捷键Ctrl+U，在弹出的对话框中设置“明度”为-100，如图15-126所示。

24 在“图层”面板中设置“不透明度”为50%，如图15-127所示。

图15-123

图15-124

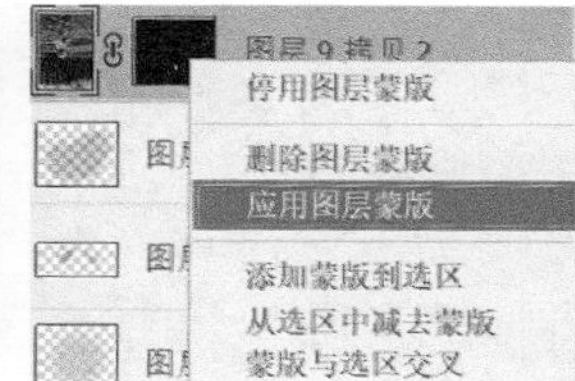

图15-125

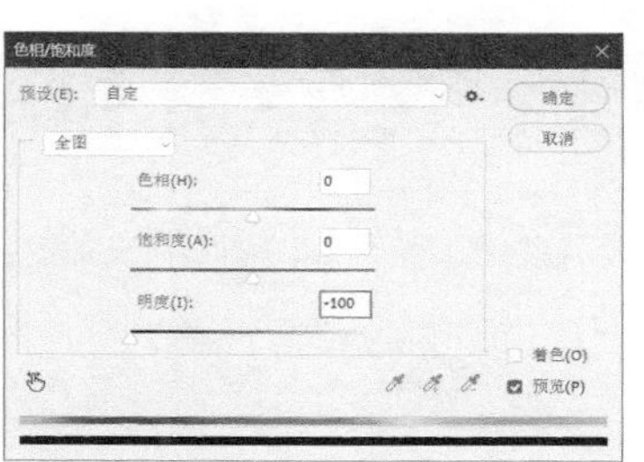

图15-126

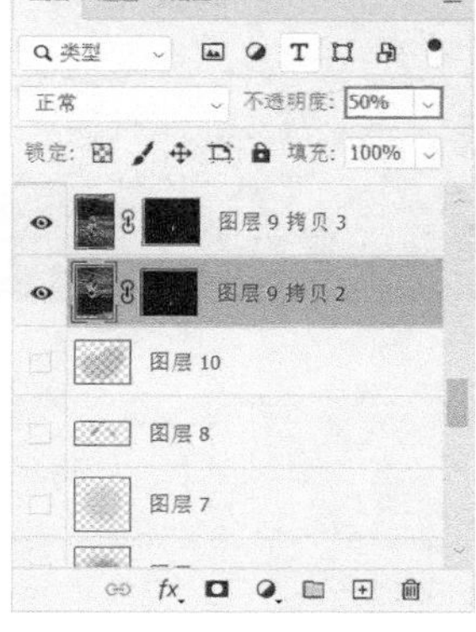

图15-127

25 执行“滤镜>模糊>高斯模糊”菜单命令，在弹出的“高斯模糊”对话框中设置“半径”为5.0像素，如图15-128所示。

26 按快捷键Ctrl+Shift+Alt+E盖印图层，然后执行“滤镜>模糊画廊>光圈模糊”菜单命令，设置光圈的形状，如图15-129所示。

27 现在所有的特效和元素已经调整完毕，接下来做最后的色彩优化。按快捷键Ctrl+Shift+Alt+E盖印图层，然后在“图层”面板中选择盖印后的图层，接着单击“创建新的填充或调整图层”按钮，选择“曲线”选项，将曲线调整为图15-130所示的形状，这样可以增加对比度。

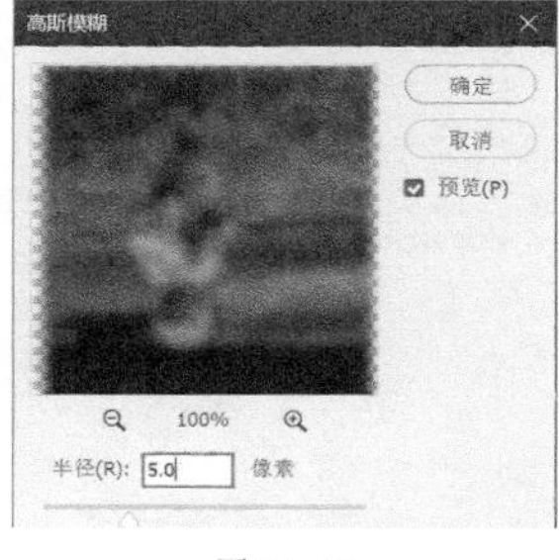

图15-128

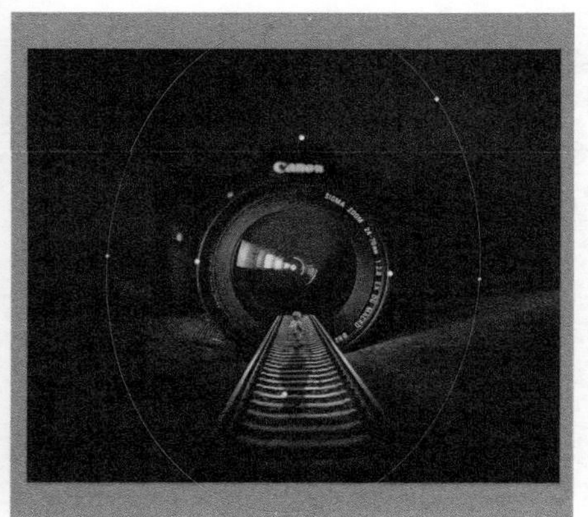

图15-129

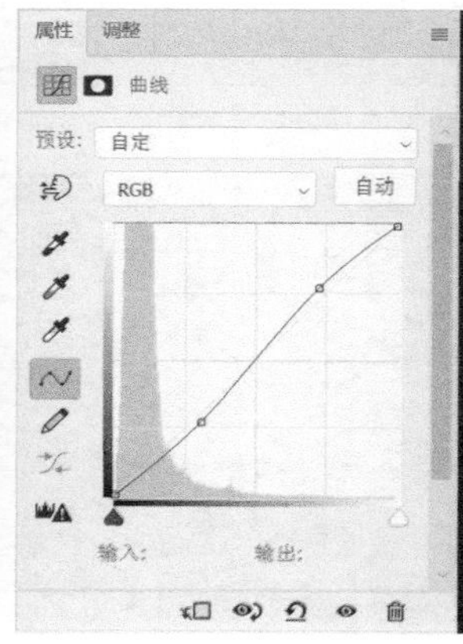

图15-130

精通特效合成：水晶角犀

素材文件	素材文件>CH15>04
实例文件	实例文件>CH15>精通特效合成：水晶角犀.psd
教学视频	精通特效合成：水晶角犀.mp4
学习目标	掌握合成特效的方法

扫码观看视频

效果如图15-131所示。

01 执行“文件>打开”菜单命令，打开“素材文件>CH15>04”文件夹中的素材文件。在“图层”面板中选择背景图层，单击“添加图层蒙版”按钮，然后选择“画笔工具”，并使用黑色画笔涂抹背景图像的上部，使原图仅露出土地部分，如图15-132所示。

02 导入群山素材，然后将该图层拖曳至土地背景图层的下方，调整其大小和位置，如图15-133所示。

图15-131

图15-132

图15-133

03 对两个背景图层进行调色，使其更好地融合。选中群山所在的图层，单击“创建新的填充或调整图层”按钮，选择“色阶”选项。在“属性”面板中设置参数为（0，0.88，255），如图15-134和图15-135所示。

04 选中土地背景图层，单击“创建新的填充或调整图层”按钮，选择“色阶”选项。在“属性”面板中设置参数为（0，1.00，255），如图15-136所示。

图15-134

图15-135

图15-136

05 按快捷键Ctrl+Shift+Alt+E盖印当前图层，然后在“图层”面板中选中盖印后的新图层，接着执行“滤镜>模糊画廊>场景模糊”菜单命令，最后拖曳图15-137所示的光圈至图像的中下部位置，保持其他参数不变，效果如图15-138所示。

图15-137

图15-138

06 完成场景模糊后需要优化背景图层的亮度和色彩。单击“创建新的填充或调整图层”按钮 ，选择“色阶”选项，然后单击鼠标右键，选择“创建剪贴蒙版”命令。完成上述操作后调整“亮度/对比度”参数，设置“亮度”为121，“对比度”为21，如图15-139所示。

07 单击“创建新的填充或调整图层”按钮 ，选择“色彩平衡”选项。在“属性”面板中设置“青色”为-10，“黄色”为+6，如图15-140所示，效果如图15-141所示。

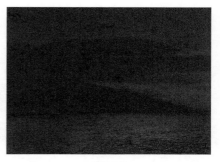

图15-139

图15-140

图15-141

08 此时背景图层已经调整完毕，导入犀牛素材，选择“快速选择工具” ，将犀牛框选出来。此处注意，牛角部分留一半在选区外。框选完成后按快捷键Ctrl+J创建图层，如图15-142所示。

09 在“图层”面板中选择上述步骤中创建的图层，按快捷键Ctrl+T激活自由变换模式，调整图像的大小和角度，将其放置于图像的左侧，如图15-143所示。

10 在“图层”面板中选中犀牛图层，单击“创建新的填充或调整图层”按钮 ，选择“色阶”选项。在“属性”面板中设置参数为（0，1.00，255），如图15-144所示。

图15-142

图15-143

图15-144

11 选中色阶调整图层的蒙版，选择“画笔工具” ，设置“前景色”为黑色（R:0，G:0，B:0），用画笔在犀牛鼻子等部位进行涂抹，如图15-145所示。

12 选中犀牛图层，执行“滤镜>模糊画廊>光圈模糊”菜单命令，调整模糊光圈的形状，如图15-146所示。

13 选中犀牛图层，单击“创建新的填充或调整图层”按钮 ，选择“色相/饱和度”选项，然后设置“饱和度”为-33，如图15-147所示。

图15-145

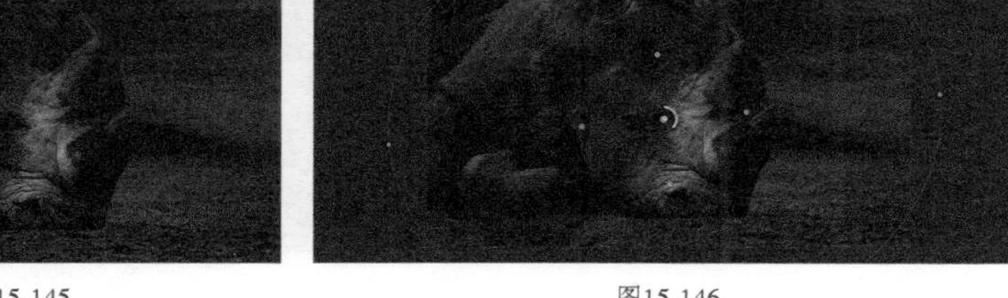

图15-146

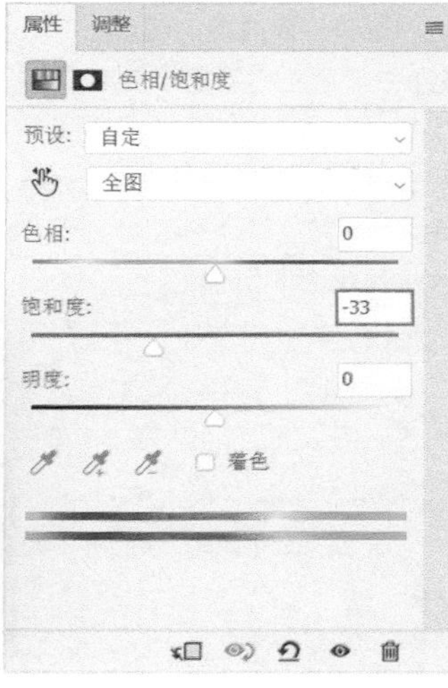

图15-147

14 新建一个图层，并将其拖曳至图层列表的顶部。单击鼠标右键，选择“创建剪贴蒙版”命令。选择“画笔工具”，设置“前景色”为黑色（R:0，G:0，B:0），用画笔在犀牛身体部位进行涂抹，以增加暗度。效果如图15-148所示。

15 导入水晶素材，选择水晶图层，按快捷键Ctrl+T激活自由变换模式，然后调整水晶的大小和角度，使其恰好位于犀牛角的位置，如图15-149所示。

16 在“图层”面板中选中水晶图层的图层蒙版，单击鼠标右键，选择“应用图层蒙版”命令。复制图层，然后设置混合模式为“叠加”，使水晶变得更有光泽，如图15-150所示。

17 新建一个图层，并将其拖曳至图层列表的顶部。选择“画笔工具”，并修改“前景色”的颜色（比水晶主色亮一些即可），用画笔在水晶上及发光方向上进行涂抹，然后设置混合模式为“滤色”，效果如图15-151所示。

图15-148

图15-149

图15-150

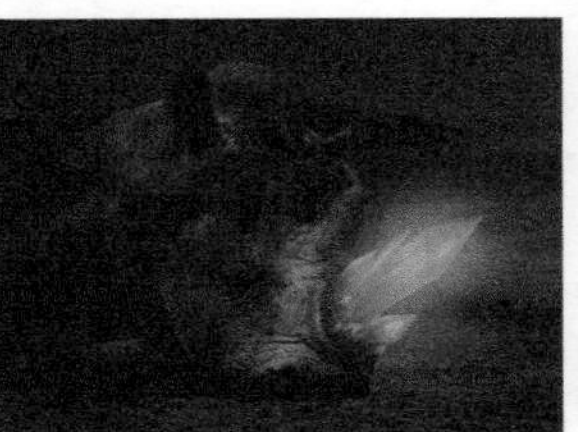
图15-151

18 新建一个图层，并将其拖曳至图层列表的顶部。同样，使用“画笔工具”在犀牛的面部和地面上描绘水晶发光的效果，如图15-152所示。

19 在“图层”面板中设置混合模式为“叠加”，并适当降低“不透明度”，效果如图15-153所示。

20 将人物素材图片置入图像，调整好大小和位置，如图15-154所示。

21 选择人物图层，然后单击“创建新的填充或调整图层”按钮，选择“色阶”选项，最后在“属性”面板中设置参数为（18，0.62，255），如图15-155所示。

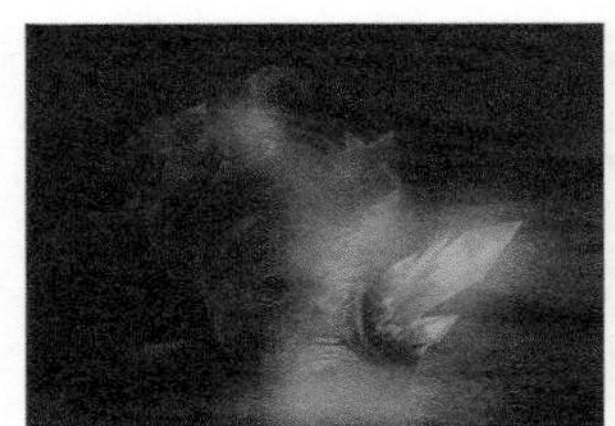
图15-152

图15-153

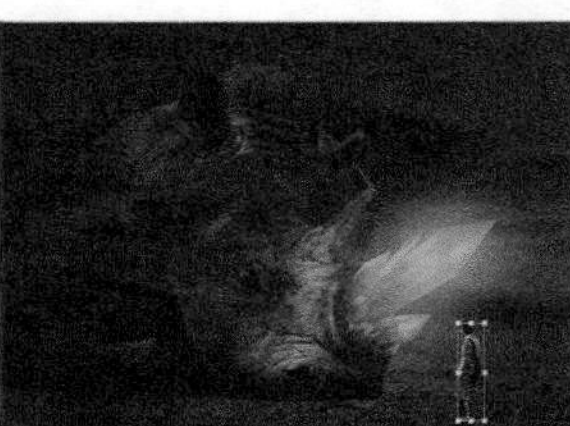
图15-154

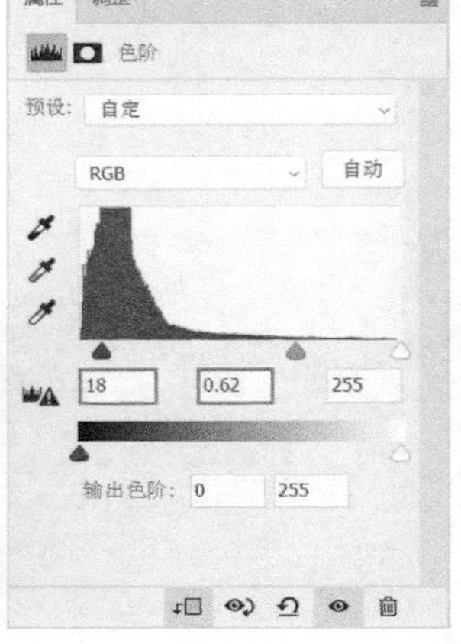

图15-155

22 再次单击“创建新的填充或调整图层”按钮，选择“色彩平衡”选项，在“属性”面板中设置“青色”为-33，如图15-156所示，效果如图15-157所示。

23 在“图层”面板中新建一个图层，并将其拖曳至图层的顶部。选择“画笔工具”，将画笔设置成粒子状的笔刷，然后设置“前景色”的颜色（比水晶主色亮一些即可），在水晶周围添加一些星尘效果，如图15-158所示。

24 优化图像整体的色彩。按快捷键Ctrl+Shift+Alt+E盖印图层，单击“创建新的填充或调整图层”按钮，选择“色阶”选项，然后在“属性”面板中设置参数为（0，0.92，255），如图15-159所示。

图15-156

图15-157

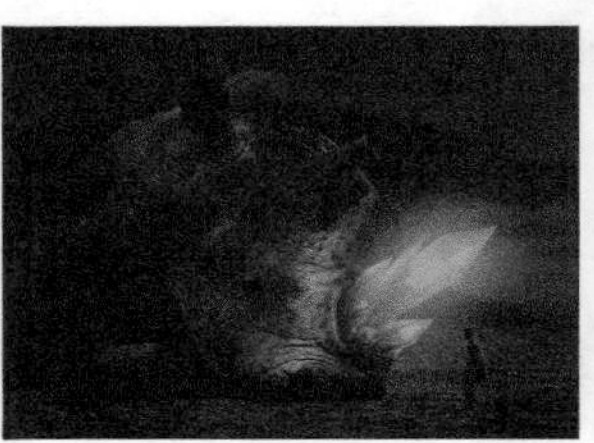
图15-158

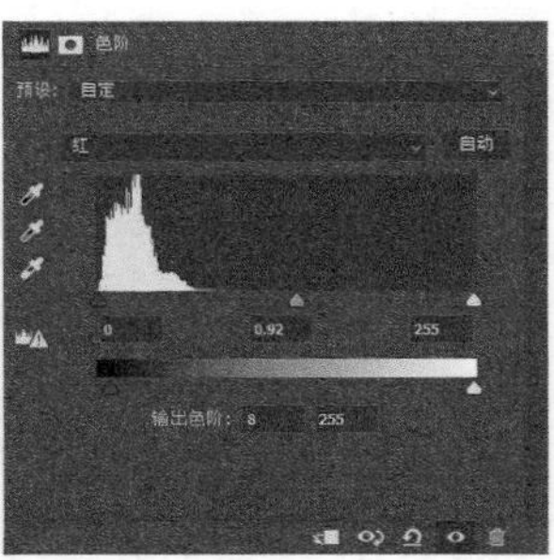

图15-159

25 在“图层”面板中单击“创建新的填充或调整图层”按钮，选择“色彩平衡”选项，然后在“属性”面板中设置“色调”为“阴影”，“青色”为+6，如图15-160所示。

26 设置好阴影的色调后再对中间调进行相关设置。设置“色调”为“中间调”，“青色”为+9，“洋红”为+1，“黄色”为+3，如图15-161所示。

27 设置高光效果。设置“色调”为“高光”，“青色”为-14，“洋红”为+12，“黄色”为+16，如图15-162所示。最终效果如图15-163所示。

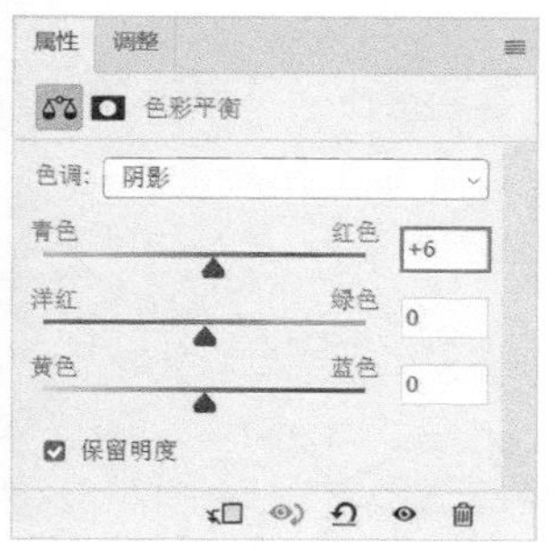

图15-160

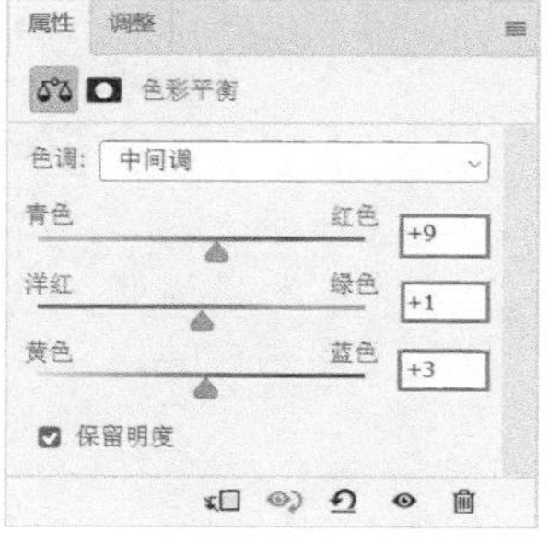

图15-161

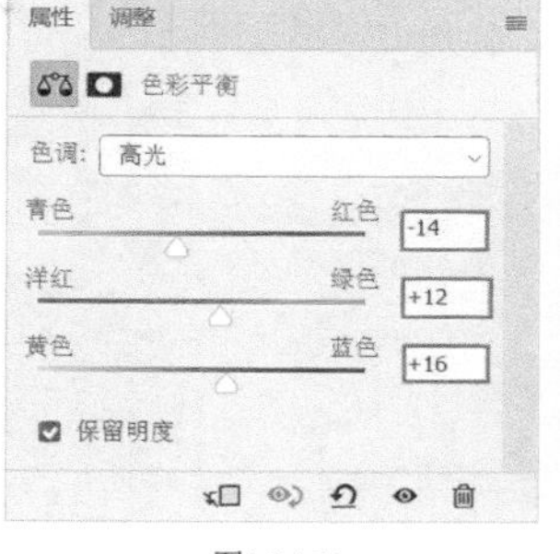

图15-162

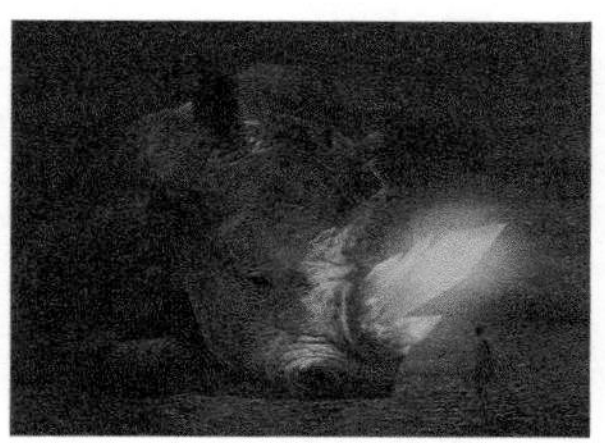
图15-163

精通手绘设计：绘制飞天女神

素材文件	无
实例文件	实例文件>CH15>精通手绘设计：绘制飞天女神.psd
教学视频	精通手绘设计：绘制飞天女神.mp4
学习目标	了解绘制完整作品的流程，能够综合运用各种工具使画面更为丰富

扫码观看视频(1)

扫码观看视频(2)

扫码观看视频(3)

在绘制商业稿件的过程中，不仅会用到画笔，还会用到其他工具。绘制一幅令人赏心悦目的手绘作品有以下5个关键点。

第1个： 拥有良好的审美能力，了解基础的配色及构图常识。

第2个： 熟练使用“画笔工具”。

第3个： 能够使用模糊工具、减淡工具、渐变工具及滤镜等调整画面细节。

第4个： 了解图层特性，能够通过观察画面效果来选择不同的图形混合模式。

第5个： 耐心地刻画，补充画面细节。

本例效果如图15-164所示。

图15-164

01 新建空白画布，并使用“画笔工具”起稿，这里设置笔刷样式为“KYLE终极硬心铅笔”，“大小”为8像素。起稿的目的是确定大致构图，如图15-165所示。

02 绘制草稿，大致描绘出人物形象及服饰特征，如图15-166所示。

03 新建一个图层，该图层用于绘制光影草稿，使用“柔边圆”画笔尝试绘制出大体的光影效果，确定光源、高光面及阴影面，如图15-167所示。

图15-165

图15-166

图15-167

04 隐藏光影草稿图层，细化草稿，添加衣物上的饰品和飞鸟，这一步可以尽量多地找一些参考，以保证形态准确，如图15-168所示。

05 新建线稿图层，降低图层的“不透明度”（可设置为50%），然后开始描线。在这一步中草稿起参考作用，不需要完全照着描，一切以实际效果为准。描线的时候要注意线条的衔接和起伏变化，外轮廓可以实一些和粗一些，里面的衣纹、褶皱等可以虚一些和细一些，如图15-169所示。

图15-168

图15-169

06 隐藏草稿图层，新建图层并填充底色，并为所有底色图层创建一个图层组。在填充底色前可以先建立一个观察图层，并将其填充为图15-170所示的深色，便于观察其他图层填色时填充是否完整，色彩是否溢出线稿等。注意填色的时候要分图层填充，尽量避免绘制在同一个图层上，否则会出现后期不好调节的问题。一开始可以不用太在意配色，可以在后期通过锁定透明像素来调整，如图15-171~图15-174所示。

图15-170

图15-171

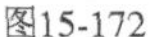

图15-172　　图15-173　　图15-174

07 用“流量”较小的“柔边圆”画笔（“硬度”为0%，“流量”为50%）添加颜色渐变。在腮红、皮肤关节处涂抹红色，以凸显气色；在头发与脸相接的地方涂抹肤色，以增加透气度；在其他地方适当地涂抹一些渐变色，以增加画面效果，如图15-175所示。

08 描绘人物眼睛的细节，如图15-176所示。

09 为画面添加打光和阴影。新建图层并创建剪切蒙版，覆盖在下方图层的上方，设置混合模式为“正片叠底”。这一步需要注意光源的方向，根据打光的方向画出阴影。对于本图来说，人物主体处于背光的状态，亮面较小，所以采取的方法是先用阴影铺满人物全身，然后用“橡皮擦工具”擦出亮面，如图15-177所示。同时，注意物体的形状起伏与材质，这些也会影响光源的虚实变化，需要根据不同的物体细节随时调整橡皮擦画笔的软硬度。

图15-175　　图15-176　　图15-177

10 锁定图层透明像素后，绘画时无论在哪里落笔，该图层中只有非透明像素可以被上色，这样可以方便快捷地修改颜色，避免产生错误上色。在“图层”面板中单击“锁定透明像素”按钮，如图15-178所示，改变阴影颜色，加深明暗交接线，画出阴影变化的效果，如图15-179和图15-180所示。

11 新建一个剪贴蒙版图层，设置混合模式为“叠加”。叠加图层的特性是浅色变亮，深色更深，因此可以借助叠加图层模式的特性叠加反光和没加深到位的反光，以增强立体感和光影感，如图15-181所示。

12 新建一个剪贴蒙版图层，将其置于阴影图层的下方，设置混合模式为“正片叠底”，统一画面色调，如图15-182所示。

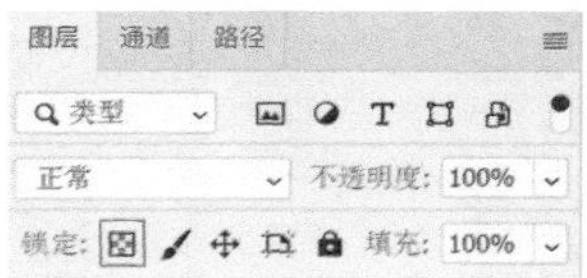

图15-178

图15-179

图15-180

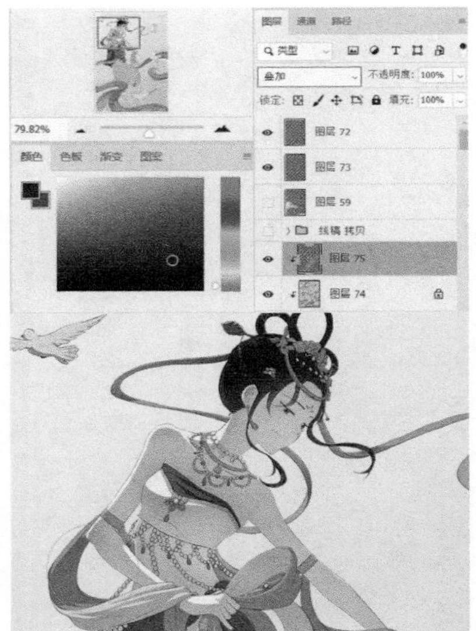

图15-181

图15-182

13 新建一个剪贴蒙版图层，设置混合模式为“叠加”，再次刻画亮面，增强物体的立体感，如图15-183~图15-187所示。

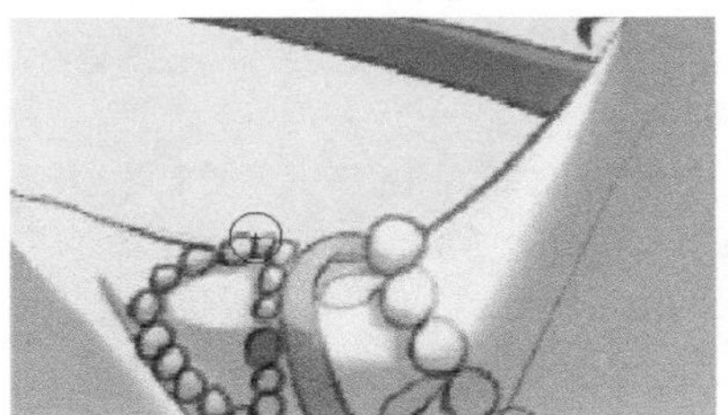

图15-183

图15-184

图15-185

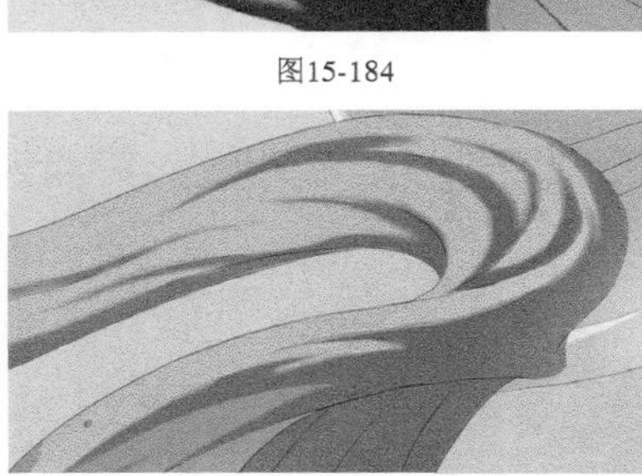

图15-186

图15-187

14 为了让衣服有些透光感，返回底色图层组，将衣服里外进行颜色分层，减淡边缘的颜色。此处需要注意衣服里的形体，有人体的地方无法透光，如图15-188所示。

15 新建一个图层，设置混合模式为“点光”，“不透明度”为16%，如图15-189所示，效果如图15-190所示。

图15-188

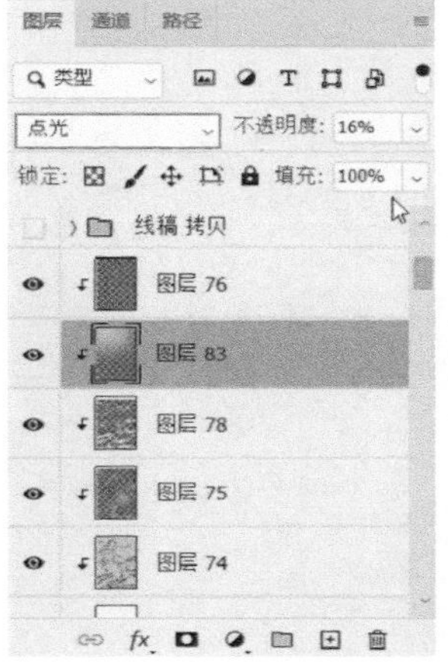

图15-189

图15-190

16 使用“渐变工具”■调整背景颜色，如图15-191所示。

17 绘制手部飘带的透光，并用“模糊工具”进行涂抹，使其符合轻纱的质感，如图15-192和图15-193所示。

18 复制线稿图层，调整图层顺序，将新复制的图层拖曳至所有剪贴蒙版图层的上方，然后设置混合模式为“叠加”，调整“不透明度”，增加画面效果，如图15-194所示。

图15-191

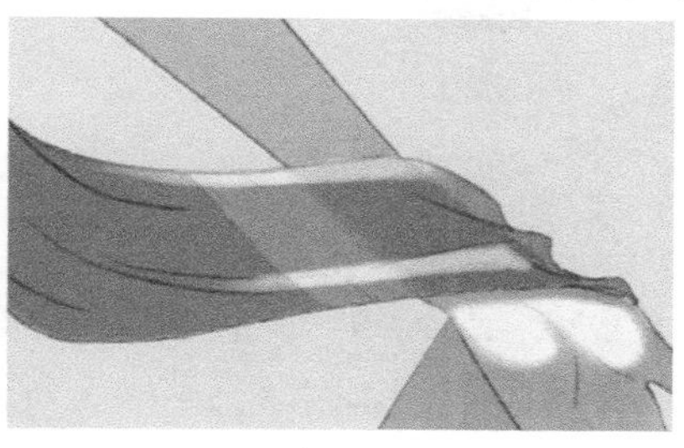

图15-192

图15-193

图15-194

19 使用上述绘制高光及阴影的技巧来丰富阴影层次并再次添加高光，表现出立体感和质感，尤其是在宝石配饰的质感部分，可以增加一些闪光，同时，补充描绘人物的妆容，如图15-195~图15-198所示。

20 分析主光源方向，绘制光线，使画面更有氛围，并进一步细化出人物配饰的光感，如图15-199和图15-200所示。

图15-195

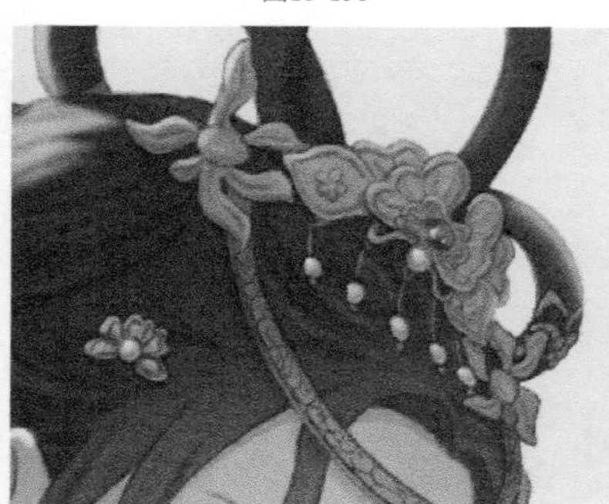

图15-196

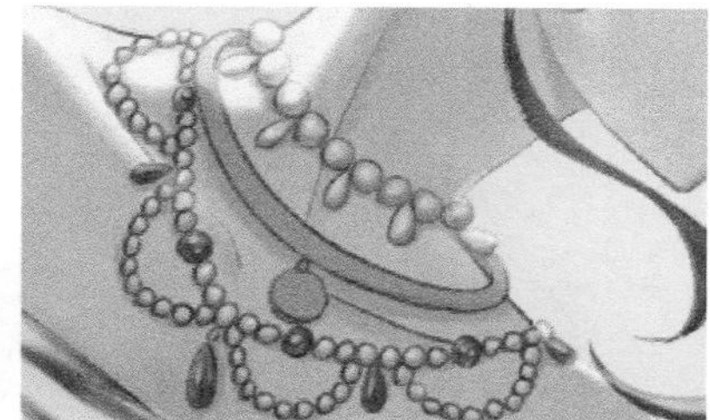

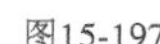

图15-197

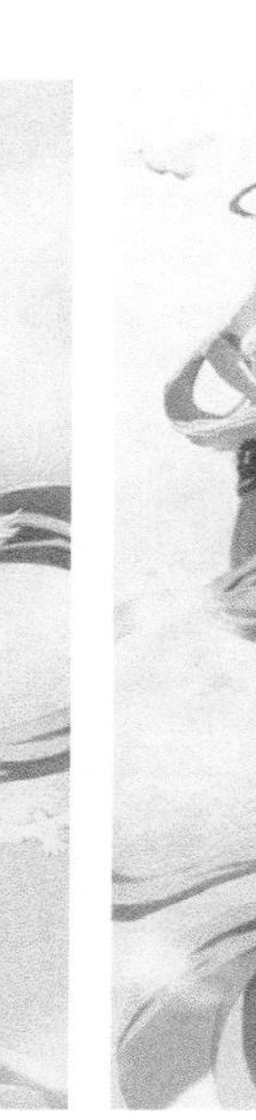

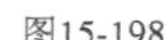

图15-198

图15-199

图15-200

21 绘制彩虹光晕。使用“渐变工具”新建图15-201所示的四色渐变，然后单击“径向渐变”按钮，拖曳出彩虹圈，如图15-201和图15-202所示。按快捷键Ctrl+T激活自由变换模式，调整其位置和形状，并用“橡皮擦工具”擦除多余的部分，如图15-203和图15-204所示。

图15-202

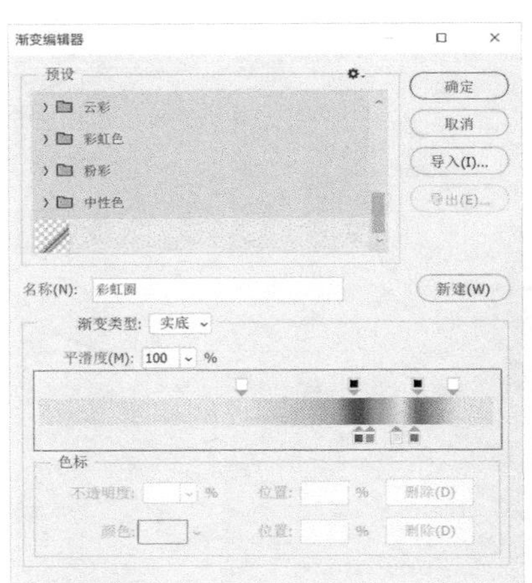

图15-201

图15-203

图15-204

22 执行“滤镜>模糊>动感模糊”菜单命令，设置相关参数。在彩虹圈图层下方新建一个图层，使用“柔边圆”画笔涂抹一层白色，然后分别调整两个图层的“不透明度”，调整画面效果。调整完毕后，对彩虹圈的大小及位置进行更改，如图15-205~图15-207所示。

图15-205

图15-206

图15-207

23 在“画笔工具”的属性栏中设置画笔类型为喷溅型画笔，“大小”为2000像素；设置“前景色”为白色（R:0，G:0，B:0），绘制图15-208所示的小白点。

24 复制步骤22中的两个图层，对其进行高斯模糊，两个图层的模糊程度不同，擦除不需要模糊的地方，模糊边缘和远处的物体，以突出主体，如图15-209所示。

25 执行“滤镜>杂色>添加杂色”菜单命令，设置“数量”为1.2%，如图15-210所示。

图15-208

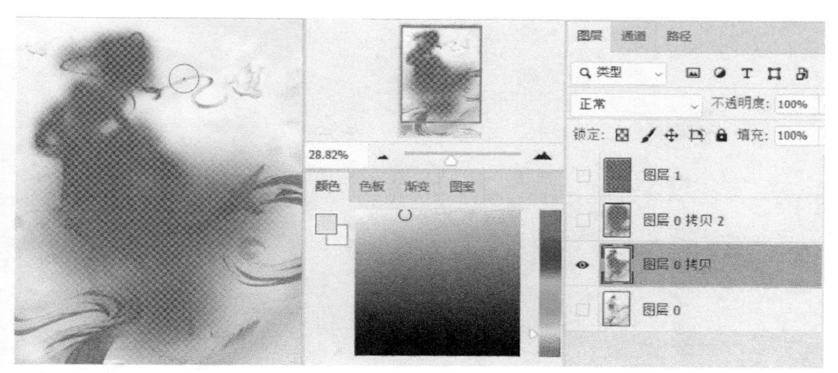

图15-209

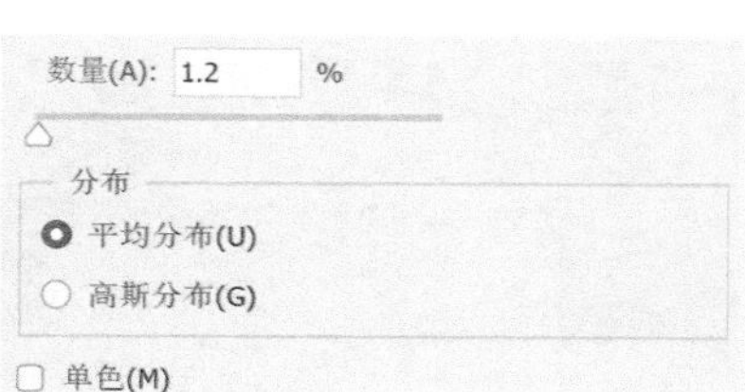

图15-210

26 添加红蓝偏移效果。添加盖印图层并复制图层，双击新复制的图层，在“图层样式”对话框中取消勾选R复选框，并对当前图层中的图像进行小幅度拖曳，如图15-211所示，最终的红蓝偏移效果如图15-212所示。

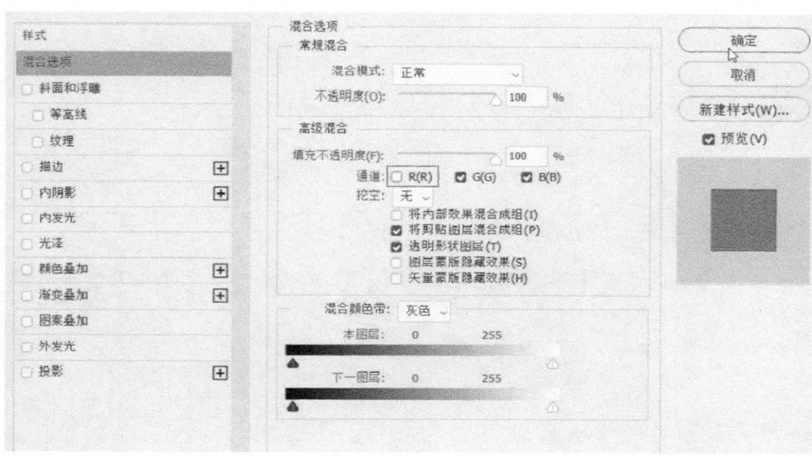

图15-211

图15-212

27 添加盖印图层并复制图层，在当前图层的上方新建一个图层，并填充渐变颜色“彩虹色_03”，如图15-213所示。设置混合模式为“点光”，然后与下方图层合并，设置合并后的图层的混合模式为“明度”，如图15-214所示。效果如图15-215所示。

28 导入金片素材，如图15-216所示。

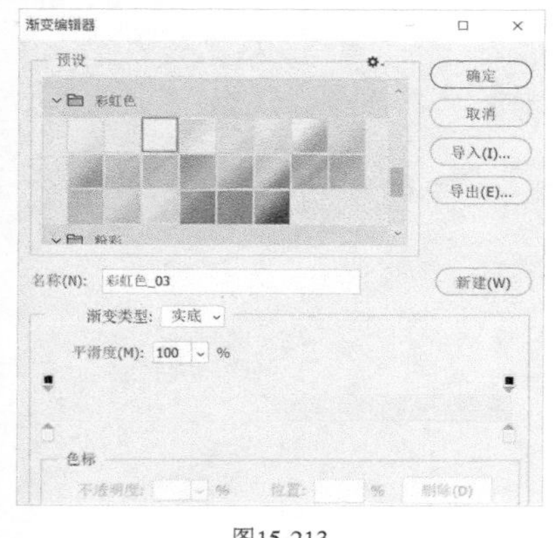

图15-213

图15-214

图15-215

图15-216

29 擦除部分金片，如图15-217所示，复制图层，执行“滤镜>模糊>动感模糊”菜单命令，设置“角度”为-47度，“距离”为17像素，营造出飞天散花的动态效果，如图15-218和图15-219所示。按照上述步骤制作红蓝偏移效果，复制原金片图层并将其拖曳至原图层的下方，执行“滤镜>模糊>高斯模糊”菜单命令，设置混合模式为“线性减淡”，然后设置原金片图层的混合模式为“线性光”，“不透明度”为46%，效果如图15-220所示。

30 擦除并减淡一部分红蓝偏移，使画面更为协调，最终效果如图15-221所示。

图15-217

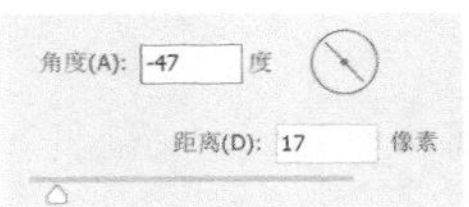

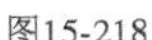

图15-218

图15-219

图15-220

图15-221

精通手绘设计：古风书生与山水画卷

素材文件	无
实例文件	实例文件>CH15>精通手绘设计：古风书生与山水画卷.psd
教学视频	精通手绘设计：古风书生与山水画卷.mp4
学习目标	在绘制完整作品的同时，能运用一些设计知识合理安排画面

扫码观看视频

掌握空间关系、画面构图、光影关系等知识，能够减少绘制时犯常识性错误的概率，同时能够更方便、快捷、合理地安排画面元素。本例效果如图15-222所示。

图15-222

01 首先进行草稿构图。因为草稿构图的试错成本低，可以在基础组合元素不变的情况下，快速尝试不同的构图和想法。这一步需要考量的要素比较多，如前后空间关系、疏密对比、主次关系、点线面分布、视线的引导、形状的易读性和局部随机性等。画面的明暗关系也要进行考虑，以免后期上色时产生混乱。在纸质草稿上进行构图会更快，构图结束后，通过扫描仪扫描或手机拍照等方式将线稿在Photoshop中打开。本案例仍然采用数位板绘图的形式，如图15-223和图15-224所示，用不同颜色的线是为了区分物体和明暗关系。

图15-223　　图15-224

02 执行命令“窗口>排列>为‘（当前文件名称）’新建窗口”菜单命令，如图15-225所示。执行“窗口>排列>在窗口中浮动”菜单命令，如图15-226所示。缩小视图，便于打开双窗口，小窗口用来观察整体效果，避免只注重细节而忽视整体的协调性。

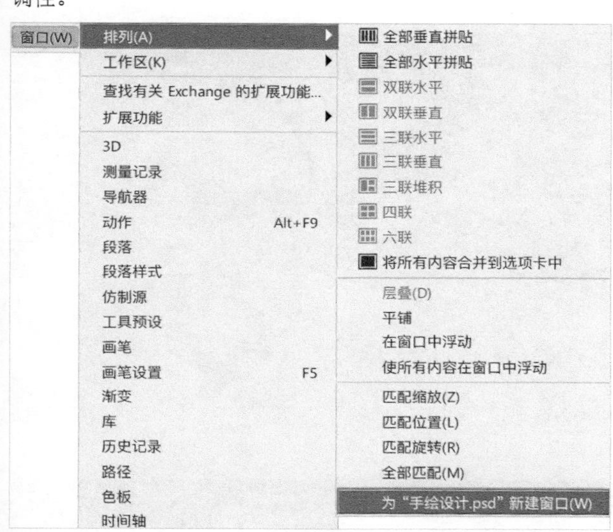

图15-225

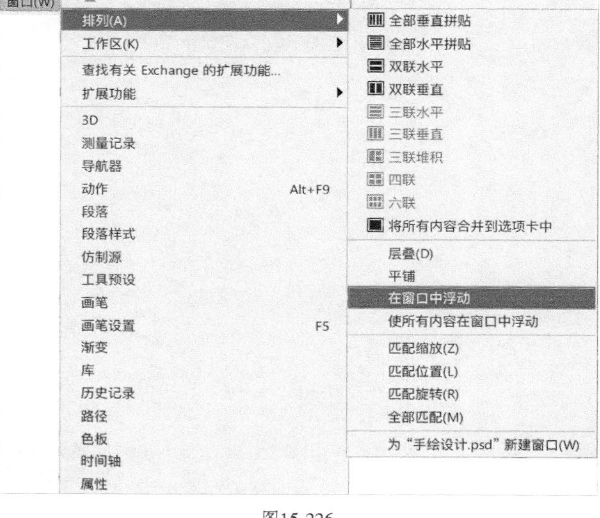

图15-226

03 根据物体的主次关系确定线稿的精细程度，主体人物要细致，飞天及背景可以较简单一些。在厚涂的画法中，因为上色基本会将线稿完全覆盖，所以绘制线稿时无须太严谨。厚涂的线稿最重要的是形体的轮廓线，如图15-227所示的红色线条；其次是内部结构线，如图15-228所示的蓝色线条。装饰线可以先不绘制。

图15-227　　图15-228

04 绘制草稿时需要考虑虚实关系，越近、越硬的物体暗面边缘、闭塞阴影的颜色越深，用线越实；越远、越柔软和透明的物体受光面的颜色越浅，用线越虚，如图15-229所示。

05 开始铺色。在铺色前，要注意引导观看者的视线。引导视线的方式有很多种，如强对比引导、线条引导、构图引导、人物主体视线引导等，此处使用本案例的最终成稿进行讲解。强对比引导是指将画面中最深的颜色和最强烈的对比放在画面中心，如图15-230所示。线条引导是指画面中的线条向中心聚拢，以增强随机性，如图15-231所示。构图引导是指大的构图为S形构图，主要内容都分布在S线上，如图15-232所示。人物主体视线引导如图15-233所示。如果画面中出现多个人或物，或有指向性的东西，常用可能产生的线条去引导视线，画面中人物的视线也是线。画面中左上和中间部分的飞天视线交汇在人物面部，下部的飞天因为琵琶已经有指向性了，所以视线朝外，以增强画布之外的空间感。

图15-229

06 正式开始填色。首先填充底色，再用选区区分开黑白灰关系，这幅画的背景是黑色的，主体人物是灰色的，飞天和画卷是白色的，如图15-234所示。

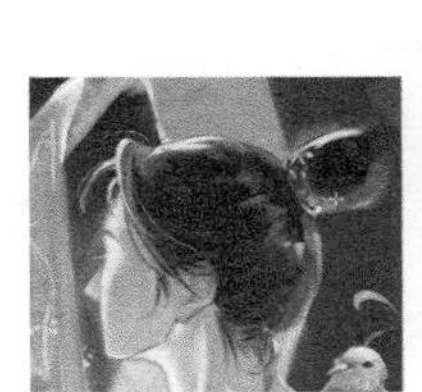

图15-230

图15-231

图15-232

图15-233

图15-234

07 在保证素描关系不变的情况下，在底色上方创建剪贴蒙版，进行上色。上色过程中注意多创建图层，对色彩进行分区分层，便于后期修改，如图15-235~图15-237所示。

图15-235

图15-236

图15-237

08 确定光源方向和光源颜色，考虑直射轮廓光、漫反射和自发光物体之间的影响。打光可以不完全真实，但要尽量合理，如图15-238所示。平行的受光区及投影可以营造纵深感，但在这幅画中的应用不明显。

09 物体亮面总是伴有光晕，从而照亮周围的环境，带有星芒的强高光可以表现坚硬的材质。阴影颜色是物体自身色彩加上反射光颜色的总和，如书生头发的暗部，如图15-239所示。

10 同理，亮面和灰面根据光的不同有时会略带冷暖变化。例如，山体的亮面受到飞天的黄色光影响，蓝色向黄色偏移，如图15-240所示，这里体现为黄绿色，不同的材质会有不同的变化。自发光物体只要考虑发光颜色和素描关系即可，材质可以参考玉雕、翡翠、宝石之类的半透明或透明物品。

图15-238

图15-239

图15-240

11 继续铺色，完成基础的画面色彩分布，如图15-241~图15-243所示。

图15-241

图15-242

图15-243

12 调整“曲线”和叠加特效图层，统一画面效果，提高色彩和谐度。调整“曲线”时，压暗亮部，提亮暗部可以增加更多的灰面，之后上色时会比较容易增加细节和做变化。根据氛围的不同，“曲线”也有很多种调整方式，效果如图15-244所示。

13 对画面进行细化。可以按照物体的优先级顺序进行细化，保持画面的重点清晰。本案例中，优先级顺序分别是书生、山水画卷、飞天、紫藤、水面、远景。每个人对优先级的理解都不一致，可以根据自己的喜好和画面表达的重点排序。划分完大优先级，还可以划分小优先级。3个飞天的精度安排从高到低是前、后、中，山水从前到后会逐渐变灰，对比度减弱，远处的山水画出形态即可。优先级第一的书生的细化重点在于材质和光的表达，注意头发、皮肤、衣服的材质，越往下的衣摆越简化，如图15-245所示。

14 对山水画卷进行细化，画法参考国画中的青绿山水，如图15-246所示。

图15-244

图15-245

图15-246

15 按优先级对飞天进行细化，先画前面的飞天，再画后面的，最后画中间的。绘制时用单色素描画法刻画，即用明度的变化来表现立体感。绘制过程中需要注意金属配饰和衣服的材质表现、头发的厚度等。颜色选用了黄白色，其中掺杂了蓝青色作为点缀，以平衡画面颜色。新建一个图层，在人物右侧画一排色卡，列出细化飞天时会用到的颜色，便于取色，如图15-247所示。细化后的飞天如图15-248所示。

16 背景基本上保留了配色稿效果，但需要对细节做一些微调。将月亮的明度降低，最后增加一些飞鸟、云雾、花纹、尘埃等小细节，以丰富画面。季节和环境不同，可以叠加的细节也不同，尽量多地考虑该场景中可能会出现的物品、细节，再有选择地添加到画面中，如图15-249所示。

17 合并图层，根据需要，可以再次调整“曲线”、色彩平衡，或添加其他特效，最终效果如图15-250所示。

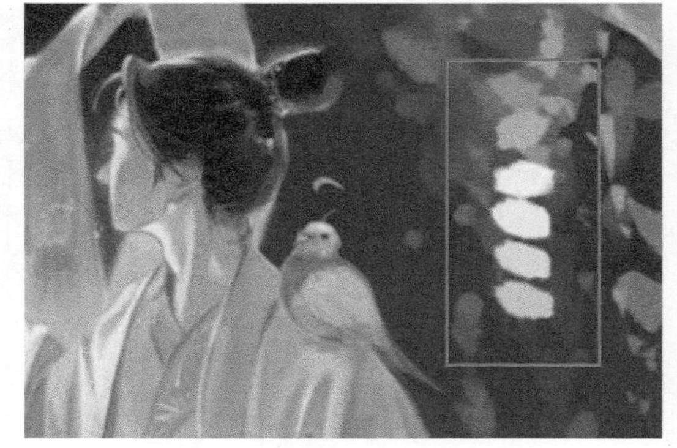
图15-247

图15-248

图15-249

图15-250